高等学校教材·机械科学系统

机床数控原理与系统

(第2版)

王润孝　秦现生　编著

荣获原航空航天工业部优秀教材一等奖

西北工业大学出版社

【内容简介】 本书较详细地介绍了机床数字控制技术的基本原理与典型系统。主要包括:机床数控原理(NC和CNC),数控机床的测量装置和伺服控制原理,数控机床故障诊断,机床数控技术的发展过程及柔性制造系统(FMS)的概念。还介绍了FANUC 7,FANUC 6和A-B 7360数控系统实例。各章后均配有小结和习题,书末附有数控常用词汇中英文对照表。

本书可作为大专院校机械电子工程、机械设计与制造、机械制造工艺及设备、计算机应用、机械工程及自动化等专业的教材,或作为数控技术的培训教材,还可供有关专业的工程技术人员、教师和研究生参考。

图书在版编目(CIP)数据

机床数控原理与系统/王润孝,秦现生编著. —2版. —西安:西北工业大学出版社,1997.6
(2016.8重印)
ISBN 978-7-5612-0919-6

Ⅰ.机... Ⅱ.①王... ②秦... Ⅲ.数控机床 Ⅳ.TG659

中国版本图书馆CIP数据核字(2008)第209444号

出版发行:西北工业大学出版社
通信地址:西安市友谊西路127号 邮编:710072
电　　话:(029)88493844 88491757
网　　址:www.nwpup.com
印 刷 者:兴平市博闻印务有限公司
开　　本:787 mm×1 092 mm 1/16
印　　张:17.5
字　　数:424千字
版　　次:1997年6月第2版 2016年8月第15次印刷
定　　价:35.00元

前　　言（第2版）

《机床数控原理与系统》第1版自1989年问世以来，曾受到广大读者的欢迎，被全国许多兄弟高等院校选作为本科生和研究生“数控机床”等相关课程的教科书或主要参考书。6年多来，共印刷5次，发行2万余册，仍有许多读者和单位来信欲购。本书还荣幸地获得了原航空航天工业部优秀教材一等奖。所有这些，对我们来说，无疑是一种极大的鼓舞和鞭策。许多热情的读者，在阅读本书的过程中，除给予许多肯定和鼓励之外，还结合各自的情况提出了中肯的评论和指正，使我们获得了很大的裨益。

通过总结使用本书的经验以及社会调查，进一步修订出版此书，称为《机床数控原理与系统》(第2版)。在编写第2版的过程中，我们继续保留并突出了原版的基本特色：既讲述基本原理，又注意到理论与实际的结合；既反映机床数控技术的现状，也介绍其新发展。语言叙述深入浅出，内容编排循序渐进，便于自学。与原书相比，第2版在精选内容、体系结构等方面也做了一些大胆的尝试。在内容的选择方面，原有的NC系统代之以CNC系统的内容；在体系结构方面作了调整，将各种插补及刀补计算原理集中于一章内，而在第三章以CNC的组成及控制原理贯穿于全章；在CNC系统的完整性和系统性方面，增加了输入输出设备、接口通信、故障诊断等，扩大了刀补计算的篇幅；同时在先进性方面，尽量按照最新应用技术来阐述，如第三章的典型系统、第五章的伺服系统等等；根据使用本书的体会，使图文配合更趋完善；调整补充了相应的习题。

第2版的内容仍为七章。其中，第一章绪论，简述了数控系统的基本概念及发展过程；第二章插补与刀补计算原理；第三章CNC系统结构及控制方法，除介绍CNC系统的硬、软件结构与控制外，还介绍了常用外设及接口，同时举出了三个CNC系统实例；第四章检测装置；第五章数控机床的伺服驱动系统，除介绍开环系统和闭环系统的控制原理与系统外，还结合实例，对CNC伺服系统进行了介绍；第六章数控机床的故障诊断，介绍了数控机床故障诊断的方法及原理；第七章柔性制造系统。各章后均有小结和习题(带*号者为思考题)。书末附有数控常用词汇中英文对照表。

书中第一、二、三、七章及附录由王润孝编写，第四、五、六章由秦现生编写，全书由王润孝统稿，西安电子科技大学叶尚辉教授主审。在审稿过程中，叶尚辉教授提出了不少宝贵的修改意见。此外，在本书修订过程中，还得到了西北工业大学1004教研室和西北工业大学出版社有关同志的大力支持。在此，一并表示衷心的感谢。

由于我们的水平所限，修订版仍然可能存在不少错误和不妥之处，敬请广大读者继续不吝指正。

编著者

前　言（第1版）

本书是根据“机械设计及制造”和“机电控制与自动化”专业的“数控机床”课程教学大纲，并在原“机床数字控制技术”讲义的基础上编写而成的。全书分为七章，主要内容有：机床数控技术的一般概念及发展过程，机床硬件数控（NC）与计算机数控（CNC）原理，数控机床的测量元件和伺服控制原理，误差补偿机能以及柔性制造系统的概念。还介绍了 CSK6150，7M 和 7360 三个控制系统实例。

在本书编写中，力求做到既讲述基本原理，又注意到理论与实际的结合；既反映机床数控技术的现状，也介绍其新发展。语言叙述力求深入浅出，内容编排循序渐进，各章后均配有小结和习题（带 * 号者为思考题），便于读者自学。书末附有数控常用名词中英文对照表。

西北工业大学王润孝编写第一、二、三、七章及附录，西北工业大学秦现生编写第四、五章，012 工学院相余庆编写第六章，全书由王润孝主编。在本书整个编写过程中，原讲义由西北工业大学谭益智教授审阅，这次出版，西安电子科技大学叶尚辉教授等详细地审阅了全书，提出了许多宝贵的意见，在此一并表示诚挚的感谢。

由于编者水平所限，经验不足，书中难免有欠妥之处，恳请广大读者批评指正。

编　者

1989 年 2 月

目　录

第一章 绪 论

§1-1 数控机床的组成与分类

一、何谓数控机床

数控机床(Numerical Control Machine Tools)是指采用数字形式信息控制的机床。详言之,凡是用数字化的代码将零件加工过程中所需的各种操作和步骤以及刀具与工件之间的相对位移量等记录在程序介质上,送入计算机或数控系统经过译码、运算及处理,控制机床的刀具与工件的相对运动,加工出所需要的工件的一类机床即为数控机床。

国际信息处理联盟(IFIP:International Federation of Information Processing)第五技术委员会对数控机床作了如下的定义:数控机床是一个装有程序控制系统的机床。该系统能够逻辑地处理具有使用号码,或其他符号编码指令规定的程序。

由上述知,数控机床就是采用了数控技术的机床,或者说是装备了数控系统的机床。所谓机床数字控制技术顾名思义就是以数字化的信息实现机床控制的一门技术。数控(NC:Numerical Control)技术不仅用于机床的控制,还用于控制其他设备,产生了诸如数控绘图机、数控测量机、数控冲剪机等数控设备。仅数控机床设备就有数控车床、数控钻床、数控镗床、数控铣床、数控磨床、数控加工中心机床等等。

我们可用图1-1来描述数控设备的一般形式。图中,A 为被加工物的图纸,图纸上的数据大致分为两类:几何数据和工艺数据。这些数据是指示给数控设备命令的原始依据(简称"指令")。B 为控制介质(或程序介质、输入介质),通常用纸带、磁带、磁盘等作为记载指令的控制介质。C 为数据处理和控制的电路,通常是一台控制计算机。原始数据经过它处理后,变成伺服机构能够接受的位置指令和速度指令。D 为伺服机构(或伺服系统),我们可以把"控制计算机(C)"比拟为人的"头脑",则"伺服机构(D)"相当于人的"手"和"足",我们要求伺服机构无条件地执行"大脑"的意志。E 为数控设备。F 为加工后的物件。这就是一般数控设备的工作过程。本书将述及数控机床的伺服系统和控制计算机的工作原理与应用。

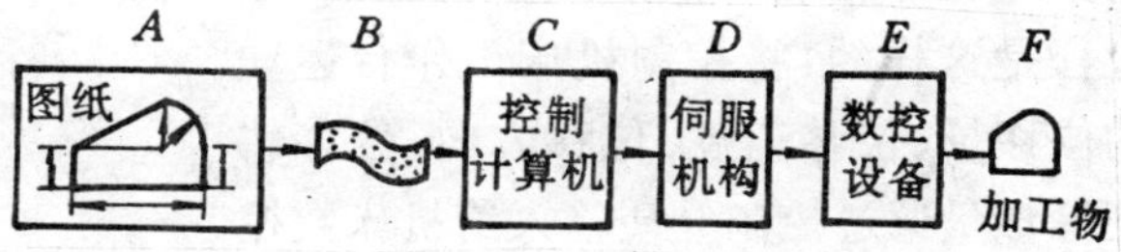

图1-1 数控设备的一般形式

在机床控制中,"数字控制"和"顺序控制"是两种不同的概念。对于"顺序控制"来说,控制计算机只能控制各种自动加工动作的先后顺序,而对运动部件的位移量不能进行控制。它的位移量是靠预先调整好尺寸的挡块等方式来实现的。数字控制的过程是一个自动化过程,使数控设备进行自动控制的那些指令是以数字和文字编码的方式记载在控制介质上,经过控制计算机处理和计算后,对各种动作的顺序、位移量以至速度等实现自动控制的。这样,比起其他自动化设备所采用的凸轮、靠模、调整限位开关等要简便得多。

数控机床较好地解决了复杂、精密、小批、多变的零件加工问题，是一种灵活的、高效能的自动化机床，尤其对于约占机械加工总量80%的单件、小批量零件的加工，更显示出其特有的灵活性。概括起来，采用数控机床有以下几方面的好处：

① 提高加工精度，尤其提高了同批零件加工的一致性，使产品质量稳定；

② 提高生产效率，一般约提高效率3～5倍，使用数控加工中心机床则可提高生产率5～10倍；

③ 可加工形状复杂的零件；

④ 减轻了劳动强度，改善了劳动条件；

⑤ 有利于生产管理和机械加工综合自动化的发展。

然而，数控机床毕竟是一种高度自动化的机床，技术复杂，成本较高。在实际采用时，一定要充分考虑其技术经济效果。目前，选用数控机床时主要考虑以下三种因素：即单件、中小批量的生产；形状比较复杂，精度要求高的加工；产品更新频繁，生产周期要求短的加工。凡是符合这三种因素之一的情况，采用数控机床，对于改进产品质量、减轻工人劳动强度、提高经济效益等，都会获得显著的效果。

以下介绍数控机床的组成和工作原理。

二、数控机床的组成

数控机床一般由控制介质、数控装置、伺服系统和机床本体组成。图1-2的实线所示为开环控制的数控机床框图。

为了提高机床的加工精度，在上述系统中再加入一个测量装置（即图1-2中的虚线部分），这样就构成了闭环控制的数控机床框图。开环控制系统的工作过程是这样的：将控制机床工作台运动的位移量、位移速度、位移方向、位移轨迹等参量通过控制介质输入给机床数控装置，数控装置根据这些参量指令计算得出进给脉冲序列（包含有上述4个参量），然后经伺服系统转换放大，最后控制工作台按所要求的速度、轨迹、方向和距离移动。若为闭环系统，则在输入指令值的同时，反馈检测机床工作台的实际位移值，反馈量与输入量在数控装置中进行比较，若有差值，说明二者间有误差，则数控装置控制机床向着消除误差的方向运动。

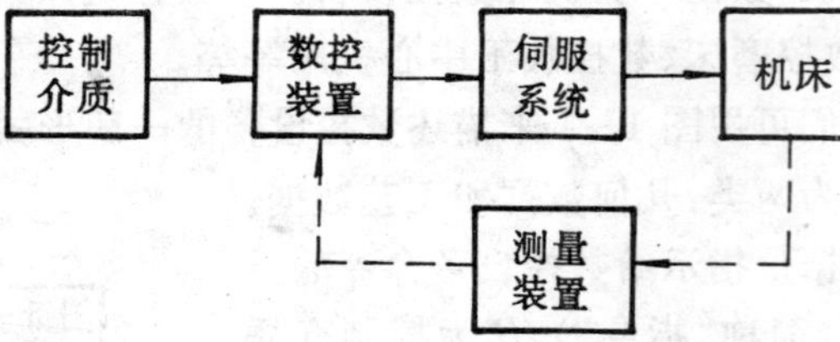

图1-2　数控机床的组成

现将各组成部分简述如下：

1. *控制介质*

数控机床工作时，不需要工人去摇手柄操作机床，但又要自动地执行人们的意图，这就必须在人和数控机床之间建立某种联系，这种联系的媒介物称之为控制介质（或称程序介质、输入介质、信息载体）。

在通用机床上加工零件时，由工人按图纸和工艺要求进行加工。在数控机床上加工时，则要把加工零件所需的全部动作及刀具相对于工件的位置等内容，用数控装置所能接受的数字和文字代码来表示，并把这些代码储存在控制介质上。

控制介质可以是穿孔带，也可以是穿孔卡、磁带、磁盘或其他可以储存代码的载体。至于采用哪一种，则取决于数控装置的类型。而在 CAD/CAM 集成系统中，将其程序直接送入数控装置，不需上述控制介质。

常用的控制介质是 8 单位的标准穿孔带，且常用的穿孔带是纸质的，所以又称纸带。其宽为 25.4 mm，厚 0.108 mm，每行除了必须有一个 ϕ1.17 mm 的同步孔外，最多可以有 8 个 ϕ1.33 mm 的信息孔。用每行 8 个孔有无的排列组合来表示不同的代码（纸带上孔的排列规定，称为代码）。把穿孔带输入到数控装置的读带机，再由读带机把穿孔带上的代码转换为数控装置可以识别和处理的电信号，并传送到数控装置中去，便完成了指令信息的输入工作。

2. *数控装置*

数控装置是数控机床的中枢，在普通数控机床中一般由输入装置、存储器、控制器、运算器和输出装置组成。数控装置接收输入介质的信息，并将其代码加以识别、储存、运算，输出相应的指令脉冲以驱动伺服系统，进而控制机床动作。在计算机数控机床中，由于计算机本身即含有运算器、控制器等上述单元，因此其数控装置的作用由一台计算机来完成。

3. *伺服系统*

伺服系统的作用是把来自数控装置的脉冲信号转换为机床移动部件的运动，使工作台（或溜板）精确定位或按规定的轨迹作严格的相对运动，最后加工出符合图纸要求的零件。因此伺服系统的性能是决定数控机床的加工精度、表面质量和生产率的主要因素之一。相对于每个脉冲信号，机床移动部件的位移量叫做脉冲当量（用 δ 来表示）。常用的脉冲当量为 0.01 mm/脉冲、0.005 mm/脉冲及 0.001 mm/脉冲。

在数控机床的伺服系统中，常用的伺服驱动元件有功率步进电机、电液脉冲马达、直流伺服电机和交流伺服电机等。

4. *机床*

数控机床中的机床，在开始阶段使用通用机床，只是在自动变速、刀架或工作台自动转位和手柄等方面作些改变。实践证明：数控机床除由于切削用量大、连续加工发热多等影响工件精度外，并且由于是自动控制，在加工中不能像在通用机床上那样可以随时由人工进行干预。所以其设计要求比通用机床更严格，制造要求更精密。因而后来在数控机床设计时，采用了许多新的加强刚性、减小热变形、提高精度等方面的措施，使得数控机床的外部造型、整体布局、传动系统以及刀具系统等方面都已发生了很大的变化。

三、数控机床的分类

目前，数控机床品种已经基本齐全，规格繁多，据不完全统计已有 400 多个品种规格。可以按照多种原则来进行分类。但归纳起来，常见的是以下面 4 种方法来分类的。

1. *按工艺用途分类*

(1) 一般数控机床。这类机床和传统的通用机床种类一样，有数控的车、铣、镗、钻、磨床等等，而且每一种又有很多品种，例如数控铣床中就有立铣、卧铣、工具铣、龙门铣等。这类机床的工艺可能性和通用机床相似，所不同的是它能加工复杂形状的零件。

(2) 数控加工中心机床。这类机床是在一般数控机床的基础上发展起来的。它是在一般数控机床上加装一个刀库（可容纳 10 ～ 100 多把刀具）和自动换刀装置而构成的一种带自动换刀装置的数控机床(又称多工序数控机床或镗铣类加工中心,习惯上简称为加工中心——Machining Center),这使数控机床更进一步地向自动化和高效化方向发展。

数控加工中心机床和一般数控机床的区别是:工件经一次装夹后,数控装置就能控制机床自动地更换刀具,连续地对工件各加工面自动地完成铣(车)、镗、钻、铰及攻丝等多工序加工。这类机床大多是以镗铣为主的,主要用来加工箱体零件。它和一般的数控机床相比具有如下优点:

① 减少机床台数,便于管理,对于多工序的零件只要一台机床就能完成全部加工,并可以减少半成品的库存量;

② 由于工件只要一次装夹,因此减少了由于多次安装造成的定位误差,可以依靠机床精度来保证加工质量;

③ 工序集中,减少了辅助时间,提高了生产率;

④ 由于零件在一台机床上一次装夹就能完成多道工序加工,所以大大减少了专用工夹具的数量,进一步缩短了生产准备时间。

由于数控加工中心机床的优点很多,深受用户欢迎,因此在数控机床生产中占有很重要的地位。

另外还有一类加工中心,是在车床基础上发展起来的,以轴类零件为主要加工对象。除可进行车削、镗削外,还可以进行端面和周面上任意部位的钻削、铣削和攻丝加工。这类加工中心也设有刀库,可安装 4 ~ 12 把刀具,习惯上称此类机床为车削中心(TC:Turning Center)。

(3) 多坐标数控机床。有些复杂形状的零件,用三坐标的数控机床还是无法加工,如螺旋桨、飞机曲面零件的加工等,需要三个以上坐标的合成运动才能加工出所需形状。于是出现了多坐标的数控机床,其特点是数控装置控制的轴数较多,机床结构也比较复杂,其坐标轴数通常取决于加工零件的工艺要求。现在常用的是 4,5,6 坐标的数控机床。图 1 - 3 为五轴联动的数控加工示意图。这时,x,y,z 三个坐标与转台的回转、刀具的摆动可以同时联动,以加工机翼等类零件。

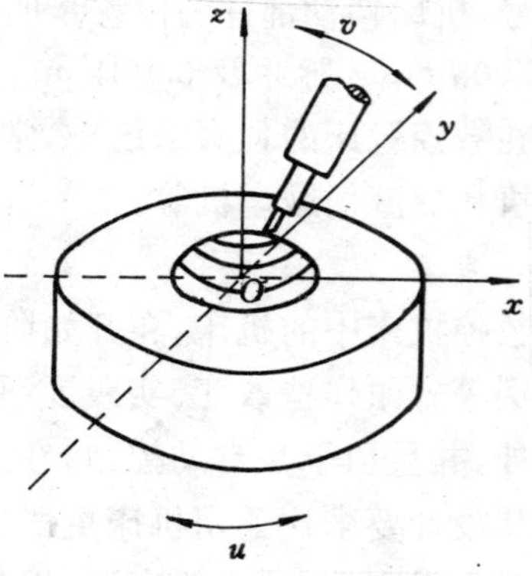

图 1 - 3　五轴联动的数控加工

2. *按数控机床的运动轨迹分类*

按照能够控制的刀具与工件间相对运动的轨迹,可将数控机床分为点位控制数控机床、点位直线控制数控机床、轮廓控制数控机床等。现分述如下:

(1) 点位控制数控机床。这类机床的数控装置只能控制机床移动部件从一个位置(点)精确地移动到另一个位置(点),即仅控制行程终点的坐标值,在移动过程中不进行任何切削加工,至于两相关点之间的移动速度及路线则取决于生产率。为了在精确定位的基础上有尽可能高的生产率,所以两相关点之间的移动先是以快速移动到接近新的位置,然后降速 1 ~ 3 级,使之慢速趋近定位点,以保证其定位精度。

这类机床主要有数控坐标镗床、数控钻床、数控冲床和数控测量机等,其相应的数控装置称之为点位控制装置。

(2) 点位直线控制数控机床。这类机床工作时,不仅要控制两相关点之间的位置(即距离),还要控制两相关点之间的移动速度和路线(即轨迹)。其路线一般都由和各轴线平行的直线段组成。它和点位控制数控机床的区别在于:当机床的移动部件移动时,可以沿一个坐标轴的方向(一般地也可以沿 45° 斜线进行切削,但不能沿任意斜率的直线切削)进行切削加工,而且其辅助功能比点位控制的数控机床多,例如,要增加主轴转速控制、循环进给加工、刀具选择等功能。

这类机床主要有简易数控车床、数控镗铣床和数控加工中心等。相应的数控装置称之为点位直线控制装置。

(3) 轮廓控制数控机床。这类机床的控制装置能够同时对两个或两个以上的坐标轴进行连续控制。加工时不仅要控制起点和终点,还要控制整个加工过程中每点的速度和位置,使机床加工出符合图纸要求的复杂形状的零件。它的辅助功能亦比较齐全。

这类机床主要有数控车床、数控铣床、数控磨床和电加工机床等。其相应的数控装置称之为轮廓控制装置(或连续控制装置)。

3. *按伺服系统的控制方式分类*

数控机床按照对被控制量有无检测反馈装置可以分为开环和闭环两种。在闭环系统中,根据测量装置安放的位置又可以将其分为全闭环和半闭环两种。在开环系统的基础上,还发展了一种开环补偿型数控系统。

(1) 开环控制数控机床。在开环控制中,机床没有检测反馈装置(见图 1-4),数控装置发出信号的流程是单向的,所以不存在系统稳定性问题。也正是由于信号的单向流程,它对机床移动部件的实际位置不作检验,所以机床加工精度不高,其精度主要取决于伺服系统的性能。工作过程是:输入的数据经过数控装置运算分配出指令脉冲,通过伺服机构(伺服元件常为步进电机)使被控工作台移动。

图 1-4 开环控制系统框图

这种机床工作比较稳定、反应迅速、调试方便、维修简单,但其控制精度受到限制。它适用于一般要求的中、小型数控机床。

(2) 闭环控制数控机床。由于开环控制精度达不到精密机床和大型机床的要求,所以必须检测它的实际工作位置,为此,在开环控制数控机床上增加检测反馈装置,在加工中时刻检测机床移动部件的位置,使之和数控装置所要求的位置相符合,以期达到很高的加工精度。

闭环控制系统框图如图 1-5 所示。图中 A 为速度测量元件,C 为位置测量元件。当指令值发送到位置比较电路时,此时若工作台没有移动,则没有反馈量,指令值使得伺服电机转动,通过 A 将速度反馈信号送到速度控制电路,通过 C 将工作台实际位移量反馈回去,在位置比较电路中与指令值进行比较,用比较的差值进行控制,直至差值消除时为止,最终实现工作台的精确定位。这类机床的优点是精度高、速度快,但是调试和维修比较复杂。其关键是系统的稳定性,所以在设计时必须对稳定性给予足够的重视。

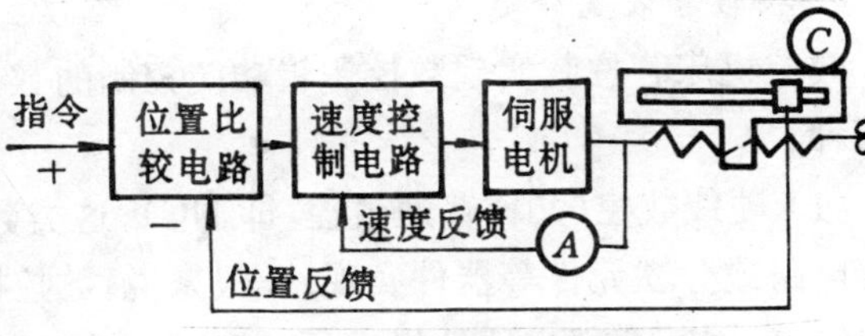

图 1-5 闭环控制系统框图

(3) 半闭环控制数控机床。半闭环控制系统的组成如图1-6所示。这种控制方式对工作台的实际位置不进行检查测量，而是通过与伺服电机有联系的测量元件，如测速发电机A和光电编码盘B（或旋转变压器）等间接检测出伺服电机的转角，推算出工作台的实际位移量，用此值与指令值进行比较，用差值来实现控制。从图1-6可以看出，由于工作台没有完全包括在控制回路内，因而称之为半闭环控制。这种控制方式介于开环与闭环之间，精度没有闭环高，调试却比闭环方便。

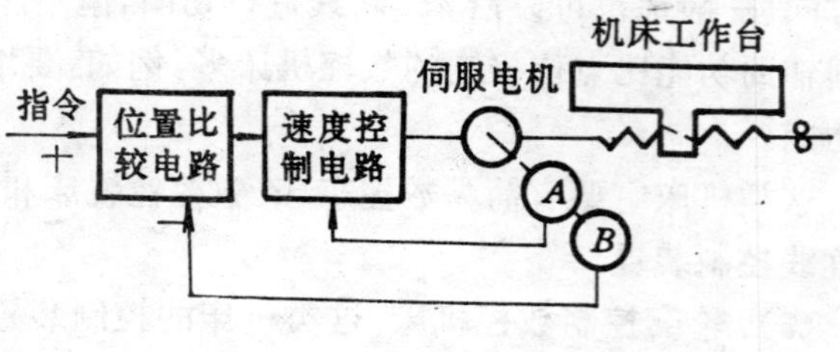

图1-6　半闭环控制系统框图

(4) 开环补偿型数控机床。将上述三种控制方式的特点有选择地集中起来，可以组成混合控制的方案。这在大型数控机床中是人们多年研究的题目，现在已成为现实。因为，大型数控机床，需要高得多的进给速度和返回速度，又需要相当高的精度。如果只采用全闭环的控制，机床传动链和工作台全部置于控制环节中，因素十分复杂，尽管安装调试多经周折，仍然困难重重。为了避开这些矛盾，可以采用混合控制方式。在具体方案中它又可分为两种形式：一是开环补偿型；一是半闭环补偿型。这里仅将开环补偿型控制数控机床加以介绍。

图1-7为开环补偿型控制方式的组成框图。它的特点是：基本控制选用步进电机的开环控制伺服机构，附加一个校正伺服电路。通过装在工作台上的直线位移测量元件的反馈信号来校正机械系统的误差。

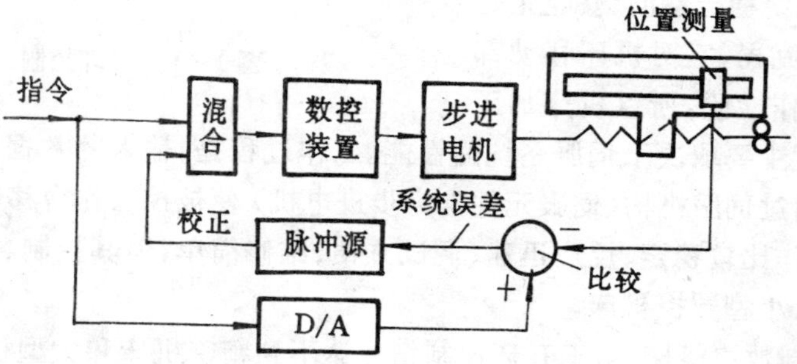

图1-7　开环补偿型控制框图

4. *按数控装置分类*

数控机床若按其实现数控逻辑功能控制的数控装置来分，有硬线(件)数控和软线(件)数控两种。

(1) 硬线数控（又称普通数控，即NC）。这类数控系统的输入、插补运算、控制等功能均由集成电路或分立元件等器件实现。一般来说，数控机床不同，其控制电路也不同，因此系统的通用性较差，因其全部由硬件组成，所以功能和灵活性也较差。这类系统在70年代以前应用得比较广泛。

(2) 软线数控（又称计算机数控或微机数控，即CNC或MNC）。这类系统利用中、大规模及超大规模集成电路组成CNC装置，或用微机与专用集成芯片组成，其主要的数控功能几乎全由软件来实现，对于不同的数控机床，只须编制不同的软件就可以实现，而硬件几乎可以通用。因而灵活性和适应性强，也便于批量生产，模块化的软、硬件，提高了系统的质量和可靠性。所以，现代数控机床都采用 CNC 装置。

§1-2 数控机床的有关功能规定

前已叙述，数控机床的核心是数控装置，这实际上是一台控制计算机，它是执行运算功能、指挥数控机床进行自动加工的主要组成部分。这些年来，随着技术的发展，数控系统的功能不断扩大，人们使用起来日益方便。因此，学习数控系统的功能，弄清它的概念，是数控入门的重要一环。限于篇幅，这里只能把一些常用的基本功能作以介绍。

一、数控机床程序编制的有关规定

众所周知，使用数控机床的目的是要有效地高质量地加工出合格的零件来，所谓合格的零件必须是符合图纸要求的产品。而机床怎么会知道图纸的要求呢？这必须由人来告诉它。人又是以何种方式、以什么规则和约定告诉给机床的呢？这就必须制定出数控机床程序编制的规则来。换言之，我们必须把零件的图纸尺寸、工艺路线、切削参数等内容，用数控机床能够接受的数字及文字代码来表示，再根据代码的规定形式制成输入介质（如穿孔带、磁带、卡片等），然后将输入介质所记载的信息输入到数控装置中去，从而才能自动控制机床进行加工。

这种从零件图到制成输入介质的过程叫做数控机床的程序编制。数控机床的程序编制分为手工编程和自动编程两种。手工编程的一般步骤包括工艺处理、运动轨迹的坐标计算、填写程序单、制备输入介质和程序校核等。自动编程过程也是按上述步骤进行的，只不过其中的大部分工作是由计算机或自动编程器来完成的。根据输入方式的不同，自动编程分为语言输入、图形输入和语音输入三种方式。自动编程语言常见的有 APT，SKC—1，ZCX—1 等。为了使机床能够接收所编制的程序，必须有相应的规定。下面分别叙述这些概念。

1. *穿孔带和代码*

数控机床的信息读入方式有两种：一是手动输入方式；二是自动输入方式。因此作为数控机床信息载体的控制介质也有两类：一类是自动输入时的穿孔带、穿孔卡片、磁带、磁盘等；另一类是控制台手动输入时的键盘、波段开关、手动数据输入（MDI）等等。穿孔带由于有机械的固定代码孔，不易受环境（如磁场）的影响，便于长期保存和重复使用，且程序的存储量大，故至今仍是许多数控机床主要的常用的信息输入方式。

常用的标准纸带有 5 单位（5 列孔，宽 17.5 mm）和 8 单位（8 列孔，宽 25.4 mm）两种。前者所能记录的信息较少，用于功能少者，如线切割、简易数控以及点位控制等数控机床。后者则广泛用于车、铣、加工中心等多功能的数控机床。

国际上常用的 8 单位穿孔带有两种标准代码，即 EIA（美国电子工业协会）代码和 ISO（国际标准化组织）代码，EIA 和 ISO 编码表分别见表 1-1 与表 1-2。从表中可以看出，两种代码都有数字码、字母码和其他符号码，第 3 与第 4 列之间的连续小孔称同步孔（又称中导孔），贯穿于整个纸带的全长，作为其他大孔的基准，并产生同步读入信号。

在 EIA 和 ISO 代码中，虽然所能表示的符号相同，但编码孔各异。二者有其不同点：其一，EIA 代码为补奇代码，即它的每行代码孔的个数必须是奇数个，若为偶数个，则可在第 5 列补一个孔使之成为奇数个，而第 5 列称之为补奇列；ISO 为补偶代码，其第 8 列为补偶列，即它的

每 行代码孔的个数必须是偶数个，若为奇数个，则在第 8 列补一个孔使之成为偶数个。其二，ISO 代码有特征可寻，即数字码在第 5 和第 6 列都有孔，字母码则在第 7 列都有孔，这对数控系统的逻辑设计及编程使用来说都优于 EIA 代码(因为 EIA 代码无这些特征)。其三，在容量上，EIA 代码第 8 列孔只用作程序段结束 CR 符号，其余 7 列孔(1 ～ 7) 分别表示二进制的 2^0，2^1，2^2，…，2^6，其容量为 $2^6=64$；而 ISO 代码则为 $2^7=128$。

表 1－1　数控机床用 EIA 编码表

代码孔									代码符号	定义
8	7	6	5	4		3	2	1		
		○			o				0	数字 0
					o			○	1	数字 1
					o		○		2	数字 2
			○		o		○	○	3	数字 3
					o	○			4	数字 4
			○		o	○		○	5	数字 5
			○		o	○	○		6	数字 6
					o	○	○	○	7	数字 7
				○	o				8	数字 8
			○	○	o			○	9	数字 9
	○	○			o			○	A	绕着 x 轴的转角
	○	○			o		○		B	绕着 y 轴的转角
	○	○	○		o		○	○	C	绕着 z 轴的转角
	○	○			o	○			D	第三进给速度机能
	○	○	○		o	○		○	E	第二进给速度机能
	○	○	○		o	○	○		F	进给速度机能
	○	○			o	○	○	○	G	准备机能
	○	○		○	o				H	输入(或引入)
	○	○	○	○	o			○	I	不用
	○		○		o			○	J	没有被指定
	○		○		o		○		K	没有被指定
	○				o		○	○	L	不用
	○		○		o	○			M	辅助机能
	○				o	○		○	N	序号
	○				o	○	○		O	不用
	○		○		o	○	○	○	P	平行于 x 轴的第三坐标
	○		○	○	o				Q	平行于 y 轴的第三坐标
	○			○	o			○	R	平行于 z 轴的第三坐标
		○	○		o		○		S	主轴速度机能
		○			o		○	○	T	刀具机能
		○	○		o	○			U	平行于 x 轴的第二坐标
		○			o	○		○	V	平行于 y 轴的第二坐标
		○			o	○	○		W	平行于 z 轴的第二坐标
		○	○		o	○	○	○	X	x 轴方向的主运动坐标
		○	○	○	o				Y	y 轴方向的主运动坐标
		○		○	o			○	Z	z 轴方向的主运动坐标
	○	○		○	o		○	○	·	小数点(句号)
	○	○	○		o				＋	加
	○				o				－	减
	○			○	o	○			×	乘
		○	○		o			○	/	省略 / 除
		○	○	○	o		○	○	,	逗号
				○	o	○	○		＝	等号
		○		○	o	○			(	括号开
	○		○	○	o	○			)	括号闭
	○		○	○	o		○	○	$	单元符号
		○	○		o			○	:	选择(或计划) 倒带停止
				○	o		○	○	STOP(ER)	纸带倒带停止
		○	○	○	o	○	○		TAB	制表(或分隔符号)
○					o				CR	程序段结束
	○	○	○	○	o	○	○	○	DELETE	注销
			○		o				SPACE	空格

表 1－2　数控机床用 ISO 编码表

代码孔									代码符号	定义
8	7	6	5	4		3	2	1		
		○	○		·				0	数字 0
○		○	○		·			○	1	数字 1
○		○	○		·		○		2	数字 2
		○	○		·		○	○	3	数字 3
○		○	○		·	○			4	数字 4
		○	○		·	○		○	5	数字 5
		○	○		·	○	○		6	数字 6
○		○	○		·	○	○	○	7	数字 7
○		○	○	○	·				8	数字 8
		○	○	○	·			○	9	数字 9
	○				·			○	A	绕着 x 坐标的角度
	○				·		○		B	绕着 y 坐标的角度
○	○				·		○	○	C	绕着 z 坐标的角度
	○				·				D	特殊坐标的角度尺寸；或第三进给速度功能
○	○				·	○		○	E	特殊坐标的角度尺寸；或第二进给速度功能
○	○				·	○	○		F	进给速度功能
	○				·	○	○	○	G	准备功能
	○			○	·				H	永不指定(可作特殊用途)
○	○			○	·			○	I	沿 x 坐标圆弧起点对圆心值
○	○		○		·		○		J	沿 y 坐标圆弧起点对圆心值
	○			○	·		○	○	K	沿 z 坐标圆弧起点对圆心值
○	○			○	·	○			L	永不指定
	○			○	·	○		○	M	辅助功能
	○			○	·	○	○		N	序号
○	○			○	·	○	○	○	O	不用
	○		○		·				P	平行于 x 坐标的第三坐标
○	○		○		·			○	Q	平行于 y 坐标的第三坐标
○	○		○		·		○		R	平行于 z 坐标的第三坐标
	○		○		·		○	○	S	主轴速度功能
○	○		○		·	○			T	刀具功能
	○		○		·	○		○	U	平行于 x 坐标的第二坐标
	○		○		·	○	○		V	平行于 y 坐标的第二坐标
○	○		○		·	○	○	○	W	平行于 z 坐标的第二坐标
○	○		○	○	·				X	x 坐标方向的主运动
	○		○	○	·			○	Y	y 坐标方向的主运动
	○		○	○	·		○		Z	z 坐标方向的主运动
		○		○	·	○	○		.	小数点*
		○		○	·		○	○	+	加／正
		○		○	·	○		○	—	减／负
○		○		○	·		○		*	星号／乘号*
○		○		○	·	○	○	○	/	跳过任选程序段(省略)／除
○		○		○	·	○			,	逗号*
○		○	○	○	·	○		○	=	等号*
		○		○	·				(	左圆括号／控制暂停
○		○		○	·			○	)	右圆括号／控制恢复
		○			·	○			$	单元符号*
		○	○	○	·		○		:	对准功能／选择(或计划)倒带停止
				○	·		○		NL *or* LF	程序段结束，新行或换行
○		○			·	○		○	%	程序开始
				○	·			○	HT	制表(或分隔符号)
○				○	·	○		○	CR	滑座返回(仅对打印机适用)
○	○	○	○	○	·	○	○	○	DEL	注销
○		○			·				SP	空格
○				○	·				BS	反绕(退格)
					·				NUL	空白纸带
○			○	○	·			○	EM	载体终了

* 表示补充的不常用。

由此可见，与EIA代码相比，ISO代码具有信息量大，可靠性高，与当今数据传输系统统一等优点。所以目前许多国家生产的软线与硬线数控系统已采用ISO代码。在1971～1973年间，英国、西德、日本等国已在有关的数控机床国家标准中采用ISO代码，美国电子工业协会也在EIARS—358标准中规定了ISO代码与EIA代码并存。作为过渡措施，一些数控机床产品中设立了EIA/ISO代码转换的功能，允许采用两种代码中的任意一种。

我国过去生产的数控系统多数采用EIA代码，1974年根据主管部门的意见，各设计制造单位从1975年开始改用ISO代码，或以ISO代码为主具备EIA/ISO转换的功能。1982年4月28日我国第一机械工业部发布了《数字控制机床用7单位编码字符》标准(JB3050—82)，它与ISO标准规定相同。

以下介绍ISO标准的有关规定。

2. 程序段格式

在编制数控机床程序时，首先要根据机床的脉冲当量确定坐标值，然后根据其程序段格式编制数控程序。所谓程序段，就是指为了完成某一动作要求所需的功能“字”的组合。“字”是表示某一功能的一组代码符号，如X2500为一个字，表示X向尺寸为2 500；F20为一个字，表示进给速度为20。程序段格式是指一个程序段中各字的排列顺序及其表达形式。常用的程序段格式有三种，即固定顺序程序段格式、带有分隔符的固定顺序程序段格式和字地址程序段格式。由于程序段是由功能“字”组成的，因此，以下先介绍常用功能字，然后再介绍程序段格式。

1）常用功能字

一个程序段中，除了由地址符N为首的三位数组成的序号字(N ×××)外，常用的功能字有：准备功能字G；坐标功能字X，Y，Z；辅助功能字M；进给功能字F；主轴转速功能字S和刀具功能字T等。

(1) 准备功能字。准备功能字以地址符G为首，后跟二位数字(G00～G99)。ISO1056标准对准备功能G的规定见表1-3。我国的标准为JB3208—83，其规定与ISO1056—1975(E)等效。这些准备功能包括：坐标移动或定位方法的指定；插补方式的指定；平面的选择；螺纹、攻丝、固定循环等加工的指定；对主轴或进给速度的说明；刀具补偿或刀具偏置的指定等。当设计一个机床数控系统时，要在标准规定的G功能中选择一部分与本系统相适应的准备功能，作为硬件设计及程序编制的依据。标准中那些“不指定”的准备功能，必要时可用来规定为本系统特殊的准备功能。

表1-3 ISO标准对准备功能G的规定

代码	功能	说明	代码	功能	说明
G00	点定位		G06	抛物线插补	
G01	直线插补		G07	不指定	
G02	顺时针圆弧插补		G08	自动加速	
G03	逆时针圆弧插补		G09	自动减速	
G04	暂停	执行本段程序前暂停一段时间	G10～G16	不指定	
G05	不指定		G17	选择 *XY* 平面	

续　表

代码	功能	说明	代码	功能	说明
G18	选择 *ZX* 平面		G63	攻丝	
G19	选择 *YZ* 平面		G64～G67	不指定	
G20～G32	不指定		G68	内角刀具偏置	
G33	切削等螺距螺纹		G69	外角刀具偏置	
G34	切削增螺距螺纹		G70～G79	不指定	
G35	切削减螺距螺纹		G80	取消固定循环	取消 G81～G89 的固定循环
G36～G39	不指定		G81	钻孔循环	
G40	取消刀具补偿		G82	钻或扩孔循环	
G41	刀具补偿－左侧	按运动方向看，刀具在工件左侧	G83	钻深孔循环	
G42	刀具补偿－右侧	按运动方向看，刀具在工件右侧	G84	攻丝循环	
G43	正补偿	刀补值加给给定坐标值	G85	镗孔循环 1	
G44	负补偿	刀补值从给定坐标值中减去	G86	镗孔循环 2	
G45	用于刀具补偿		G87	镗孔循环 3	
G46～G52	用于刀具补偿		G88	镗孔循环 4	
G53	直线位移功能取消		G89	镗孔循环 5	
G54	*X* 轴直线位移		G90	绝对值输入方式	
G55	*Y* 轴直线位移		G91	增量值输入方式	
G56	*Z* 轴直线位移		G92	预置寄存	修改尺寸字而不产生运动
G57	*XY* 平面直线位移		G93	按时间倒数给定进给速度	
G58	*XZ* 平面直线位移		G94	进给速度(mm/min)	
G59	*YZ* 平面直线位移		G95	进给速度(mm/r(主轴))	
G60	准确定位(精)	按规定公差定位	G96	主轴恒线速度(m/min)	
G61	准确定位(中)	按规定公差定位	G97	主轴转速(r/min)	取消 G96 的指定
G62	快速定位(粗)	按规定之较大公差定位	G98～G99	不指定	

(2) 坐标功能字。坐标功能字(又称为尺寸字)用来设定机床各坐标之位移量。它一般使用 X,Y,Z,U,V,W,P,Q,R,A,B,C,D,E 等地址符为首，在地址符后紧跟着“＋”(正)或

“－”(负)及一串数字，该数字一般以系统脉冲当量为单位，不使用小数点。一个程序段中有多个尺寸字时，一般按上述地址符顺序排列。

(3) 进给功能字。进给功能字用来指定刀具相对工件运动的速度。其单位一般为 mm/min。当进给速度与主轴转速有关时，如车螺纹、攻丝等，使用的单位为 mm/r。进给功能字以地址符“F”为首，其后跟一串数字代码。具体有以下几种指定方法：

① 三位数代码法：F 后跟三位数字，第一位为进给速度的整数位加上“3”，后二位是进给速度的前二位有效数字。如 1 728 mm/min 的进给速度用 F717 指定；15.25 mm/min 的进给速度用 F515 指定；0.153 7 mm/min 的进给速度用 F315 指定等。

② 二位数代码法：对于 F 后跟的二位数字代码，规定了与 00 ～ 99 相对应的速度表，除 00 与 99 外，数字代码由 01 向 98 递增时，速度是按等比关系上升的。比例系数为 10 的 20 次方根 ($\sqrt[20]{10} \approx 1.12$)，即相邻的后一速度比前一速度增加约 12%。如 F20 为 10 mm/min，F21 为 11.2 mm/min，F54 为 500 mm/min，F55 为 560 mm/min 等。F00 ～ F99 的进给速度对照关系见表 1－4。

表 1－4　二位数码法的进给速度对照表　　mm/min

代码	速度	代码	速度	代码	速度	代码	速度	代码	速度
00	停	20	10.0	40	100	60	1 000	80	10 000
01	1.12	21	11.2	41	112	61	1 120	81	11 200
02	1.25	22	12.5	42	125	62	1 250	82	12 500
03	1.40	23	14.0	43	140	63	1 400	83	14 000
04	1.60	24	16.0	44	160	64	1 600	84	16 000
05	1.80	25	18.0	45	180	65	1 800	85	18 000
06	2.00	26	20.0	46	200	66	2 000	86	20 000
07	2.24	27	22.4	47	224	67	2 240	87	22 400
08	2.50	28	25.0	48	250	68	2 500	88	25 000
09	2.80	29	28.0	49	280	69	2 800	89	28 000
10	3.15	30	31.5	50	315	70	3 150	90	31 500
11	3.55	31	35.5	51	355	71	3 550	91	35 500
12	4.00	32	40.0	52	400	72	4 000	92	40 000
13	4.50	33	45.0	53	450	73	4 500	93	45 000
14	5.00	34	50.0	54	500	74	5 000	94	50 000
15	5.60	35	56.0	55	560	75	5 600	95	56 000
16	6.30	36	63.0	56	630	76	6 300	96	63 000
17	7.10	37	71.0	57	710	77	7 100	97	71 000
18	8.00	38	80.0	58	800	78	8 000	98	80 000
19	9.00	39	90.0	59	900	79	9 000	99	高速

③ 一位数代码法：对于速度挡较少的数控机床可用F后跟一位数字，即0～9来对应10种预定的速度。

④ 直接指定法：像尺寸字中的坐标位移量一样，在F后面按照预定的单位直接写上要求的进给速度。

在一些轮廓控制系统中，有时使用一种“时间倒数”的进给速度指定方法。它是用进给速度 v_0(mm/min) 除以位移量 L(mm) 的结果作为指定，以便间接地控制进给速度，显然其单位为 1/min，常用四位数表示。这种进给速度的指定方法是供数字积分(DDA) 插补方法使用的。此种编程方法也称为进给速率数(FRN) 编程。FRN 定义为指令进给速度 v_0 与程序段长度 L(或圆弧半径 R) 之比，即

$$F=\frac{v_0}{L} \quad \text{或} \quad F=\frac{v_0}{R}$$

(4) 主轴速度功能字。主轴速度功能字用来指定主轴速度，单位为 r/min，它以地址符S为首，后跟一串数字。它与F为首的进给功能字一样可采用三位、二位、一位数字代码法或直接指定法。数字的意义、分挡办法及对照表与进给功能字通用。只是单位改为 r/min。

(5) 刀具功能字。当系统具有换刀功能时，刀具功能字用以选择替换的刀具。刀具功能字以地址符T为首，其后一般跟二位数字，代表刀具的编号。

(6) 辅助功能字。辅助功能字以地址符M为首，其后跟二位数字(M00 ～ M99)。ISO1056标准对辅助功能M的规定见表1-5。此表等效于我国标准 JB3208—83 中关于M功能的规定。这些辅助功能包括：指定主轴的转向与启停；指定系统冷却液的开与停；指定机械的夹紧与松开；指定工作台等的固定直线与角位移；说明程序停止或纸带结束等。标准中一些不指定的辅助功能可选作特殊用途。当设计一个机床数控系统时，要在标准规定的M代码中选择一部分本系统所需要的辅助功能代码，作为有关部分线路设计及将来程序编制的依据。

表1-5　ISO标准对辅助功能M的规定

代码	功能	说明	代码	功能	说明
M00	程序停止	主轴、冷却液停	M07	2号冷却液开	
M01	计划的停止	需按钮操作确认才执行	M08	1号冷却液开	
M02	程序结束	主轴、冷却液停，机床复位	M09	冷却液停止	
M03	主轴顺时针方向转	右旋螺纹进入工件方向	M10	夹紧	工作台、工件、夹具、主轴等
M04	主轴逆时针方向转	右旋螺纹离开工件方向	M11	松开	
M05	主轴停止	冷却液关闭	M12	不指定	
M06	换刀	手动或自动换刀，不包括选刀	M13	主轴顺时针转，冷却液开	

续　表

代码	功　能	说　明	代码	功　能	说　明
M14	主轴逆时针转,冷却液开		M48	取消 M49	
M15	正向快速移动		M49	手动速度修正失效	回至程序规定的转速或进给率
M16	反向快速移动		M50	3 号冷却液开	
M17～M18	不指定		M51	4 号冷却液开	
M19	主轴准停	主轴缓转至预定角度停止	M52～M54	不指定	
M20～M29	不指定		M55	刀具直线位移到预定位置 1	
M30	纸带结束	完成主轴冷却液停止、机床复位、纸带回卷等动作	M56	刀具直线位移到预定位置 2	
M31	互锁机构暂时失效		M57～M59	不指定	
M32～M35	不指定		M60	换工件	
M36	进给速度范围 1	不停车齿轮变速范围	M61	工件直线位移到预定位置 1	
M37	进给速度范围 2		M62	工件直线位移到预定位置 2	
M38	主轴速度范围 1	不停车齿轮变转速范围	M63～M70	不指定	
M39	主轴速度范围 2		M71	工件转动到预定角度 1	
M40～M45	不指定	可用于齿轮换挡	M72	工件转动到预定角度 2	
M46～M47	不指定		M73～M99	不指定	

2) 程序段格式

不同的数控机床根据功能的多少、数控装置的复杂程度、编程是否简便直观等不同要求而规定了不同的程序段格式。如果输入程序的格式不符合规定，数控装置就会报警出错。常见的程序段格式有固定顺序式、带分隔符 TAB 的固定顺序式和字地址格式三种。

早期由于数控装置简单，规定了一种称之为固定顺序的程序段格式，例如：

```
0 0 7 0 1 +0 2 5 0 0 -1 3 4 0 0  1 5  3 0  0 2  L F
└──┘ └─┘ └───────┘ └───────┘  └┘   └┘   └┘
  N    G      X         Y       F    S    M
```

以这种格式编制的程序，各字均无地址码，字的顺序即为地址的顺序，各字的顺序及字符行数是固定的（不管某一字的需要与否），即使与上一段相比某些字没有改变，也要重写而不能略去。一个字的有效位数较少时，要在前面用“0”补足规定的位数。所以各程序段所占穿孔带的长度为一定。这种格式的控制系统简单，但编程不直观，穿孔带较长，应用较少。

后来又产生了一种具有分隔符号 TAB 的固定顺序段格式。其基本形式与上述格式相同，只是各字间用分隔符号隔开，以表示地址的顺序。如上例可写成：

0 0 7 TAB 0 1 TAB ＋0 2 5 0 0 TAB －1 3 4 0 0 TAB 1 5 TAB 3 0 TAB 0 2 LF

N G X Y F S M

由于有分隔符号，不需要的字或与上程序段相同的字可以省略，但必须保留相应的分隔符号（即各程序段的分隔符号数目相等）。此种格式比前一种格式好，常用于功能不多的数控装置，如线切割机床和某些数控铣床等。我国数控线切割机床采用的“3B”或“4B”格式指令就是典型的带分隔符号的固定顺序格式。其 3B 格式的一般表示为

B X B Y B J G Z

其具体意义如下：

B	X	B	Y	B	J	G	Z
分隔符号	x 坐标值	分隔符号	y 坐标值	分隔符号	计数长度	计数方向	加工指令

目前使用最多的则是字地址程序段格式（也称为使用地址符的可变程序段格式）。以这种格式表示的程序段，每一个字之前都标有地址码用以识别地址，即如前述的由字母和数据组成的各种功能字，因此对不需要的字或与上一程序段相同的字都可省略。一个程序段内的各字也可以不按顺序（但为了编程方便，常按一定的顺序）排列。采用这种格式虽然增加了地址读入电路，但编程直观灵活，便于检查，可缩短穿孔带，广泛用于车、铣等数控机床。

对于字地址格式的程序段常常可以用一般形式来表示。如：

$$N134\ G01X-32000Y+47000F1020S1250\ T16\ M06 \qquad (1-1)$$

若将式（1－1）写成一般形式，则为

$$N3G2X\pm23Y\pm23F4S4T2M2 \qquad (1-2)$$

式中

X ± 2 3 的意思是：

3 —— 小数点后三位

2 —— 小数点前二位

± —— 具有方向 ＋、－ 号

X —— 坐标轴地址

二、数控机床的坐标和运动方向的规定

在数控机床中，机床直线运动的坐标轴 X,Y,Z 按照ISO和我国的JB3051—82标准，规定成右手直角笛卡儿坐标系。三个回转运动 A,B,C 相应的表示其轴线平行于 X,Y,Z 的旋转运动，见图1-8。X,Y,Z 的正向是使工件尺寸增加的方向，即增大工件和刀具距离的方向。通常以平行于主轴的轴线为 Z 坐标（即 Z 坐标的运动由传递切削动力的主轴所规定），而 X 方向是水平的，并且平行于工件装卡面，最后 Y 坐标就可按右手笛卡儿坐标系来确定。旋转运动 A,B,C 的正向，相应地为在 X,Y,Z 坐标正方向上按照右旋螺纹前进的方向。上述规定是工件固定、刀具移动的情况。反之，若工件移动，则其正向分别用 X',Y',Z' 表示（如图1-8中的虚线）。然而通常是以刀具移动时的坐标正方向作为编程的正向。图1-9为数控车床及无升降台式数控铣床的坐标轴及其方向。

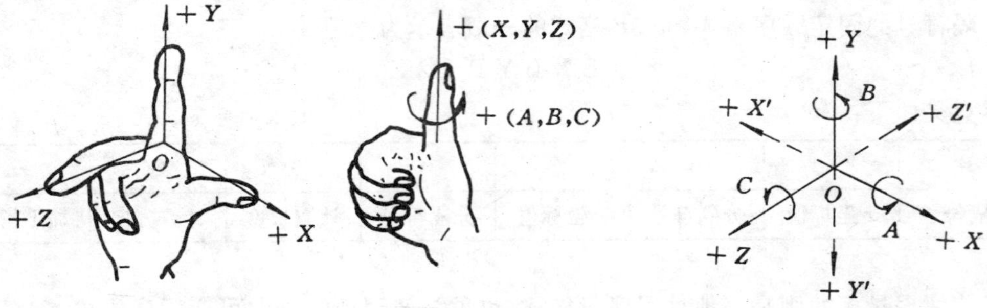

图1-8　右手坐标系及旋转运动正方向的规定

图1-9　几种典型机床的坐标轴及正方向

§1-3　机床数控技术的发展过程

数控机床综合应用了自动控制、计算机、微电子、精密测量和机床结构等方面的最新成就。

40多年来，随着科学技术的发展，机床数控技术亦经历了数代的变化，当前又出现了一些新的发展动向，以下就来谈这些问题。

一、数控机床的产生

随着科学技术和社会生产的发展，机械产品的形状和结构不断改进，对零件加工质量的要求越来越高。由于产品改型频繁，目前在一般机械加工中，单件、小批生产的产品约占70%～80%。为了保证产品的质量，提高生产率和降低成本，要求机床不仅具有较好的通用性和灵活性，而且加工过程实现自动化。在汽车、拖拉机等大量生产的工业部门中，大都采用自动机床、组合机床和自动线。但这种设备的第一次投资费用大，生产准备时间长，这与改型频繁、精度要求高、零件形状复杂的舰船和宇航，以及其他国防工业的要求不相适应。如果采用仿形机床，则要制造靠模，不仅生产周期长，精度亦受限制。数控机床就是在这种条件下发展起来的一种用数控装置（或电子计算机）控制的，适用于精度高、零件形状复杂的单件、小批生产的高效自动化机床。数控机床首先在航空宇航业和机床行业中产生并得到广泛的应用。

我们知道，在飞机制造业，以往的加工方法是使用仿形加工机床。即在图纸设计和大量试验完成以后，还必须制作昂贵的靠模和样件在仿形机床上进行加工。靠模和样件的制作也很困难，为了保存这些原始依据，还要占用大量的库房，制造周期长，更新品种很不容易。第二次世界大战以后，美国为了加速飞机工业的发展，要求革新这种样板加工的设备。具体说来，1948年，美国帕森斯(Parsons)公司在研制加工直升飞机叶片轮廓检查用样板的机床时，提出了数控机床的初始设想。后来由空军部门委托帕森斯公司和麻省理工学院伺服机构研究所(Servo Mechanismus Laboratory of the Massachusetts Institute of Technology)进行数控机床的研制工作。历经三年，于1952年试制成功世界上第一台数控机床。这是一台三坐标数控立式铣床，采用的是脉冲乘法器原理，其数控系统全部采用电子管元件，我们称之为第一代数控系统。

从1952年至今，数控机床按照控制机的发展，已经历了五代。

1959年，由于在计算机行业中研制出晶体管元件，因而在数控系统中广泛采用晶体管和印刷电路板，从而跨入了第二代。

1965年，出现小规模集成电路，由于它体积小、功耗低，使数控系统的可靠性得以进一步提高。数控系统发展到第三代。

以上三代系统，都是采用专用控制计算机的硬接线数控系统，我们称之为硬线系统，统称为普通数控系统(NC)。

随着计算技术的发展，小型计算机的价格急剧下降，激烈地冲击着市场。数控系统的生产厂家认识到，采用小型计算机来取代专用控制计算机，经济上是合算的，许多功能可以依靠编制专用程序存在计算机的存储器中，构成所谓控制软件而加以实现，提高了系统的可靠性和功能特色。这种数控系统，称为第四代系统，即计算机数控系统(CNC)。1970年在美国芝加哥国际机床展览会上，首次展出了这种系统。

但是，计算机技术的发展是日新月异的，就在1970年前后，美国英特尔(Intel)公司开发和使用了四位微处理器，微处理芯片渗透到各个行业，数控技术也不例外。1974年，美、日等国的数控系统生产厂首先研制出以微处理器为核心的数控系统。其后的20多年里，微处理机数控系统得到了广泛的应用。由于中、大规模集成电路价格低廉，集成度和可靠性高，生产厂可以组织较大批量的生产，许多小用户如日本的家庭工厂都买得起数控机床，很快它就处于领先地位。我们把以微处理机技术为特征的数控系统称为第五代系统(MNC)。

电子元器件是数控系统的主要组成部分,电子元器件由于集成度的提高,生产批量的增加,价格逐年降低。加之,计算机数控系统和微处理机数控系统的功能大部分由软件技术实现,硬件显得更简单了,第四代系统和第五代系统不但价格比第三代系统便宜,而且功能更强了。图1-10是反映集成度、功能、生产批量与价格、成本关系的示意图。一般说来,由于采用先进技术,集成度每提高一倍,批量增加一倍,售价和成本相应降低1/3以上。40多年来,随着电子元器件的更新换代,数控机床的面貌大大改观,产量也逐年提高。世界上几个数控机床主要生产国美、日、德意志联邦共和国、苏联等当中,尤以日本的发展为最快。1977年时,日本年产数控机床仅5 436台,而苏联为6 300台,美国为4 482台;可是到了1979年时,日本竟达14 317台,一跃而为世界第一位。其后一直保持着这一地位。在日本的数控机床生产总值中,以数控车床和加工中心所占的比率为最大。

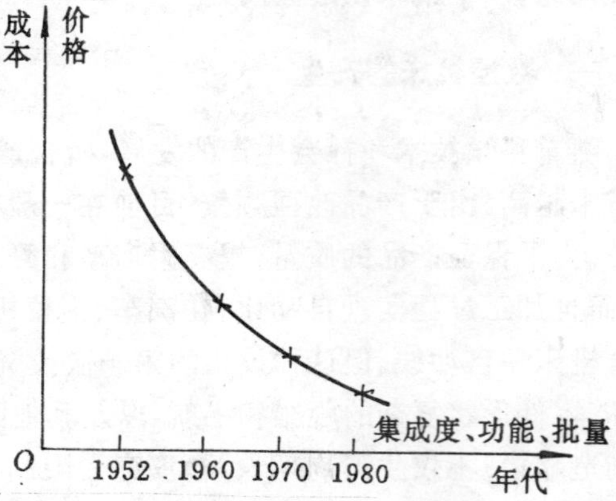

图1-10 集成度、功能、生产批量与价格、成本关系示意图

二、数控机床的发展动向

上面曾谈到,从数控系统的发展来看,数控机床已发展了五代。在实际应用中,除了机床行业之外,数控技术还应用在其他部门,产生了各种数控设备。例如,数控弯管机、数控绘图机、数控绕线机、数控测量机等等。随着数控技术向其他行业的推广,计算技术、成组技术及系统工程等技术在各工业部门的应用,推动了机械工业从传统的概念和方法中解脱出来,向着综合自动化的方向变革。在产品设计方面,采用计算机辅助设计(CAD)技术,可以提高设计质量,缩短设计周期,发现和修正设计中的错误。在加工制造方面,采用计算机辅助制造(CAM)技术,使计算机参与从零件材料到加工和装配、检验直至成品出库的整个过程。

最初,人们考虑的是在一台设备上如何提高自动化程度。例如,增加控制坐标轴的个数,如多轴数控系统(目前世界上的数控系统,最多控制的轴数是24轴)。又如,在一台设备上实现多工序自动控制,"加工中心"就是一台多工序数控机床,在一台机床上,可以实现车、铣、钻、镗、攻丝等多种功能。后来,人们发现电子计算机处理数据的速度比数控设备的加工速度快,利用一台计算机可控制多台数控设备,即我们习惯称之为群控系统或直接数控系统(DNC)。

可是,数控机床把许多生产准备工作交给了程序编制与纸带的准备。因此,能否及时正确地编制加工程序并准备好纸带,在很大程度上影响数控机床的使用。起初,多是由工人手工编程的,这对于简单零件容易完成。而对于复杂的零件,特别是一些轮廓曲线不是由简单的直线、圆弧组成的零件,用手工来逐段计算与编程就十分复杂。一则计算精度不高,二则影响了生产率。手工编程时间与数控机床加工时间之比有时竟达20∶1。后来研制出了自动编程语言系统,采用简单、专用的语言去描述工件的几何形状与加工过程。由计算机接收、翻译并根据指定的要求进行分段与计算,最后处理成数控机床适用的加工程序单或纸带。国外比较成熟和完善的自动程序编制语言系统是美国的 APT 系统，它在 1955 年完成模型之后，不断改进，目前已发展到 APTIV 系统。我国目前也研制出了 SKC—1 和 ZCX—1 等系统。自动编程的成功应用，大大减轻了计算工作量，提高了计算精度，缩短了编程时间。在计算机上进行自动编程，可使编程时间与加工时间之比降为 6∶1；若在数控装置上在线编程，则可达到 1∶1 甚至更高。

虽然这样可以使数控机床的生产率和精度提高，但是数控机床在按照程序进行加工时，有许多在编程时难以考虑到的参数变化影响着切削过程（如毛坯余量不均匀、刀具与工件材料的变化等），使加工不是处于最佳状态。如果能对某些代表加工状态的参数进行测量并及时对主轴转速、进给速度等参数进行修正，就能使切削过程达到并维持最佳状态。这就是数控机床自适应控制（AC）的概念。所谓最佳状态的指标，可以是最大生产率、最低加工成本或最佳的表面质量等。自适应控制在 60 年代就已用于机床，取得了提高加工效率和加工质量、延长刀具寿命等效果。

以上这些设备，在中小批量、多品种、复杂件的加工中，已经发挥了巨大的作用。但是，由于毛坯的供应，半成品的输送，工具的准备和调配，生产计划的安排，零件制成品的储存、检验、装配等，仍然要依靠人工进行，影响了数控设备的利用率，也影响了生产过程的灵活性。因此，人们希望生产一种适应性更强、生产率更高、加工范围可以随时调整、柔性更大的新系统，这就是柔性制造系统（FMS）。

柔性制造系统是由美国 K&T 公司在 60 年代初，对其一条能完成多品种中小批量加工任务 的数控自动加工线，首先使用"FMS"一词而命名的。目前，世界上虽然还没有统一的定义，其功能和规模也各不相同。但是，我们可以把它看作是由以下三个基本部分构成的新系统。

(1) 加工单元。一般是由数控加工中心机床为主体的一组加工单元，即完成产品加工等工序的子系统。

(2) 物料运储系统。通常由工业机器人、无人输送小车及自动仓库等组成，完成零件及毛坯的自动搬运和储藏任务。

(3) 控制系统。实施对整个柔性制造系统的全盘管理与调度。

图 1-11 是柔性制造系统一般结构的示意图。

在机床工业中，为了提高生产率，针对不同的加工批量，采用过许多行之有效的办法。例如，在大批量加工方式中，过去采用专用机床、组合机床和自动线；在单件、中小批量加工方式中，采用数控机床，提高了生产效率。但是，解决问题的着眼点还只是放在机械加工这个环节。在中小批量的加工制造全部流程中，机械加工的时间一般只占 5%，而真正用于切削过程的只占 1.5%。有 95% 的时间用于运输和存放的等待时间，这一部分是极大的浪费。要提高生产率，就要从这一

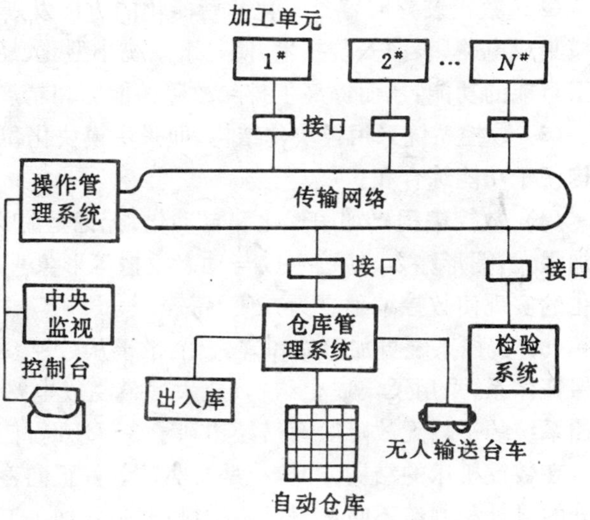

图 1-11 FMS 示意图

环节入手。

FMS 提出了新概念，突破了传统工艺，解决了机械加工制造中的一个重要问题。因为它提高了设备利用率和时间利用率，缩短了辅助时间，因而生产率高，减少了库存和周转；提高了加工精度和质量的稳定性；降低了某些生产费用的消耗，减轻了劳动强度，改善了劳动条件，是中批量混流生产的一种好方式。图 1-12 是将这个新概念与传统加工的生产方式，在提高生产率、扩大加工柔性方面进行比较的示意图。

从这里可以看出，FMS 的适应范围，填补了单台数控机床与刚性自动线之间加工方式的空白。“刚性自动线”即 50 年代人们所熟悉的“自动线”，或称“传统自动线”。我们把采用 FMS 技术应用于自动线的新的加工方式，称为“柔性自动线”，它加工的批量比 FMS 还要大，品种可比 FMS 方式少。

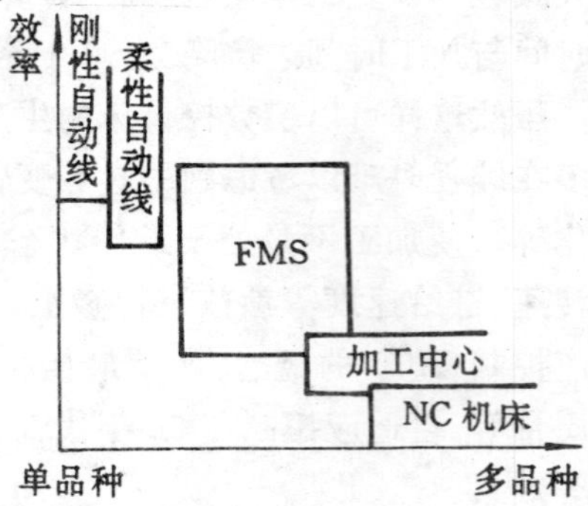

图 1-12　几种生产方式的应用范围

一般说来，通用机床的利用率只有 30%，数控机床的利用率达 55%，采用柔性制造系统后，其利用率高达 75%。

1982 年 11 月在日本大阪国际机床展览会上，展出设备的数控化率达 67%，展出 FMS 共 24 条，数控技术应用日益广泛，FMS 技术正以一个新的姿态登上舞台。因此，在下面的章节中，除了介绍单台系统的数控技术外，还将简要介绍柔性制造系统的一般概念。

当前，国内外在数控装置、机床结构等的研究与开发方面不断取得成果，其水平和功能也日臻提高和完善，出现了新的发展特点。从数控系统方面看，主要有：

(1) 主控机向着多位的微处理机化发展。即越来越多的数控机床采用 32 位或 64 位微机，从而提高了数控系统的运算处理速度和能力。一般的数控系统都有远距离接口，高档系统还有 DNC 接口，便于实现数据通信、联网与控制。

(2) 数控装置向着集成化和智能化的方向发展。新一代数控系统大量采用大规模及超大规模集成电路、表面安装技术，使整个系统小型化、经济、可靠。还引进专家系统和知识库，增加人工智能的功能，从而提高了排除故障的能力和精度。

(3) 数控系统采用模块化结构。即采用模块化和总线结构，更加通用、方便，开放式模块化结构便于功能综合和扩展。

(4) 数控编程更加图形化和自动化。无论是脱机编程，还是联机编程，其编程系统的功能更加强大，图形输入、轨迹生成与动态模拟等形象直观高效的方法的采用，测量、编程、加工一体化的实现使数控编程更为方便、高效。

(5) 数控系统更加可靠和宜人化。由于从数控系统的可靠性设计开始，实施了一整套的质量保证体系，采用了集成化结构、超大规模集成电路、表面安装工艺(SMT) 新技术等，使现代数控系统的平均无故障时间已经达到了 3 万小时，使可靠性大为提高。

在数控机床的结构方面，一是其驱动装置正向着交流和数字化的方向发展；二是机床床体部分的设计和制造不断选用新的材料；三是其加工刀具等辅助工具的材料引人注目。

三、我国的发展情况

我国从 1958 年开始研究数控机械加工技术，60 年代针对壁锥、非圆齿轮等复杂形状的工件研制出了数控壁锥铣床、数控非圆齿轮插齿机等设备，保证了加工质量，减少了废品，提高了效率，取得了良好的效果。70 年代针对航空工业等加工复杂形状零件的急需，从 1973 年以来组织了数控机床攻关会战，经过 3 年努力，到 1975 年已试制生产了 40 多个品种 300 多台数控机床。据国家统计局的资料，从 1973 ～ 1979 年，7 年内全国累计生产数控机床 4 108 台(其中约 3/4 以上为数控线切割机床)。从技术水平来说，我国大致已达到国外 60 年代后期的技术水平。为了扬长避短，以解决用户急需，并争取打入国际市场，1980 年前后我国采取了暂时从国外(主要是从日本和美国) 引进数控装置和伺服驱动系统，为国产主机配套的方针，几年内大见成效。1981 年，我国从日本发那科(FANUC) 公司引进了 5，7，3 等系列的数控系统和直流伺服电 机，直流主轴电机技术，并在北京机床研究所建立了数控设备厂，当年年底开始验收投产，1982 年生产约 40 套系统，1983 年生产约 100 套系统，1985 年生产约 400 套系统，伺服电机与主轴电机也配套生产。这些系统是国外 70 年代的水平，功能较全，可靠性比较高，这样就使机床行业发展数控机床有了可靠的基础，使我国的主机品种与技术水平都有较大的发展与提高。1982 年，青海第一机床厂生产的 XHK754 卧式加工中心，长城机床厂生产的 CK7815 数控车床，北京机床研究所生产的 JCS018 立式加工中心，上海机床厂生产的 H160 数控端面外圆磨床等，都能可靠地进行工作，并陆续形成了批量生产。1984 年仅机械工业部门就生产数控机床 650 台，全国当年总产量为 1 620 台，已有少数产品开始进入国际市场，还有几种合作生产的数控机床返销国外。1985 年，我国数控机床的品种已有了新的发展，除了各类数控线切割机床以外，其他各种金属切削机床(如各种规格的立式、卧式加工中心，立式、卧式数控车床，数控铣床，数控磨床等)，也都有了极大的发展。新品种总计 45 种。到 1989 年底，我国数控机床的可供品种已超过 300 种，其中数控车床占 40%，加工中心占 27%。

目前，我国除具有设计与生产常规的数控机床(包括 MNC 系统的车、铣，加工中心机床等) 外，还生产出了柔性制造系统。1984 年北京机床研究所研制成功了 FMC—1 和 FMC—2 柔性加工单元，之后又开始了柔性制造系统的开发工作，并与日本发那科公司合作，在北京机床研究所内建立了第一条柔性制造系统(JCS—FMC—1 型)，用于加工直流伺服电机的轴类、法兰盘类、刷架体类和壳体类的 14 种零件。近年来，依靠我国科技人员的努力，已先后研制成功并在北京、长春等地安装使用了 FMS。这一切说明，我国的机床数控技术已经进入了一个新的发展时期。预计在不远的将来，我国将会赶上和超过世界先进国家的水平。

本 章 小 结

本章引入了数控机床的一些基本概念，列出了数控机床输入的一些常用标准。同时也概述了数控机床的产生和发展历程。

通过本章的学习，我们应当明确以下几点：

(1) 数控机床的核心问题是如何用数字代码的方式记载、输入并控制机床工作台移动的距离、方向、轨迹和速度的。数控机床一般由控制介质、数控装置、伺服系统、机床和测量反馈装置等组成。在 CNC 和 MNC 系统中，其数控装置的功能由一台计算机(或微机) 来实现。

(2) 数控机床可以按多种方式进行分类。若按工艺用途，可将其分为一般数控机床、数控加工中心机床、多坐标机床等；若按加工路线分类，则可以分为点位控制、点位直线控制和轮廓控制的数控机床；若按测量装置的有无及位置可分为开环、闭环和半闭环等系统；还可以按数控装置，将其分为普通数控(NC)机床、计算机数控(CNC)机床和微处理机数控(MNC)机床等。

(3) 为使用户方便和统一，国际标准化组织对数控机床的输入纸带格式、指令的定义、机床坐标系等制定了统一的标准。本章中介绍了两种8单位纸带编码标准，即EIA码和ISO码；列出了G,M,T,S,F等功能字的规定；也介绍了机床坐标轴的确定方法。这些是我们掌握数控机床功能的基础。

至于数控机床各个组成环节的详细工作原理，如插补运算原理、测量装置工作原理、伺服系统工作原理等，我们将在以后各章中加以介绍。

习 题 一

1-1 数控机床由哪几部分组成？

1-2 数控机床的纸带编码标准有几种？各有何特点？

1-3 已知一穿孔纸带代码如图1-13所示，试回答下列问题：

(1) 该代码符合哪种编码标准？为什么？

(2) 该纸带中由第2～4行代码所组成的字表示什么意义？第5～7行代码所组成的字又表示什么意义？

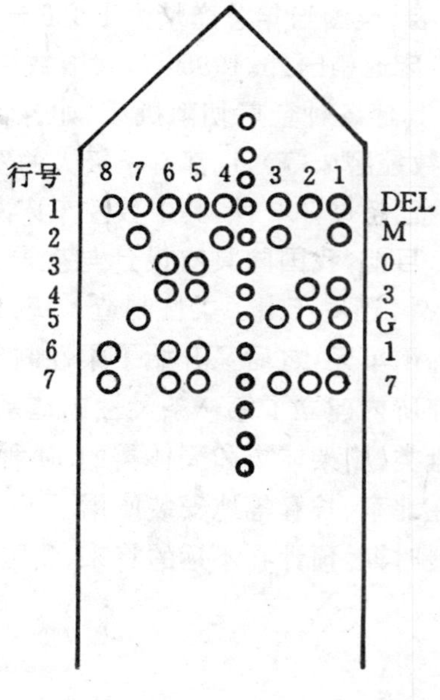

图 1-13

1-4 试设计一个将ISO码中数字0～9以及文字A～E译出的译码电路。

1-5 试解释下列符号的意义：

(1) G03；(2) M05；(3) S40(二位数法)；

(4) F723(三位数法)；(5) LF。

1-6 在某数控机床说明书中查到该机床的编程格式为：N2G2X ± 32Y ± 32F3S4T2M2，试解释各字的意义。

1-7 何谓点位控制、点位直线控制、轮廓控制？三者有何区别？

***1-8** 数控机床有何优缺点？选择时应主要考虑哪些因素？它适应于哪种组织形式的生产？

***1-9** 数控机床的坐标系是怎样规定的？常见的程序段格式有几种？

***1-10** 进给功能字F常见的是哪几种编程方式？各是怎样定义的？

***1-11** 什么叫脉冲当量？数控机床常用的脉冲当量是多少？它影响着数控机床的什么性能？

第二章　插补与刀补计算原理

§2-1　概　　述

在机床的实际加工中，被加工工件的轮廓形状千差万别，各式各样。严格说来，为了满足几何尺寸精度的要求，刀具中心轨迹应该准确地依照工件的轮廓形状来生成。然而，对于简单的曲线，数控装置易于实现，但对于较复杂的形状，若直接生成，势必会使算法变得很复杂，计算机的工作量也相应地大大增加。因此，在实际应用中，常常采用一小段直线或圆弧去进行逼近，有些场合也可以用抛物线、椭圆、双曲线和其他高次曲线去逼近(或称为拟合)。所谓插补是指数据密化的过程。在对数控系统输入有限坐标点(例如起点、终点)的情况下，计算机根据线段的特征(直线、圆弧、椭圆等)，运用一定的算法，自动地在有限坐标点之间生成一系列的坐标数据，即所谓数据密化，从而自动地对各坐标轴进行脉冲分配，完成整个线段的轨迹运行，以满足加工精度的要求。

机床数控系统的轮廓控制主要问题就是怎样控制刀具或工件的运动轨迹。无论是硬件数控(NC)系统，还是计算机数控(CNC)系统或微机数控(MNC)系统，都必须有完成插补功能的部分，只是采取的方式不同而已。在 CNC 或 MNC 中，以软件(程序)完成插补或软、硬件结合实现插补，而在 NC 中有一个专门完成脉冲分配计算(即插补计算)的计算装置——插补器。无论是软件数控还是硬件数控，其插补的运算原理基本相同，其作用都是根据给定的信息进行数字计算，在计算过程中不断向各个坐标发出相互协调的进给脉冲，使被控机械部件按指定的路线移动。

有关插补算法问题，除了要保证插补计算的精度之外，还要求算法简单。这对于硬件数控来说，可以简化控制电路，采用较简单的运算器。而对于计算机数控系统来说，则能提高运算速度，使控制系统较快且均匀地输出进给脉冲。

经过多年的发展，插补原理不断成熟，类型众多。从产生的数学模型来分，有直线插补、二次曲线插补等；从插补计算输出的数值形式来分，有基准脉冲插补(又称脉冲增量插补)和数据采样插补。在基准脉冲插补中，按基本原理又分为以区域判别为特征的逐点比较法插补，以比例乘法为特征的数字脉冲乘法器插补，以数字积分法进行运算的数字积分插补，以矢量运算为基础的矢量判别法插补，兼备逐点比较和数字积分特征的比较积分法插补，等等。在 CNC 系统中，除了可采用上述基准脉冲插补法中的各种插补原理外，还可采用各种数据采样插补方法。

本章将介绍在数控系统中常用的逐点比较法、数字积分法、时间分割法等多种插补方法以及刀具半径补偿计算原理。

§2-2 逐点比较法

逐点比较法是我国数控机床中广泛采用的一种插补方法，它能实现直线、圆弧和非圆二次曲线的插补，插补精度较高。

逐点比较法，顾名思义，就是每走一步都要将加工点的瞬时坐标同规定的图形轨迹相比较，判断其偏差，然后决定下一步的走向，如果加工点走到图形外面去了，那么下一步就要向图形里面走；如果加工点在图形里面，那么下一步就要向图形外面走，以缩小偏差。这样就能得出一个非常接近规定图形的轨迹，最大偏差不超过一个脉冲当量。

在逐点比较法中，每进给一步都须要进行偏差判别、坐标进给、新偏差计算和终点比较四个节拍。下面分别介绍逐点比较法直线插补和圆弧插补的原理。

一、逐点比较法直线插补

如上所述，偏差计算是逐点比较法关键的一步。下面以第 Ⅰ 象限直线为例导出其偏差计算公式。

如图 2-1 所示，假定直线$\overline{OA}$的起点为坐标原点，终点A的坐标为$A(x_e,y_e)$，$P(x_i,y_j)$为加工点，若P点正好处在OA直线上，那么下式成立：

$$\frac{y_j}{x_i}=\frac{y_e}{x_e}$$

即
$$x_e y_j - x_i y_e = 0$$

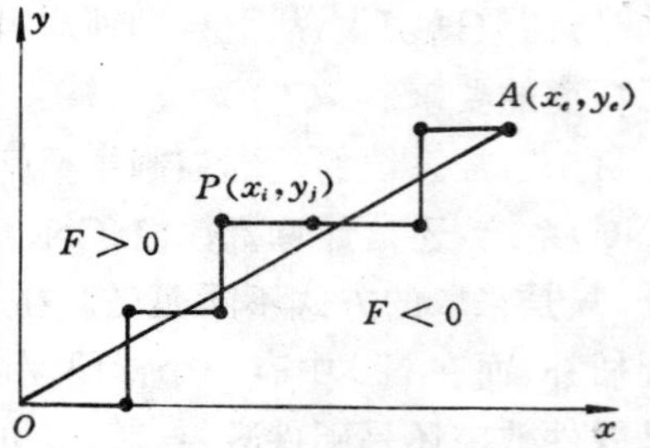

图 2-1　直线插补过程

若任意点$P(x_i,y_j)$在直线OA的上方（严格地说，在直线OA与y轴所成夹角区域内），那么有下述关系成立：

$$\frac{y_j}{x_i}>\frac{y_e}{x_e}$$

即
$$x_e y_j - x_i y_e > 0$$

若任意点$P(x_i,y_j)$在直线OA的下方（严格地说，在直线OA与x轴所成夹角区域内），那么有下述关系成立：

$$\frac{y_j}{x_i}<\frac{y_e}{x_e}$$

亦即
$$x_e y_j - x_i y_e < 0$$

由此可以取偏差判别函数F_{ij}为

$$F_{ij}=x_e y_j - x_i y_e$$

由F_{ij}的数值（称为“偏差”）就可以判别出P点与直线的相对位置。即：

当$F_{ij}=0$时，点$P(x_i,y_j)$正好落在直线上；

当$F_{ij}>0$时，点$P(x_i,y_j)$落在直线的上方；

当$F_{ij}<0$时，点$P(x_i,y_j)$落在直线的下方。

从图 2-1 看出，对于起点在原点，终点为$A(x_e,y_e)$的第 Ⅰ 象限直线OA来说，当点P在直线上方(即 $F_{ij}>0$)时,应该向 $+x$ 方向发一个脉冲,使机床刀具向 $+x$ 方向前进一步,以接近该直线;当点 P 在直线下方(即 $F_{ij}<0$)时,应该向 $+y$ 方向发一个脉冲,使机床刀具向 $+y$ 方向前进一步,趋向该直线;当点 P 正好在直线上(即 $F_{ij}=0$)时,既可向 $+x$ 方向发一脉冲,也可向 $+y$ 方向发一脉冲。因此通常将 $F_{ij}>0$ 和 $F_{ij}=0$ 归于一类,即 $F_{ij}\geqslant 0$。这样从坐标原点开始,走一步,算一次,判别 F_{ij},再趋向直线,逐点接近直线 OA,步步前进。当两个方向所走的步数和终点坐标 $A(x_e,y_e)$ 值相等时,发出终点到达信号,停止插补。

对于图 2-1 的加工直线 OA,我们运用上述法则,根据偏差判别函数值,就可以获得如图中折线段那样的近似直线。

但是按照上述法则进行 F_{ij} 的运算时,要作乘法和减法运算,这对于计算过程以及具体电路实现起来都不很方便。对于计算机而言,这样会影响速度;对于专用控制机而言,会增加硬件设备。因此应简化运算,通常采用的是迭代法,或称递推法,即每走一步后新加工点的加工偏差值用前一点的加工偏差递推出来。下面推导该递推式:

已经知道,加工点的坐标为 (x_i,y_j) 时的偏差为

$$F_{ij}=x_e y_j - x_i y_e$$

若 $F_{ij}\geqslant 0$ 时,则向 x 轴发出一进给脉冲,刀具从这点即 (x_i,y_j) 点向 x 方向前进一步,到达新加工点 $P(x_{i+1},y_j)$,$x_{i+1}=x_i+1$,因此新加工点 $P(x_{i+1},y_j)$ 的偏差值为

$$\begin{aligned}F_{i+1,j}&=x_e y_j - x_{i+1}y_e = x_e y_j-(x_i+1)y_e\\&=x_e y_j - x_i y_e - y_e = F_{ij}-y_e\end{aligned}$$

即

$$F_{i+1,j}=F_{ij}-y_e \tag{2-1}$$

如果某一时刻,加工点 $P(x_i,y_j)$ 的 $F_{ij}<0$,则向 y 轴发出一个进给脉冲,刀具从这一点向 y 方向前进一步,新加工点 $P(x_i,y_{j+1})$ 的偏差值为

$$\begin{aligned}F_{i,j+1}&=x_e y_{j+1}-x_i y_e = x_e(y_j+1)-x_i y_e\\&=x_e y_j - x_i y_e + x_e = F_{ij}+x_e\end{aligned}$$

即

$$F_{i,j+1}=F_{ij}+x_e \tag{2-2}$$

根据式(2-1)及式(2-2)可以看出,新加工点的偏差完全可以用前一加工点的偏差递推出来。

综上所述,逐点比较法的直线插补过程为每走一步要进行以下 4 个节拍(步骤),即判别、进给、运算、比较。

(1) 判别。根据偏差值确定刀具位置是在直线的上方(或线上),还是在直线的下方。

(2) 进给。根据判别的结果,决定控制哪个坐标(x 或 y)移动一步。

(3) 运算。计算出刀具移动后的新偏差,提供给下一步作判别依据。根据式(2-1)及式(2-2)来计算新加工点的偏差,使运算大大简化。但是每一新加工点的偏差是由前一点偏差 F_{ij} 推算出来的,并且一直递推下去,这样就要知道开始加工时那一点的偏差是多少。当开始加工时,我们是以人工方式将刀具移到加工起点,即所谓"对刀",这一点当然没有偏差,所以开始加工点的 $F_{ij}=0$。

(4) 比较。在计算偏差的同时,还要进行一次终点比较,以确定是否到达了终点。若已经到达,就不再进行运算,并发出停机或转换新程序段的信号。

下面以实例来验证图 2-1。设欲加工直线 OA，其终点坐标为 $x_e = 5^*$，$y_e = 3^*$，则终点判别值可取为 $E_8 = x_e + y_e = 5 + 3 = 8$(终点判别方法详见下述)。开始时偏差 $F_{00} = 0$，加工过程的运算节拍如表 2-1 所示。

表 2-1　逐点比较法直线插补运算举例

序号	工作节拍			
	第 1 拍：判别	第 2 拍：进给	第 3 拍：运算	第 4 拍：比较
1	$F_{00} = 0$	$+\Delta x$	$F_{10} = F_{00} - y_e = 0 - 3 = -3$	$E_7 = E_8 - 1 = 7$
2	$F_{10}(=-3) < 0$	$+\Delta y$	$F_{11} = F_{10} + x_e = -3 + 5 = 2$	$E_6 = E_7 - 1 = 6$
3	$F_{11}(=2) > 0$	$+\Delta x$	$F_{21} = F_{11} - y_e = 2 - 3 = -1$	$E_5 = E_6 - 1 = 5$
4	$F_{21}(=-1) < 0$	$+\Delta y$	$F_{22} = F_{21} + x_e = -1 + 5 = 4$	$E_4 = E_5 - 1 = 4$
5	$F_{22}(=4) > 0$	$+\Delta x$	$F_{32} = F_{22} - y_e = 4 - 3 = 1$	$E_3 = E_4 - 1 = 3$
6	$F_{32}(=1) > 0$	$+\Delta x$	$F_{42} = F_{32} - y_e = 1 - 3 = -2$	$E_2 = E_3 - 1 = 2$
7	$F_{42}(=-2) < 0$	$+\Delta y$	$F_{43} = F_{42} + x_e = -2 + 5 = 3$	$E_1 = E_2 - 1 = 1$
8	$F_{43}(=3) > 0$	$+\Delta x$	$F_{53} = F_{43} - y_e = 3 - 3 = 0$	$E_0 = E_1 - 1 = 0$ 到达终点

二、逐点比较法圆弧插补

加工一个圆弧，很容易联想到把加工点到圆心的距离和该圆的名义半径相比较来反映加工偏差。这里，我们以第 Ⅰ 象限逆圆弧为例导出其偏差计算公式。设要加工图 2-2 所示第 Ⅰ 象限逆时针走向的圆弧 $\overset{\frown}{AE}$，半径为 R，以原点为圆心，起点坐标为 $A(x_0, y_0)$，对于圆弧上任一加工点的坐标设为 $P(x_i, y_j)$，P 点与圆心的距离 R_P 的平方为 $R_P^2 = x_i^2 + y_j^2$，现在讨论这一加工点的加工偏差。

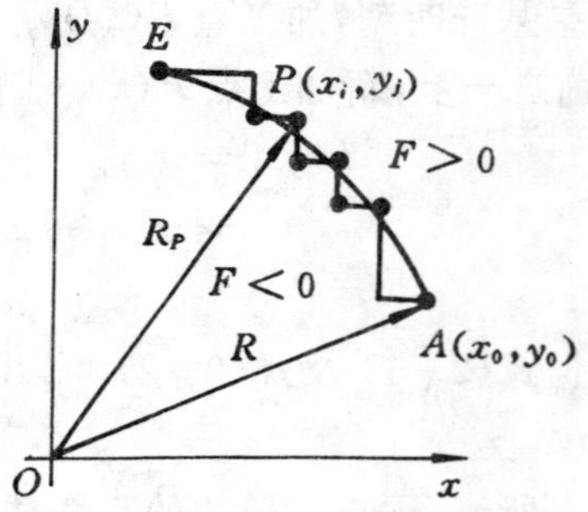

图 2-2　圆弧插补过程

若点 $P(x_i, y_j)$ 正好落在圆弧上，则下式成立：

$$x_i^2 + y_j^2 = x_0^2 + y_0^2 = R^2$$

若加工点 $P(x_i, y_j)$ 在圆弧外侧，则 $R_P > R$，即

$$x_i^2 + y_j^2 > x_0^2 + y_0^2$$

若加工点 $P(x_i, y_j)$ 在圆弧内侧，则 $R_P < R$，即

$$x_i^2 + y_j^2 < x_0^2 + y_0^2$$

将上面各式分别改写为下列形式：

$$(x_i^2 - x_0^2) + (y_j^2 - y_0^2) = 0 \quad \text{(加工点在圆弧上)}$$

$$(x_i^2 - x_0^2) + (y_j^2 - y_0^2) > 0 \quad \text{(加工点在圆弧外侧)}$$

$$(x_i^2 - x_0^2) + (y_j^2 - y_0^2) < 0 \quad \text{(加工点在圆弧内侧)}$$

* 在本章内所写的坐标数值均指脉冲的个数。

取加工偏差判别式为

$$F_{ij} = (x_i^2 - x_0^2) + (y_j^2 - y_0^2)$$

运用上述法则，利用偏差判别式，即获得图 2-2 折线所示的近似圆弧。

若 $P(x_i, y_j)$ 在圆弧外或圆弧上，即满足 $F_{ij} \geqslant 0$ 的条件时，应向 x 轴发出一个负向运动的进给脉冲($-\Delta x$)，即向圆内走一步。若 $P(x_i, y_j)$ 在圆弧内侧，即满足 $F_{ij} < 0$ 的条件，则向 y 轴发出一个正向运动的进给脉冲($+\Delta y$)，即向圆弧外走一步。为了简化偏差判别式的运算，仍用递推法来推算下一步新的加工偏差。

设加工点 $P(x_i, y_j)$ 在圆弧外侧或圆弧上，则加工偏差为

$$F_{ij} = (x_i^2 - x_0^2) + (y_j^2 - y_0^2) \geqslant 0$$

x 坐标需向负方向进给一步($-\Delta x$)，移到新的加工点 $P(x_{i+1}, y_j)$ 位置，此时新加工点的 x 坐标值为 $x_i - 1$，y 坐标值仍为 y_j，新加工点 $P(x_{i+1}, y_j)$ 的加工偏差为

$$F_{i+1,j} = (x_i - 1)^2 - x_0^2 + y_j^2 - y_0^2$$

经展开并整理，得

$$F_{i+1,j} = F_{ij} - 2x_i + 1 \tag{2-3}$$

设加工点 $P(x_i, y_j)$ 在圆弧的内侧，则

$$F_{ij} < 0$$

那么，y 坐标需向正方向进给一步($+\Delta y$)，移到新加工点 $P(x_i, y_{j+1})$，此时新加工点的 x 坐标值仍为 x_i，y 坐标值则改为 $y_j + 1$，新加工点 $P(x_i, y_{j+1})$ 的加工偏差为

$$F_{i,j+1} = x_i^2 - x_0^2 + (y_j + 1)^2 - y_0^2$$

展开上式，并整理得

$$F_{i,j+1} = F_{ij} + 2y_j + 1 \tag{2-4}$$

综上所述可知：当 $F_{ij} \geqslant 0$ 时，应走 $-\Delta x$，新偏差为 $F_{i+1,j} = F_{ij} - 2x_i + 1$，动点(加工点)坐标为 $x_{i+1} = x_i - 1, y_j = y_j$；当 $F_{ij} < 0$ 时，应走 $+\Delta y$，新偏差为 $F_{i,j+1} = F_{ij} + 2y_j + 1$，动点坐标为 $x_i = x_i, y_{j+1} = y_j + 1$。

可见，圆弧插补偏差计算的递推公式也是比较简单的。但计算偏差的同时，还要对动点的坐标进行加1、减1运算，为下一点的偏差计算做好准备。

和直线插补一样，除偏差计算外，还要进行终点判别计算。每走一步，都要从两坐标方向总步数中减去1，直至总步数被减为零(发终点到达信号)时为止，才终止计算。

下面举例说明插补过程。设欲加工第 I 象限逆时针走向的圆弧 $\overset{\frown}{AE}$(见图 2-3)，起点 A 的坐标是 $x_0 = 4, y_0 = 3$，终点 E 的坐标是 $x_e = 0, y_e = 5$，终点判别值

$$\begin{aligned} E &= (x_0 - x_e) + (y_e - y_0) \\ &= (4 - 0) + (5 - 3) = 6 \end{aligned}$$

加工过程的运算节拍见表 2-2，插补后获得的实际轨迹如图 2-3 折线所示。

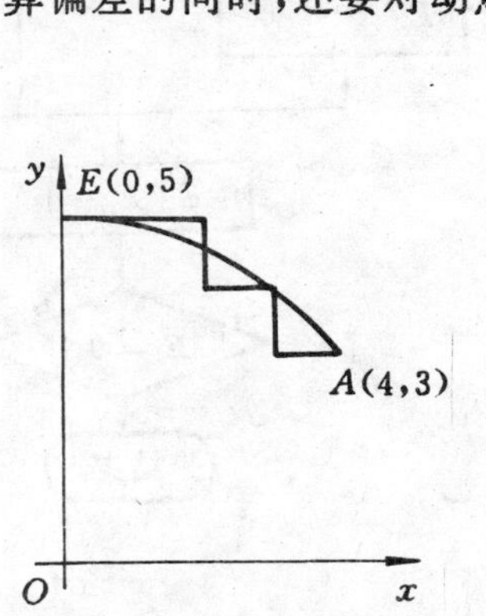

图 2-3　圆弧实际轨迹

表 2-2　逐点比较法圆弧插补运算举例

序号	工作节拍			
	第 1 拍：判别	第 2 拍：进给	第 3 拍：运算	第 4 拍：比较
1	$F=0$	$-\Delta x$	$F=0-2\times4+1=-7$ $x=4-1=3,\ y=3$	$E=6-1=5(\neq0)$
2	$F(=-7)<0$	$+\Delta y$	$F=-7+2\times3+1=0$ $x=3,\ y=3+1=4$	$E=5-1=4(\neq0)$
3	$F=0$	$-\Delta x$	$F=0-2\times3+1=-5$ $x=3-1=2,\ y=4$	$E=4-1=3(\neq0)$
4	$F(=-5)<0$	$+\Delta y$	$F=-5+2\times4+1=4$ $x=2,\ y=4+1=5$	$E=3-1=2(\neq0)$
5	$F(=4)>0$	$-\Delta x$	$F=4-2\times2+1=1$ $x=2-1=1,\ y=5$	$E=2-1=1(\neq0)$
6	$F(=1)>0$	$-\Delta x$	$F=1-2\times1+1=0$ $x=1-1=0,\ y=5$	$E=1-1=0$(终止)

逐点比较法插补第Ⅰ象限直线和第Ⅰ象限逆圆弧的计算流程图分别见图 2-4 和图 2-5。

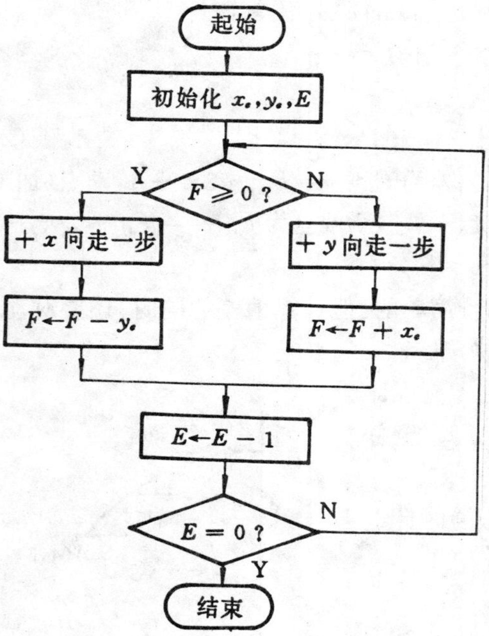

图 2-4　直线插补计算流程图

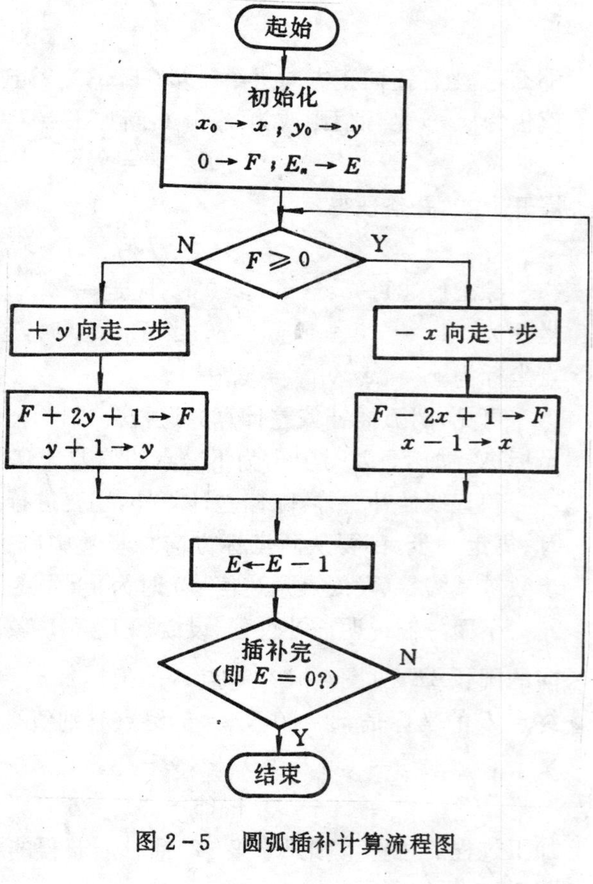

图 2-5　圆弧插补计算流程图

三、坐标转换和终点判别问题

1. 象限与坐标变换

前面所讨论的用逐点比较法进行直线及圆弧插补的原理和计算公式，只适用于第 Ⅰ 象限直线和第 Ⅰ 象限逆时针圆弧那种特定的情况。对于不同象限的直线和不同象限、不同走向的圆弧来说，其插补计算公式和脉冲进给方向都是不同的。为了将各象限直线的插补公式统一于第 Ⅰ 象限的公式，将不同象限、不同走向的 8 种圆弧的插补公式统一于第 Ⅰ 象限逆圆的计算公式，就需要将坐标和进给方向根据象限等的不同而进行变换，这样，不管哪个象限的圆弧和直线都按第 Ⅰ 象限逆圆和直线进行插补计算。而进给脉冲的方向则按实际象限和线型来决定，采用逻辑电路或程序将进给脉冲分别发到 $+X$，$-X$，$+Y$，$-Y$ 四个通道上去，以控制机床工作台沿 X 和 Y 向的运动。

我们用 SR1,SR2,SR3,SR4 分别表示第 Ⅰ，Ⅱ，Ⅲ，Ⅳ 象限的顺时针圆弧，用 NR1,NR2,NR3,NR4 分别表示第 Ⅰ，Ⅱ，Ⅲ，Ⅳ 象限的逆时针圆弧，如图 2-6(a) 所示；用 L1,L2,L3,L4 分别表示第 Ⅰ，Ⅱ，Ⅲ，Ⅳ 象限的直线，如图 2-6(b) 所示。由图 2-6 可以看出：按第 Ⅰ 象限逆时针走向圆弧 NR1 线型插补运算时，如将 x 轴的进给反向，即走出第 Ⅱ 象限顺时针走向圆弧 SR2；将 y 轴的进给反向，即走出 SR4；将 x 和 y 轴两者进给都反向，即走出 NR3。此时 NR1,NR3,SR2,SR4 四种线型都取相同的偏差运算公式，无须改变。

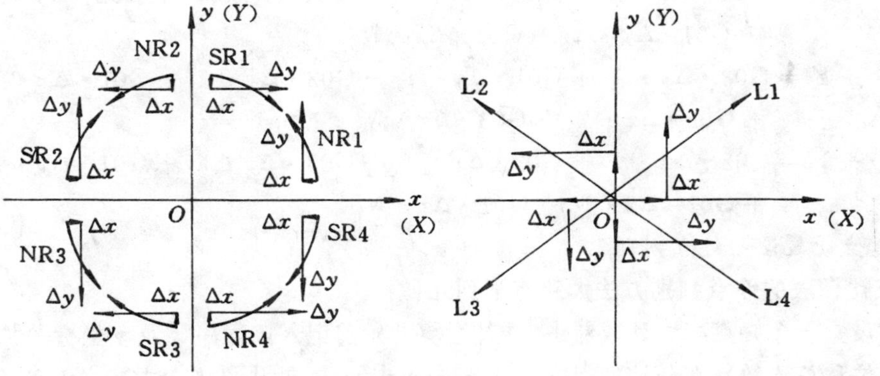

图 2-6　直线和圆弧不同象限的走向

还可以看出，按 NR1 线型插补时，把运算公式的坐标 x 和 y 对调，以 x 作 y，以 y 作 x，那么就得到 SR1 的走向。按上述原理，应用 SR1 同一运算公式，适当改变进给方向也可获得其余线型 SR3,NR2,NR4 的走向。

这就是说，若针对不同象限建立类似于第 Ⅰ 象限的坐标，就可得到与第 Ⅰ 象限直线和第 Ⅰ 象限逆圆的类似情况，从而可以用统一公式作插补计算，然后根据象限的不同发出不同方向的脉冲。图 2-6(a)、(b) 分别为 8 种圆弧和 4 种直线的坐标建立情况，据此可以得到表 2-3 的进给脉冲分配类型。

表 2-3　$\Delta x, \Delta y$ 脉冲分配的 12 种类型

图形	脉冲	象限			
		Ⅰ	Ⅱ	Ⅲ	Ⅳ
G03	Δx	$-X$	$-Y$	$+X$	$+Y$
	Δy	$+Y$	$-X$	$-Y$	$+X$
G02	Δx	$-Y$	$+X$	$+Y$	$-X$
	Δy	$+X$	$+Y$	$-X$	$-Y$
G01	Δx	$+X$	$+Y$	$-X$	$-Y$
	Δy	$+Y$	$-X$	$-Y$	$+X$

从表 2-3 可以看出，对于直线(G01)来说，按照第 Ⅰ 象限直线偏差计算公式得到的 Δx 和 Δy 脉冲，根据不同的象限，分配到机床不同坐标(X,Y)的正负方向上。即若是第 Ⅱ 象限直线，则 Δx 应发往 $+Y$ 坐标；若是第 Ⅲ 象限直线，则 Δx 应发往 $-X$ 坐标，等等。由此表可以得到发往 $\pm X$，$\pm Y$ 坐标方向的脉冲分配逻辑式为

$$
\begin{aligned}
+X &= \mathrm{G02}\cdot\Delta y\cdot \mathrm{I} + \mathrm{G01}\cdot\Delta x\cdot \mathrm{I} + \mathrm{G02}\cdot\Delta x\cdot \mathrm{II} + \mathrm{G03}\cdot\Delta x\cdot \mathrm{III} \\
&\quad + \mathrm{G03}\cdot\Delta y\cdot \mathrm{IV} + \mathrm{G01}\cdot\Delta y\cdot \mathrm{IV} \\
-X &= \mathrm{G03}\cdot\Delta x\cdot \mathrm{I} + \mathrm{G03}\cdot\Delta y\cdot \mathrm{II} + \mathrm{G01}\cdot\Delta y\cdot \mathrm{II} + \mathrm{G02}\cdot\Delta y\cdot \mathrm{III} \\
&\quad + \mathrm{G01}\cdot\Delta x\cdot \mathrm{III} + \mathrm{G02}\cdot\Delta x\cdot \mathrm{IV} \\
+Y &= \mathrm{G03}\cdot\Delta y\cdot \mathrm{I} + \mathrm{G01}\cdot\Delta y\cdot \mathrm{I} + \mathrm{G02}\cdot\Delta y\cdot \mathrm{II} + \mathrm{G01}\cdot\Delta x\cdot \mathrm{II} \\
&\quad + \mathrm{G02}\cdot\Delta x\cdot \mathrm{III} + \mathrm{G03}\cdot\Delta x\cdot \mathrm{IV} \\
-Y &= \mathrm{G02}\cdot\Delta x\cdot \mathrm{I} + \mathrm{G03}\cdot\Delta x\cdot \mathrm{II} + \mathrm{G03}\cdot\Delta y\cdot \mathrm{III} + \mathrm{G01}\cdot\Delta y\cdot \mathrm{III} \\
&\quad + \mathrm{G02}\cdot\Delta y\cdot \mathrm{IV} + \mathrm{G01}\cdot\Delta x\cdot \mathrm{IV}
\end{aligned}
$$

2. *逐点比较法的终点判别*

逐点比较法的终点判别方法大致有下列几种：

(1) 设置一个终点减法计数器 J_E，插补运算开始前记入该程序 x 及 y 坐标的加工总长(即 x 和 y 的位移总步数)，在插补过程中，x 或 y 向每走一步，就从总步数中减去 1，直至 J_E 中存数被减为零，表示到达终点。这种方法，前例已作介绍。

(2) 设置两个计数器 J_{EX} 及 J_{EY}，分别控制两个坐标轴的加工长度。若沿 x 轴移动一步，从 J_{EX} 中减 1；同样，若沿 y 轴移动一步，从 J_{EY} 中减 1。当 J_{EX} 及 J_{EY} 中存数均被减为零时，表示到达终点。

(3) 设置一个终点减法计数器 J_E，插补运算开始前记入该程序 x 坐标轴(或 y 轴)上的投影加工总长度 E_x(或 E_y)—— 应选取 E_x 和 E_y 中较大的坐标值作为终点判别坐标。在插补过程中，若 J_E 中寄存的是 E_x，则每当沿 x 轴走一步，即从 J_E 存数中减去 1(若 J_E 中寄存 E_y，则每当沿 y 轴走一步，即从 J_E 中减去 1)，直至 J_E 存数被减为零，表示到达终点。

逐点比较法除能插补直线和圆弧之外，还能插补椭圆、抛物线和双曲线等二次曲线。此法进给速度平稳，精度较高，无论是在普通 NC 系统还是在 CNC 系统中都有着非常广泛的应用。下面就来分析逐点比较法插补时的进给速度问题。

四、逐点比较法的合成进给速度

从前面的讨论知道，插补器向各个坐标分配进给脉冲，这些脉冲造成坐标的移动。因此，对于某一坐标而言，进给脉冲的频率就决定了进给速度。以 x 坐标为例，设 f_x 为以"脉冲 /s"表示的脉冲频率，v_x 为以"mm/min" 表示的进给速度，它们有如下的比例关系：

$$v_x = 60\delta f_x$$

式中 δ 为脉冲当量，以"mm/ 脉冲"表示。

各个坐标进给速度的合成线速度称为合成进给速度或插补速度。对三坐标系统来说，合成进给速度 v 为

$$v = \sqrt{v_x^2 + v_y^2 + v_z^2}$$

式中 v_x, v_y, v_z 分别为 x, y, z 三个方向的进给速度。

合成进给速度直接决定了加工时的粗糙度和精度。我们希望在插补过程中，合成进给速度恒等于指令进给速度或只在允许的范围内变化。但是实际上，合成进给速度 v 与插补计算方法、脉冲源频率及程序段的形式和尺寸都有关系。也就是说，不同的脉冲分配方式，指令进给速度 F 和合成进给速度 v 之间的换算关系各不相同。

现在，我们来计算逐点比较法的合成进给速度。

我们知道，逐点比较法的特点是脉冲源每产生一个脉冲，不是发向 x 轴（Δx），就是发向 y 轴（Δy）。令 f_g 为脉冲源频率，单位为"个脉冲 /s"，则有

$$f_g = f_x + f_y$$

从而 x 和 y 方向的进给速度 v_x 和 v_y（单位为 mm/min）分别为

$$v_x = 60\delta f_x$$
$$v_y = 60\delta f_y$$

合成进给速度 v 为

$$v = \sqrt{v_x^2 + v_y^2} = 60\delta \sqrt{f_x^2 + f_y^2}$$

当 $f_x = 0$（或 $f_y = 0$）时，也就是进给脉冲按平行于坐标轴的方向分配时有最大速度，这个速度由脉冲源频率决定，所以称其为脉冲源速度 v_g（实质是指循环节拍的频率，单位为 mm/min）。

$$v_g = 60\delta f_g$$

合成进给速度 v 与 v_g 之比为

$$\frac{v}{v_g} = \frac{\sqrt{f_x^2 + f_y^2}}{f_g} = \frac{\sqrt{x^2 + y^2}}{x + y}$$

其插补速度 v 的变化范围为 $v = (1 \sim 0.707)v_g$，最大速度与最小速度之比为

$$k_v = \frac{v_{\max}}{v_{\min}} = 1.414$$

这样的速度变化范围，对一般机床来说已可满足要求，所以逐点比较法的进给速度是较平稳的。

§2-3　数字积分法

数字积分法又称 DDA 法(Digital Differential Analyzer)。采用数字积分法进行插补，脉冲分配均匀，易于实现多坐标直线插补联动或描绘平面上各种函数曲线，精度也能满足要求，所以数字积分法在轮廓控制数控系统方面获得相当广泛的应用。下面分别介绍数字积分法的一般插补原理、直线和圆弧插补原理。

一、DDA 的基本原理

由高等数学可知，求函数 $y=f(t)$ 对 t 的积分运算，从几何概念上讲，就是求此函数曲线所包围的面积 F(图 2-7)，即

$$F=\int_a^b y\mathrm{d}t=\lim_{n\to\infty}\sum_{i=0}^{n-1}y(t_{i+1}-t_i)$$

若把自变量的积分区间$[a,b]$等分成许多有限的小区间 Δt(其中 $\Delta t=t_{i+1}-t_i$)，这样，求面积 F 可以转化成求有限个小区间面积之和，即

$$F=\sum_{i=0}^{n-1}\Delta F_i=\sum_{i=0}^{n-1}y_i\Delta t$$

数字运算时，Δt 一般取最小单位“1”，即一个脉冲当量，则

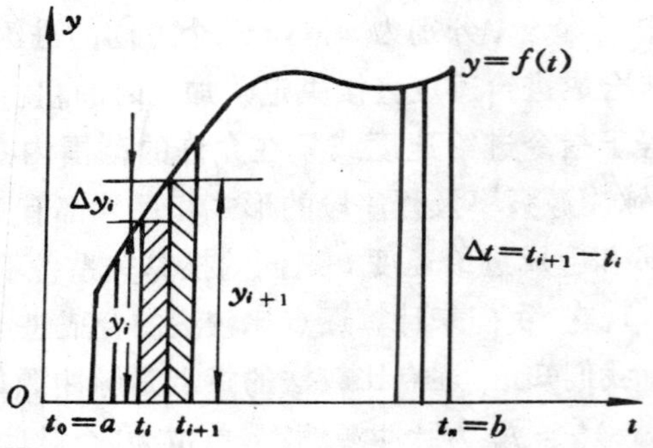

图 2-7　函数的积分

$$F=\sum_{i=0}^{n-1}y_i$$

由此可见，函数的积分运算变成了变量的求和运算。当所选取的积分间隔 Δt 足够小时，则用求和运算代替求积运算所引起的误差可以不超过允许的值。

二、DDA 直线插补

设我们要对 xy 平面上的直线进行脉冲分配，直线起点为坐标原点 O，终点为 $E(x_e,y_e)$，如图 2-8 所示。

假定 v_x 和 v_y 分别表示动点在 x 和 y 方向的移动速度，则在 x 和 y 方向上的移动距离微小增量 Δx 和 Δy 应为

$$\begin{aligned}\Delta x&=v_x\Delta t\\ \Delta y&=v_y\Delta t\end{aligned}\qquad(2-5)$$

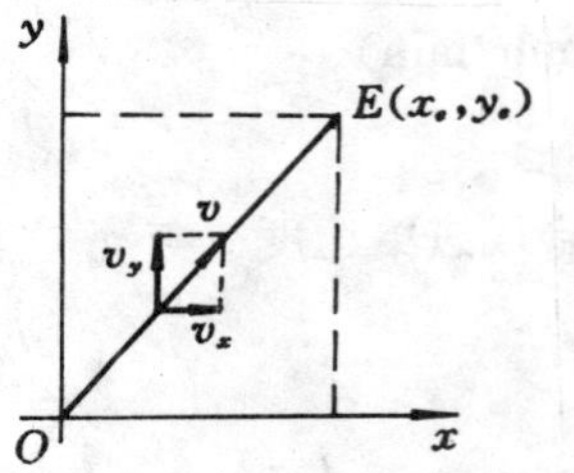

图 2-8　合成速度与分速度的关系

对直线函数来说，v_x 和 v_y 是常数，则下式成立：

$$\frac{v_x}{x_e}=\frac{v_y}{y_e}=K\qquad(2-6)$$

式中 K 为比例系数。

在 Δt 时间内，x 和 y 位移增量的参数方程为

$$\begin{cases} \Delta x = v_x \Delta t = K x_e \Delta t \\ \Delta y = v_y \Delta t = K y_e \Delta t \end{cases} \tag{2-7}$$

动点从原点走向终点的过程，可以看作是各坐标每经过一个单位时间间隔 Δt 分别以增量 Kx_e 和 Ky_e 同时累加的结果。经过 m 次累加后，x 和 y 分别都到达终点 $E(x_e, y_e)$，即下式成立：

$$\begin{cases} x = \sum_{i=1}^{m} K x_e \Delta t = mK x_e = x_e \\ y = \sum_{i=1}^{m} K y_e \Delta t = mK y_e = y_e \end{cases} \tag{2-8}$$

则
$$mK = 1$$
或
$$m = \frac{1}{K} \tag{2-9}$$

上式表明，比例系数 K 和累加次数 m 的关系是互为倒数。因为 m 必须是整数，所以 K 一定是小数。在选取 K 时主要考虑每次增量 Δx 或 Δy 不大于 1，以保证坐标轴上每次分配进给脉冲不超过一个单位步距，即

$$\Delta x = K x_e < 1$$
$$\Delta y = K y_e < 1$$

式中 x_e 和 y_e 的最大容许值受控制机的位数及用几个字节存储坐标值所限制。如用 TP801(Z80) 单板机作控制机，用两个字节存储坐标值，因该单板机为 8 位机，故 x_e 和 y_e 的最大容许寄存容量为 $2^{16} - 1 = 65\,535$。为满足 $Kx_e < 1$ 及 $Ky_e < 1$ 的条件，即

$$K x_e = K(2^{16} - 1) < 1$$
$$K y_e = K(2^{16} - 1) < 1$$

则
$$K < \frac{1}{2^{16} - 1}$$

如果取 $K = \frac{1}{2^{16}}$，则 $\Delta x = K x_e = \frac{(2^{16} - 1)}{2^{16}} < 1$，即满足 $Kx_e < 1$ 的条件。这时累加次数为

$$m = \frac{1}{K} = 2^{16} \text{ 次}$$

一般情况下，若假定寄存器是 n 位，则 x_e 和 y_e 的最大允许寄存容量应为 $2^n - 1$(各位全 1 时)，若取

$$K = \frac{1}{2^n}$$

则
$$K x_e = \frac{1}{2^n}(2^n - 1) = \frac{2^n - 1}{2^n}$$
$$K y_e = \frac{1}{2^n}(2^n - 1) = \frac{2^n - 1}{2^n}$$

显然，由上式决定的 Kx_e 和 Ky_e 是小于 1 的，这样，不仅决定了系数 $K\left(K = \frac{1}{2^n}\right)$，而且保证了 Δx 和 Δy 小于 1 的条件。因此，刀具从原点到达终点的累加次数 m 就有

$$m = \frac{1}{K} = 2^n$$

当 $K = \frac{1}{2^n}$ 时，对二进制数来说，Kx_e 与 x_e 的差别只在于小数点的位置不同，将 x_e 的小数点左移 n 位即为 Kx_e。因此在 n 位的内存中存放 x_e(x_e 为整数) 和存放 Kx_e 的数字是相同的，只是

认为后者的小数点出现在最高位数 n 的前面。

当用软件来实现数字积分法直线插补时，只要在内存中设定几个单元，分别用于存放 x_e 及其累加值 Σx_e 和 y_e 及其累加值 Σy_e。将 Σx_e 和 Σy_e 赋一初始值，在每次插补循环过程中，进行以下求和运算：

$$\Sigma x_e + x_e \rightarrow \Sigma x_e$$
$$\Sigma y_e + y_e \rightarrow \Sigma y_e$$

将运算结果的溢出脉冲 Δx 和 Δy 用来控制机床进给，就可走出所需的直线轨迹。

综上所述，可以得到下述结论：

数字积分法插补器的关键部件是累加器和被积函数寄存器，每一个坐标方向就需要一个累加器和一个被积函数寄存器。一般情况下，插补开始前，累加器清零，被积函数寄存器分别寄存 x_e 和 y_e；插补开始后，每来一个累加脉冲 Δt，被积函数寄存器里的内容在相应的累加器中相加一次，相加后的溢出作为驱动相应坐标轴的进给脉冲 Δx（或 Δy），而余数仍寄存在累加器中；当脉冲源发出的累加脉冲数 m 恰好等于被积函数寄存器的容量 2^n 时，溢出的脉冲数等于以脉冲当量为最小单位的终点坐标，刀具运行到终点。

积分器有专用的符号表示。图 2－9 为直线积分器。在硬件实现的数字积分器中，对于直线插补来说，x 和 y 两个坐标方向除有各自的累加器 Σx_e 和 Σy_e，各自的被积函数寄存器 J_{vx} 和 J_{vy} 外，还有各自的余数寄存器 J_{Rx} 和 J_{Ry}，用以寄存每次累加溢出后的余数。图 2－10 是以这种方式构成的 DDA 直线插补器结构图。

数字积分法插补第 Ⅰ 象限直线的程序流程图如图 2－11 所示。

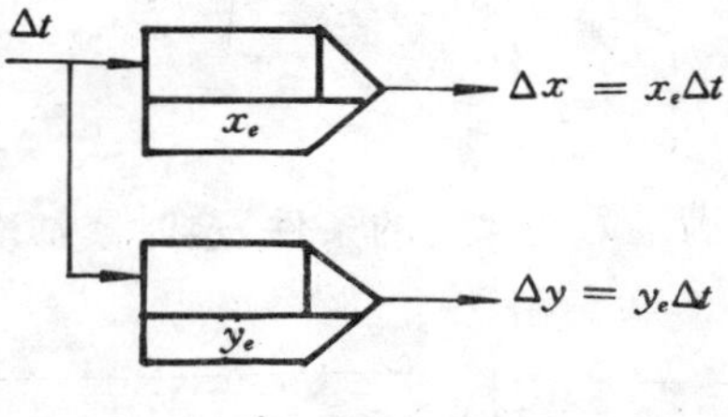

图 2－9　积分器符号图

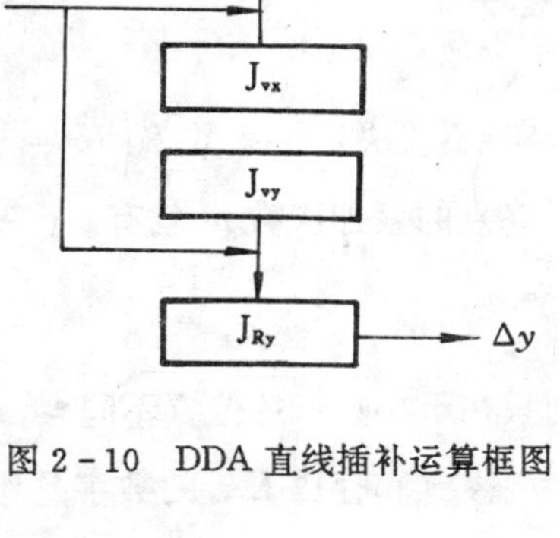

图 2－10　DDA 直线插补运算框图

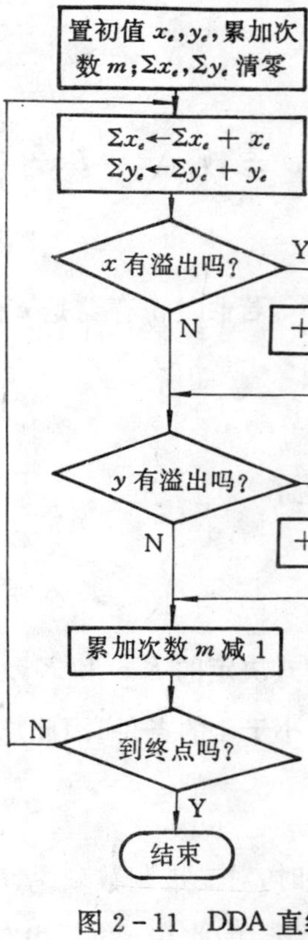

图 2－11　DDA 直线插补流程图

下面举例说明 DDA 直线插补过程。设要插补图 2-12 所示的直线轨迹 OA，起点坐标为 $O(0,0)$，终点坐标为 $A(7,10)$。若被积函数寄存器 J_{vx} 和 J_{vy}，余数寄存器 J_{Rx} 和 J_{Ry}，以及终点减法计数器 J_E 均为四位二进制寄存器，则迭代次数为 $m=2^4=16$ 次时插补完成。其插补过程如表 2-4 所示。在插补前，J_E，J_{Rx}，J_{Ry} 均为零，J_{vx} 和 J_{vy} 分别存放 $x_e=7$（即二进制的 0111），$y_e=10$（即二进制的 1010）。由于在直线插补过程中 J_{vx} 和 J_{vy} 中的数值始终为 x_e 和 y_e 保持不变，故表 2-4 中仅列出其初值，其后的值未一一列出。

本例的具体轨迹如图 2-12 中的折线所示，由此可见，经过 16 次迭代之后，x 和 y 坐标分别有 7 个和 10 个脉冲输出。直线插补轨迹与理论曲线的最大误差不超过 1 个脉冲当量。

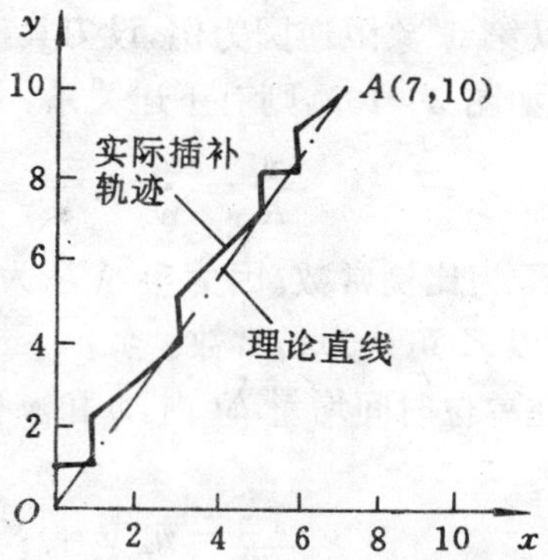

图 2-12 DDA 直线插补轨迹

表 2-4 DDA 直线插补举例计算

累加次数 Δt	x 积分器 J_{vx}（存 x_e）	J_{Rx}	溢出 Δx	y 积分器 J_{vy}（存 y_e）	J_{Ry}	溢出 Δy	终点计数器 J_E	备注
0	0111	0000	0	1010	0000	0	0000	初始状态
1		0111	0		1010	0	0001	第一次迭代
2		1110	0		0100	1	0010	J_{Ry} 有进位，Δy 溢出一个脉冲
3		0101	1		1110	0	0011	J_{Rx} 有进位，Δx 溢出一个脉冲
4		1100	0		1000	1	0100	Δy 溢出
5		0011	1		0010	1	0101	Δx，Δy 同时溢出
6		1010	0		1100	0	0110	
7		0001	1		0110	1	0111	Δx，Δy 同时溢出
8		1000	0		0000	1	1000	Δy 溢出
9		1111	0		1010	0	1001	
10		0110	1		0100	1	1010	Δx，Δy 同时溢出
11		1101	0		1110	0	1011	
12		0100	1		1000	1	1100	Δx，Δy 同时溢出
13		1011	0		0010	1	1101	Δy 溢出
14		0010	1		1100	0	1110	Δx 溢出
15		1001	0		0110	1	1111	Δy 溢出
16		0000	1		0000	1	0000	J_E 为零，插补结束

三、DDA 圆弧插补

以第 Ⅰ 象限逆圆为例，设刀具沿圆弧$\overset{\frown}{AB}$移动，半径为R，刀具的切向速度为v，$P(x,y)$为动点(如图 2－13)，则有下述关系：

$$\frac{v}{R}=\frac{v_x}{y}=\frac{v_y}{x}=K$$

式中K为比例常数。因为半径R为常数，切向速度v为匀速，所以K可认为是常数。

在单位时间增量Δt内，x和y位移增量的参量方程可表示为

$$\Delta x=v_x\Delta t=Ky\Delta t \tag{2-10}$$

$$\Delta y=v_y\Delta t=Kx\Delta t \tag{2-11}$$

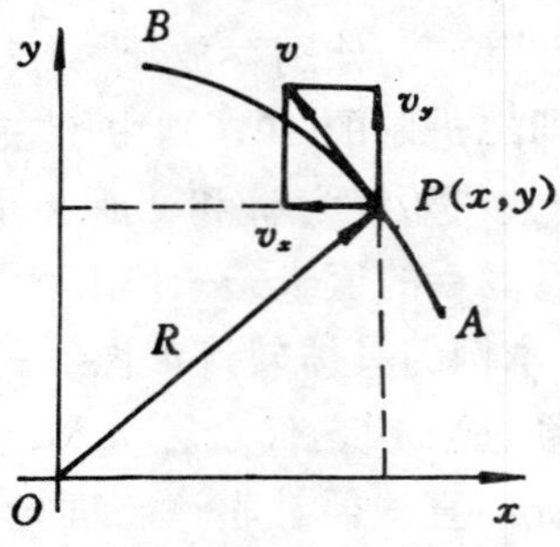

图 2－13 DDA 圆弧插补

根据此两式，仿照直线插补方案用两个积分器来实现圆弧插补，如图 2－14(a) 所示。图中系数K的省略原因和直线时类同。但必须指出：第一，坐标值x和y存入寄存器J_{vx}和J_{vy}的对应关系与直线不同，恰好位置互调，即y存入J_{vx}，而x存入J_{vy}中。第二，J_{vx}和J_{vy}寄存器中寄存的数值与直线插补时还有一个本质的区别：直线插补时J_{vx}(或J_{vy})寄存的是终点坐标x_e(或y_e)，是个常数；而在圆弧插补时寄存的是动点坐标，是个变量。因此在刀具移动过程中必须根据刀具位置的变化来更改速度寄存器J_{vx}和J_{vy}中的内容。在起点时，J_{vx}和J_{vy}分别寄存起点坐标值y_0和x_0；在插补过程中，J_{Ry}每溢出一个Δy脉冲，J_{vx}寄存器应该加“1”；反之，当J_{Rx}溢出一个Δx脉冲时，J_{vy}应该减“1”。减“1”的原因是刀具在作逆圆运动时x坐标须作负方向进给，动坐标不断减少。图 2－14 中用 ⊕ 及 ⊖ 表示修改动点坐标时这种加“1”或减“1”的关系。图 2－14(b) 为第 Ⅰ 象限逆时针走向的圆弧插补的数字积分器符号表示图。

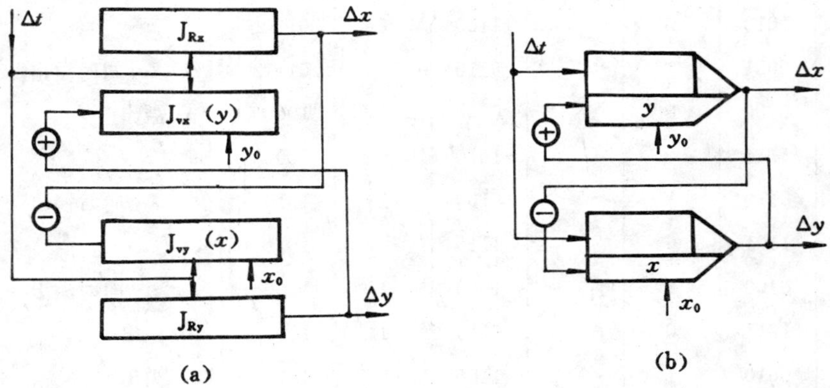

图 2－14 DDA 圆弧插补运算框图及符号图

对于顺圆、逆圆及其他象限的插补运算过程和积分器结构基本上与第 Ⅰ 象限逆圆是一致的。其不同在于，控制各坐标轴的Δx和Δy的进给方向不同，以及修改J_{vx}和J_{vy}内容时是 ⊕ 还是 ⊖，要由y和x坐标的增减而定，见表 2－5。

表 2-5　DDA 圆弧插补时的坐标修改情况

	SR1	SR2	SR3	SR4	NR1	NR2	NR3	NR4
$J_{vx}(y)$	⊖	⊕	⊖	⊕	⊕	⊖	⊕	⊖
$J_{vy}(x)$	⊕	⊖	⊕	⊖	⊖	⊕	⊖	⊕
Δx	+	+	−	−	−	−	+	+
Δy	−	+	+	−	+	−	−	+

DDA 圆弧插补的终点判别可以利用两个终点减法计数器，把 x 和 y 坐标所需输出的脉冲数 $|x_e - x_0|$ 和 $|y_e - y_0|$ 分别存入这两个计数器中，x 或 y 积分器每输出一个脉冲，相应的减法计数器减 1，当某一坐标计数器为零时，说明该坐标已到达终点，这时，该坐标停止迭代。当两个计数器均为零时，圆弧插补结束。

下面举一个 DDA 圆弧插补的具体例子。设有一个圆弧，起点为 $A(5,0)$，终点为 $B(0,5)$，即

$$\begin{cases} x_0 = 5 \\ y_0 = 0 \end{cases} \quad 和 \quad \begin{cases} x_e = 0 \\ y_e = 5 \end{cases}$$

其脉冲分配过程及插补轨迹详见图 2-15 和表 2-6。

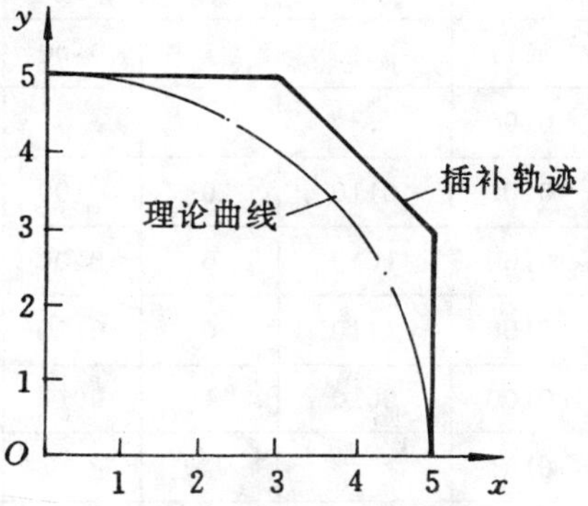

图 2-15　DDA 圆弧插补轨迹

表 2-6　DDA 圆弧插补计算举例

Δt	x 积分器			$x_{终}$	y 积分器			$y_{终}$	备　注
	$J_{vx} = y_i$	Σy_i 存余数 J_{Rx}	Δx		$J_{vy} = x_i$	Σx_i 存余数 J_{Ry}	Δy		
0	0000	0000	0	0101	0101	0000	0	0101	初始状态
1	0000	0000	0	0101	0101	0101	0	0101	第一次迭代
2	0000	0000	0	0101	0101	1010	0	0101	
3	0000	0000	0	0101	0101	1111	0	0101	
4	0000	0000	0	0101	0101	0100	1	0100	y 积分器产生溢出脉冲，修正 x 积分器的被积函数寄存器
	0001								
5	0001	0001	0	0101	0101	1001	0	0100	
6	0001	0010	0	0101	0101	1110	0	0100	
7	0001	0011	0	0101	0101	0011	1	0011	y 积分器再次溢出
	0010								
8	0010	0101	0	0101	0101	1000	0	0011	
9	0010	0111	0	0101	0101	1101	0	0011	

续　表

Δt	x 积分器			$x_终$	y 积分器			$y_终$	备　注
	$J_{vx}=y_i$	Σy_i 存余数 J_{Rx}	Δx		$J_{vy}=x_i$	Σx_i 存余数 J_{Ry}	Δy		
10	0010	1001	0	0101	0101	0010	1	0010	y 积分器溢出
	0011								
11	0011	1100	0	0101	0101	0111	0	0010	
12	0011	1111	0	0101	0101	1100	0	0010	
13	0011	0010	1	0100	0101	0001	1	0001	x,y 积分器同时溢出
	0100				0100				
14	0100	0110	0	0100	0100	0101	0	0001	
15	0100	1010	0	0100	0100	1001	0	0001	
16	0100	1110	0	0100	0100	1101	0	0001	
17	0100	0010	1	0011	0100	0001	1	0000	y 坐标到达终点，y 积分器停止迭代
	0101				0011				
18	0101	0111	0	0011	0011	0001	0	0000	
19	0101	1100	0	0011	0011	0001	0	0000	
20	0101	0001	1	0010	0011	0001	0	0000	x 积分器溢出
					0010	0001	0	0000	
21	0101	0110	0	0010	0010	0001	0	0000	
22	0101	1011	0	0010	0010	0001	0	0000	
23	0101	0000	1	0001	0010	0001	0	0000	x 积分器溢出
					0001				
24	0101	0101	0	0001	0001	0001	0	0000	
25	0101	1010	0	0001	0001	0001	0	0000	
26	0101	1111	0	0001	0001	0001	0	0000	
27	0101	0100	1	0000	0001	0001	0	0000	x 坐标到达终点，圆弧插补结束
					0000				

四、改进 DDA 插补质量的措施

使用 DDA 法插补时，其插补进给速度 v 不仅与系统的迭代频率 f_g(即脉冲源频率) 成正比，而且还与余数寄存器的容量 N 成反比，与直线段的长度 L(或圆弧半径 R) 成正比。它们之间有下述关系成立：

$$v = 60\delta \frac{1}{N} f_g \tag{2-12}$$

式中 v —— 插补进给速度；

δ —— 系统脉冲当量；

L —— 直线段的长度；

N —— 寄存器的容量；

f_g —— 迭代频率。

显然，即使编制同样大小的速度指令，但针对不同长度的直线段，其进给速度是变化的（假设 f_g 和 N 为固定），必须设法加以改善。常用的改善方法是左移规格化和进给速率编程（FRN）。

由上面DDA圆弧插补例子可以看出，当插补第Ⅰ象限逆圆时，y坐标率先到达。这时若不强制 y 方向停止迭代，将会出现超差，不能到达正确的终点。为了改善这一情况，常用余数寄存器预置数的办法来解决。

以下就来讨论使DDA法从原理走向实用必须解决的速度和精度控制问题。

1. 进给速度的均匀化措施 —— 左移规格化

从上述可知，数字积分器溢出脉冲的频率与被积函数寄存器中的存数成正比。如用DDA作直线插补时，每个程序段的时间间隔是固定不变的，因为不论加工行程长短，都必须同样完成 $m = 2^n$ 次的累加运算。就是说行程长，走刀快；行程短，走刀慢。所以各程序段的进给速度是不一致的。这样影响了加工的表面质量，特别是行程短的程序段生产率低。为了克服这一缺点，使溢出脉冲均匀，溢出速度提高，通常采用左移规格化处理。

所谓"左移规格化"处理，是当被积函数的值比较小时，如被积函数寄存器有 i 个前零时，若直接迭代，那么至少需要 2^i 次迭代，才能输出一个溢出脉冲，致使输出脉冲的速率下降。因此在实际的数字积分器中，需把被积函数寄存器中的前零移去即对被积函数实现"左移规格化"处理。经过左移规格化的数就成为规格化数 —— 寄存器中的数其最高位为"1"时，该数即称为规格化数；反之最高位为"0"的数称为非规格化数。显然，规格化数累加两次必有一次溢出，而非规格化数必须作两次以上或多次累加才有一次溢出。由于直线插补与圆弧插补的左移规格化处理稍有不同，下面分别加以介绍。

直线插补时，将被积函数寄存器 J_{vx} 和 J_{vy} 中的 x_e 和 y_e（非规格化数）同时左移（最低有效位移入零），同时记下左移位数，当其中任一坐标的被积函数寄存器的前零全部移去时，说明该坐标数据已变成规格化数，此时左移规格化即告结束。也就是说，直线插补的左移规格化是使坐标值最大的被积函数寄存器的最高有效位为1。同时左移，意味着把 x 和 y 两方向的脉冲分配速度扩大同样的倍数，而二者数值之比不变，所以被插补直线的斜率也不变。因为规格化后，每累加运算两次必有一次溢出，溢出速度比较均匀，所以加工的效率和质量都大为提高。

左移规格化后，在一个程序段时间间隔内，各坐标分配脉冲数最后应该等于 x_e 及 y_e 值。这样作为终点判别的累加次数 m 必须减少，因为积分器的数每左移一位，数值增大了一倍，这时 Kx_e（或 Ky_e）的比例常数 K 必须更改为 $K = \frac{1}{2^{n-1}}$，而 $m = 2^{n-1}$ 次，若左移 Q 位后，数值增大了 2^Q 倍。即 $K = \frac{1}{2^{n-Q}}$，所以 $m = 2^{n-Q}$。换句话说，每左移一位，相当于终点判别计数器 J_E 的长度就要缩短一位。要达到这个目的并不困难，只要在 J_{vx} 和 J_{vy} 左移的同时，终点判别计数器 J_E 把"1"

信号从最高位输入，进行右移(当然该计数器还应有右移的功能)，来缩短计数长度。

图 2 - 16 表示左移规格化及修改终点判别计数长度的实例。

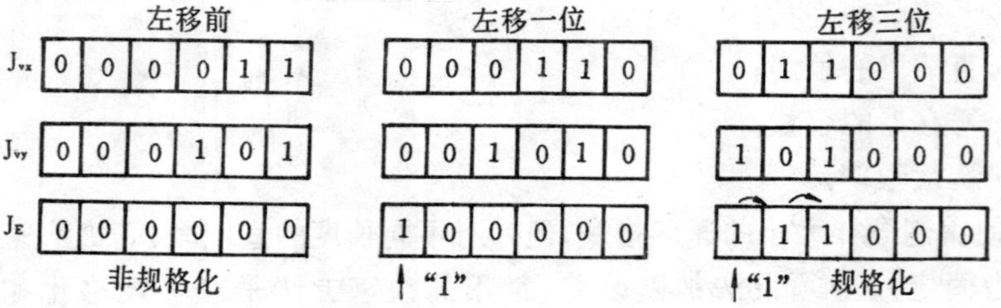

图 2 - 16　左移规格化示例

圆弧插补的左移规格化处理与直线插补基本相同，唯一的区别是：圆弧插补的左移规格化是使坐标值最大的被积函数寄存器的次高位为 1(即保持一个前零)，也就是说，在圆弧插补中将 J_{vx} 和 J_{vy} 寄存器中次高位为"1"的数称为规格化数。这是由于在圆弧插补过程中，J_{vx} 和 J_{vy} 寄存器中的数 x 和 y，随着加工过程的进行不断地修改(即作加 1 修正)，数值可能不断增加，若仍取最高位为"1"作规格化数，则有可能在加 1 修正后溢出。规格化提前后，就避免了溢出。另外，由于规格化数提前一位而产生，就要求寄存器的容量必须大于被加工圆弧半径的二位。这一点是明显的。

左移规格化后，又带来一个新的问题，左移 Q 位，相当于坐标 x,y 扩大了 2^Q 倍，亦即 J_{vx} 及 J_{vy} 寄存器的数分别为 $2^Q y$ 及 $2^Q x$，这样当 y 积分器有一溢出 Δy 时，则 J_{vx} 寄存器中的数应改为

$$2^Q y \rightarrow 2^Q(y+1) = 2^Q y + 2^Q$$

上式表明：若规格化过程中左移 Q 位，当 J_{Ry} 寄存器溢出一个脉冲时，J_{vx} 寄存器应该加 2^Q(注意：不是 1)，即 J_{vx} 寄存器第 $Q+1$ 位加"1"；同理，若 J_{Rx} 寄存器溢出一个脉冲时，J_{vy} 寄存器应该减小 2^Q，即第 $Q+1$ 位减"1"。

由此可见，虽然直线插补和圆弧插补时的规格化数不一致，但均能提高溢出速度。直线插补时，经规格化后最大坐标的被积函数可能的最大值为 111…111，可能的最小值为 100…000，最大坐标每次迭代都有溢出，最小坐标每两次迭代也会有溢出，可见其溢出速率仅相差一倍；而在圆弧插补时，经规格化后最大坐标的被积函数可能的最大值为 011…111，可能的最小值为 010…000，其溢出速率也相差一倍。因此，经过左移规格化后，不仅提高了溢出速度，而且使溢出脉冲变得比较均匀。

2. *提高插补精度的措施 —— 余数寄存器预置数*

前已述及，DDA 直线插补的插补误差小于一个脉冲当量，但是 DDA 圆弧插补的插补误差有可能大于一个脉冲当量，其原因是这样的：由于数字积分器溢出脉冲的频率与被积函数寄存器的存数成正比，当在坐标轴附近进行插补时，一个积分器的被积函数值接近于零，而另一个积分器的被积函数值却接近最大值(圆弧半径)，这样，后者可能连续溢出，而前者几乎没有溢出，两个积分器的溢出脉冲速率相差很大，致使插补轨迹偏离理论曲线(见图 2-15 和表 2-6)。

为了减小插补误差，提高插补精度，可以把积分器的位数增多，从而增加迭代次数。这相当于把图 2 - 7 矩形积分的小区间 Δt 取得更小。这样做可以减小插补误差，但是进给速度却降低了，所以我们不能无限制地增加寄存器的位数。在实际的积分器中，常常应用一种简便而行之

有效的方法 —— 余数寄存器预置数。即在DDA插补之前，余数寄存器J_{Rx}和J_{Ry}预置某一数值(不是零)，这一数值可以是最大容量，即2^n-1，也可以是小于最大容量的某一个数，如$2^n/2$，常用的则是预置最大容量值(称为置满数或全加载)和预置0.5(称为半加载)两种。

"半加载"是在DDA迭代前，余数寄存器J_{Rx}和J_{Ry}的初值不是置零，而是置1000…000(即0.5)，也就是说，把余数寄存器J_{Rx}和J_{Ry}的最高有效位置"1"，其余各位均置"0"，这样，只要再叠加0.5，余数寄存器就可以产生第一个溢出脉冲，使积分器提前溢出。这在被积函数较小，迟迟不能产生溢出的情况时，有很大的实际意义，因为它改善了溢出脉冲的时间分布，减小了插补误差。

"半加载"可以使直线插补的误差减小到半个脉冲当量以内，一个显而易见的例子是：若直线OA的起点为坐标原点，终点坐标是$A(15,1)$，没有"半加载"时，x积分器除第一次迭代没有溢出外，其余15次迭代均有溢出；而y积分器只有在第16次迭代时才有溢出脉冲(见图2-17(a))。若进行了"半加载"，则x积分器除第9次迭代没有溢出外，其余15次均有溢出；而y积分器的溢出提前到第8次迭代有溢出，这就改善了溢出脉冲的时间分布，提高了插补精度(见图2-17(a))。

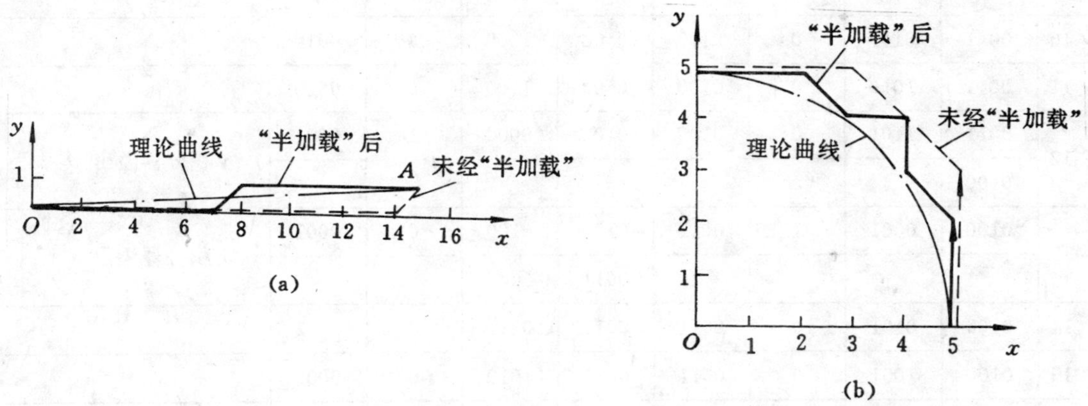

图2-17 "半加载"后的轨迹

"半加载"使圆弧插补的精度得到明显改善。若对图2-17(b)的例子进行"半加载"，其插补轨迹如图中的折线所示，插补过程见表2-7。仔细比较表2-6和表2-7可以发现，"半加载"使x积分器的溢出脉冲提前了，从而提高了插补精度。

表2-7 "半加载"后的DDA圆弧插补举例运算

Δt	x积分器			$x_{终}$	y积分器			$y_{终}$	备注
	y_i	Σy_i	Δx		x_i	Σx_i	Δy		
0	0000	1000	0	0101	0101	1000	0	0101	初态，x，y积分器均为"半加载"
1	0000	1000	0	0101	0101	1101	0	0101	
2	0000	1000	0	0101	0101	0010	1	0100	y积分器溢出，修正x积分器的被积函数寄存器
	0001								

续 表

Δt	x 积分器			$x_{终}$	y 积分器			$y_{终}$	备　注
	y_i	Σy_i	Δx		x_i	Σx_i	Δy		
3	0001	1001	0	0101	0101	0111	0	0100	
4	0001	1010	0	0101	0101	1100	0	0100	
5	0001	1011	0	0101	0101	0001	1	0011	y 积分器溢出
	0010								
6	0010	1101	0	0101	0101	0110	0	0011	
7	0010	1111	0	0101	0101	1011	0	0011	
8	0010	0001	1	0100	0101	0000	1	0010	x,y 积分器同时溢出
	0011				0100				
9	0011	0100	0	0100	0100	0100	0	0010	
10	0011	0111	0	0100	0100	1000	0	0010	
11	0011	1010	0	0100	0100	1100	0	0010	
12	0011	1101	0	0100	0100	0000	1	0001	y 积分器溢出
	0100								
13	0100	0001	1	0011	0100	0100	0	0001	x 积分器溢出
					0011				
14	0100	0101	0	0011	0011	0111	0	0001	
15	0100	1001	0	0011	0011	1010	0	0001	
16	0100	1101	0	0011	0011	1101	0	0001	
17	0100	0001	1	0010	0011	0000	1	0000	y 坐标到达终点，y 积分器停止迭代
	0101				0010				
18	0101	0110	0	0010	0010	0000	0	0000	
19	0101	1011	0	0010	0010	0000	0	0000	
20	0101	0000	1	0001	0010	0000	0	0000	x 积分器溢出
					0001				
21	0101	0101	0	0001	0001	0000	0	0000	
22	0101	1010	0	0001	0001	0000	0	0000	
23	0101	1111	0	0001	0001	0000	0	0000	
24	0101	0100	1	0000	0001	0000	0	0000	x 坐标到达终点，圆弧插补结束
					0000				

所谓“全加载”，是在DDA迭代前将余数寄存器J_{Rx}和J_{Ry}的初值置成该寄存器的最大容量值(当为n位时，即置入2^n-1)，这会使得被积函数值很小的坐标积分器提早产生溢出，插补精度得到明显改善。图2-18是使用“全加载”的方法得到的插补轨迹，由于被积函数寄存器和余数寄存器均为三位，置入最大数为7(111)。其运算过程见表2-8。

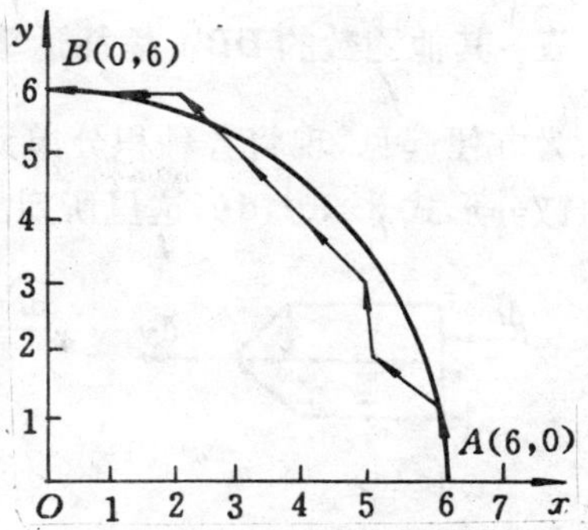

图2-18 “全加载”后的实际轨迹

表2-8 “全加载”后的DDA圆弧插补举例运算

累加次数Δt	x积分器			$x_终$	y积分器			$y_终$	备注
	y_i	Σy_i	Δx		x_i	Σx_i	Δy		
0	000	111	0	110	110	111	0	110	初态，x,y积分器均全加载，即预置$(111)_2$
1	000	111	0	110	110	101	1	101	y积分器溢出
	001								
2	001	000	1	101	110	011	1	100	x,y积分器同时溢出
	010				101				
3	010	010	0	101	101	000	1	011	y积分器溢出
	011								
4	011	101	0	101	101	101	0	011	
5	011	000	1	100	101	010	1	010	x,y积分器同时溢出
	100				100				
6	100	100	0	100	100	101	0	010	
7	100	000	1	011	100	010	1	001	x,y积分器同时溢出
	101				011				
8	101	101	0	011	011	101	0	001	
9	101	010	1	010	011	000	1	000	x,y积分器同时溢出，y坐标已到达终点
	110				010				
10	110	000	1	001	010	010	0	000	x积分器溢出
					001				
11	110	110	0	001	001	011	0	000	
12	110	100	1	000	001	100	0	000	x积分器溢出，x坐标也到达终点，插补完成
					000				

五、其他函数的 DDA 插补运算

为方便起见，现将各种积分单元符号重画于图 2-19，其中增量 $\Delta x, \Delta t, \Delta y$ 直接写成了它们的微分形式 dx, dt, dy，这里所列的各种单元都可由先前的积分器基本线路演化得到。

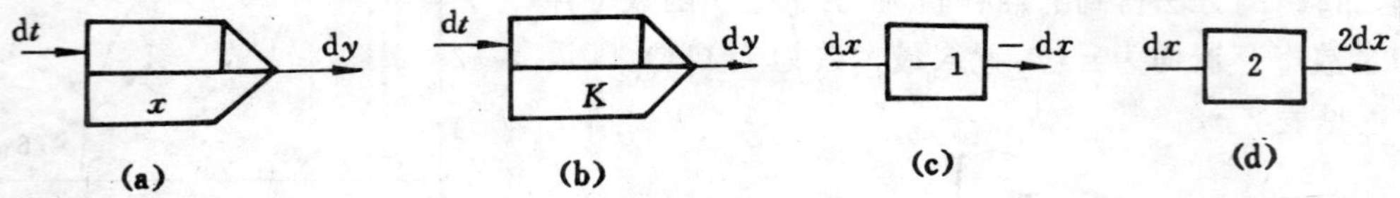

图 2-19　积分器符号图

(a) $dy = xdt$　(b) $dy = Kdt$

对于标准椭圆方程

$$\frac{x^2}{a^2} + \frac{y^2}{b^2} = 1$$

经微分并整理后可得

$$\begin{cases} dx = -a^2 y dt \\ dy = b^2 x dt \end{cases} \tag{2-13}$$

其框图如图 2-20(a) 所示。

对于双曲线的标准方程

$$\frac{x^2}{a^2} - \frac{y^2}{b^2} = 1$$

经微分并整理后可得

$$\begin{cases} dx = a^2 y dt \\ dy = b^2 x dt \end{cases} \tag{2-14}$$

其框图如图 2-20(b) 所示。

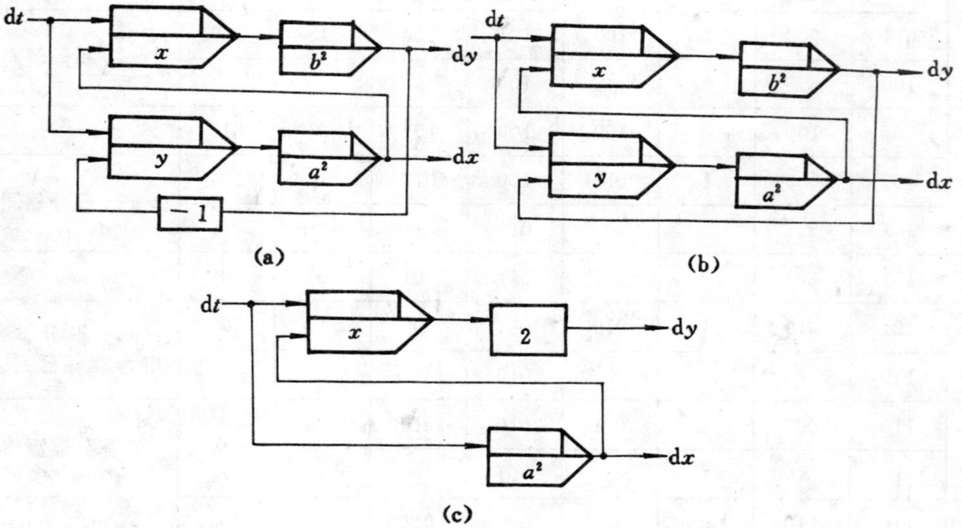

图 2-20　其他函数积分器符号图

(a) 椭圆　(b) 双曲线　(c) 抛物线

抛物线的方程为

$$y = \frac{x^2}{a^2}$$

经微分并整理可得

$$\begin{cases} \mathrm{d}x = a^2\mathrm{d}t \\ \mathrm{d}y = 2x\mathrm{d}t \end{cases} \tag{2-15}$$

其框图如图 2-20(c) 所示。

§2-4 数字脉冲乘法器

数字脉冲乘法器又称二进制比例乘法器，它是数控机床上最早使用的一种插补器，也是一种最简单的直线插补器，它可以方便地实现多坐标直线插补。

一、数字脉冲乘法器的工作原理

在讨论脉冲乘法器的工作原理前，我们先介绍图 2-21(a) 所示的脉冲分频器线路，因为它是脉冲乘法器结构的基础。分频器实质上就是一个二进制计数器，假定它由四位主从式 J-K 触发器 $T_1 \sim T_4$ 组成(图中的各 J,K 端均悬空，即为“1”状态)，根据二进制计数器的工作原理，从 CP 端每输入 16 个脉冲，计数器就完成一次计数循环；计数器在计数过程中一次计数循环的时间，就是指全部触发器由 0 态($Q_1 \sim Q_4$ 全为 0)开始计数到下一次全部 0 态的时间。这段时间的分隔，可以利用 T_1 触发器进位脉冲(即溢出脉冲) 作为计数循环时间的分隔信号，或者称为程序间隔信号，见图 2-21(b)。同时在计数过程中，由于各触发器的输出经过适当的“与”运算后，经与门 P_1, P_2, P_3, P_4 输出，结果当各触发器的输出 Q 每次由 0 态到 1 态跳变时，在各自的触发器的与门输出 P 端即有一个脉冲输出(宽度等于 CP 脉冲的宽度)，如 P_4 端分别输出第 1,3,5,7,9,11,13,15 号共 8 个脉冲；P_1 端输出第 8 号脉冲。因此，在一次计数循环中，或者说在前后两个溢出脉冲出现的时间间隔中，P_4 共发出 8 个脉冲，P_3 共发出 4 个脉冲(第 2,6,10,14 号)，P_2 共发出 2 个脉冲(第 4,12 号)，P_1 发出 1 个脉冲，这些脉冲在时间上是互不重叠的，实质上就是把一次计数循环中的 16 个脉冲按 8,4,2,1 的分配方式分别从 $P_4 \sim P_1$ 四位输出，而相邻两级的脉冲输出数目相差一倍，所以称它为脉冲分频器。图 2-21(b) 所示为各级分频器的 P 端输出波形图。

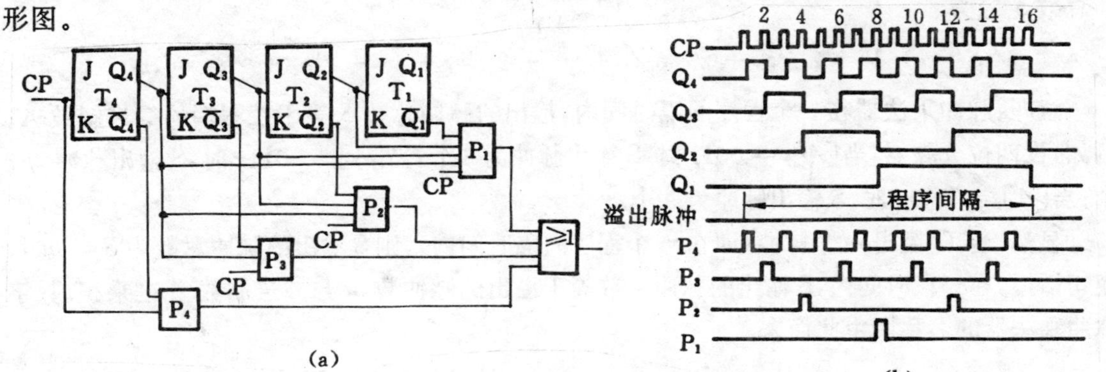

(a) (b)

图 2-21 脉冲分频器及波形

(a) 脉冲分频器 (b) 波形

同理，假定分频器共有 n 位，则在两个相邻溢出脉冲出现的程序间隔时间内，所有 P 端发出的脉冲分别为 $P_1=1,P_2=2,P_3=4,P_4=8,\cdots,P_{n-1}=2^{n-2},P_n=2^{n-1}$，即

$$\begin{aligned}\sum P &= P_n+P_{n-1}+\cdots+P_2+P_1\\ &= 2^{n-1}+2^{n-2}+\cdots+2^1+2^0\\ &= \sum_{i=1}^{n}2^{i-1}\end{aligned}$$

须要指出，所有 P 端的输出脉冲，在时间上是互不重叠的，这一特点很重要。

数字脉冲乘法器是由一个分频器和一系列“乘法门”所组成的线路，如图 2-22 所示。数字脉冲乘法器的作用实质上就是将输入的数值转换为对应的脉冲数目而输出。

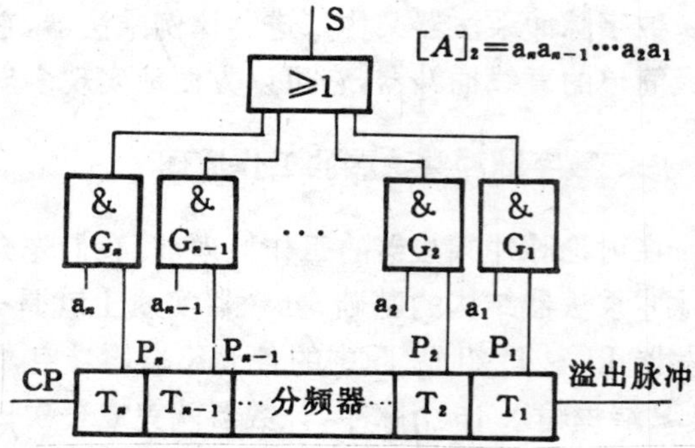

图 2-22

由图 2-22 可见，n 位分频器在一次循环中，它的各级触发器按 $2^{n-1},2^{n-2},\cdots,2^1,2^0$ 的规律输出的脉冲送到各级乘法门 $G_n,G_{n-1},G_{n-2},\cdots,G_2,G_1$（即“与”门）的输入端，各乘法门的输出和输入之间有如下的逻辑关系：

$$\begin{aligned}G_n &= a_n\overline{Q}_nCP=a_nP_n\\ G_{n-1} &= a_{n-1}Q_n\overline{Q}_{n-1}CP\\ &= a_{n-1}P_{n-1}\\ &\cdots\cdots \qquad\qquad (2-16)\\ G_1 &= a_1Q_nQ_{n-1}\cdots Q_2\overline{Q}_1CP=a_1P_1\end{aligned}$$

比较式(2-16)与图 2-21(a) 可知，这里增加了一个条件 a_i，也就是说，分频器各输出端 $P_n,P_{n-1},\cdots,P_2,P_1$ 按 $2^{n-1},2^{n-2},\cdots,2^1,2^0$ 规律送出的脉冲能否通过这些“与”门 $G_n,\cdots,G_1$，取决于该“与”门的另一输入端是否具备开门条件，即由数字 A（被乘数）控制。若 A 是用二进制表示：

$$[A]_2=a_na_{n-1}\cdots a_i\cdots a_2a_1$$

显然，二进制数 A 中的某一位数 a_i 只能取 1 或 0 值，当 a_i 为 0 时相应的“与”门关闭；a_i 为 1 时相应的“与”门打开，输出脉冲。因此，在一个程序间隔时间内，图 2-22 中“或”门输出的脉冲总数 S 应为

$$S=\sum P=2^{n-1}a_n+2^{n-2}a_{n-1}+\cdots+2^{i-1}a_i+\cdots+2^1a_2+2^0a_1=A$$

意即：脉冲乘法器在一个程序间隔时间内，输出的脉冲总数 S 等于控制端的二进制数 A。例如，设四位分频器，当 $[A]_2=0011$ 时，S 输出脉冲为 3 个；当 $[A]_2=0111$ 时，S 输出脉冲为 7 个；当 $[A]_2=1001$ 时，S 输出脉冲为 9 个。

显然，若 T_1 溢出 m 个脉冲（即在 m 个程序间隔时间内），则 S 输出的脉冲总数为 $S=mA$，换句话说，在一段时间内，S 输出的脉冲总数等于溢出的脉冲数 m 与二进制数 A 之乘积。数字脉冲乘法器的名称即由此而来。

二、数字脉冲乘法器的直线插补装置

由上面分析可知，图 2-22 所示线路可以完成一个坐标数据的脉冲分配，对于两坐标平面

的直线来说，须要控制两个方向的坐标数据。所以采用图 2-22 所示的两套同样的线路就可以构成两坐标平面的数字脉冲乘法器的直线插补装置，如图 2-23 所示。而控制“与”门的数据分别是直线的终点坐标 x_e 和 y_e 值，这两个数值是用二进制数码表示的，通常情况下，x_e 和 y_e 数值存放在各自的寄存器 J_{xe} 和 J_{ye} 中，由寄存器各位输出端和乘法器“与”门控制端直接连接。

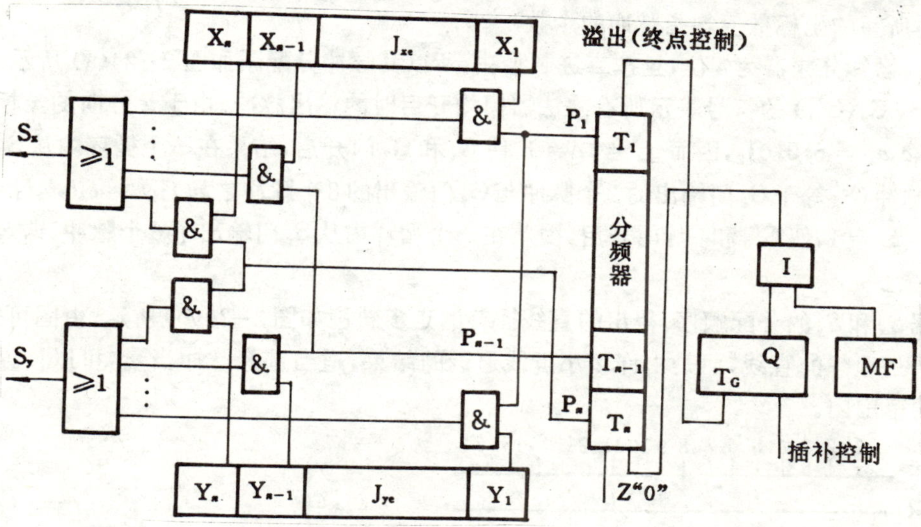

图 2-23　平面直线插补装置

因此，数字脉冲乘法器的平面直线插补装置由分频器（一个）、坐标寄存器（x,y 方向各一个）和乘法门（x,y 方向各一套）等组成。这样，在一个程序时间间隔内，两套门电路输出脉冲序列的总数分别为

$$S_x = x_e \;; \quad S_y = y_e$$

两个方向的脉冲数比为

$$\frac{S_y}{S_x} = \frac{y_e}{x_e} = K(\text{常数})$$

两个方向的速度比为

$$\frac{v_y}{v_x} = \frac{S_y\delta/t}{S_x\delta/t} = \frac{y_e}{x_e} = K(\text{常数})$$

式中 δ 为脉冲当量，即一个脉冲产生的坐标移动量。

因此，利用这两序列脉冲 S_x 和 S_y 去控制各自的伺服系统，使机床工作台运动，就可以描画出平面上坐标增量为 x_e 和 y_e，斜率为 $K = y_e/x_e$ 的直线。

在实际应用中，分频器的位数是按最大加工距离设计的。因此对于一个程序段来说，所发出的脉冲数 S 就等于数码 A，也就是说，主时钟 CP 发出 2^n 个脉冲时，n 位触发器所组成的脉冲乘法器分配完一个程序段的脉冲。这就是为什么把“相邻两个溢出脉冲间隔”称为“程序间隔”的缘故。图 2-23 就是依此原理设计的。其控制过程如下：在插补工作前分频器清零，当出现插补控制信号时，使 T_G 来一 S_D 信号，运算触发器 T_G 置“1”，从而脉冲发生器 MF 发出的脉冲通过“与”门 I 送入分频器进行分频，插补工作开始；最后当分频器末级 T_1 出现溢出脉冲时，使 T_G 置 0，关闭了“与”门 I，分频器停止了脉冲输入，程序终结，所以分频器的溢出脉冲就是终点控制的信号。

下面举两个例子，以说明脉冲乘法器插补直线时的脉冲分配情况和轨迹。举例时均假定所用的分频器位数为 4 位，实际应用时位数比这要多。

【例 1】 欲用脉冲乘法器（四位分频器）加工直线$\overline{OE}$，起点在原点 $O(0,0)$，终点坐标为 $E(x_e,y_e)$，$x_e=10$，$y_e=6$，即$[x_e]_2=1010$，$[y_e]_2=0110$，试画出脉冲分配图和插补轨迹。（注：在本章内所写的坐标数值均指脉冲的个数）

解 已知分频器为 4 位，且按二进制乘法，所以其脉冲分配图如图 2-24(a) 所示。图中用 $G_4(G'_4)\sim G_1(G'_1)$ 的符号表示所有乘法器门均开启时的输出脉冲。由于 x 方向的坐标数据为 $x_e=a_4a_3a_2a_1=(1010)_2$，因而 $a_4=a_2=1$，使 G_4 和 G_2 门开启，结果在一个循环内从 S_x 门输出了 10个脉冲（S_x 等于 G_2 门输出的 2 个脉冲与 G_4 门输出的 8 个脉冲之和）；$y_e=b_4b_3b_2b_1=0110$，因而 $b_3=b_2=1$，使 G'_3 和 G'_2 门开启，因此在一个循环内从 S_y 门输出了 6 个脉冲，即 $S_x=10$，$S_y=6$。

根据 S_x 和 S_y 的分配顺序，得出的直线插补的走步轨迹如图 2-24(b) 所示。由图可知，走步轨迹并不是理想的直线，而是由许多小折线逼近的结果，适当选择脉冲当量，可以使误差限制在容许的范围内。

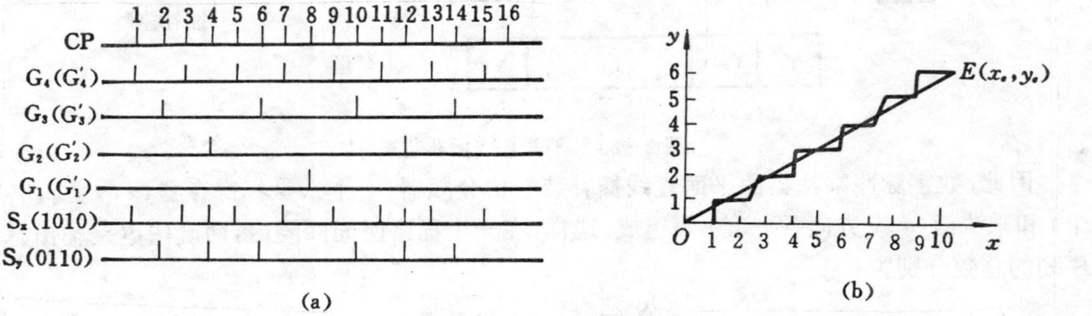

图 2-24 例 1 的脉冲分配及轨迹

(a) 脉冲分配图 (b) 插补轨迹

【例 2】 欲用脉冲乘法器（4 位分频器）加工直线$\overline{OP}$，起点在原点 $O(0,0)$，终点坐标 $P(x_e,y_e)$ 为 $x_e=7$，$y_e=7$，即$[x_e]_2=[y_e]_2=0111$，试画出脉冲分配图和插补轨迹。

解 与上题类似，可知在一个循环内，从 S_x 和 S_y 门均输出 7 个脉冲，而且同为 $G_3(G'_3)\sim G_1(G'_1)$ 门开启，显然每次都是 x 和 y 方向同时发出一进给脉冲，共发 7 次，结果形成的轨迹和理论直线完全相同（见图 2-25），这是一种特殊情况。由此可见，当加工 45° 的斜线时，脉冲乘法器的插补误差最小（即为零）。

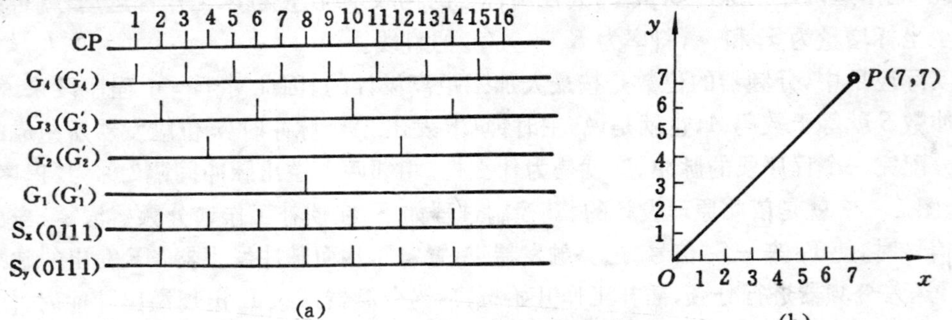

图 2-25 例 2 的脉冲分配及轨迹

三、均匀器和倍乘器

从例 1 可以看出，S_x 和 S_y 两序列插补脉冲在时间上分布是不均匀的，用这种不均匀的脉冲控制步进电机将会降低步进电机的最高工作频率，同时影响步进电机运动的均匀性，从而降低了伺服系统的精度。为了提高均匀度以保证加工精度，常用的办法是在输出端接一个均匀器（或称为"匀化电路"）。

均匀器实际上是一个二进制的分频器，一般采用 2 级或 3 级（即分频系数为 4 或 8）。也就是说，当输出脉冲 $S_x(S_y)$ 时再经过两级分频（T′，T″）后才输出给 x 和 y 轴，经过均匀器后的输出脉冲，显然其均匀度大为提高（但不能做到绝对均匀），可是，经过两级分频后，输出的脉冲总数只有 $S_x/4$ 和 $S_y/4$，而不是 S_x 和 S_y，这就不能控制到达正确的终点。为了克服这一问题，须将主分频器容量加大 4 倍，即在主分频器后也接两级分频器，经过 4 个循环后才发出终点信号，从而保证 x 方向和 y 方向的进给脉冲仍旧是 S_x 和 S_y，当然，如果 CP 的频率仍保持不变，输出脉冲的频率（即进给速度）将降为增设均匀器前输出频率的 1/4。但将 CP 的频率相应提高 4 倍，即可保持原有的进给速度。

接在主分频器后面的分频器称为倍乘器，倍乘器的级数和均匀器级数相同。不采用均匀器时，终点判别信号由主分频器计满归零时，最末一级触发器的 Q 端给出。采用均匀器时，终点判别信号由倍乘器最末一级给出。

带有倍乘器和均匀器的数字脉冲乘法器电路方框图如图 2-26 所示。图 2-27 给出了设置有均匀器和没有均匀器时的脉冲分布情况（例 1）。由图可知，经过两级分频后，S_x 和 S_y 的不均匀度（即 T_{max}/T_{min} 的值）由原来的 2 分别减小到 7/6 和 6/5。

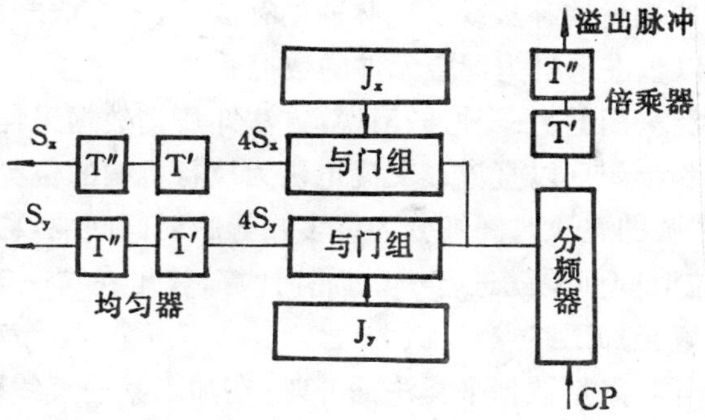

图 2-26　具有均匀器的脉冲乘法器

显然，采用均匀器的级数不一定限于上例两级，但级数太多效果就不显著。同时由于增加了均匀器级数，必须相应增设同等级数的倍乘器；而且为了要保持加工进给速度不变，还必须相应提高 CP 输入的频率，而频率的增加是与 2^n 成比例的（n 为均匀器的级数）。所以，一般选用的级数在 1 ～ 3 之间。

脉冲乘法器对于实现平面及空间直线的插补，结构简单、易于实现。不仅有二进制脉冲乘法器，还有十进制及其他进制的脉冲乘法器，可在集成电路手册中查到。它的缺点是不易实现曲线插补，速度调节不便。

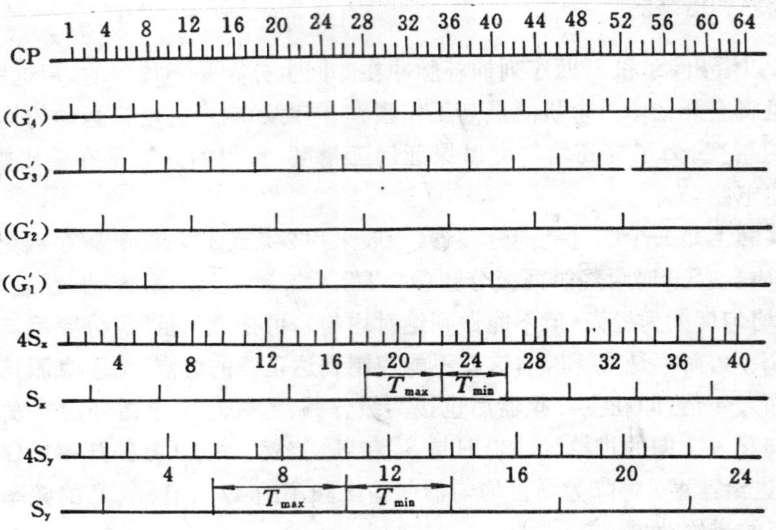

S_x 的不均匀度：$\frac{T_{max}}{T_{min}}=\frac{7}{6}$　　S_y 的不均匀度：$\frac{T_{max}}{T_{min}}=\frac{6}{5}$

图 2-27　采用均匀器时的脉冲分配图

§2-5　数据采样插补法

前面几节介绍的逐点比较法、数字脉冲乘法器法和数字积分法插补方法，都有一个共同的特点，就是插补计算的结果是以一个一个脉冲的方式输出给伺服系统，或者说产生的是单个的行程增量，因而统称为脉冲增量插补法或基准脉冲插补法，这种方法既可用于 CNC 系统，又常见于 NC 系统，尤其适于以步进电机为伺服元件的数控系统。

在 CNC 系统中较广泛采用的另一种插补计算方法即所谓数据采样插补法，或称为时间分割法。它尤其适合于闭环和半闭环以直流或交流电机为执行机构的位置采样控制系统。这种方法是把加工一段直线或圆弧的整段时间细分为许多相等的时间间隔，称为单位时间间隔(或插补周期)。每经过一个单位时间间隔就进行一次插补计算，算出在这一时间间隔内各坐标轴的进给量，边计算，边加工，直至加工终点。

与基准脉冲插补法不同，采用数据采样法插补时，在加工某一直线段或圆弧段的加工指令中必须给出加工进给速度 v，先通过速度计算，将进给速度分割成单位时间间隔的插补进给量 f(或称为轮廓步长)，又称为一次插补进给量。例如，在 FANUC 7M 系统中，取插补周期为 8 ms，若 v 的单位取 mm/min，f 的单位取 μm/8 ms，则一次插补进给量 f 可用下列数值方程计算：

$$f=\frac{v\times 1\,000\times 8}{60\times 1\,000}=\frac{2}{15}v$$

按上式计算出一次插补进给量 f 后，根据刀具运动轨迹与各坐标轴的几何关系，就可求出各轴在一个插补周期内的插补进给量，按时间间隔(如 8 ms) 以增量形式给各轴送出一个一个插补增量，通过驱动部分使机床完成预定轨迹的加工。

由上述分析可知，这类算法的核心问题是如何计算各坐标轴的增长数 Δx 或 Δy(而不是单个脉冲)，有了前一插补周期末的动点位置值和本次插补周期内的坐标增长段，就很容易计算出本插补周期末的动点命令位置坐标值。对于直线插补来讲，插补所形成的轮廓步长子线段(即增长段)与给定的直线重合，不会造成轨迹误差。而在圆弧插补中，因要用切线或弦线来逼近圆弧，因而不可避免地会带来轮廓误差。其中切线近似具有较大的轮廓误差而不大采用，常用的是弦线逼近法。

有时，数据采样插补是分两步完成的，即粗插补和精插补。第一步为粗插补，它是在给定起点和终点的曲线之间插入若干个点，即用若干条微小直线段来逼近给定曲线，粗插补在每个插补计算周期中计算一次。第二步为精插补，它是在粗插补计算出的每一条微小直线段上再做“数据点的密化”工作，这一步相当于对直线的脉冲增量插补。粗插补是在每个插补周期内计算出坐标位置增量值，而精插补则是在每个采样周期内采样实际位置增量值及插补输出的指令位置增量值，然后求得跟随误差。在实用中，粗插补运算通常用软件实现，而精插补既可以用软件也可以用硬件来实现。插补周期与采样周期可以相等，也可以不等，通常插补周期是采样周期的整倍数，其典型值为 2 倍。

目前常用的数据采样方法有两种，分别出自于 FANUC 7M 和 A－B 公司的 7360 系统。在 7M 系统中，插补周期为 8 ms，位置反馈采样周期为 4 ms，即插补周期为位置采样周期的 2 倍，它以内接弦进给代替圆弧插补中的弧线进给。在 A－B 公司的 7300 系列中，插补周期与位置反馈采样周期相同，插补算法为扩展 DDA 算法。下面分别介绍这两种系统的时间分割插补算法。

一、7M 系统中采用的时间分割法

1. 直线插补

设要求刀具在 xy 平面中作如图 2－28 所示的直线运动。在这一程序段中，x 和 y 轴的位移增量分别为 x_e 和 y_e。插补时，取增量大的作长轴，小的为短轴，要求 x 和 y 轴的速度保持一定的比例，且同时到达终点。

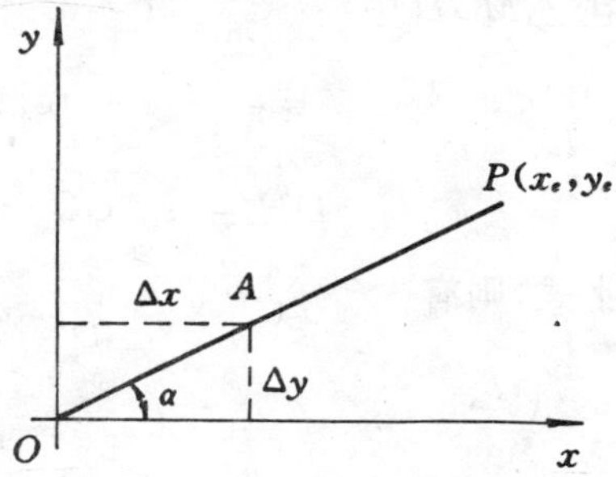

图 2－28　时间分割法直线插补

设刀具移动方向与长轴夹角为 α，OA 为一次插补的进给步长 f。根据程序段所提供的终点坐标 $P(x_e, y_e)$，可以确定出

$$\mathrm{tg}\alpha = \frac{y_e}{x_e}$$

和

$$\cos\alpha = \frac{1}{\sqrt{1 + \mathrm{tg}^2\alpha}}$$

从而求得本次插补周期内长轴的插补进给量为

$$\Delta x = f\cos\alpha \tag{2-17}$$

导出其短轴的进给量为

$$\Delta y = \frac{y_e}{x_e}\Delta x \tag{2-18}$$

2. 圆弧插补

如图 2－29 所示，顺圆弧 $\overset{\frown}{AB}$ 为待加工曲线，下面推导其插补公式。在顺圆弧上的 B 点是继

A 点之后的插补瞬时点，两点的坐标分别为 $A(x_i, y_i)$，$B(x_{i+1}, y_{i+1})$。所谓插补，在这里是指由点 $A(x_i, y_i)$ 求出下一点 $B(x_{i+1}, y_{i+1})$，实质上是求在一次插补周期的时间内，x 轴和 y 轴的进给量 Δx 和 Δy。图中的弦 AB 正是圆弧插补时每个周期的进给步长 f，AP 是 A 点的圆弧切线，M 是弦的中点。显然，$ME \perp AF$，E 是 AF 的中点，而 $OM \perp AB$。由此，圆心角具有下列关系：

$$\phi_{i+1} = \phi_i + \delta \tag{2-19}$$

式中 δ 为进给步长 f 所对应的角增量，称为角步距。

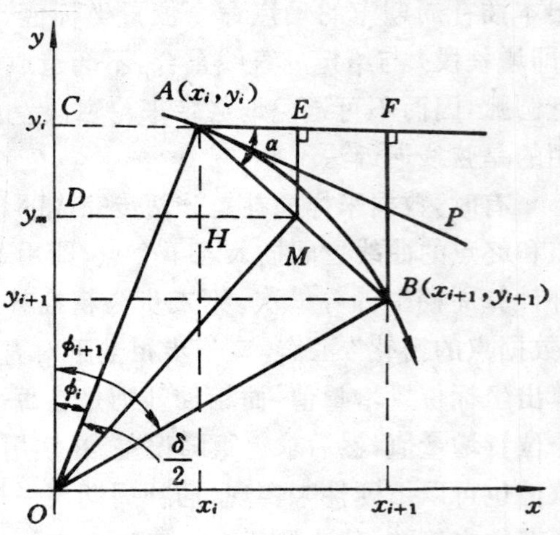

图 2-29　时间分割法圆弧插补

由于

$$\triangle AOC \sim \triangle PAF$$

所以

$$\angle PAF = \angle AOC = \phi_i$$

显然

$$\angle BAP = \frac{1}{2}\angle AOB = \frac{1}{2}\delta$$

因此

$$\alpha = \angle BAP + \angle PAF = \phi_i + \frac{1}{2}\delta$$

在 $\triangle MOD$ 中

$$\mathrm{tg}\left(\phi_i + \frac{\delta}{2}\right) = \frac{DH + HM}{OC - CD}$$

将 $DH = x_i$; $OC = y_i$; $HM = \frac{1}{2}f\cos\alpha$; $CD = \frac{1}{2}f\sin\alpha$

代入上式，则有

$$\mathrm{tg}\alpha = \mathrm{tg}\left(\phi_i + \frac{\delta}{2}\right) = \frac{x_i + \frac{f}{2}\cos\alpha}{y_i - \frac{f}{2}\sin\alpha} \tag{2-20}$$

因为

$$\mathrm{tg}\alpha = \frac{FB}{FA} = \frac{\Delta y}{\Delta x}$$

而

$$HM = \frac{1}{2}\Delta x;\ CD = \frac{1}{2}\Delta y$$

又可以推出 x_i 和 y_i，Δx 和 Δy 的关系式：

$$\frac{\Delta y}{\Delta x} = \frac{x_i + \frac{1}{2}\Delta x}{y_i - \frac{1}{2}\Delta y} = \frac{x_i + \frac{1}{2}f\cos\alpha}{y_i - \frac{1}{2}f\sin\alpha} \tag{2-21}$$

上式充分反映了圆弧上任意相邻两点的坐标间的关系。只要找到计算 Δx 和 Δy 的恰当方法，就可以按下式求出新的插补点坐标：

$$\begin{cases} x_{i+1} = x_i + \Delta x \\ y_{i+1} = y_i - \Delta y \end{cases} \tag{2-22}$$

所以，关键是求解出 Δx 和 Δy。事实上，只要求出 $\mathrm{tg}\alpha$ 值，根据函数关系便可求得 Δx，Δy 值，进而求得 x_{i+1}，y_{i+1} 值。

由于式(2-20)中的 $\sin\alpha$ 和 $\cos\alpha$ 均为未知数，要直接算出 $\mathrm{tg}\alpha$ 很困难。7M 系统采用的是一种近似算法，即以 $\cos45°$ 和 $\sin45°$ 来代替 $\cos\alpha$ 和 $\sin\alpha$，先求出

$$\mathrm{tg}\alpha = \frac{x_i + \frac{1}{2}f\cos\alpha}{y_i - \frac{1}{2}f\sin\alpha} \approx \frac{x_i + \frac{1}{2}f\cos45°}{y_i - \frac{1}{2}f\sin45°} \tag{2-23}$$

再由关系式

$$\cos\alpha = \frac{1}{\sqrt{1 + \mathrm{tg}^2\alpha}} \tag{2-24}$$

进而求得

$$\Delta x = f\cos\alpha \tag{2-25}$$

由式(2-23)、(2-24)、(2-25)求出本周期的位移增量 Δx 后，将其与已知的坐标值 x_i，y_i 代入式(2-21)，即可求得 Δy 值。在这种算法中，以弦进给代替弧进给是造成径向误差的主要原因。

二、7360 系统中采用的时间分割法

美国 A-B 公司的 7360 CNC 系统采用了扩展的 DDA 采样插补算法，系统的插补周期与位置反馈采样周期相同，均为 10.24 ms，通过 10.24 ms 的实时时钟中断来实现。

1. 扩展 DDA 直线插补

假设根据编程的进给速度，要在时间段 T 内走完图 2-30 所示的直线段 OE，终点为 $E(x_e, y_e)$，起点在原点 $O(0, 0)$。图中的 v_x 和 v_y 分别为速度 v 的 x 和 y 坐标分量。

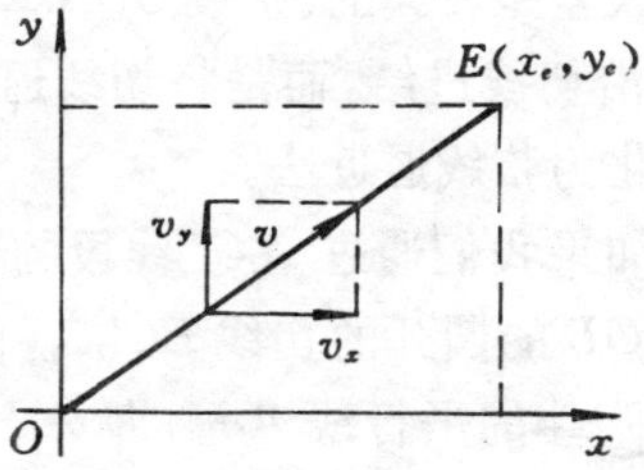

图 2-30　扩展 DDA 直线插补

由图中的三角形比例关系，可得

$$v_x = \frac{x_e}{\sqrt{x_e^2 + y_e^2}} v \tag{2-26}$$

$$v_y = \frac{y_e}{\sqrt{x_e^2 + y_e^2}} v \tag{2-27}$$

将时间区间 T 用采样周期 λ_t 分割为 n 个子区间（n 取 $\geqslant \frac{T}{\lambda_t}$ 最接近的整数），从而在每个采样周期 λ_t 内的坐标增量分别为

$$\Delta x = v_x\lambda_t = \frac{x_e}{\sqrt{x_e^2 + y_e^2}} v\lambda_t = \frac{v}{\sqrt{x_e^2 + y_e^2}} \lambda_t x_e = \mathrm{FRN}\lambda_t x_e \tag{2-28}$$

$$\Delta y = v_y \lambda_t = \frac{y_e}{\sqrt{x_e^2 + y_e^2}} v\lambda_t = \frac{v}{\sqrt{x_e^2 + y_e^2}} \lambda_t y_e = \text{FRN}\lambda_t y_e \tag{2-29}$$

式中　v—— 所要求的进给速度；

FRN—— 进给速率数，公式为

$$\text{FRN} = \frac{v}{\sqrt{x_e^2 + y_e^2}}$$

对于同一条直线来说，由于 v 和 x_e，y_e，以及 λ_t 均为已知常数，因此式中的FRN和 λ_t 均为常数，可以记作 $\lambda_d = \text{FRN}\lambda_t$。故同一条直线的每个采样周期内增量 Δx 和 Δy 的常数（即步长系数 λ_d）均相同。在每个采样周期算出的 Δx 和 Δy 基础之上，就可以得到本采样周期末的刀具位置坐标 x_i 和 y_i 值，即

$$x_i = x_{i-1} + \Delta x_i \tag{2-30}$$

$$y_i = y_{i-1} + \Delta y_i \tag{2-31}$$

从式(2-28)和(2-29)也可看出，直线插补中各坐标轴的进给步长 Δx 和 Δy 分别为轮廓步长（即子线段）的轴向分量，其大小仅仅随着进给速率编程值FRN或 v 变化。

由于直线插补中每次迭代形成的子线段的斜率（$\Delta y/\Delta x$）等于给定的直线斜率，从而保证了轨迹要求。

2. 扩展DDA圆弧插补

图2-31所示为第Ⅰ象限顺圆弧段 $\overset{\frown}{AQ}$，圆弧方程为

$$x^2 + y^2 = R^2$$

设现时刀具处在 $A_i(x_i, y_i)$ 点的位置。若在一个采样周期 λ_t 内，刀具沿切线方向的轮廓进给步长为 f，即进给一步后应到达 C''_{i+1} 点，显然，$A_iC''_{i+1}$ 的长度为 f。由图可见，它的径向误差是较大的。扩展DDA算法并不是让刀具沿切线进给，而是将切线逼近圆弧的方法转化为弦线逼近法。

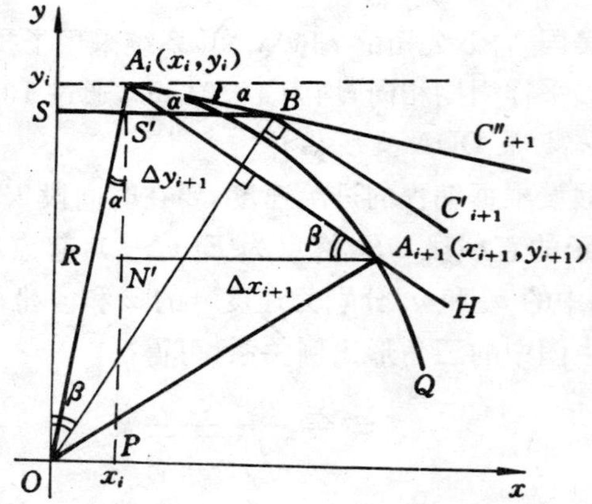

图2-31　扩展DDA圆弧插补

如果我们通过 A_iC'' 线段的中点 B 作半径为 OB 的圆弧的切线 BC'_{i+1}，再通过 A_i 点作 BC'_{i+1} 的平行线 A_iH，即 $A_iH \parallel BC'_{i+1}$，并在 A_iH 上截取 $A_iA_{i+1} = A_iC''_{i+1} = f$（容易证明 A_{i+1} 点必不在圆弧内侧）。扩展DDA就是用线段 A_iA_{i+1} 进给来代替 $A_iC''_{i+1}$ 的切线段进给，即扩展DDA在一个采样周期内计算的结果，应是刀具从 A_i 点沿弦线走到 A_{i+1} 点（而不是沿切线走到 C''_{i+1} 点）。显然，这样进给使径向误差减小了。

现在我们就来计算在采样周期 λ_t 内的轮廓进给步长 f 之坐标分量 Δx_{i+1} 和 Δy_{i+1} 值，得到了此两值，就很容易得到本次采样周期后应达到的坐标位置 A_{i+1}。

由图2-31可见，在直角 $\triangle OPA_i$ 中

$$\sin\alpha = \frac{OP}{OA_i} = \frac{x_i}{R} \tag{2-32}$$

$$\cos\alpha = \frac{A_iP}{OA_i} = \frac{y_i}{R} \tag{2-33}$$

设刀具以恒速进给，即在每个采样周期 λ_t 内的进给速度均为 v，显然，$A_iA_{i+1} = f = v\lambda_t$。过 B 点作 x 轴的平行线 BS 交 y 轴于 S 点，交 A_iP 线段于 S' 点。可以看出，直角 $\triangle OSB$ 与直角 $\triangle A_iN'A_{i+1}$ 相似，从而有比例关系：

$$\frac{N'A_{i+1}}{A_iA_{i+1}} = \frac{OS}{OB} \tag{2-34}$$

式中
$$N'A_{i+1} = \Delta x_{i+1};\ A_iA_{i+1} = f = v\lambda_t$$

在直角 $\triangle A_iS'B$ 中

$$A_iS' = \overline{A_iB}\sin\alpha = \frac{1}{2}f\sin\alpha$$

因此

$$OS = A_iP - A_iS' = y_i - \frac{1}{2}f\sin\alpha$$

在直角 $\triangle OA_iB$ 中

$$OB = \sqrt{(A_iB)^2 + (OA_i)^2} = \sqrt{\left(\frac{1}{2}f\right)^2 + R^2}$$

将以上各式代入式(2-34)，有

$$\frac{\Delta x_{i+1}}{f} = \frac{y_i - \frac{1}{2}f\sin\alpha}{\sqrt{\left(\frac{1}{2}f\right)^2 + R^2}}$$

将式(2-32)代入上式并整理，得

$$\Delta x_{i+1} = \frac{f\left(y_i - \frac{1}{2}f\frac{x_i}{R}\right)}{\sqrt{\left(\frac{1}{2}f\right)^2 + R^2}}$$

因为 $f \ll R$，故将 $\left(\frac{1}{2}f\right)^2$ 略去不计，则上式变为

$$\begin{aligned}\Delta x_{i+1} &\approx \frac{f}{R}\left(y_i - \frac{1}{2}f\frac{x_i}{R}\right)\\ &= \frac{v}{R}\lambda_t\left(y_i - \frac{1}{2}\frac{v}{R}\lambda_t x_i\right)\end{aligned}$$

若令

$$\lambda_d = \frac{v}{R}\lambda_t = \mathrm{FRN}\lambda_t$$

则

$$\Delta x_{i+1} = \lambda_d\left(y_i - \frac{1}{2}\lambda_d x_i\right) \tag{2-35}$$

在上述两相似三角形的关系中，还有下式成立：

$$\frac{A_iN'}{A_iA_{i+1}} = \frac{SB}{OB}$$

即

$$\frac{A_iN'}{A_iA_{i+1}} = \frac{SS' + S'B}{OB}$$

已知 $$A_iA_{i+1} = f = v\lambda_i; \quad OB = \sqrt{\left(\frac{1}{2}f\right)^2 + R^2}$$

由直角 $\triangle A_iS'B$ 得

$$S'B = \overline{A_iB}\cos\alpha = \frac{1}{2}f\frac{y_i}{R}$$

而 $SS' = x_i$，因此

$$\Delta y_{i+1} = A_iN' = \frac{A_iA_{i+1}(SS' + S'B)}{OB}$$

$$= \frac{f\left(x_i + \frac{1}{2}f\frac{y_i}{R}\right)}{\sqrt{\left(\frac{1}{2}f\right)^2 + R^2}}$$

同理，因 $f \ll R$，故略去 $\left(\frac{1}{2}f\right)^2$ 不计，则

$$\Delta y_{i+1} \approx \frac{f}{R}\left(x_i + \frac{f}{2R}y_i\right)$$

仍记 $$\lambda_d = \frac{f}{R} = \frac{v}{R}\lambda_i$$

则 $$\Delta y_{i+1} = \lambda_d\left(x_i + \frac{1}{2}\lambda_d y_i\right) \tag{2-36}$$

由于 $A_i(x_i, y_i)$ 为已知，故利用式(2-35)和(2-36)很容易求得 Δx_{i+1} 和 Δy_{i+1} 值。有了此两值，就可算出本次采样周期刀具应达到的坐标位置 x_{i+1} 和 y_{i+1} 值，即

$$x_{i+1} = x_i + \Delta x_{i+1}$$
$$y_{i+1} = y_i - \Delta y_{i+1}$$

依照此原理，读者不难得出其他象限及其他走向的圆弧插补之计算公式。这里不再赘述。

§2-6 其他插补方法

一、比较积分法

比较积分法又称为脉冲间隔法。我们知道，以积分原理为基础构成的数字积分法，可以灵活地实现各种函数的插补和多坐标直线的插补。但是，由于其溢出脉冲频率与被积函数值大小有关，所以存在着速度调节不便的缺点。相反，逐点比较法由于以判别原理为基础，其进给脉冲是跟随指令运算频率(脉冲源频率)的，因而速度平稳，调节方便，恰恰克服了数字积分法的缺点。但它在某些二次曲线的插补计算上不大方便。如果我们能把两种方法结合起来，吸收各自的优点，就能得到更为理想的脉冲分配方案。比较积分法就是在这种背景下产生的新型脉冲分配方法。

1. 比较积分法的原理

我们先用直线插补来说明。在数字积分法的介绍中已经知道，一个函数的定积分可以用矩形公式求和来近似计算。

如果已知一条直线的方程为

$$y = \frac{y_e}{x_e}x \tag{2-37}$$

式中 x_e,y_e 为直线的终点坐标。

对上式求微分得

$$\frac{\mathrm{d}y}{\mathrm{d}x} = \frac{y_e}{x_e}$$

如果引入时间变量 t,分别对被积函数 x_e 和 y_e 进行积分就得到数字积分法的直线插补。我们现在不这样做,而是设法用比较判别的方法来建立两个积分的联系。先将上式改写为

$$y_e\mathrm{d}x = x_e\mathrm{d}y$$

用矩形公式来求积就得到

$$y_e + y_e + \cdots = x_e + x_e + \cdots$$

或

$$\sum_{i=0}^{x-1} y_e = \sum_{i=0}^{y-1} x_e \tag{2-38}$$

此式表明,x 方向每发一个进给脉冲,相当于积分值增加一个量 y_e;y 方向每发一个进给脉冲,积分值增加一个量 x_e,为了得到直线,必须使两个积分相等。

根据式(2-38),我们在时间轴上分别作出 x 轴和 y 轴的脉冲序列,如图 2-32 所示。把时间间隔作为积分增量,x 轴上每隔一段时间 y_e 发出一个脉冲,就得到一个时间间隔 y_e;y 轴上每隔一段时间 x_e 发出一个脉冲,就得到一个时间间隔 x_e。在 x 轴发出 x 个脉冲后,其总时间间隔为式(2-38)的左边,即

$$\sum_{i=0}^{x-1} y_e = y_e + y_e + \cdots$$

同样,如果 y 轴上发出了 y 个脉冲,其总的时间间隔为积分式(2-38)的右边,即

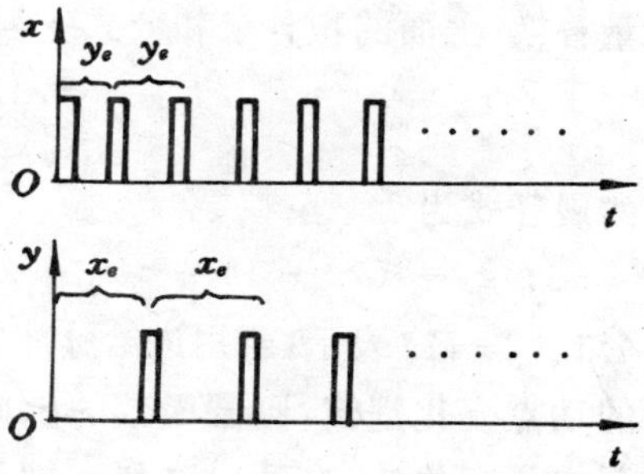

图 2-32　脉冲分配序列

$$\sum_{i=0}^{y-1} x_e = x_e + x_e + \cdots$$

由公式(2-38)可知,要实现直线插补,必须始终保持上述两个积分式相等。为此,与逐点比较法相似,我们引入一个判别函数,所不同的是,这个判别函数定义为 x 轴脉冲总时间间隔与 y 轴脉冲总时间间隔之差。用 F 表示为

$$\begin{cases} F_{n+1} = F_n + y_e & (\text{当 } x \text{ 轴进给时}) \\ F_{n+1} = F_n - x_e & (\text{当 } y \text{ 轴进给时}) \\ F_{n+1} = F_n - x_e + y_e & (\text{当 } x,y \text{ 轴同时进给时}) \end{cases} \tag{2-39}$$

用一个脉冲源控制运算速度,每发一个脉冲,计算一次 F 的值,根据 F 的正负决定下次脉冲应如何进给。即当 $F>0$ 时,说明 x 轴输出脉冲时间超前(即多发出了 y_e),这时应控制 y 轴进行 x_e 的累加;若 $F<0$,则说明 y 轴输出脉冲时间超前(即多发出了 x_e),这时应控制 x 轴进行 y_e 的累加;依次进行下去即可实现直线插补。这里,我们是通过将两个积分式相比较的办法来实现插补的,所以称为比较积分法。

2. 圆弧插补运算

设一圆以坐标原点为圆心，则其方程为

$$x^2 + y^2 = R^2 \tag{2-40}$$

考虑起点为 $A(x_0, y_0)$、终点为 $B(x_e, y_e)$ 的第 Ⅰ 象限顺圆弧 $\overset{\frown}{AB}$，如图 2-33 所示。

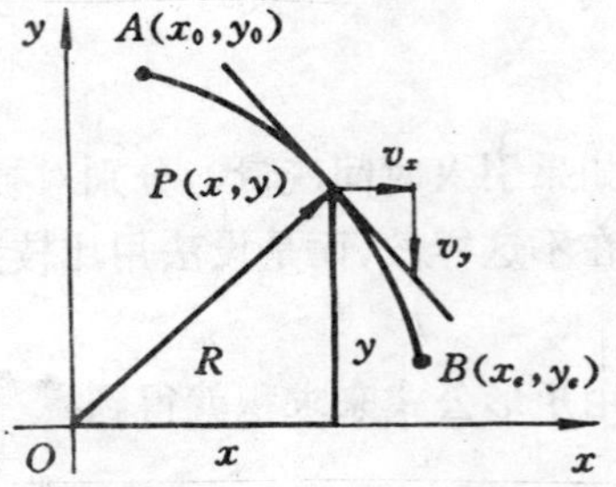

图 2-33　圆弧插补比较积分法

对式(2-40)两边微分得

$$\frac{\mathrm{d}y}{\mathrm{d}x} = -\frac{x}{y} = \frac{v_y}{v_x} = K$$

亦即有

$$-y\mathrm{d}y = x\mathrm{d}x$$

对上式用矩形公式求积就得到

$$-\sum_{y_0}^{y_e} y\Delta y = \sum_{x_0}^{x_e} x\Delta x$$

亦即

$$\sum_{y_e}^{y_0} y\Delta y = \sum_{x_0}^{x_e} x\Delta x$$

令

$$\Delta x = \Delta y = 1 \quad (\text{即脉冲当量} = 1)$$

$$x_e = x_0 + m;\ y_e = y_0 - n$$

经变量替换，上面的积分求和公式变为

$$\sum_{i=0}^{m} (x_0 + i) = \sum_{i=0}^{n} (y_0 - i) \tag{2-41}$$

上式的展开式为

$$x_0 + (x_0 + 1) + (x_0 + 2) + \cdots = y_0 + (y_0 - 1) + (y_0 - 2) + \cdots$$

公式(2-41)表示，若用进给脉冲的时间间隔来描述圆的动点变化规律，则圆函数的脉冲时间间隔在插补过程中是变化的，在某一时刻 x 轴与 y 轴进给脉冲时间间隔之比等于动点所在位置圆的半径矢量的 x 分量与 y 分量之比。公式(2-41)是公差分别为 $+1$ 和 -1 的等差数列，圆就可根据这组等差数列来产生。根据式(2-41)可作出如图 2-34 所示的第 Ⅰ 象限顺圆弧进给脉冲分配序列。

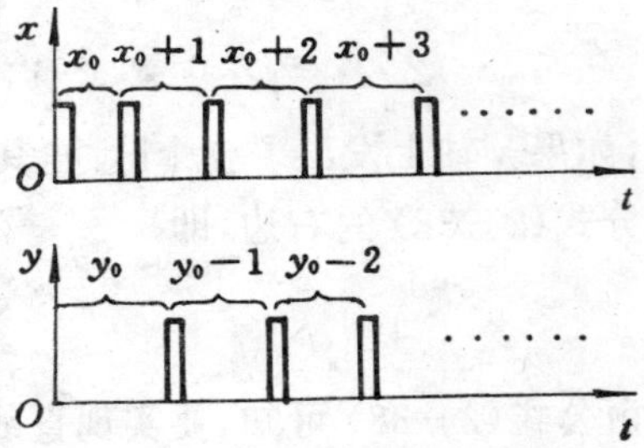

图 2-34　脉冲分配序列

同理，不难得出圆函数在不同象限顺、逆时针加工情况下的矩形求和公式。

第 Ⅰ、Ⅲ 象限顺圆，第 Ⅱ、Ⅳ 象限逆圆矩形求和公式为

$$\sum_{i=0}^{m} (x_0 + i) = \sum_{j=0}^{n} (y_0 - j) \tag{2-42}$$

第 Ⅱ、Ⅳ 象限顺圆，第 Ⅰ、Ⅲ 象限逆圆矩形求和公式为

$$\sum_{i=0}^{m} (x_0 - i) = \sum_{j=0}^{n} (y_0 + j) \tag{2-43}$$

为实现圆函数插补运算也须要引进判别函数 F。所不同的是除偏差运算外，在 x 轴(或 y 轴)每发出一个进给脉冲后，还得对被积函数 x(或 y)作加 1 或减 1 修正。

3. 直线及一般二次曲线的插补算法

以类似上述的推导过程，可方便地得到双曲线、椭圆、抛物线等各种二次曲线的插补公式。对于二次曲线来说，可以用时间坐标上的两组等差数列表示其脉冲分配过程，只要改变公差的大小和符号就可以得到各种类型的曲线。

比较积分法的插补步骤与逐点比较法类似，每输出一个脉冲，也须要作偏差判别、坐标进给和新偏差计算等。为叙述方便，综合直线及一般二次曲线的矩形求和公式，我们用 α 和 β 分别表示矩形求和公式中 x 和 y 轴进给脉冲时间间隔等差数列的公差，用 A 和 B 表示 x 和 y 轴进给脉冲的时间间隔。显然，对直线而言，A 和 B 的初始值分别为 $A_0 = y_e, B_0 = x_e$；对于圆，则 $A_0 = x_0, B_0 = y_0$，又可以写成 $A_0 = x_0|\alpha|, B_0 = y_0|\beta|$。用 Δx 和 Δy 值表示 x 和 y 轴有无进给脉冲，即 $\Delta x = 1$，表示 x 轴走一步，$\Delta y = 1$，表示 y 轴走一步。于是，比较积分法的插补步骤如下：

(1) 确定基础轴。这是通过比较 x 轴和 y 轴的进给脉冲间隔 A 和 B 进行的。插补时取脉冲间隔小(脉冲密度高)的轴作为基础轴。即 $A < B$ 时，取 x 为基础轴；反之，取 y 为基础轴。

(2) 脉冲源每发出一个脉冲，基础轴都走一步(即每拍运算，基础轴都走一步)，非基础轴是否同时走一步则根据判别函数 F 来决定。

在以 x 轴为基础轴的情况下：

当 $F \geqslant 0$ 时，$\Delta x = 1, \Delta y = 1$；

当 $F < 0$ 时，$\Delta x = 1, \Delta y = 0$。

若以 y 轴为基础轴，则

$F \geqslant 0$ 时，$\Delta x = 1, \Delta y = 1$；

$F < 0$ 时，$\Delta x = 0, \Delta y = 1$。

(3) 坐标进给之后，须根据前述公式再计算新的偏差值 F。以直线为例：

当 x 和 y 轴同时进给($\Delta x = 1, \Delta y = 1$)时，新偏差值 $F_{n+1} = F_n - x_e + y_e$；

当仅 x 轴进给时，新偏差值 $F_{n+1} = F_n + y_e$。

(4) 在每次 x 和 y 轴进给之后，须对时间间隔 A 和 B 进行修正(显然，因直线的 $\alpha = \beta = 0$，故直线插补时，A 和 B 无须修正)：

当 $\Delta x = 1$ 时，$A = A + \alpha$；

当 $\Delta y = 1$ 时，$B = B + \beta$。

(5) 判别是否改变基础轴。当改变基础轴时，作 $F = -F$ 运算。

(6) 过象限处理。当曲线过象限时，修正进给轴方向。

(7) 终点判别。当 $x = x_e$，并且 $y = y_e$ 时，插补结束，否则重复执行上述各步骤。

下面举一例说明其插补过程。

试用比较积分法插补第 I 象限直线$\overline{OP}$，起点 O 在坐标原点，终点为 $P(11,5)$。

解　由于 $x_e > y_e$，即 x 轴的脉冲密度高，或者说 x 轴的脉冲间隔 A 小于 y 轴的脉冲时间间隔 $B(A < B)$，因此 x 轴应取为基础轴。每次运算后 x 轴都应发出一个脉冲(即走一步)，然后根据运算结果决定 y 轴是否同时要走一步。

已知 $F_0 = 0, A_0 = y_e = 5, B_0 = x_e = 11$，其计算过程如下：

(1) $F_0 = 0$，走 Δx，　　$F_1 = F_0 + y_e = 0 + 5 = 5$

(2) $F_1 > 0$，走 $\Delta x, \Delta y$，　　$F_2 = F_1 - x_e + y_e = 5 - 11 + 5 = -1$

(3) $F_2 < 0$，走 Δx，　　$F_3 = F_2 + y_e = -1 + 5 = 4$

(4) $F_3 > 0$，走 $\Delta x, \Delta y$，　　$F_4 = F_3 - x_e + y_e = 4 - 11 + 5 = -2$

(5) $F_4 < 0$，走 Δx，　　$F_5 = F_4 + y_e = -2 + 5 = 3$

(6) $F_5 > 0$，走 $\Delta x, \Delta y$，　　$F_6 = F_5 - x_e + y_e = 3 - 11 + 5 = -3$

(7) $F_6 < 0$，走 Δx，　　$F_7 = F_6 + y_e = -3 + 5 = 2$

(8) $F_7 > 0$，走 $\Delta x, \Delta y$，　　$F_8 = F_7 - x_e + y_e = 2 - 11 + 5 = -4$

(9) $F_8 < 0$，走 Δx，　　$F_9 = F_8 + y_e = -4 + 5 = 1$

(10) $F_9 > 0$，走 $\Delta x, \Delta y$，　　$F_{10} = F_9 - x_e + y_e = 1 - 11 + 5 = -5$

(11) $F_{10} < 0$，走 Δx，　　$F_{11} = F_{10} + y_e = -5 + 5 = 0$

此题计算时是将 $F = 0$ 归于 $F < 0$ 一类。插补轨迹如图 2-35 所示。

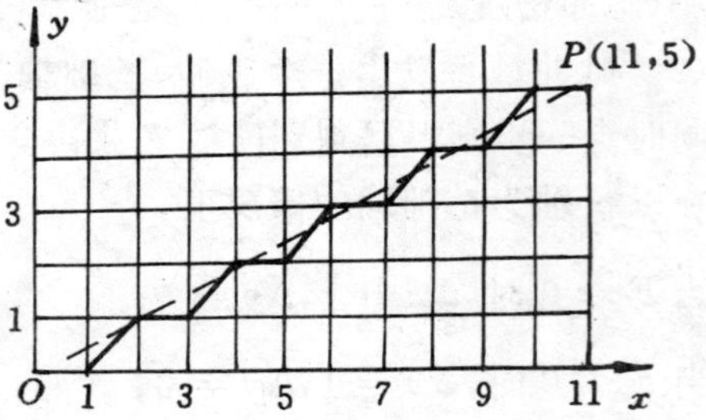

图 2-35　比较积分法直线插补轨迹

二、直接函数运算法(DFB)

直接函数运算法属于最小偏差法的一种。它与逐点比较法类似，是一种代数运算方法。但它的进给方式不像逐点比较法那样或 x 方向或 y 方向急剧变化，这对机械部分是有利的，特别是可以改善步进电机的谐振现象。另外，直接函数法可以比较并选择误差较小的一个进给方向，这也是它的一个优点。因为直接函数法每插补一步要试算两个方向并作比较。

1. 直线插补

(1) 卦限的划分。直接函数法将直角坐标的每个象限都用 45° 斜线分成 2 个区域，如图 2-36 所示。4 个象限共分为 8 个区域，称为 8 个卦限，用 0 ～ 7 表示。对某一卦限内的直线进行插补时，只有 u 和 u,v 两种可能的进给方向。对于第 I 象限的右下区域即"0"卦限来讲，直线插补时或是 x 方向走一步，或是 x 与 y 方向同时走一步。对于"1"卦限的直线插补，或是 y 方向走一步，或是 x 与 y 方向同时走一步。引入 u 和 v 坐标系的目的是将 8 个卦限的进给都统一用"0"卦限内的 u 和 v 坐标来计算，以简化插补程序，缩短运算时间。对 8 个卦限中的直线，这种坐标变换关系如表 2-9 所示。

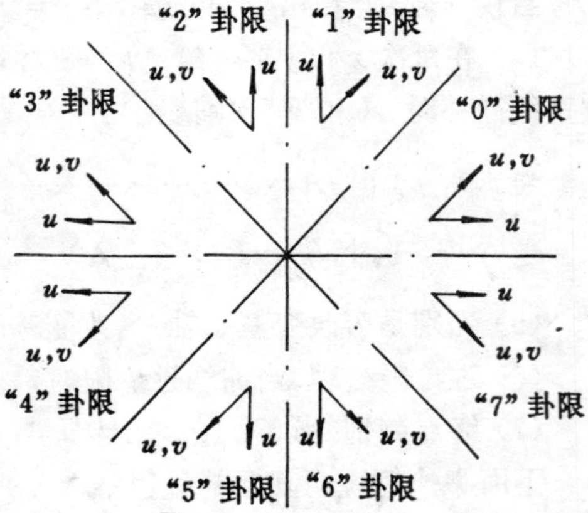

图 2-36　卦限的划分

表 2-9　直线插补的坐标变换

卦　限	u	u,v
0	$+x$	$+x,+y$
1	$+y$	$+x,+y$
2	$+y$	$-x,+y$
3	$-x$	$-x,+y$
4	$-x$	$-x,-y$
5	$-y$	$-x,-y$
6	$-y$	$+x,-y$
7	$+x$	$+x,-y$

(2) 误差函数与进给方向。图 2-37 中所示"0"卦限的直线终点为 u_e 和 v_e，直线方程为

$$v=\frac{v_e}{u_e}u$$

引入误差函数 $F(u,v)=u_ev-v_eu$，显然，对于直线上的所有点均满足下式：

$$F(u,v)=u_ev-v_eu=0$$

对直线上方的点

$$F(u,v)>0$$

对直线下方的点

$$F(u,v)<0$$

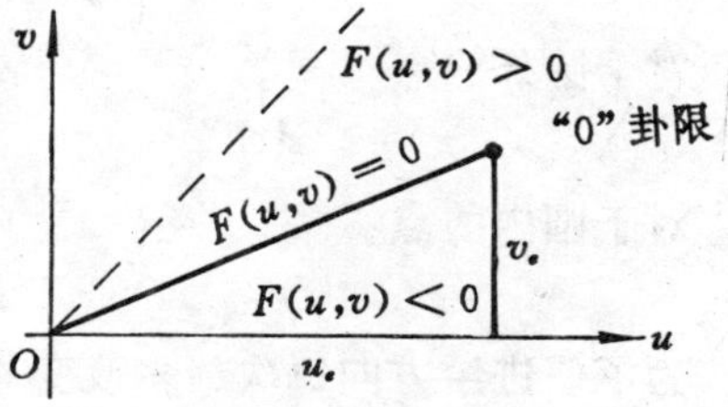

图 2-37　"0" 卦限的直线

当 $F(u,v)\geqslant 0$ 时，往 $+u$ 方向进给一步，误差函数的变化为

$$\begin{aligned}\Delta F(u+1,v)&=F(u+1,v)-F(u,v)\\&=u_ev-v_e(u+1)-(u_ev-v_eu)\\&=-v_e\end{aligned}\qquad(2-44)$$

当 $F(u,v)<0$ 时，往 $+u$ 和 $+v$ 方向同时进给一步，误差函数的变化为

$$\begin{aligned}\Delta F(u+1,v+1)&=F(u+1,v+1)-F(u,v)\\&=u_e(v+1)-v_e(u+1)-(u_ev-v_eu)\\&=u_e-v_e\end{aligned}\qquad(2-45)$$

在插补过程中，引入进给循环变量 i 可得

$$F(i+1)=F(i)+\Delta F$$

因插补是从坐标原点开始的，故 $F(0)=0$。在 u 方向进行终点判别，当 $u(i)=u_e$ 时，直线到达终点，插补工作完成。

图 2-38 是对 $u_e=30,v_e=4$ 的"0"卦限直线进行插补的例子。为了直观，图中的脉冲当量取得很大。从图中可以看出，进给方向的变化不是 90° 而是 45°。

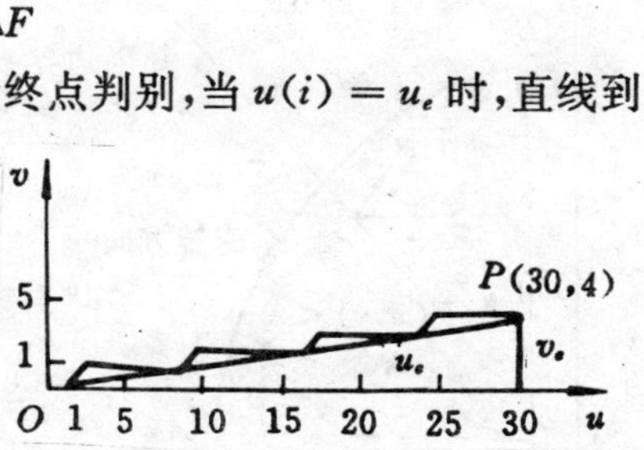

图 2-38　"0" 卦限直线插补轨迹

为了减小插补误差，实际的 DFB 法还可以进一步对两个可能的进给方向作试算与比较，并选择一个误差最小的方向进给。

若往 u 方向进给一步，误差函数将为

$$F_u(i+1) = F(i) + \Delta F(u+1, v)$$

若 u 和 v 方向同时都进给一步，误差函数将为

$$F_{uv}(i+1) = F(i) + \Delta F(u+1, v+1)$$

将式(2-44)和式(2-45)分别代入上两式中，可得到两个试算结果，将它们的绝对值进行比较，以决定应向哪个方向进给。

当 $|F_u(i+1)| \leqslant |F_{uv}(i+1)|$ 时，$i+1$ 次进给应为 u 方向；

当 $|F_u(i+1)| > |F_{uv}(i+1)|$ 时，$i+1$ 次进给应为 u 和 v 方向(即各进给一步)。

2. 圆弧插补

图 2-39 是第 Ⅰ 象限的逆时针方向圆弧，圆心在 xOy 坐标系的原点。参考圆的方程，引进误差函数 $F(x,y) = x^2 + y^2 - R^2$ 用来选择适当的进给方向。

对于圆弧上的点

$$F(x,y) = x^2 + y^2 - R^2 = 0 \tag{2-46}$$

对于圆外的点

$$F(x,y) > 0$$

对于圆内的点

$$F(x,y) < 0$$

为了使进给方向每次最多改变 45°，仍旧划分 0～7 共 8 个卦限，将各卦限内的圆弧插补，都统一用“0”卦限的公式进行计算。每个卦限中又都有顺时针圆弧和逆时针圆弧两种情况，8 个卦限中顺圆与逆圆的进给方向标在图 2-40 中，均用 v 和 u,v 代表。它们在 xOy 坐标系中的实际进给方向可根据卦限及圆弧走向用表 2-10 进行变换。显然，当每次插补运算时，除判断是否到达终点外，还要判断是否到达卦限的边界。如图 2-39 中第 Ⅰ 象限的逆圆在“0”卦限时，它是沿 $+y$ 向或 $-x$ 和 $+y$ 向进给的，到达“1”卦限的边界后，应改为沿 $-x$ 向或 $-x$ 和 $+y$ 向进给。

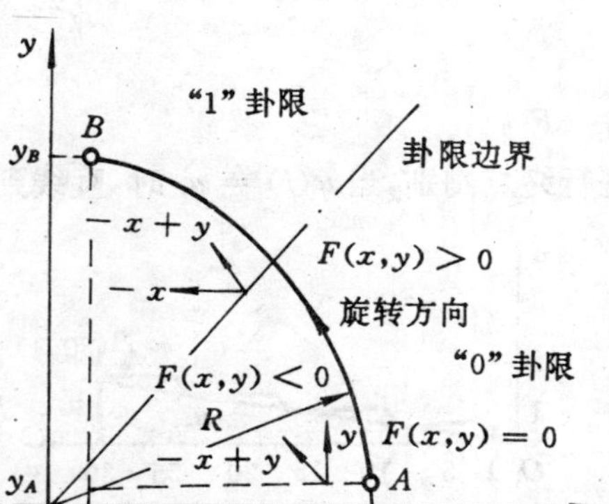

图 2-39　第 Ⅰ 象限圆弧

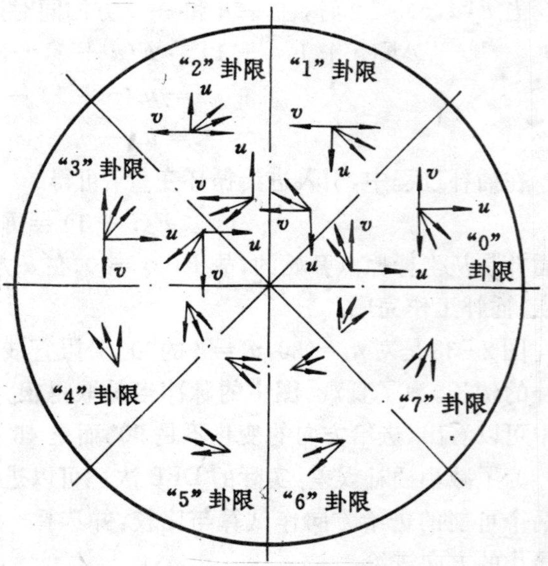

图 2-40　圆弧插补各卦限的进给方向

表 2-10　圆弧插补时进给方向的坐标变换

卦　限	顺　时　针　圆　弧		逆　时　针　圆　弧	
	v	u,v	v	u,v
0	$-y$	$+x,-y$	$+y$	$-x,+y$
1	$+x$	$+x,-y$	$-x$	$-x,+y$
2	$+x$	$+x,+y$	$-x$	$-x,-y$
3	$+y$	$+x,+y$	$-y$	$-x,-y$
4	$+y$	$-x,+y$	$-y$	$+x,-y$
5	$-x$	$-x,+y$	$+x$	$+x,-y$
6	$-x$	$-x,-y$	$+x$	$+x,+y$
7	$-y$	$-x,-y$	$+y$	$+x,+y$

将公式(2-46)转换为 u 和 v 坐标，并在“0”卦限中推导误差函数的变化。对逆时针圆弧，当 $F>0$ 时，应走 $+v$ 和 $-u$；当 $F\leqslant 0$ 时，应走 $+v$。当往 $+v$ 走一步时

$$\begin{aligned}\Delta F(u,v+1) &= F(u,v+1)-F(u,v)\\ &= u^2+(v+1)^2-R^2-(u^2+v^2-R^2)\\ &= 2v+1\end{aligned} \tag{2-47}$$

而往 $-u$ 与 $+v$ 向同时走一步时

$$\begin{aligned}\Delta F(u-1,v+1) &= F(u-1,v+1)-F(u,v)\\ &= (u-1)^2+(v+1)^2-R^2-(u^2+v^2-R^2)\\ &= -2u+2v+2\end{aligned} \tag{2-48}$$

对顺时针圆弧，则或者走 $-v$($F>0$ 时)，或者走 $+u$ 和 $-v$($F\leqslant 0$ 时)。当往 $-v$ 向走一步时，可求出

$$\Delta F(u,v-1) = -2v+1 \tag{2-49}$$

往 $+u$ 与 $-v$ 向同时走一步时，可求出

$$\Delta F(u+1,v-1) = 2u-2v+2 \tag{2-50}$$

引入循环变量 i 可得

$$F(i+1) = F(i)+\Delta F(i+1)$$

当 $i=0$ 时，为圆弧上的起始点(如图 2-39 中的 A 点)。此时 $F(0)=0$。

当 $F(i)>0$ 时，轨迹到达圆外。此时，对于“0”或偶数卦限的逆时针圆弧及奇数卦限的顺时针圆弧，$i+1$ 次进给应为 u 和 v 方向。对于奇数卦限逆时针圆弧及“0”或偶数卦限顺时针圆弧，$i+1$ 次进给应为 v 方向。

当 $F(i)\leqslant 0$ 时，轨迹则到达圆上或进入圆内。此时，对“0”或偶数卦限的逆时针圆弧及奇数卦限的顺时针圆弧，$i+1$ 次进给应为 v 方向。对于奇数卦限的逆时针圆弧及“0”或偶数卦限的顺时针圆弧，$i+1$ 次进给应为 u 和 v 方向。

以上各种情况下的实际进给方向，可参照表 2-10 得到。误差函数计算统一使用“0”卦限中推导的公式(2-47)、(2-48)(逆时针圆弧)或(2-49)、(2-50)(顺时针圆弧)。为此，要统一变换为 u 和 v 坐标，且 u 和 v 坐标的走向与实际进给方向的关系要与图 2-40 中“0”卦限情况一样。

除根据误差函数、卦限及圆弧走向判断本次应进给的方向外，插补运算还包括下列步骤：

(1) 计算 $\Delta F(i+1)$；

(2) 修正并得到新的坐标值 $u(i+1)$ 和 $v(i+1)$；

(3) 存入应进给方向的符号；

(4) 计算误差函数 $F(i+1)$；

(5) 检查进给后是否到达卦限的边界；

(6) 检查进给后是否到达预定圆弧的终点。

除了直线插补与圆弧插补外，DFB 法还可以推广到用方程

$$Ax^2 + Bxy + Cy^2 + Dx + Ey + F = 0$$

描述的一般二次曲线。但由于在计算误差函数时，要与各系数作乘法运算，将使插补运算的速度显著变慢。在这种情况下，只好损失一些进给速度，而对于像抛物线这种二次曲线的特例，用直接函数法进行插补运算的速度则与圆弧插补时相当。此外，DFB 法也可以推广到极坐标。这时，阿基米德螺旋线的插补可以归并为直线插补。

以上介绍了常用的几种基准脉冲插补法和数据采样插补法。在实际使用中还会见到上述一些插补算法的变形算法或扩展算法，如最小偏差法、单步追赶法、方向余弦法等等。读者需要时可参阅有关文献资料。

§2-7 刀具半径补偿

一、刀具半径补偿的作用

在轮廓加工过程中，由于刀具总有一定的半径(如铣刀半径或线切割机的钼丝半径)，刀具中心的运动轨迹并不等于所需加工零件的实际轨迹，也就是说，数控机床进行轮廓加工时必须考虑刀具半径。现以铣床为例(见图 2-41)，若要用半径为 r 的刀具加工外形轮廓为 A 的工件，那么刀具中心必须沿着与轮廓 A 偏离 r 距离的轨迹 B 移动，即铣削时刀具中心轨迹和工件的廓形是不一致的。我们可以根据轮廓 A 的坐标参数和刀具半径 r 的值计算出轨迹 B 的坐标参数，再编制成程序进行加工，但这很不方便。因为当材料、工艺变化或刀具磨损须要更换刀具时，须要重新制作程序。如果不考虑刀具半径，直接按照工件的廓形编程是比较方便的，但是这时刀具中心是按工件廓形运动，加工出来的零件比图纸要求缩小了。为了既能使编程方便，又能使刀具中心沿轨迹运动，加工出合格的零件来，就需要有刀具半径补偿(或称刀具偏移计算，简称刀偏)功能。

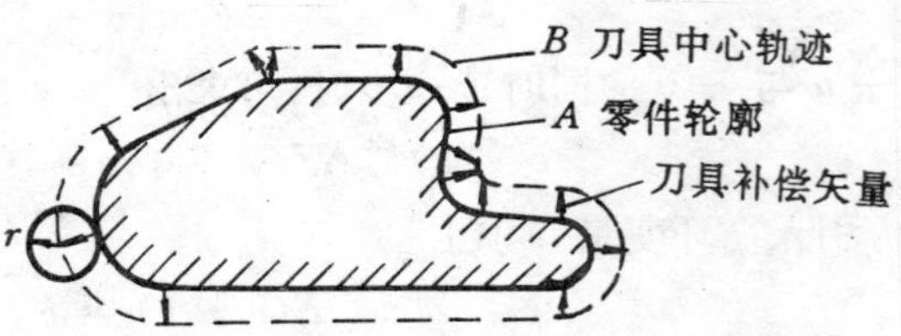

图 2-41 数控加工刀具中心轨迹

须要指出的是，刀具半径补偿通常不是程序编制人员完成的，程序编制人员只是按零件的加工轮廓编制程序。同时用指令 G41,G42,G40 告诉 CNC 系统刀具是沿零件内轮廓运动还是沿外轮廓运动。实际的刀具半径补偿是在 CNC 系统内部由计算机自动完成的。CNC 系统根据零件轮廓尺寸(直线或圆弧以及其起点和终点)和刀具运动的方向指令(G41,G42,G40)，以及

实际加工中所用的刀具半径值自动地完成刀具半径补偿计算。

根据 ISO 标准，当刀具中心轨迹在编程轨迹（零件轮廓）前进方向右边时称为右刀具补偿，简称右刀补，用G42表示；反之，则称为左刀补，用G41表示；当不须要进行刀具半径补偿时用 G40 表示。

在实际轮廓加工过程中，刀具半径补偿执行过程一般可分为三步：

(1) 刀具补偿建立。刀具从原点接近工件，刀具中心轨迹由 G41 或 G42 确定，在原来的程序轨迹基础上伸长或缩短一个刀具半径值，即刀具中心从与编程轨迹重合过渡到与编程轨迹偏离一个刀具半径，如图 2-42 所示。

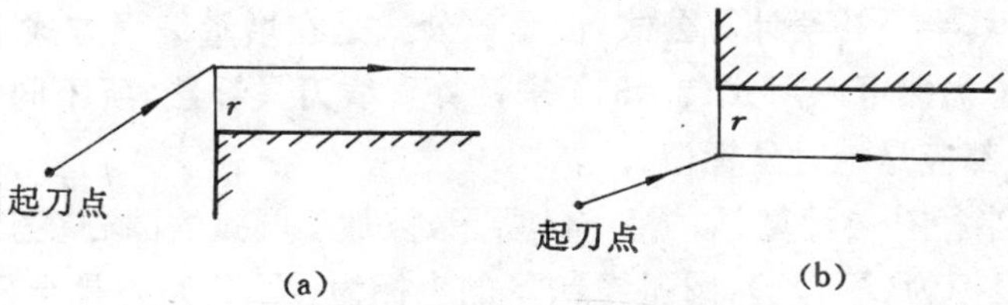

图 2-42　建立刀具补偿

(a) 建立刀具补偿 G41　(b) 建立刀具补偿 G42

(2) 刀具补偿进行。一旦建立了刀具补偿状态则一直维持该状态，除非撤消刀具补偿。在刀具补偿进行期间，刀具中心轨迹始终偏离编程轨迹一个刀具半径值的距离。

(3) 刀具补偿撤消。刀具撤离工件，回到原点。和建立刀具补偿时一样，刀具中心轨迹也要比编程轨迹伸长或缩短一个刀具半径值的距离。即刀具中心轨迹从与编程轨迹相距一个刀具半径值过渡到与编程轨迹重合。刀具补偿撤消用 G40 指令。

刀具半径补偿仅在指定的二维坐标平面内进行。而平面的指定是由 G 代码 G17(X—Y 平面)、G18(Y—Z 平面) 和 G19(Z—X 平面) 表示。刀具半径值则是通过刀具号来指定的。

二、刀具半径补偿计算

刀具半径补偿计算就是要根据零件尺寸和刀具半径值计算出刀具中心的运动轨迹。对于一般的 CNC 装置，所能实现的轮廓控制仅限于直线和圆弧。对直线而言，刀具补偿后的刀具中心轨迹仍然是与原直线相平行的直线，因此刀具补偿计算只要计算出刀具中心轨迹的起点和终点坐标值。对于圆弧而言，刀具补偿后的刀具中心轨迹仍然是一个与原圆弧同心的一段圆弧。因此对圆弧的刀具半径补偿计算只须计算出刀补后圆弧的起点和终点坐标值以及刀具补偿后的圆弧半径值。

(1) 直线刀具补偿计算。如图 2-43 所示，被加工直线段的起点在坐标原点，终点 A 的坐标为 (X,Y)。假定上一程序段加工完后，刀具中心在 O' 点且其坐标已知。刀具半径为 r，现在要计算的是刀具补偿后直线段 $O'A'$ 的终点坐标 (X',Y')。设直线段终点刀具补偿矢量 $\overrightarrow{AA'}$ 的投影坐标为 $(\Delta X_{新},\Delta Y_{新})$，则

$$\begin{cases}X' = X + \Delta X_{新} \\ Y' = Y + \Delta Y_{新}\end{cases} \tag{2-51}$$

因为

$$\angle XOA = \angle A'AK = \alpha$$

所以
$$\begin{cases}\Delta X_{新}=r\sin\alpha=r\dfrac{Y}{\sqrt{X^2+Y^2}}\\ \Delta Y_{新}=-r\cos\alpha=-r\dfrac{Y}{\sqrt{X^2+Y^2}}\end{cases}\tag{2-52}$$

将式(2-52)代入式(2-51)得

$$X'=X+\frac{rY}{\sqrt{X^2+Y^2}}$$
$$Y'=Y-\frac{rX}{\sqrt{X^2+Y^2}}$$

上式是直线刀具半径补偿计算公式，但是该公式是在增量编程方式下推出的。事实上，如果是绝对编程方式，仍然可以用式(2-51)来计算直线刀具补偿，所不同的是式(2-51)中的(X,Y)和(X',Y')都应是绝对坐标值。

(2) 圆弧刀具半径补偿计算。如图2-44所示，被加工圆弧的圆心在坐标原点，圆弧半径为R，圆弧起点A的坐标为(X_0,Y_0)，圆弧终点B的坐标为(X_e,Y_e)，刀具半径为r。

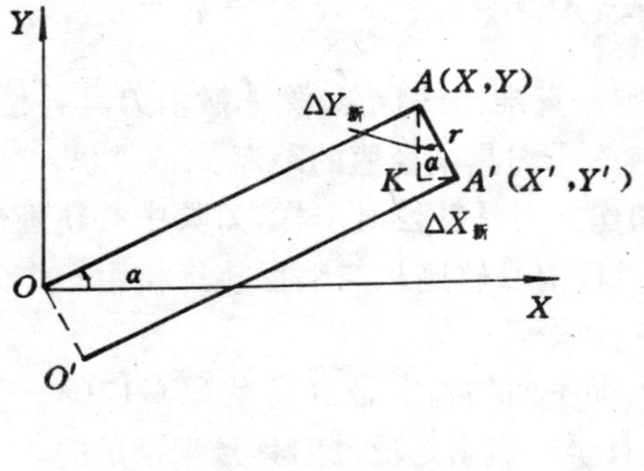

图2-43　直线刀具补偿

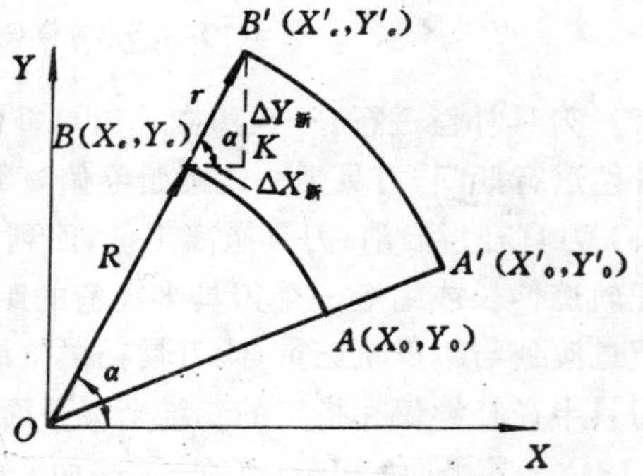

图2-44　圆弧刀具半径补偿

假定上一程序段加工结束后刀具中心点为A'，且其坐标为已知。那么圆弧刀具半径计算的目的就是要计算出刀具中心圆弧$\widehat{A'B'}$的终点坐标(X'_e,Y'_e)。设$\overrightarrow{BB'}$在两个坐标上的投影为$(\Delta X_{新},\Delta Y_{新})$，则

$$\begin{aligned}X'_e&=X_e+\Delta X_{新}\\ Y'_e&=Y_e+\Delta Y_{新}\end{aligned}\tag{2-53}$$

因
$$\angle BOX=\angle B'BK=\alpha$$

故
$$\Delta X_{新}=r\cos\alpha=r\frac{X_e}{R}$$
$$\Delta Y_{新}=r\sin\alpha=r\frac{Y_e}{R}\tag{2-54}$$

将式(2-54)代入式(2-53)得圆弧刀具补偿计算公式为

$$X'_e=X_e+\frac{rX_e}{R}$$
$$Y'_e=Y_e+\frac{rY_e}{R}$$

事实上，刀偏计算的方法很多，仅在NC系统中常用的就有DDA法、极坐标法、逐点比较

法(又称刀具半径矢量法,或称r^2法)、矢量判别法等。这些刀具偏移计算方法的采用,大多与数控系统所采用的插补方法有关,也就是随数控系统的不同而异。下面将对r^2法、极坐标法、矢量判别法作以介绍。

1. 刀具半径分量法(r^2法)

在图2-45中,沿直线OA伸长(亦可缩短,图中未示出)一个刀具半径r后,A'点的坐标是

$$x'_0 = x_0 + r_x$$

$$y'_0 = y_0 + r_y$$

式中r_x和r_y是刀具半径偏移量$AA'(=r)$在x和y轴上的分量。

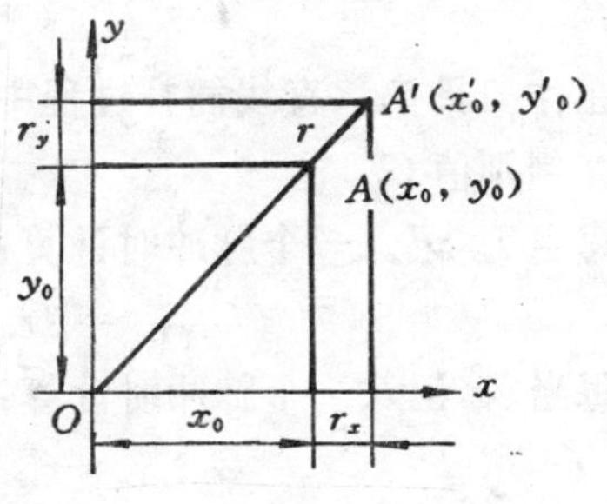

图 2-45

在普通NC系统中,当读带机读入x_0和y_0后分别存放在J_x和J_y中,然后计算装置在不输出进给脉冲的情况下(即工作台不动),作直线插补运算。此时,J_x和J_y的数相当于直线插补时的终点坐标,所以在插补过程中J_x和J_y的内容是不变的。

另外再用两条寄存器J_{rx}及J_{ry}分别记取在直线AA'插补的过程中x轴和y轴的输出插补脉冲(此脉冲不输出,工作台不动),设其所记的数分别为r_{xi}与r_{yj}(i,j为插补脉冲序号)。当达到$r_{xi}^2 + r_{yj}^2 = r^2$时,停止插补运算,这时$J_{rx}$及$J_{ry}$中所存的数就是刀具半径$r$在$x$轴和$y$轴上的分量$r_x$和$r_y$。

有了x_0、y_0及r_x、r_y,就可作加法运算

$$x_0 + r_x = x'_0$$

即

$$(J_x) + (J_{rx}) \rightarrow J_x$$

$$y_0 + r_y = y'_0$$

即

$$(J_y) + (J_{ry}) \longrightarrow J_y$$

这样J_x和J_y中寄存的就是A'点的坐标值x'_0及y'_0了。

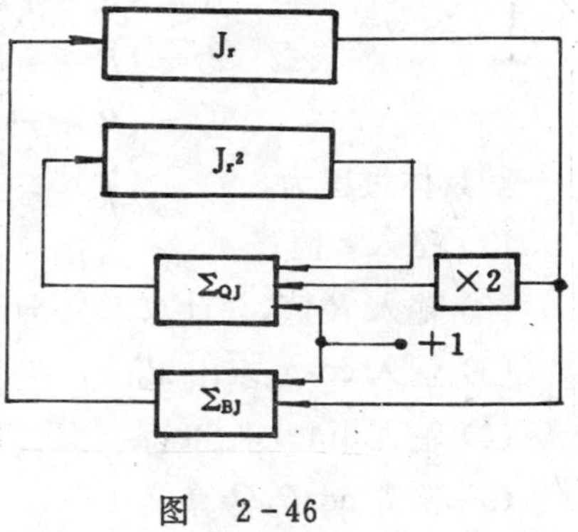

图 2-46

下面讨论$r_{xi}^2 + r_{yj}^2 = r^2$的判别。

首先求r^2值。对于拨盘输入的r值,为了避免作平方运算,可以用递推法来求r^2,这就要多用J_r和J_{r^2}两条寄存器,如图2-46所示。

计算的递推公式如下:

$$r_{i+1} = r_i + 1$$

$$r_{i+1}^2 = (r_i + 1)^2 = r_i^2 + 2r_i + 1$$

用J_r存放r_i值,J_{r^2}存放r_i^2值,并设运算开始时$r_i = r_0 = 0$,按图2-46逻辑线路逐次求和,结果如下:

第一次相加:

$$r_1 = r_0 + 1 = 0 + 1 = 1$$

$$r_1^2 = r_0^2 + 2r_0 + 1 = 0 + 2 \times 0 + 1 = 1$$

第二次相加:

$$r_2 = r_1 + 1 = 1 + 1 = 2$$

$$r_2^2 = r_1^2 + 2r_1 + 1 = 1 + 2 \times 1 + 1 = 4$$

第三次相加：　　　　　　$r_3 = r_2 + 1 = 2 + 1 = 3$

$$r_3^2 = r_2^2 + 2r_2 + 1 = 4 + 4 + 1 = 9$$

……

依次递推，直到 J_r 中之值和刀具半径 r 相等为止。而 J_{r^2} 中的数值即为 r^2。

对于 $r_{xi}^2 + r_{yj}^2 = r^2$ 是否成立亦可按下式用递推法来进行判别。

$$G_{ij} = r_{xi}^2 + r_{yj}^2 - r^2$$

在作刀具偏移直线插补过程中，除了用 J_{rx} 和 J_{ry} 分别寄存 r_{xi} 和 r_{yj} 外，还需有一条寄存器 J_G 来寄存判别值 G_{ij}。

每当 J_{rx} 记入一个脉冲时计算：

$$G_{i+1,j} = (r_{xi} + 1)^2 + r_{yj}^2 - r^2 = G_{ij} + 2r_{xi} + 1$$

每当 J_{ry} 记入一个脉冲时计算：

$$G_{i,j+1} = r_{xi}^2 + (r_{yj} + 1)^2 - r^2 = G_{ij} + 2r_{yj} + 1$$

初始时，令 $J_{rx} = 0$；$J_{ry} = 0$；$G_{00} = -r^2$。在刀具半径偏移插补过程中，每发出一个插补脉冲，就进行一次 G_{ij} 运算，并且判别是否为零。当 $G_{ij} = 0$ 时，就满足 $r_{xi}^2 + r_{yj}^2 = r^2$ 的条件，停止插补运算，这时存放在 J_{rx} 和 J_{ry} 中的数据就是 r 在 x 轴和 y 轴上的分量 r_x 和 r_y（r_x，r_y 值即为刀具半径补偿值）。由于此原理在计算刀偏值时须使用刀具半径 r 的平方值，因而被称为 r^2 法。

2. 极坐标输入法

如图 2-47 所示，曲线起、终点坐标 A 和 E 是以极坐标值表示的，有 R，$\cos\alpha$，$\sin\alpha$，$\cos\beta$，$\sin\beta$ 等 5 个数据，它们均已从程序输入，结合所键入的刀具半径 r 值，从而可求得各坐标分量为

$$x_0' = (R + r)\cos\alpha$$
$$y_0' = (R + r)\sin\alpha$$
$$x_e' = (R + r)\cos\beta$$
$$y_e' = (R + r)\sin\beta$$

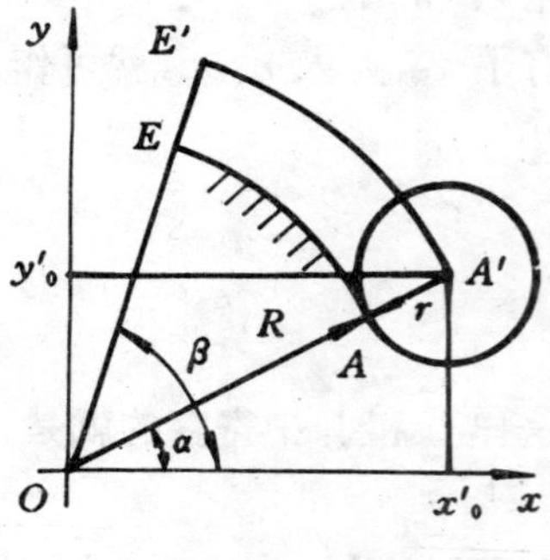

图 2-47　极坐标输入法

其具体过程为：

(1) 键入 r 值；

(2) 输入 R 值，并计算 $R + r$ 值；

(3) 输入 $\cos\alpha$，求出 x_0'；

(4) 输入 $\sin\alpha$，求出 y_0'；

(5) 输入 $\cos\beta$，计算 x_e'；

(6) 输入 $\sin\beta$，求出 y_e'；

(7) 求出终点判别值。

最后将修正后的坐标值 x_0'，y_0'，x_e'，y_e' 分别存放，刀具偏移计算结束。

3. 矢量判别法

如图 2-48 所示，设要加工的程序段为圆弧 $\overset{\frown}{AB}$，半径为 R，加工开始时，刀具中心处在 A' 点，它的刀具半径矢量为 $\boldsymbol{r}$。要求加工结束时，刀具中心处于圆弧终点 B'。为实现这种要求，可把刀具中心的运动分解成图示的两种运动：$A' \to A''$ 的运动和 $A'' \to B'$ 的运动。

对于$A' \to A''$的运动，实际上是以O'点为中心作半径为R的圆弧插补，结果使刀具中心由A'运动到A''，即此运动使刀具半径矢量平移到BA''。对于$A'' \to B'$的运动，则是把刀具半径矢量由$\boldsymbol{r}$旋转到$\boldsymbol{r}_1$，与圆弧终点半径矢量重合。

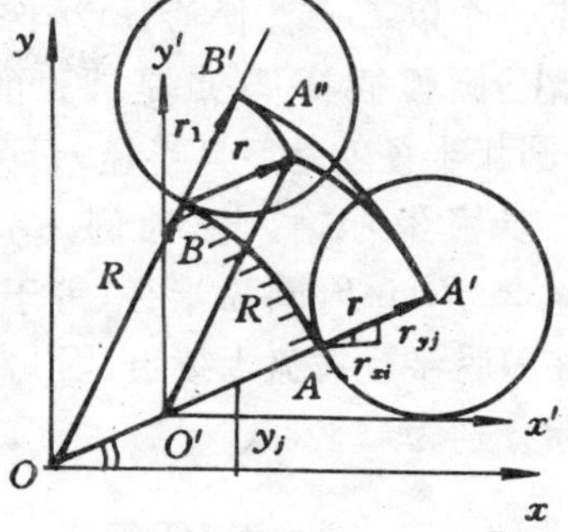

图 2-48　矢量判别法

这样，若把这两种运动结合起来，也就是在作轮廓线圆弧插补的同时，不断地修改刀具半径矢量$\boldsymbol{r}$，使它保持与圆弧半径矢量$\boldsymbol{R}$一致，就能实现刀具半径的补偿。

为了比较$\boldsymbol{R}$与$\boldsymbol{r}$的重合性，引入$\boldsymbol{R}$和$\boldsymbol{r}$的矢量积作为判别函数：

$$H = |\boldsymbol{R} \times \boldsymbol{r}| = x_i r_{yj} - y_j r_{xi}$$

式中的x_i, y_j, r_{xi}, r_{yj}分别表示$\boldsymbol{R}$和$\boldsymbol{r}$上任一点的坐标值。实际上，上式表示了两个矢量与x轴夹角大小之比较（见图 2-48）。

当$H = 0$时，表示$\boldsymbol{R}$和$\boldsymbol{r}$重合；

当$H > 0$时，表示$\boldsymbol{r}$超前$\boldsymbol{R}$；

当$H < 0$时，表示$\boldsymbol{r}$滞后$\boldsymbol{R}$。

把$H = 0$的情况并入$H > 0$中，且规定$H < 0$时，作刀具偏移计算，并作矢量$\boldsymbol{r}$的旋转；$H \geqslant 0$时，停止刀具偏移计算，进行轮廓的圆弧插补。

$\boldsymbol{r}$的旋转可按轮廓圆弧插补相同的方式进行。由此可见，刀具半径补偿的矢量判别法是通过判别函数H把两圆弧插补结合起来，而与圆弧插补本身的方法无关。所以，不管数控系统使用何种插补方法都可用矢量判别法进行刀具补偿计算，这是此种方法的一个优点。另一个优点是此法能在轮廓插补的同时进行刀具半径矢量的旋转，从而可省去单独计算刀具半径矢量偏移的时间。它的缺点是由于在偏差补偿的基础上进行刀具偏移计算，引入了一个新的偏差量H，使插补误差增加一倍，达两个脉冲当量。

三、C 功能刀具半径补偿

1. C 刀补的基本概念

C 功能刀具半径补偿简称为 C 刀补。上面介绍的在 NC 系统中常用的r^2法、极坐标输入法等一般的刀具半径补偿则称为 B 刀具补偿，或简称为 B 刀补。B 刀补的共同点是：

(1) 利用上段程序求出下段程序的起点偏移后的坐标值，实质上主要是计算出刀具半径在本程序段终点的坐标分量。

(2) B 刀补的执行过程一般都分三步，即刀补建立、刀补进行、刀补撤消。

(3) 对于两线段组成的尖角，在加工过程中，一般都要附加一段程序，而且附加的轨迹常常为圆弧，即所谓非圆滑过渡的附加程序。

尖角过渡问题的提出，是在加工如图 2-49 剖线部分外形轮廓等零件时，由$\overset{\frown}{AB}$圆弧段开始，接着加工$\overline{BC}$直线段，粗看起来，似乎只有两个程序就可以了。但事实并非这样，因为第一个程序段加工圆弧$\overset{\frown}{AB}$，刀具中心沿圆弧$\overset{\frown}{A'B'}$运动。结束时，刀具中心停在B'点上，如果紧接着第二个程序，显然得不出直线段$\overline{BC}$，只有使刀具中心走一个从B'至B''的附加程序后，才能正确加工出零件外形$\overline{BC}$段。$B'B''$程序段称为“非圆滑过渡的附加程序”。

显然，为了使刀具中心由B'点走到B''点，最好的方法是走一个以B点为圆心，r为半径的圆弧。因此附加程序实质就是圆弧插补，B点是圆弧的中心，起点是B'，终点是B''，圆弧半径就是刀具半径r。

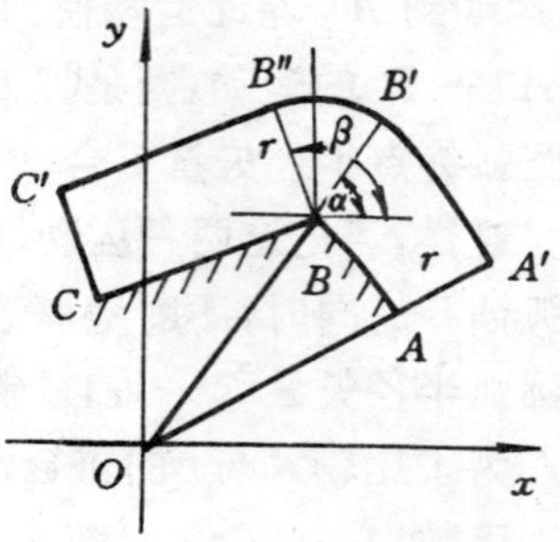

图 2-49

以极坐标输入法为例，此程序的输入数据为 $\cos\alpha$，$\sin\alpha$，$\cos\beta$，$\sin\beta$，圆弧半径（等于r）不需要由穿孔带输入，已在刀具半径拨盘上拨出。因此，附加程序段的起点和终点坐标分别为

$$\text{起点：}\begin{cases}x_{BB'} = r\cos\alpha \\ y_{BB'} = r\sin\alpha\end{cases} \qquad \text{终点：}\begin{cases}x_{BB''} = r\cos\beta \\ y_{BB''} = r\sin\beta\end{cases}$$

x，y两个方向应走的总步数为

$$\sum(\Delta x + \Delta y) = (x_{BB'} - x_{BB''}) + (y_{BB'} - y_{BB''})$$

由上式看出，附加程序实际上是刀具偏移计算的一个特例，即$R = 0$的情况。

可见，在B刀补中是将尖角过渡和与零件轮廓相同的刀补计算分开进行的，尤其对于尖角过渡程序必须事先由编程人员给予足够的重视并认真编写。

实际上，当程序编制人员按零件的轮廓编制程序时，各程序段之间是连续过渡的，没有间断点，也没有重合段。但是，在进行了刀具半径补偿(B刀具补偿)后，在两个程序段之间的刀具中心轨迹就可能会出现间断点和交叉点。如图2-50所示，粗线为编程轮廓，当加工外轮廓时，会出现间断$A' \sim B'$；当加工内轮廓时，会出现交叉点C''。

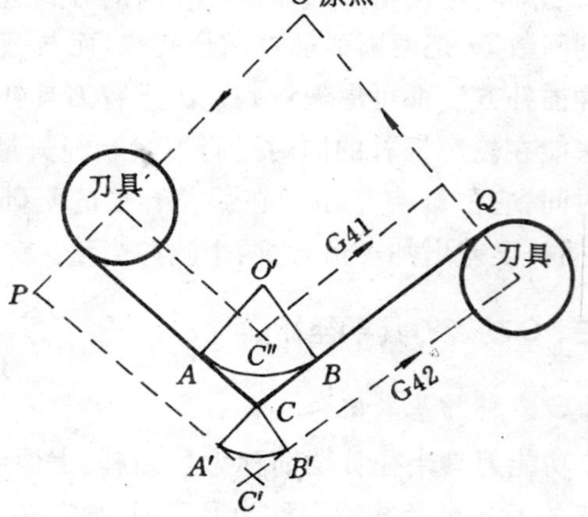

图 2-50 B刀具补偿的交叉点和间断点

对于只有B刀具补偿的CNC系统，编程人员必须事先估计出在进行刀具补偿后可能出现的间断点和交叉点的情况，并进行人为的处理。如遇到间断点时，可以在两个间断点之间增加一个半径为刀具半径的过渡圆弧段$\widehat{A'B'}$。遇到交叉点时，事先在两程序段之间增加一个过渡圆弧段$\widehat{AB}$，圆弧的半径必须大于所使用的刀具的半径。显然，这种仅有B刀具补偿功能的CNC系统对编程人员是很不方便的。

但是，最早也是最容易为人们所想到的刀具半径补偿方法，就是由数控系统根据和实际轮廓完全一样的编程轨迹，直接算出刀具中心轨迹的转接交点C'和C''，然后再对原来的程序轨迹作伸长或缩短的修正。

从前，C'和C''点不易求得，主要是由于NC装置的运算速度和硬件结构的限制。随着CNC

技术的发展，系统工作方式、运算速度及存储容量都有了很大的改进和增加，采用直线或圆弧过渡，直接求出刀具中心轨迹交点的刀具半径补偿方法已经能够实现了，这种方法被称为C功能刀具半径补偿(简称C刀具补偿或C刀补)。

2.C刀补的基本设计思想

从前的刀具补偿方法(B刀具补偿)对编程限制的主要原因是在确定刀具中心轨迹时，都采用了读一段，算一段，再走一段的控制方法。这样，就无法预计到由于刀具半径所造成的下一段加工轨迹对本段加工轨迹的影响。于是，对于给定的加工轮廓轨迹来说，当加工内轮廓时，为了避免刀具干涉，合理地选择刀具的半径以及在相邻加工轨迹转接处选用恰当的过渡圆弧等问题，就不得不靠程序员来处理。

为了解决下一段加工轨迹对本段加工轨迹的影响，在计算完本段轨迹后，提前将下一段程序读入，然后根据它们之间转接的具体情况，再对本段的轨迹作适当的修正，得到正确的本段加工轨迹。

图2-51(a)示出了普通NC系统的工作方法，程序轨迹作为输入数据送到工作寄存器AS后，由运算器进行刀具补偿运算，运算结果送输出寄存器OS，直接作为伺服系统的控制信号。图2-51(b)是改进后的NC系统的工作方法。与图(a)相比，增加了一组数据输入的缓冲器BS，节省了数据读入时间。往往是AS中存放着正在加工的程序段信息，而BS中已经存放了下一段所要加工的信息。图2-51(c)是在CNC系统中采用C刀具补偿方法的原理框图。与从前方法不同的是，CNC装置内部又设置了一个刀具补偿缓冲区CS。零件程序的输入参数在BS,CS,AS中的存放格式是完全一样的。当某一程序在BS,CS,AS中被传送时，它的具体参数是不变的。这主要是为了输出显示的需要。实际上，BS,CS,AS各自包括一个计算区域，编程轨迹的计算及刀具补偿修正计算都是在这些计算区域中进行的。当固定不变的程序输入参数在BS,CS和AS间传送时，对应的计算区域的内容也就跟随一起传送。因此，也可以认为这些计算区域对应的是BS,CS和AS区的一部分。

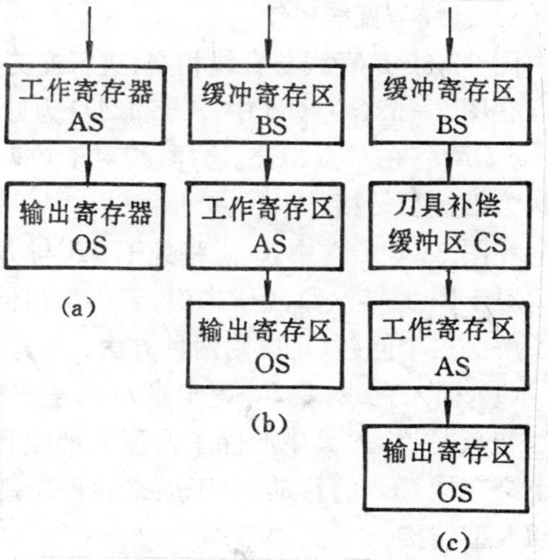

图2-51 几种数控系统的工作流程
(a)一般方法 (b)改进后的方法
(c)采取C刀具补偿的方法

这样，在系统启动后，第一段程序先被读入BS，在BS中算得的第一段编程轨迹被送到CS暂存后，又将第二段程序读入BS，算出第二段的编程轨迹。接着，对第一、第二两段编程轨迹的连接方式进行判别，根据判别结果，再对CS中的第一段编程轨迹作相应的修正。修正结束后，顺序地将修正后的第一段编程轨迹由CS送至AS，第二段编程轨迹由BS送入CS。随后，由CPU将AS中的内容送到OS进行插补运算，运算结果送伺服装置予以执行。在修正了的第一段编程轨迹开始被执行后，利用插补间隙，CPU又命令第三段程序读入BS，随后，又根据BS和CS中的第三、第二段编程轨迹的连接方式，对CS中的第二段编程轨迹进行修正。依此进行，可见在刀补工作状态时，CNC系统内部总是同时存有三个程序段的信息。

当具体实现时，为了便于交点的计算以及对各种编程情况进行综合分析，从中找出规律，必须将C功能刀具补偿方法所有的编程输入轨迹都当作矢量看待。

显然，直线段本身就是一个矢量。而圆弧在这里意味着要将起点、终点的半径及起点到终点的弦长都看作矢量，零件刀具半径也作为矢量看待。所谓刀具半径矢量，是指在加工过程中，始终垂直于编程轨迹，大小等于刀具半径值，方向指向刀具中心的一个矢量。在直线加工时，刀具半径矢量始终垂直于刀具移动方向。当圆弧加工时，刀具半径矢量始终垂直于编程圆弧的瞬时切点的切线，它的方向是一直在改变的。

3. 程序段间转接情况分析

在CNC系统中，所能控制的最基本的轮廓线型是直线段和圆弧段。随着前后两段编程轨迹的连接方式不同，相应的转接方式有：直线与直线的转接；圆弧与圆弧的转接；直线与圆弧的转接。根据两段程序轨迹的矢量夹角α和刀具补偿方向的不同，又可以有以下几种转接过渡方式：伸长型；缩短型；插入型。而插入型又分两种过渡方式，即直线过渡型和圆弧过渡型。下面分别加以介绍。

1）直线与直线转接

图2-52是直线与直线相交，进行左刀具补偿的情况。图中编程轨迹为$OA \rightarrow AF$。

在图2-52(a)、(b)中，AB和AD为刀具半径。对应于编程轨迹OA和AF，刀具中心轨迹JB与DK将在C点相交。这样，相对于OA与AF来说，将缩短CB与DC的长度。因此称这种转接为缩短型转接。

在图2-52(d)中，C点将处于JB与DK的延长线上，因此称之为伸长型转接。

对于图2-52(c)、(e)来说，若仍采用伸长型转接，势必要增加刀具非切削的空行程时间。为了解决这个问题，可以用两种方法：

(1) 插入直线。令BC等于$C'D$且等于刀具半径长度AB和AD，同时在中间插入过渡直线CC'，也就是说，刀具中心除了沿原来的编程轨迹伸长移动一个刀具半径长度外，还必须增加一个沿直线CC'的移动。对于原来的程序段，等于在中间再插入一个程序段，称这种转接型式为插入型转接。

(2) 插入圆弧。在刀具中心轨迹JB与DK之间插入一个圆弧$\overset{\frown}{BD}$，该圆弧的圆心在A点，其半径为刀具半径长度AB。

显然，圆弧插入型转接要比直线插入型转接更加简单。但是圆弧插入型也有一个缺点，当刀具从B点沿圆弧$\overset{\frown}{BD}$移动到D点时轮廓尖角处始终处于切削状态，尖角加工的工艺性就比较差，这在磨削加工中尤其突出，所需加工的尖角往往会被加工成小圆角。

图2-53是直线接直线，进行右刀具补偿的情况。

在同一个坐标平面内直线接直线时，当第一段编程矢量逆时针旋转到第二段编程矢量的夹角α在0°～360°范围内变化时，相应刀具中心轨迹的转接将顺序地以上述三种类型的方式进行。

在图2-52和图2-53中，$\overrightarrow{OA}$为第一段编程矢量，$\overrightarrow{AF}$为第二段编程矢量，α夹角即为逆时针转向的$\angle GAF$。

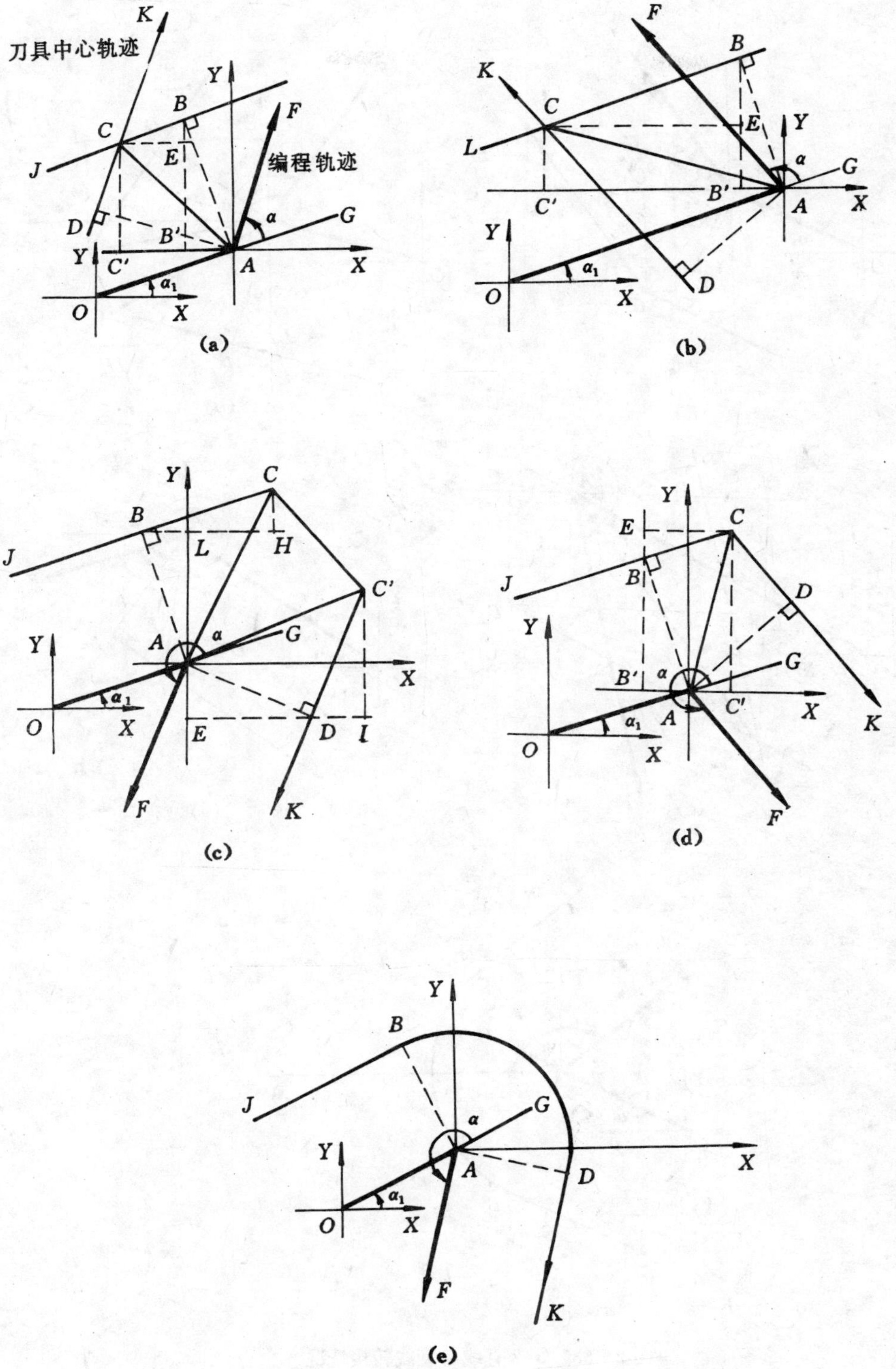

图 2-52　G41 直线与直线转接情况

(a)、(b) 缩短型转接　(c)、(e) 插入型转接　(d) 伸长型转接

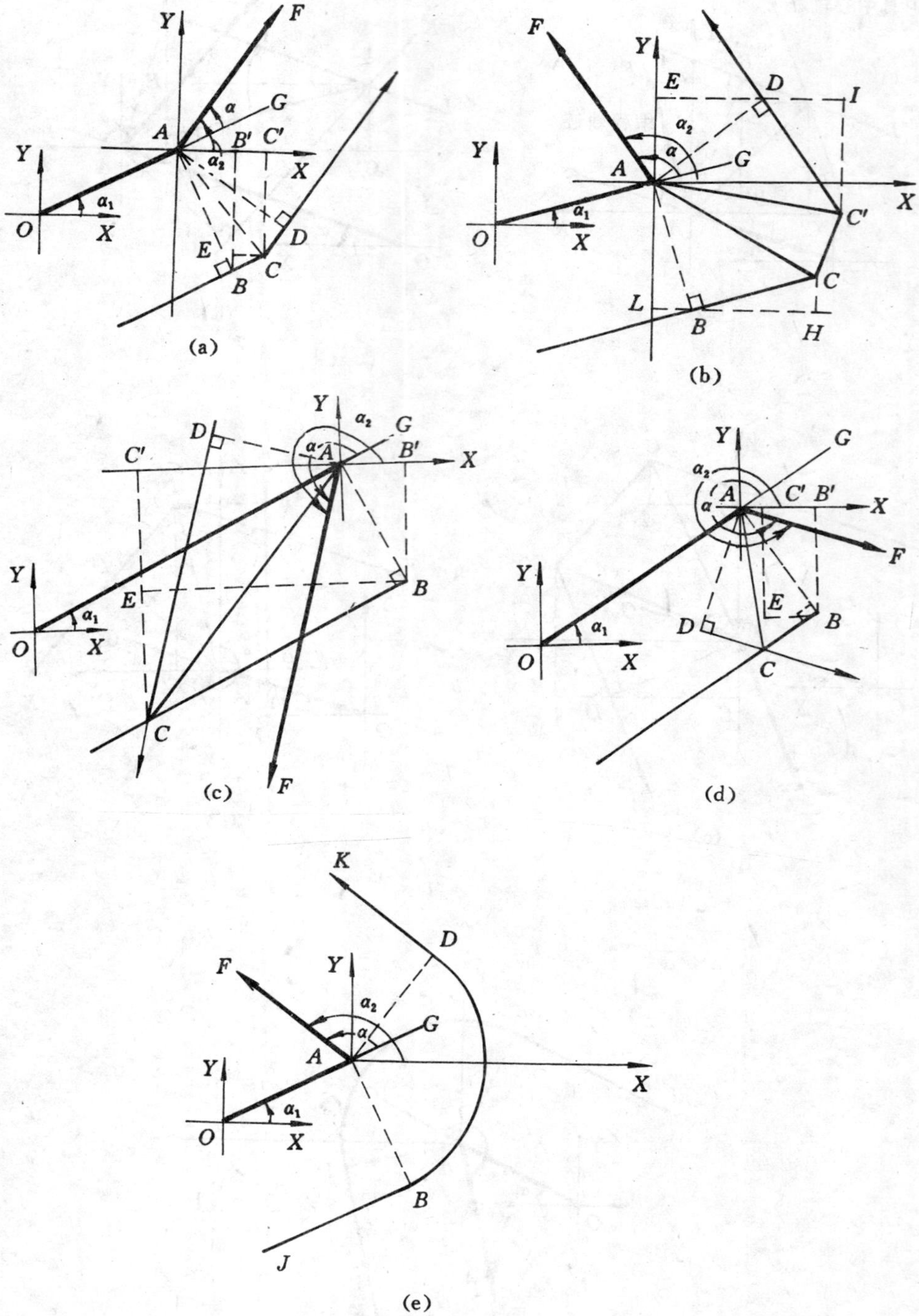

图 2-53　G42 直线与直线转接情况

(a) 伸长型转接　(b)、(e) 插入型转接　(c)、(d) 缩短型转接

对应图 2-52 和图 2-53，表 2-11 列出了直线和直线连接时转接的全部分类情况。

表 2-11 直线接直线时的转接分类

编程轨迹的连接	刀具补偿方向	$\sin\alpha\geqslant0$	$\cos\alpha\geqslant0$	象限	转接类型	对应图号
G41G01/G41G01	G41	1	1	Ⅰ	缩短	2-52(a)
		1	0	Ⅱ		2-52(b)
		0	0	Ⅲ	插入	2-52(c)
		0	1	Ⅳ	伸长	2-52(d)
G42G01/G42G01	G42	1	1	Ⅰ	伸长	2-53(a)
		1	0	Ⅱ	插入	2-53(b)
		0	0	Ⅲ	缩短	2-53(c)
		0	1	Ⅳ		2-53(d)

2）圆弧与圆弧转接

和直线接直线时一样，圆弧接圆弧时转接类型的区分也可以通过相接两圆的起点和终点半径矢量的夹角 α 的大小来判别。但是，为了分析方便，往往将圆弧等效于直线处理。

在图 2-54 中，当编程轨迹为 $\overset{\frown}{PA}$ 接 $\overset{\frown}{AQ}$ 时，$\overrightarrow{O_1A}$ 和 $\overrightarrow{O_2A}$ 分别为起点和终点的半径矢量，若为 G41 左刀具补偿，α 角将仍为 $\angle GAF$。以图 2-54(a) 为例：

$$\alpha=\angle XO_2A-\angle XO_1A=\angle XO_2A-90^\circ-(\angle XO_1A-90^\circ)=\angle GAF$$

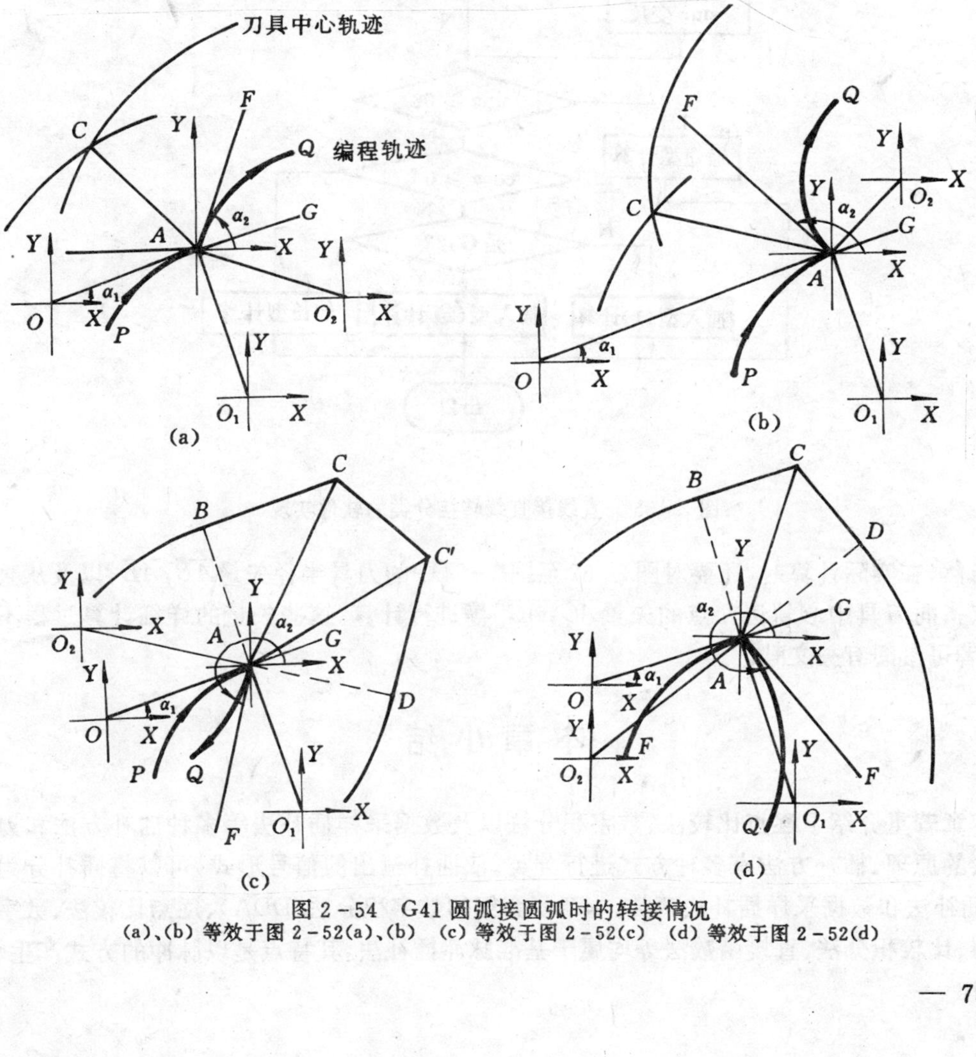

图 2-54 G41 圆弧接圆弧时的转接情况

(a)、(b) 等效于图 2-52(a)、(b) (c) 等效于图 2-52(c) (d) 等效于图 2-52(d)

比较图 2-52 与图 2-54，它们的转接型式分类和判别是完全相同的，即当左刀具补偿顺圆接顺圆 G41G02/G41G02 时，它的转接类型的判别等效于左刀具补偿直线接直线 G41G01/G41G01。

3）直线与圆弧的转接

图 2-54 还可以看作是直线与圆弧的连接，亦即 G41G01/G41G02（OA 接 $\overset{\frown}{AQ}$）和 G41G02/G41G01（$\overset{\frown}{PA}$ 接 AF）。因此，它们的转接类型的判别也等效于直线接直线 G41G01/G41G01。

由上述分析可知，根据刀具补偿方向、等效规律及 α 角的变化这三个条件，各种轨迹间的转接形式的分类是不难区分的。

图 2-55 是直线接直线时转接分类判别的软件实现框图。

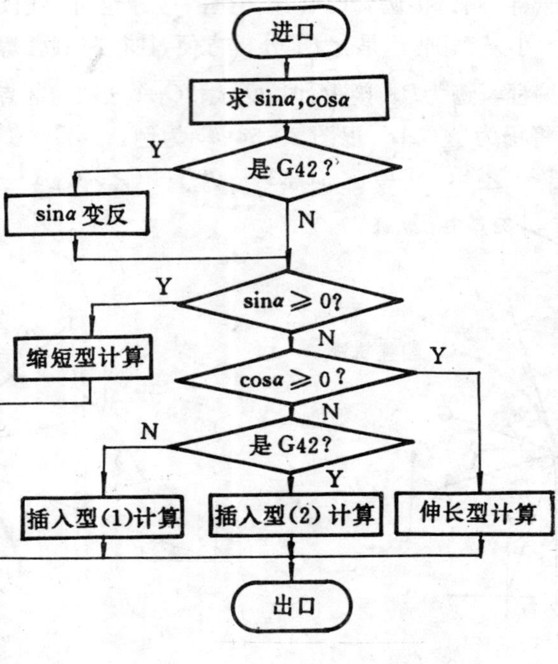

图 2-55 直线接直线转接分类的软件实现

当然，在实际计算时，还要对图 2-52 至图 2-54 中的刀具半径矢量 $\overrightarrow{AB}$，$\overrightarrow{AD}$，以及从直线转接交点指向刀具中心轨迹交点的矢量 $\overrightarrow{AC}$，$\overrightarrow{AC'}$ 等进行计算。这些矢量的详细计算过程不再赘述，读者可参阅有关文献。

本章小结

本章着重介绍了逐点比较法、数字积分法以及数据采样插补法等多种插补方法和刀具半径补偿的原理。插补方法有多种方式进行分类。依插补输出的信号形式，可以将插补分为基准脉冲插补法和数据采样插补法两类。本章所介绍的数字积分法(DDA)、逐点比较法、数字脉冲乘法器、比较积分法、直接函数法等均属于基准脉冲插补法，其特点是以脉冲的方式产生输出，数据采样插补法又称为时间分割法，其特点是计算出轮廓线段在每一插补周期内的进给量，边计算，边控制加工。针对 7M 和 7360 系统采用的两种时间分割法，本章分别作了介绍。上述这些插补方法在 NC 和 CNC 系统中被广泛地应用着。但某一具体系统可能只使用了其中的一种插补方法，设计时究竟应选用哪一种插补算法并设计程序，取决于机床的用途、精度以及设计者的方便和爱好等等。为使读者便于了解各种插补方法，现将其小结如表 2-12 所示。

表 2-12　插补算法比较表

名　称	原　理	插　补　公　式	特　点
数字脉冲乘法器	比例乘法	$S_x = mx$ $S_y = my$	结构简单；易实现空间直线插补；但精度不高，进给速度波动大；不易实现曲线插补
逐点比较法	区域判别	第 I 象限直线插补： $F_{ij} \geqslant 0$ 时，走 $+x$，$F_{i+1,j} = F_{ij} - y_e$ $F_{ij} < 0$ 时，走 $+y$，$F_{i,j+1} = F_{ij} + x_e$ （其中 x_e，y_e 为终点坐标） 第 I 象限逆圆弧插补： $F_{ij} \geqslant 0$ 时，走 $-x$，$F_{i+1,j} = F_{ij} - 2x_i + 1$ $F_{ij} < 0$ 时，走 $+y$，$F_{i,j+1} = F_{ij} + 2y_j + 1$	速度较平稳；可实现直线、圆弧、椭圆、抛物线、双曲线等二次曲线的插补；精度较高（误差一般在一个脉冲当量以内）
数字积分法（DDA）	数字累加	直线：$x = \int x_e \mathrm{d}t$，$y = \int y_e \mathrm{d}t$　（x_e，y_e 为终点坐标） 圆弧：$x = -\int y \mathrm{d}t$，$y = \int x \mathrm{d}t$ 椭圆：$x = -\int a^2 y \mathrm{d}t$，$y = \int b^2 x \mathrm{d}t$　（a，b 分别为长短轴） 双曲线：$x = \int a^2 y \mathrm{d}t$，$y = \int b^2 x \mathrm{d}t$ 抛物线：$x = \int a^2 \mathrm{d}t$，$y = \int 2x \mathrm{d}t$	功能易扩展；可方便实现二次曲线及空间直线的插补；也能实现指数函数等曲线插补；但进给速度波动较大，误差亦较大；自动刀偏计算实现起来不如逐点比较法方便
比较积分法	判别积分时间间隔	直　线：$\sum_{j=0}^{x-1} y_e = \sum_{i=0}^{y-1} x_e$ 圆　弧：$\sum_{i=0}^{x-1} (x_0 \mp i) = \sum_{j=0}^{y-1} (y_0 \pm j)$ 椭　圆：$\sum_{i=0}^{x-1} b^2 (x_0 \pm i) = \sum_{j=0}^{y-1} a^2 (y_0 \mp j)$ 双曲线：$\sum_{i=0}^{x-1} b^2 (x_0 \pm i) = \sum_{j=0}^{y-1} a^2 (y_0 \pm j)$ 抛物线：$\sum_{i=0}^{x-1} p = \sum_{j=0}^{y-1} (y \pm j)$	精度高（一般在 0.5 个脉冲当量以内）；能实现直线、圆弧及其他二次曲线的插补；但计算稍复杂

续　表

名　称	原　理	插　补　公　式	特　点
直　接 函数法	区域判别	“0”卦限直线插补： $F \geqslant 0$时，走$+u$，$\Delta F = -v_e$ $F < 0$时，走$+u$，$+v$，$\Delta F = u_e - v_e$ （其中u_e、v_e为直线的终点坐标） “0”卦限逆圆弧插补： $F > 0$时，走$+v$，$-u$，$\Delta F = -2u + 2v + 2$ $F \leqslant 0$时，走$+v$，$\Delta F = 2v + 1$	精度高；能实现直线、圆弧、抛物线等插补；但因卦限划分较细，插补计算及判别较复杂
数据采样 插 补 法	时间分割	直线： $\begin{cases}\Delta x = f\cos\alpha \\ \Delta y = \dfrac{y_e}{x_e}\Delta x\end{cases}$ （7M 系统） $\begin{cases}\Delta x = \text{FRN} \cdot \lambda_t x_e \\ \Delta y = \text{FRN} \cdot \lambda_t y_e\end{cases}$ （7360 系统） 第 I 象限顺圆弧： $\begin{cases}\Delta x = f\cos\alpha \\ \Delta y = \dfrac{x_i + \frac{1}{2}\Delta x}{y_i - \frac{1}{2}\Delta y}\Delta x\end{cases}$ （7M 系统） $\begin{cases}\Delta x_{i+1} = \lambda_d\left(y_i - \dfrac{1}{2}\lambda_d x_i\right) \\ \Delta y_{i+1} = \lambda_d\left(x_i + \dfrac{1}{2}\lambda_d y_i\right)\end{cases}$ （7360 系统）	算法多样；共同特点是弦线逼近；程序设计较容易，多用于位置采样控制系统

刀具半径补偿计算又称刀具偏移计算，简称为刀偏（或刀补）计算，其目的就是根据零件尺寸和刀具半径值计算出刀具中心的运动轨迹。在 NC 系统中，常用的刀偏计算方法有 r^2 法、极坐标法、矢量判别法等等。在 CNC 系统中采用了 C 刀补方法，从而有效地避免了刀具干涉，改善了尖角加工的工艺性，也提高了加工效率。

习　题　二

2-1　欲用逐点比较法插补直线$\overline{OE}$，起点为$O(0,0)$，终点为$E(12,15)$，试写出插补过程并绘出轨迹。

2-2　利用逐点比较法插补圆弧$\overline{PQ}$，起点为$P(8,0)$，终点为$Q(0,8)$，试写出插补过程并绘出轨迹。

2-3　试推导出逐点比较法插补第 I 象限顺圆弧的偏差函数递推公式，并写出插补圆弧$\overset{\frown}{AB}$的过程，绘出其轨迹。设起点坐标为$A(0,7)$，终点为$B(7,0)$。

2-4　试推导出逐点比较法插补图 2-56 所示抛物线$y^2 = 2px$的偏差函数递推公式，并写出其插补$y^2 = 4x$，从$O(0,0)$点至$E(4,4)$点的过程，绘出其插补轨迹。

2-5　试用积分法插补抛物线$y^2 = 6x$的AO段（如图 2-57 所示），并绘出插补轨迹。

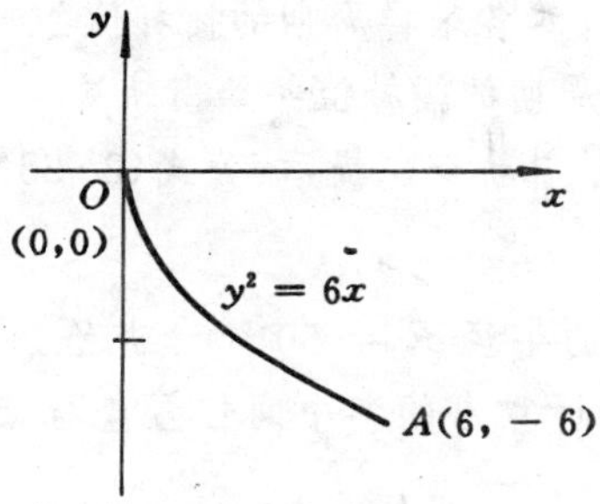

图 2-56

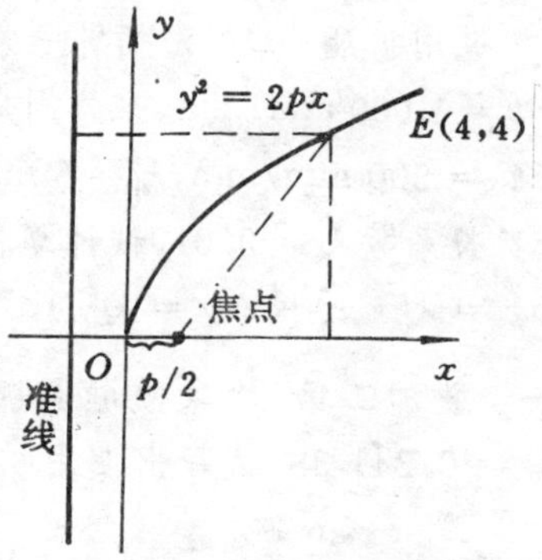

图 2-57

2-6 试用积分法插补椭圆$\frac{x^2}{9}+\frac{y^2}{4}=1$的$PQ$段(如图 2-58 所示),并绘出插补轨迹。

2-7 试用比较积分法插补一条直线$\overline{OE}$,已知起点为$O(0,0)$,终点为$E(7,3)$。写出插补计算过程并绘出轨迹。

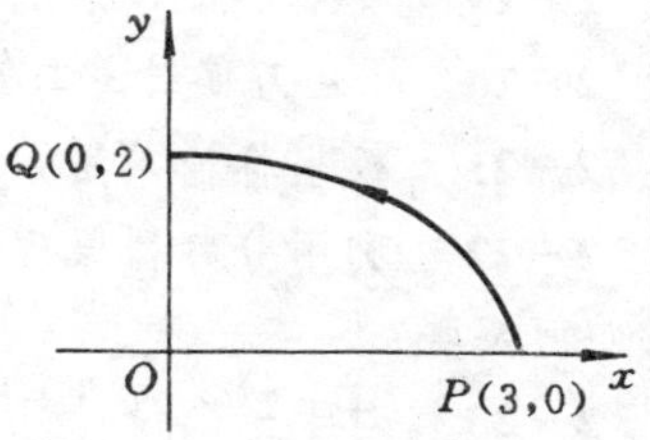

图 2-58

2-8 试用 DFB(直接函数法)插补下列各直线,写出插补过程并绘出轨迹。

(1) 插补"0"卦限内的直线$\overline{OP}$,起点为$O(0,0)$,终点为$P(20,14)$。

(2) 插补"1"卦限内的直线$\overline{OD}$,起点在原点,终点为$D(10,17)$。

(3) 插补"7"卦限内的直线$\overline{OQ}$,起点在原点,终点为$Q(13,-5)$。

2-9 直线积分器和圆弧积分器有何异同?

2-10 设用积分法插补直线$\overline{OD}$,已知$O(0,0)$,$D(6,7)$,被积函数寄存器和余数寄存器的最大可寄存数值为$J_{max}=7$(即$J\geqslant 8$时溢出),写出插补过程并绘出轨迹。

2-11 设用积分法插补圆弧$\overset{\frown}{PQ}$,起点为$P(7,0)$,终点为$Q(0,7)$,被积函数寄存器和余数寄存器的最大可寄存数值为$J_{max}=7$(即$J\geqslant 8$时溢出,若用二进制计算,则当$J\geqslant 1\,000$时产生溢出)。

(1) 若x,y向的余数寄存器R_x和R_y插补前均清零,试写出插补过程并绘出插补轨迹。

(2) 若x,y向的余数寄存器R_x和R_y插补前均置 4,试写出插补过程并绘出插补轨迹。

(3) 若x,y向的余数寄存器R_x和R_y插补前均置 7,试写出插补过程并绘出插补轨迹。

2-12 设用积分法插补第 I 象限顺圆弧$\overset{\frown}{MK}$,起点为$M(3,4)$,终点为$K(5,0)$,被积函数寄存器和余数寄存器的最大寄存数值为$J_{max}=6$(即$J\geqslant 7$时溢出),试写出余数寄存器R_x和R_y为以下三种初值时的圆弧插补过程并绘出插补轨迹。

(1) R_x和R_y均清"0";

(2) R_x和R_y初值均为 3;

(3) R_x和R_y初值均为 6。

2-13 设要产生直线$\overline{OA}$,起点坐标为$O(0,0)$,终点坐标为$A(13,7)$。假定采用四位分频器组成的二进制脉冲乘法器进行插补,试画出脉冲波形图及插补轨迹。

2-14 数据采样插补和基准脉冲插补的区别何在?各有何特色?

2-15 欲用扩展DDA法插补一条直线OE,O点在原点,$E(x_e,y_e)$值为$x_e=8$,$y_e=6$。

(1) 若$v=1\ 000$ mm/min,采样周期$\lambda_t=10$ ms,试计算各采样周期的插补值并绘出轨迹。

(2) 若$v=500$ mm/min,$\lambda_t=5$ ms,试计算各采样周期的插补值并绘出轨迹。

(3) 若步长系数$\lambda_d=0.01$,试计算各插补值并绘出插补轨迹。(提示:公式(2-28)、(2-29)可改写为$\Delta x=\lambda_d\cdot x_e$和$\Delta y=\lambda_d y_e$)

***2-16** 欲加工第Ⅰ象限顺圆弧$\overset{\frown}{AP}$,已知圆弧的半径$R=50$ μm,进给速度为100 mm/min,$\lambda_d=0.341\ 33$,试写出使用扩展DDA法插补计算出的各中间位置坐标值,并绘出轨迹。

***2-17** 试用BASIC(或FORTRAN,PASCAL,C)语言编制直线和圆弧插补的程序(插补方法任选)。

***2-18** 试推导扩展DDA插补第Ⅰ象限逆圆弧的计算公式。

***2-19** CNC和NC系统中采用的刀补方法有何不同?

***2-20** r^2法刀偏计算与逐点比较法轨迹计算有何异同?

***2-21** 极坐标输入法是怎样进行刀具半径偏移计算的?

***2-22** 利用分频器原理是否可以插补出一条与x,y,z三个坐标方向都呈一定角度的斜线?如何实现?

***2-23** 对于一个设计好的脉冲乘法器(分频器的级数和CP的频率均固定),当加工的直线长度短时,需要的时间是否短?

***2-24** 脉冲乘法器的输出脉冲频率(速度)有何特点?怎样进行进给速度的控制?

***2-25** DDA插补时,合成进给速度v与脉冲源速度v_g有何关系?它说明了什么?

***2-26** 为什么DDA插补圆弧和直线时的终点判别方法不同?能否用直线插补时的判别方法进行圆弧终点判别?

***2-27** 何谓"左移规格化"?它有什么作用?

***2-28** 逐点比较法插补计算,每输出一个脉冲需要哪4个节拍?它的合成进给速度v与脉冲源速度v_g有何关系?此关系说明了什么?

第三章 CNC 系统结构及控制方法

§3-1 CNC 系统的组成及特点

一、CNC 系统的定义与结构

计算机数控系统（简称 CNC 系统）是在硬件数控的基础上发展起来的，它用一台计算机代替先前的数控装置所完成的功能。所以，它是一种包含有计算机在内的数字控制系统，根据计算机存储的控制程序执行部分或全部数控功能。依照 EIA 所属的数控标准化委员会的定义，CNC 是用一个存储程序的计算机，按照存储在计算机内的读写存储器中的控制程序去执行数控装置的一部分或全部功能，在计算机之外的唯一装置是接口。目前在计算机数控系统中所用的计算机已不再是小型计算机，而是微型计算机，用微机控制的系统称为 MNC 系统，亦统称为 CNC 系统。由于这二者的控制原理基本相同，因此本章将一并讨论这两种控制系统。

由上述定义可知，CNC 系统与传统 NC 系统的区别在于：CNC 系统附加一个计算机作为控制器的一部分，其组成框图如图 3-1 所示。图中的计算机接收各种输入信息（如键盘、面板等输入的指令信息），执行各种控制功能（如插补计算、运行管理等等）。而硬件电路完成其他一些控制操作。

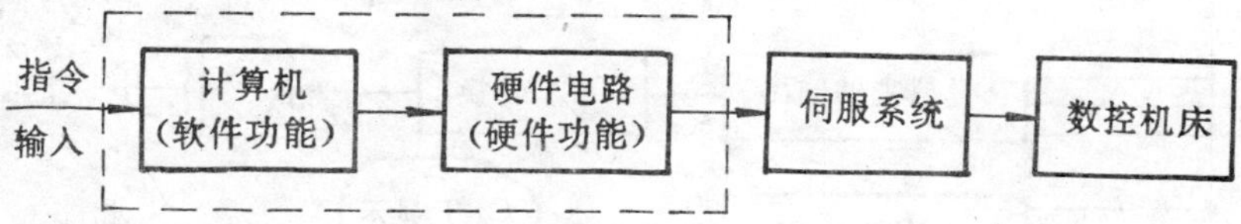

图 3-1 计算机数控系统方框图

图 3-2 给出了较详细的微处理机数控系统（MNC）方框图。从图中可以看出，它主要由中央处理单元（CPU），存储器、外部设备以及输入/输出接口电路等部分所组成。

中央处理单元实施对数控系统的运算和管理。它由运算器和控制器两部分组成。运算器是对数据进行算术和逻辑运算的部件。在运算过程中，运算器不断地得到由存储器提供的数据，并将运算的中间结果送回存储器暂时保存起来。控制器从存储器中依次取出组成程序的指令，经过译码后向数控系统的各部分按顺序发出执行操作的控制信号，使指令得以执行。因此，控制器是统一指挥和控制数控系统各部件的中央机构，它一方面向各个部件发出执行任务的命令；另一方面又接收执行部件发回的反馈信息，控制器根据程序中的指令信息和这些反馈信息，决定下一步的命令操作。

存储器用于储存系统软件（控制软件）和零件加工程序，并将运算的中间结果以及处理后的结果储存起来。它一般包括存放系统程序的 PROM 和存放中间数据的 RAM 两部分。

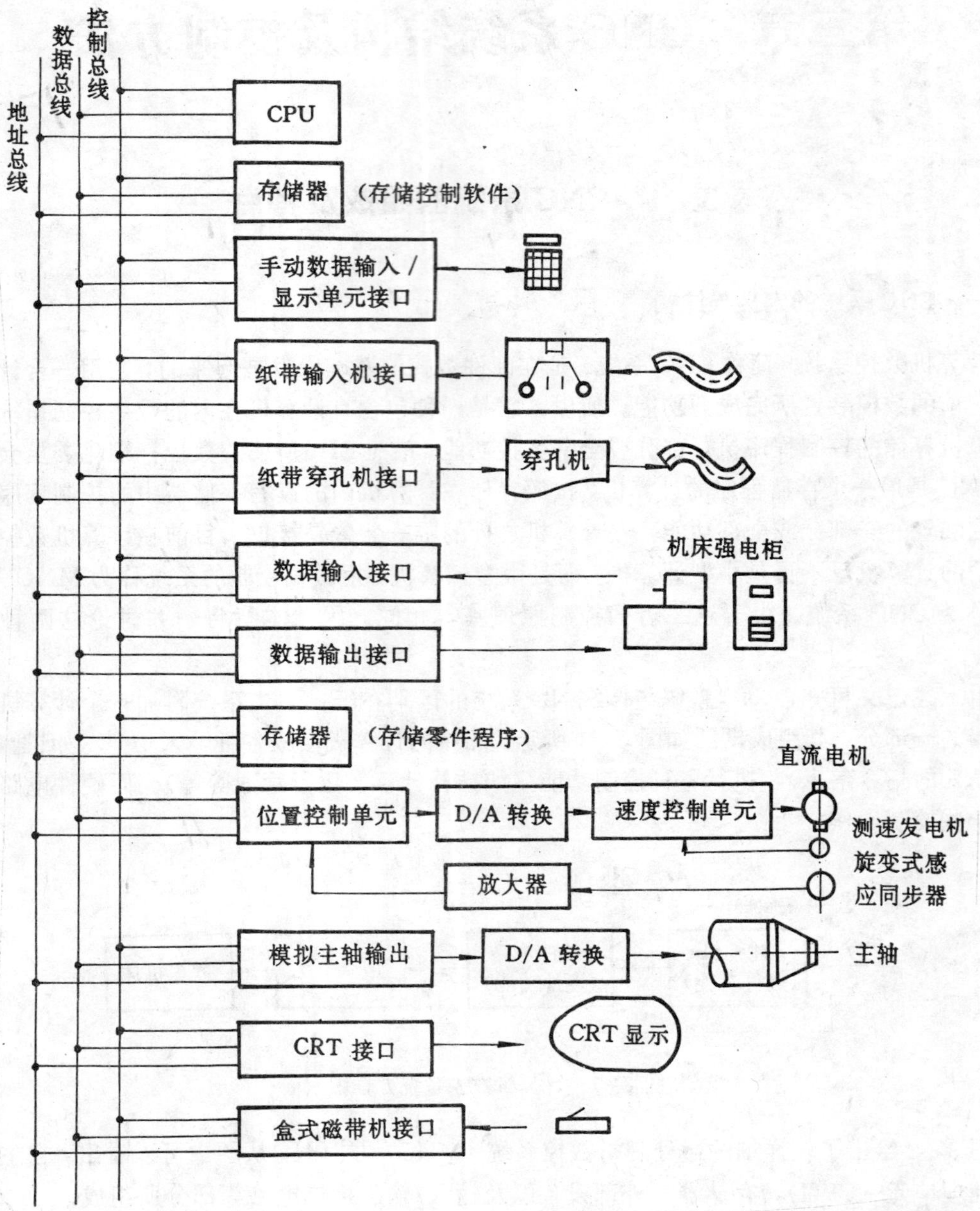

图 3－2　微处理机数控系统方框图

输入/输出部分包括各种类型的输入/输出设备（又称外部设备）以及输入/输出接口控制部件。其外部设备主要包括光电阅读机（纸带输入机）、CRT 显示器、键盘、穿孔机以及面板等。其中光电阅读机是用来输入系统程序和零件加工程序的；穿孔机则作为复制零件程序纸带之用，以便保存和检查零件程序；键盘主要用作输入操作命令及编辑修改数据段，也可以用作少量零件加工程序的输入；CRT 作为显示器及监控之用；操作面板可供操作员改变操作方式，输入整定数据以及启停加工等。输入/输出接口是计算机和机床之间联系的桥梁和通道。

典型的输入/输出接口控制部件有纸带输入机接口、盒式磁带输入机接口、数控系统操作面板接口、进给伺服控制接口以及字符显示器（CRT）接口等。图 3-3 为某 CNC 铣床系统中外部设备通过其相应的接口与计算机连接的示意图。

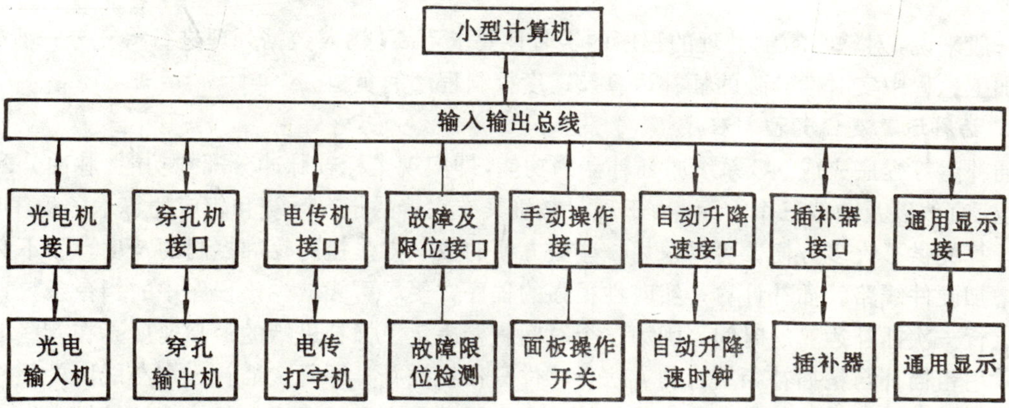

图 3-3　某 CNC 铣床系统中外部设备与计算机的连接

二、CNC 系统软件

这里指的是为实现 CNC 系统各项功能所编制的专用软件，即存放于计算机内存中的系统程序。它一般由输入数据处理程序、插补运算程序、速度控制程序、管理程序和诊断程序等组成。现分述如下：

1. 输入数据处理程序

输入数据处理程序接收输入的零件加工程序，将其用标准代码表示的加工指令和数据进行翻译、整理，按所规定的格式存放。有些系统还要进一步进行刀具半径偏移的计算，或为插补运算和速度控制等进行一些预处理。总之，输入数据处理程序一般包括下述三项内容：

（1）输入。输入到 CNC 装置的有零件加工程序、控制参数和补偿数据。其输入方式有光电阅读机纸带输入、键盘输入、磁盘输入、磁带输入、开关量输入和连接上一级计算机的 DNC 接口输入。从 CNC 装置的工作方式看，分为存储工作方式输入和 NC 工作方式输入。所谓存储工作方式，是将加工的零件程序一次且全部输入到 CNC 装置的内存中，加工时再从存储器逐个程序段调出。所谓 NC 工作方式是指 CNC 系统边输入边加工，即在前一个程序段正在加工时，输入后一个程序段内容。对于系统程序，有的固化在 PROM 中，有的亦是用阅读机输入。无论是用阅读机输入零件加工程序还是系统程序，均有一个阅读机中断处理程序及输入管理程序。前者的作用是将字符从阅读机读入计算机内的缓冲器，一次中断只读一个字符，中断信号由中导孔产生。输入管理程序负责缓冲器的管理、读入字符的存放及阅读机的启停（另有硬件启停开关）等。

（2）译码。在输入的零件加工程序中含有零件的轮廓信息（线型、起终点坐标）、要求的加工速度以及其他的辅助信息（换刀、冷却液开停等），这些信息在计算机作插补运算与控制操作之前必须翻译成计算机内部能识别的语言，译码程序就承担着此项任务。在译码过程中，还要完成对程序段的语法检查，若发现语法错误便立即报警。

（3）数据处理。数据处理程序一般包括刀具半径补偿、速度计算以及辅助功能的处理等。

刀具半径补偿是把零件轮廓轨迹转化成刀具中心轨迹。速度计算是解决该加工数据段以什么样的速度运动的问题。需说明的是，最佳切削速度的确定是一个工艺问题，CNC系统仅仅是保证编程速度的可靠实现。另外，诸如换刀、主轴启停、冷却液开停等辅助功能也在此程序中处理。

一般来说，对输入数据处理的程序的实时性要求不高。输入数据处理进行得充分一些，可减轻加工过程中实时性较强的插补运算及速度控制程序的负担。

2. 插补运算及位置控制程序

插补运算程序完成NC系统中插补器的功能，即实现坐标轴脉冲分配的功能。脉冲分配包括点位、直线以及曲线三个方面，由于现代微机具有完善的指令系统和相应的算术子程序，给插补计算提供了许多方便。可以采用一些更方便的数学方法提高轮廓控制的精度，而不必顾忌会增加硬件线路。插补计算是实时性很强的程序，要尽可能减少该程序中的指令条数，即缩短进行一次插补运算的时间。因为这个时间直接决定了插补进给的最高速度。在有些系统中还采用粗插补与精插补相结合的方法，软件只作粗插补，即每次插补一个小线段；硬件再将小线段分成单个脉冲输出，完成精插补。这样既可提高进给速度，又能使计算机空出更多的时间进行必要的数据处理。

插补运算的结果输出，经过位置控制部分（这部分工作既可由软件完成，也可由硬件完成），去带动伺服系统运动，控制刀具按预定的轨迹加工。位置控制的主要任务是在每个采样周期内，将插补计算出的理论位置与实际反馈位置相比较，用其差值去控制进给电机。在位置控制中，通常还要完成位置回路的增益调整、各坐标方向的螺距误差补偿和反向间隙补偿，以提高机床的定位精度。

3. 速度控制程序

编程所给的刀具移动速度，是在各坐标的合成方向上的速度。速度处理首先要做的工作是根据合成速度来计算各运动坐标方向的分速度。前已述及，速度指令以两种方式给出，一种是以每分钟进给量（或代码）给出；另一种是以主轴每转毫米数给出。铣床和加工中心以前一种为多数，而车床则以后一种为多数，或者二者都有之。速度控制程序的目的就是控制脉冲分配的速度，即根据给定的速度代码（或其他相应的速度指令），控制插补运算的频率，以保证按预定速度进给。当速度明显突变时，要进行自动加减速控制，避免速度突变造成伺服系统的失调。速度控制可以用两种方法实现：一种是用软件方法，如程序计数法实现；另一种用定时计数电路由外部时钟计数运用中断方法来实现。此外，用软件对速度控制数据进行预处理，并与硬件的速度积分器相结合，可以实现高性能的恒定合成速度控制，并大大提高插补进给的速度。

4. 系统管理程序

为数据输入、处理及切削加工过程服务的各个程序均由系统管理程序进行调度，因此，它是实现CNC系统协调工作的主体软件。管理程序还要对面板命令、时钟信号、故障信号等引起的中断进行处理。水平较高的管理程序可使多道程序并行工作，如在插补运算与速度控制的空闲时刻进行数据的输入处理，即调用各功能子程序，完成下一数据段的读入、译码和数据处理工作，且保证在本数据段加工过程中将下一数据段准备完毕。一旦本数据段加工完毕就立即开始下一数据段的插补加工。有的管理程序还安排进行自动编程工作，或对系统进行必要的预防性诊断。

5. 诊断程序

诊断程序可以在运行中及时发现系统的故障，并指示出故障的类型。也可以在运行前或发生故障后，检查各种部件（接口、开关、伺服系统）的功能是否正常，并指出发生故障的部位。还可以在维修中查找有关部件的工作状态，判别其是否正常，对于不正常的部件给予显示，便于维修人员能及时处理。

三、计算机数控系统的特点

与NC系统相比，CNC系统的主要优点有：

1. 灵活性

这是CNC系统的突出优点。对于传统的NC系统，一旦提供了某些控制功能，就不能被改变，除非改变相应的硬件。而对于CNC系统，只要改变相应的控制程序就可以补充和开发新的功能，并不必制造新的硬件。CNC系统能够随着工厂的发展而发展，也能适应将来改变工艺的要求。在CNC设备安装之后，新的技术还可以补充到系统中去，这就延长了系统的使用期限。因此，CNC系统具有很大的“柔性”——灵活性。

2. 通用性

在CNC系统中，硬件系统采用模块结构，依靠软件变化来满足被控设备的各种不同要求。采用标准化接口电路，给机床制造厂和数控用户带来了许多方便。于是，用一种CNC系统就可能满足大部分数控机床（包括车床、铣床、加工中心、钻镗床等）的要求，还能满足某些别的设备应用。当用户要求某些特殊功能时，仅仅是改变某些软件而已。由于在工厂中使用同一类型的控制系统，培训和学习也十分方便。

3. 可靠性

在CNC系统中，加工程序常常是一次送入计算机存储器内，避免了在加工过程中由于纸带输入机的故障而产生的停机现象（普通数控装置的故障有一半以上发生在逐段光电输入时）。同时，由于许多功能都由软件实现，硬件系统所需元器件数目大为减少，整个系统的可靠性大大改善，特别是随着大规模集成电路和超大规模集成电路的采用，系统可靠性更为提高。据美国第13届NCS年会统计的世界上数控系统平均无故障时间是：硬线NC系统为136 h，小型计算机CNC系统为984 h，而微处理机CNC系统据日本发那科公司宣称已达23 000 h。

4. 易于实现许多复杂的功能

CNC系统可以利用计算机的高度计算能力，实现一些高级的复杂的数控功能。刀具偏移、英公制转换、固定循环等都能用适当的软件程序予以实现；复杂的插补功能，例如抛物线插补、螺旋线插补等也能用软件方法来解决；刀具补偿也可在加工过程中进行计算；大量的辅助功能都可以被编程；子程序概念的引入，大大简化了程序编制。

5. 使用维修方便

CNC系统的一个吸引人的特点是有一套诊断程序，当数控系统出现故障时，能显示出故障信息，使操作和维修人员能了解故障部位，减少了维修的停机时间。另外，还可以备有数控软件检查程序，防止输入非法数控程序或语句，这将给编程带来许多方便。有的CNC系统还有对话编程、蓝图编程，使程序编制简便，不需很高水平的专业编程人员。零件程序编好后，可显示程序，甚至通过空运行，将刀具轨迹显示出来，检验程序是否正确。

§ 3-2　计算机数控系统硬件结构

一、CNC 系统的硬件构成特点

随着大规模集成电路技术和表面安装技术的发展，CNC 系统硬件模块及安装方式不断改进。从 CNC 系统的总体安装结构看，有整体式结构和分体式结构两种。

所谓整体式结构是把 CRT 和 MDI 面板、操作面板以及功能模块板组成的电路板等安装在同一机箱内。这种方式的优点是结构紧凑，便于安装，但有时可能造成某些信号连线过长。分体式结构通常把 CRT 和 MDI 面板、操作面板等做成一个部件，而把功能模块组成的电路板安装在一个机箱内，两者之间用导线或光纤连接。许多 CNC 机床把操作面板也单独作为一个部件，这是由于所控制机床的要求不同，操作面板相应地要改变，做成分体式的有利于更换和安装。

CNC 操作面板在机床上的安装形式有吊挂式、床头式、控制柜式、控制台式等多种。

从组成 CNC 系统的电路板的结构特点来看，有两种常见的结构，即大板式结构和模块化结构。

大板式结构的特点是，一个系统一般都有一块大板，称为主板。主板上装有主 CPU 和各轴的位置控制电路等。其他相关的子板（完成一定功能的电路板），如 ROM 板、零件程序存储器板和 PLC 板都直接插在主板上面，组成 CNC 系统的核心部分。由此可见，大板式结构紧凑，体积小，可靠性高，价格低，有很高的性能/价格比，也便于机床的一体化设计。大板结构虽有上述优点，但它的硬件功能不易变动，不利于组织生产。

另外一种柔性比较高的结构就是总线模块化的开放系统结构，其特点是将微处理机、存储器、输入输出控制分别做成插件板（称为硬件模块），甚至将微处理机、存储器、输入输出控制组成独立微计算机级的硬件模块，相应的软件也是模块结构，固化在硬件模块中。硬软件模块形成一个特定的功能单元，称为功能模块。功能模块间有明确定义的接口，接口是固定的，成为工厂标准或工业标准，彼此可以进行信息交换。于是可以积木式组成 CNC 系统，使设计简单，有良好的适应性和扩展性，试制周期短，调整维护方便，效率高。

从 CNC 系统使用的微机及结构来分，CNC 系统的硬件结构一般分为单微处理机和多微处理机结构两大类。初期的 CNC 系统和现有一些经济型 CNC 系统采用单微处理机结构。而多微处理机结构可以满足数控机床高进给速度、高加工精度和许多复杂功能的要求，也适应于并入 FMS 和 CIMS 运行的需要，从而得到了迅速的发展，它反映了当今数控系统的新水平。

二、单微处理机结构

在单微处理机结构中，只有一个微处理机，实行集中控制，并分时处理数控的各个任务。其结构特点如下：

(1) CNC 装置内仅有一个微处理机，由它对存储、插补运算、输入输出控制、CRT 显示等功能集中控制分时处理。

(2) 微处理机通过总线与存储器、输入输出控制等各种接口相连，构成 CNC 装置。

(3) 结构简单，容易实现。

(4) 正是由于只有一个微处理机集中控制，其功能将受微处理机字长、数据宽度、寻址能力和运算速度等因素的限制。

图 3-2 给出的即是单微处理机的结构框图。

三、多微处理机结构

多微处理机结构的 CNC 是把机床数字控制这个总任务划分为子任务（也称为子功能模块）。在硬件方面，以多个微处理机配以相应的接口形成多个子系统，把划分的子任务分配给不同的子系统承担，由各子系统之间的协调动作完成数控。在多微处理机的结构中，有两个或两个以上的微处理机构成的子系统，子系统之间采用紧耦合，有集中的操作系统，共享资源；或者有两个或两个以上的微处理机构成的功能模块，功能模块之间采用松耦合，有多重操作系统有效地实现并行处理。应注意的是，有的 CNC 装置虽然有两个以上的微处理机，但其中只有一个微处理机能够控制系统总线，占有总线资源，而其他微处理机成为专用的智能部件，不能控制系统总线，不能访问主存储器。它们组成主从结构，故应归于单微处理机的结构中。

1. 多微处理机结构的特点

(1) 性能价格比高。此种结构中的每一个微处理机各完成系统中指定的一部分功能，独立执行程序。它比单微处理机结构提高了计算处理速度，适应了多轴控制、高精度、高进给速度、高效率的数控要求。由于系统的资源共享，而单个微处理机的价格又比较便宜，使 CNC 系统的性能价格比大为提高。

(2) 采用模块化结构具有良好的适应性和扩展性。前已述及，在这种结构中可以将微处理机、存储器、输入输出控制分别做成插件板（即硬件模块），其相应的软件也是模块结构，这种模块化的结构使设计简单，试制周期短，结构紧凑，具有良好的适应性和扩展性。

(3) 可靠性高。多微处理机的 CNC 装置由于每个微处理机分管各自的任务，形成若干模块，即使某个模块出了故障，其他模块仍照常工作，不像单微处理机那样，一旦出故障，整个系统将瘫痪。由于更换插件模块较为方便，可使故障对系统的影响减到最小程度。另外，由于资源共享，省去了一些重复机构，这不但使造价降低，也提高了可靠性。

(4) 硬件易于组织规模生产。由于一般的硬件都是通用的，容易配置，只要开发新的软件就可构成不同的 CNC 系统，便于组织规模生产，形成批量，且保证质量。

2. 多微处理机 CNC 装置的典型结构

在多微处理机组成的 CNC 装置中，可以根据具体情况合理划分其功能模块，一般来说，基本由 CNC 管理模块、CNC 插补模块、位置控制模块、PC 模块、操作和控制数据输入输出和显示模块、存储器模块这 6 种功能模块组成，若需要扩充功能，再增加相应的模块。这些模块之间互连与通信是在机柜内耦合，典型的有共享总线和共享存储器两类结构。

(1) 共享总线结构。以系统总线为中心的多微处理机 CNC 装置，把组成 CNC 装置的各个功能模块划分为带有 CPU 或 DMA 器件的各种主模块和不带 CPU 和 DMA 器件的各种 RAM/ROM 或 I/O 从模块两大类。所有主、从模块都插在配有总线插座的机柜内，共享严格设计定义的标准系统总线。系统总线的作用是把各个模块有效地连接在一起，按照要求交换各种数据和控制信息，构成一个完整的系统，实现各种预定的功能。

在系统中只有主模块有权控制使用系统总线。由于某一时刻只能由一个主模块占有总线，必须要有仲裁电路来裁决多个主模块同时请求使用系统总线的竞争，每个主模块按其担负任务的重要程度已预先安排好优先级别的顺序。总线仲裁的目的，也就是在它们争用总线时，判别出各模块优先权的高低。

支持多微处理机系统的总线都设计有总线仲裁机构，通常有两种裁决方式，即串行方式和并行方式。

串行总线裁决方式中，优先权的排列是按连接位置决定的（见图 3-4）。某个主模块只有在前面优先权更高的主模块不占用总线时，才可使用总线，同时通知它后面优先权较低的主模块不得使用总线。

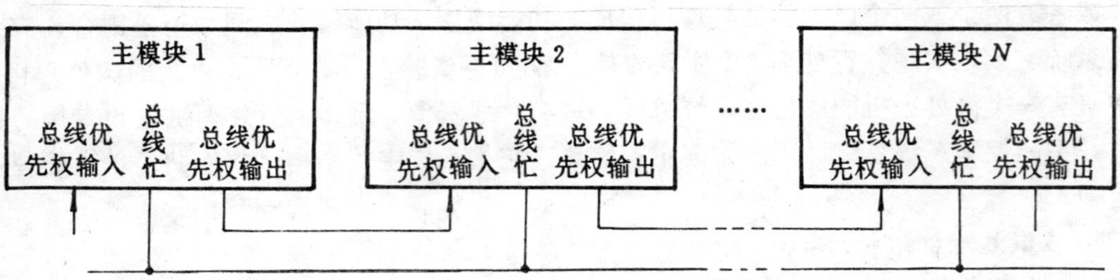

图 3-4　串行总线仲裁连接方法

并行总线裁决方式中，要配置专用逻辑电路来解决主模块的判优问题，通常采用优先权编码方案（见图 3-5）。

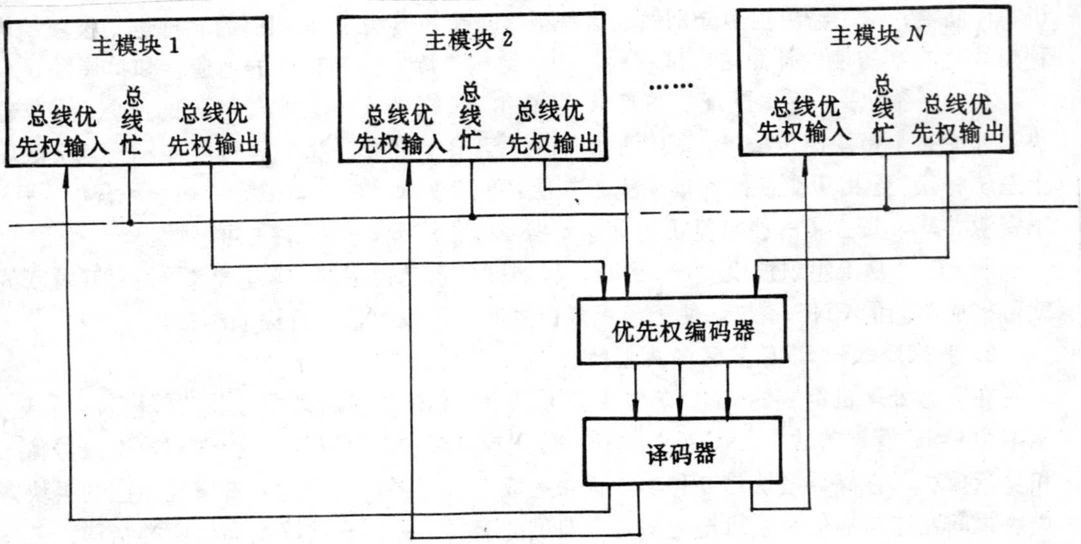

图 3-5　并行总线仲裁框图

这种结构的模块之间的通信，主要依靠存储器来实现。大部分系统采用公共存储器方式。公共存储器直接插在系统总线上，有总线使用权的主模块都能访问。使用公共存储器的通信双方都要占用系统总线，可供任意两个主模块交换信息。

支持这种系统结构的总线有：STD bus（支持 8 位和 16 位字长），Multi bus（Ⅰ型可支持 16 位字长，Ⅱ型可支持 32 位字长），S—100 bus（可支持 16 位字长），VERSA bus（可支持 32 位字长）以及 VME bus（可支持 32 位字长）等。制造厂为这类总线提供各种型号规格的 OEM（初始设备制造）产品，包括主模块和从模块，由用户任意选配。

图 3－6 是多微处理机共享总线结构。这种结构中的多微处理机共享总线时，会引起“竞争”，使信息传输率降低，总线一旦出现故障，会影响全局。但因其结构简单，系统配置灵活，无源总线造价低等优点而常被采用。

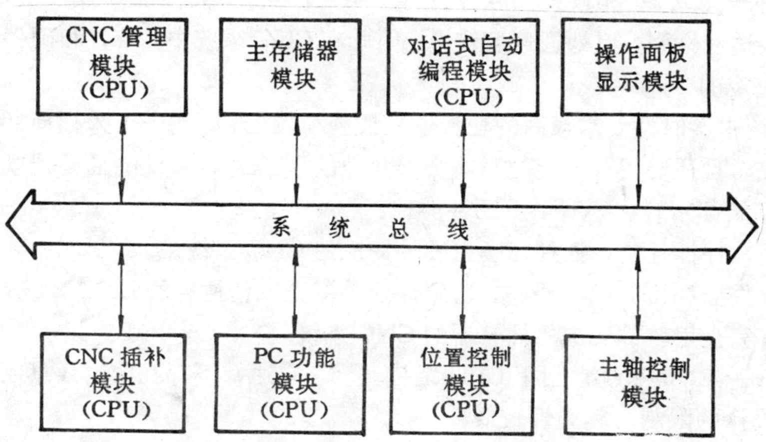

图 3－6 多微处理机共享总线结构框图

(2) 共享存储器结构。这种多微处理机结构，采用多端口存储器来实现各微处理机之间的互连和通信。由多端口控制逻辑电路解决访问冲突。由于同一时刻只能有一个微处理机对多端口存储器读或写，所以功能复杂而要求微处理机数量增多时，会因争用共享而造成信息传输的阻塞，降低系统效率，因此扩展功能很困难。

图 3－7 是一个双端口存储器结构框图，它配有两套数据、地址和控制线，可供两个端口访问，访问优先权预先安排好。两个端口同时访问时，由内部硬件裁决其中一个端口优先访问。

图 3－8 是多微处理机共享存储器结构框图。

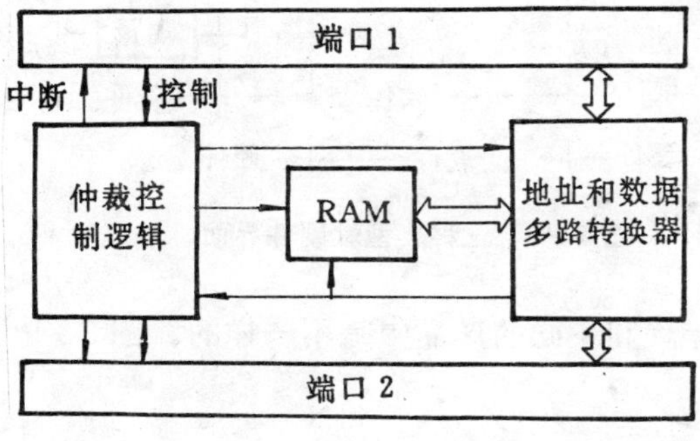

图 3－7 双端口存储器结构框图

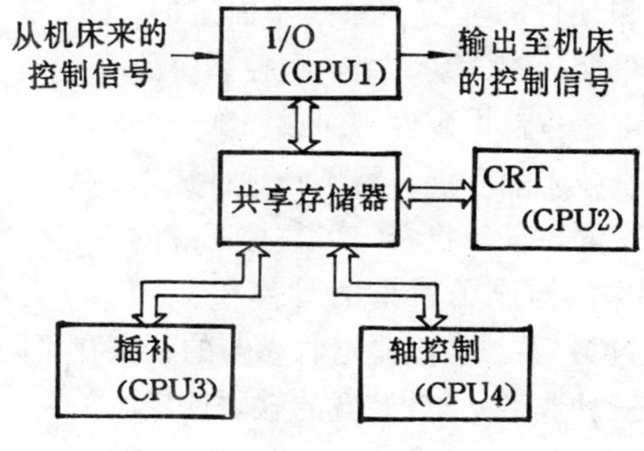

图 3－8 多微处理机共享存储器结构框图

§3-3 CNC系统软件结构及控制

一、CNC系统的软硬件组合类型

CNC系统是由软件和硬件组成的，硬件为软件的运行提供了支持环境。同一般计算机系统一样，由于软件和硬件在逻辑上是等价的，所以在CNC系统中，由硬件完成的工作原则上也可以由软件来完成。但是硬件和软件各有不同的特点。硬件处理速度较快，但造价较高，软件设计灵活，适应性强，但处理速度较慢。因此在CNC系统中，软件和硬件的分配比例是由性能价格比决定的。

CNC系统中实时性要求最高的任务就是插补和位控，即在一个采样周期中必须完成控制策略的计算，而且还要留有一定的时间去做其他的事。CNC系统的插补器既可面向软件也可面向硬件。归结起来，主要有以下三种类型：

(1) 不用软件插补器，插补完全由硬件完成的CNC系统。

(2) 由软件插补器完成粗插补，由硬件插补器完成精插补的CNC系统。

(3) 带有完全用软件实施的插补器的CNC系统。

上述第一种CNC系统常用单CPU结构实现。它通常不存在实时速度问题。由于插补方法受到硬件设计的限制，其柔性较低。

第三种CNC系统需用快速计算机计算出刀具轨迹。具有多轴（坐标）控制的机床，须要装备专用CPU的多微处理机结构来完成算术运算。位片式处理器和I/O处理器用来加速控制任务的完成。

第二种CNC系统通常没有计算瓶颈，因为精确插补由硬件完成。刀具轨迹所需的插补，由程序准备并使之参数化。程序的输出是描述曲线段的参数，诸如起点、终点、速度、插补频率等，这些参数都是作为硬件精插补器的输入。

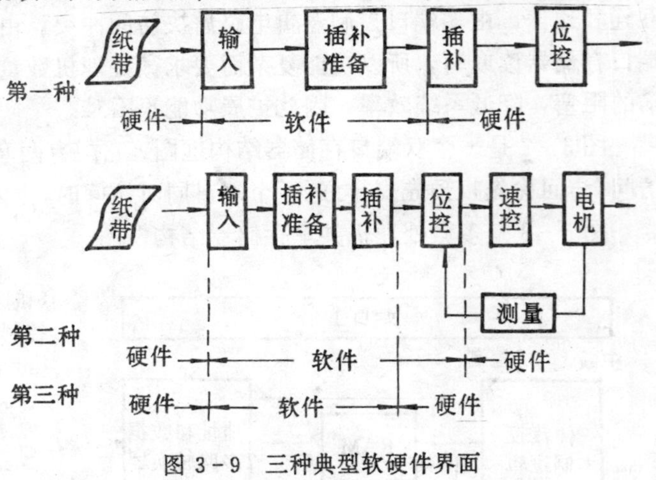

图3-9　三种典型软硬件界面

实际上，现代CNC系统中，软件和硬件的界面关系是不固定的。在早期的NC系统中，数控系统的全部工作都由硬件来完成，随着计算机技术的发展，特别是硬件成本的下降，计算机参与了数控系统的工作，构成了所谓的计算机数控(CNC)系统。但是这种参与的程度在不同的年代和不同的产品中是不一样的。图3-9说明了三种典型CNC装置的软硬件界面关系。

二、CNC系统的控制软件结构特点

CNC系统是一个专用的实时多任务计算机系统，在它的控制软件中融合了当今计算机软件技术中的许多先进技术，其中最突出的是多任务并行处理和多重实时中断。下面分别加以介绍。

1. *多任务并行处理*

(1) CNC 系统的多任务性。CNC 系统通常作为一个独立的过程控制单元用于工业自动化生产中，因此它的系统软件必须完成管理和控制两大任务。系统的管理部分包括输入、I/O 处理、显示和诊断。系统的控制部分包括译码、刀具补偿、速度处理、插补和位置控制。在许多情况下，管理和控制的某些工作必须同时进行。例如，当 CNC 系统工作在加工控制状态时，为了使操作人员能及时地了解 CNC 系统的工作状态，管理软件中的显示模块必须与控制软件同时运行。当 CNC 系统工作在 NC 加工方式时，管理软件中的零件程序输入模块必须与控制软件同时运行。而当控制软件运行时，其本身的一些处理模块也必须同时运行。例如，为了保证加工过程的连续性，即刀具在各程序段之间不停刀，译码、刀具补偿和速度处理模块必须与插补模块同时运行，而插补又必须与位置控制同时进行。

下面给出 CNC 系统的任务分解图（图 3－10（a））和任务并行处理关系图（图 3－10（b））。在图 3－10（b）中，双向箭头表示两个模块之间有并行处理关系。

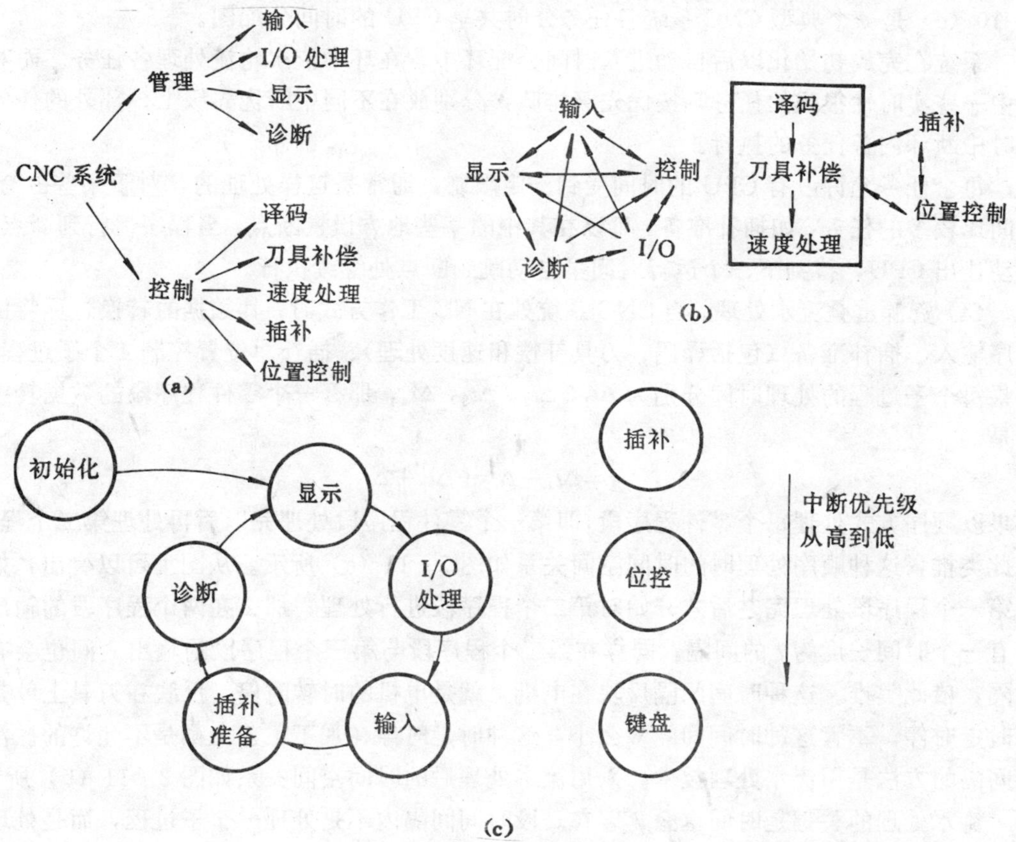

图 3－10　CNC 装置的多任务并行处理图

(a) 任务分解图　(b) 任务并行处理图　(c) CPU 分时共享图

(2) 并行处理的概念。并行处理是指计算机在同一时刻或同一时间间隔内完成两种或两种以上性质相同或不相同的工作。并行处理最显著的优点是提高了运算速度。拿 n 位串行运

算和 n 位并行运算来比较，在元件处理速度相同的情况下，后者运算速度几乎提高为前者的 n 倍。这是一种资源重复的并行处理方法，它是根据"以数量取胜"的原则大幅度提高运算速度的。但是并行处理还不止于设备的简单重复，它还有更多的含义。如时间重叠和资源共享。所谓时间重叠是根据流水线处理技术，使多个处理过程在时间上相互错开，轮流使用同一套设备的几个部分。而资源共享则是根据"分时共享"的原则，使多个用户按时间顺序使用同一套设备。

目前在 CNC 系统的硬件设计中，已广泛使用资源重复的并行处理方法，如采用多 CPU 的系统体系结构来提高系统的速度。而在 CNC 系统的软件设计中则主要采用资源分时共享和资源重叠的流水线处理技术。

(3) 资源分时共享。在单 CPU 的 CNC 系统中，主要采用 CPU 分时共享的原则来解决多任务的同时运行。一般来讲，在使用分时共享并行处理的计算机系统中，首先要解决的问题是各任务占用 CPU 时间的分配原则，这里面有两方面的含义：其一是各任务何时占用 CPU；其二是允许各任务占用 CPU 的时间长短。

在 CNC 系统中，对各任务使用 CPU 是用循环轮流和中断优先相结合的方法来解决。图 3－10 (c) 是一个典型 CNC 系统各任务分时共享 CPU 的时间分配图。

系统在完成初始化以后自动进入时间分配环中，在环中依次轮流处理各任务。而对于系统中一些实时性很强的任务则按优先级排队，分别放在不同中断优先级上，环外的任务可以随时中断环内各任务的执行。

每个任务允许占有 CPU 的时间受到一定限制，通常是这样处理的，对于某些占有 CPU 时间比较多的任务，如插补准备，可以在其中的某些地方设置断点，当程序运行到断点处时，自动让出 CPU，待到下一个运行时间里自动跳到断点处继续执行。

(4) 资源重叠流水处理。当 CNC 系统处在 NC 工作方式时，其数据的转换过程将由零件程序输入、插补准备（包括译码、刀具补偿和速度处理）、插补、位置控制 4 个子过程组成。如果每个子过程的处理时间分别为 Δt_1，Δt_2，Δt_3，Δt_4，那么一个零件程序段的数据转换时间将是

$$t=\Delta t_1+\Delta t_2+\Delta t_3+\Delta t_4$$

如果以顺序方式处理每个零件程序段，即第一个零件程序段处理完以后再处理第二个程序段，依此类推，这种顺序处理时的时间空间关系如图 3－11 (a) 所示。从图上可以看出，如果等到第一个程序段处理完之后才开始对第二个程序段进行处理，那么在两个程序段的输出之间将有一个时间长度为 t 的间隔。同样在第二个程序段与第三个程序段的输出之间也会有时间间隔，依此类推。这种时间间隔反映在电机上就是电机的时转时停，反映在刀具上就是刀具的时走时停。不管这种时间间隔多么小，这种时走时停在加工工艺上都是不允许的。消除这种间隔的方法是用流水处理技术。采用流水处理后的时间空间关系如图 3－11 (b) 所示。

流水处理的关键是时间重叠，即在一段时间间隔内不是处理一个子过程，而是处理两个或更多的子过程。从图 3－11 (b) 可以看出，经过流水处理后从时间 t_4 开始，每个程序段的输出之间不再有间隔，从而保证了电机转动和刀具移动的连续性。

从图 3－11 (b) 中可以看出，流水处理要求每个处理子过程的运算时间相等。而实际上在 CNC 系统中每个子过程所需的处理时间都是不同的，解决的办法是取最长的子过程处理时间为流水处理时间间隔。这样当处理时间较短的子过程时，处理完成之后就进入等待状态。

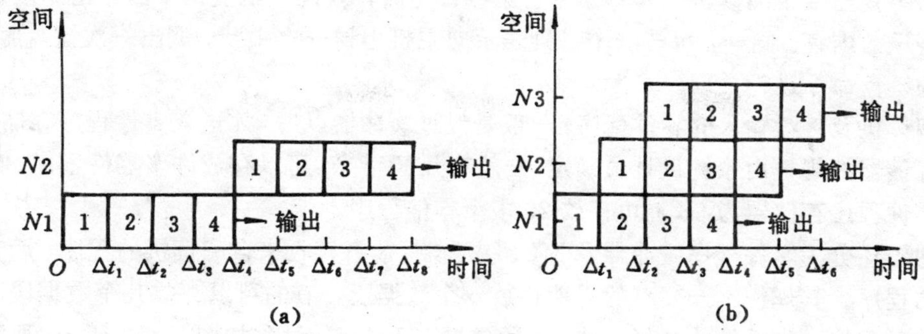

图 3-11 资源重叠流水处理

(a) 顺序处理 (b) 流水处理

在单 CPU 的 CNC 装置中，流水处理的时间重叠只有宏观的意义，即在一段时间内，CPU 处理多个子过程，但从微观上看，各子过程是分时占用 CPU 时间。

2. 实时中断处理

CNC 系统控制软件的另一个重要特征是实时中断处理。CNC 系统的多任务性和实时性决定了系统中断成为整个系统必不可少的重要组成部分。CNC 系统的中断管理主要靠硬件完成，而系统的中断结构决定了系统软件的结构。其中断类型有外部中断、内部定时中断、硬件故障中断以及程序性中断等。

(1) 外部中断。主要有纸带光电阅读机读孔中断、外部监控中断（如紧急停、量仪到位等）和键盘操作面板输入中断。前两种中断的实时性要求很高，通常把这两种中断放在较高的优先级上，而键盘和操作面板输入中断则放在较低的中断优先级上。在有些系统中，甚至用查询的方式来处理它。

(2) 内部定时中断。主要有插补周期定时中断和位置采样定时中断。在有些系统中，这两种定时中断合二为一。但在处理时，总是先处理位置控制，然后处理插补运算。

(3) 硬件故障中断。它是各种硬件故障检测装置发出的中断，如存储器出错、定时器出错、插补运算超时等。

(4) 程序性中断。它是程序中出现的各种异常情况的报警中断，如各种溢出、清零等。

三、CNC 系统的控制软件及其工作过程

控制软件是为完成特定 CNC（或 MNC）系统各项功能所编制的专用软件，又称为系统软件（或系统程序）。因为 CNC（或 MNC）系统的功能设置与控制方案各不相同，各种系统软件在结构和规模上差别很大。系统程序的设计与各项功能的实现及其将来的扩展有最直接的关系，是整个 CNC（或 MNC）系统研制工作中关键性的和工作量最大的部分。

前面曾提到，系统软件一般由输入、译码、数据处理（预计算）、插补运算、速度控制、输出控制、管理程序及诊断程序等部分构成。下面分别加以介绍。

1. 输入

CNC 系统中一般通过纸带阅读机、磁带机、磁盘及键盘输入零件程序，且其输入大都采用中断方式。在系统程序中有相应的中断服务程序，如纸带阅读机中断服务程序及键盘中断

服务程序等。当纸带阅读机读入一个字符至接口中时，就向主机发出中断，由中断服务程序将该字符送入内存。同样，每按一个键则表示向主机申请一次中断，调出一次键盘服务程序，对相应的键盘命令进行处理。

从阅读机及键盘输入的零件程序，一般是经过缓冲器以后，才进入零件程序存储器的。零件程序存储器的规模由系统设计员确定。一般有几K字节，可以存放许多零件程序。例如7360系统的零件程序存储器为5K，可存放20多个零件程序。

缓冲器还分为零件程序缓冲器及MDI缓冲器。前者接收来自阅读机的程序，后者接收来自键盘的程序。其规模不一，有的只能存放一个数据段，有的可以存放几个数据段。缓冲器是原始零件程序进入系统的必经之路。在通常情况下，存数过程如图3－12所示。取数过程如图3－13所示。

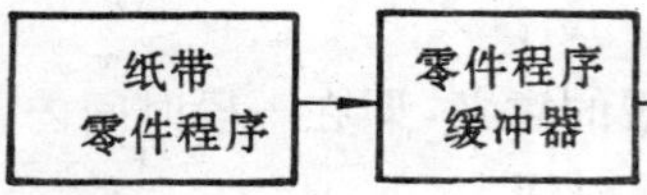

图 3－12　存数过程

图 3－13　取数过程

无论是哪种方式输入的零件程序，去译码之前都必须经过相应的缓冲器，如图3－14所示。零件程序缓冲器接收来自阅读机或零件程序存储器的程序段。当正常加工时，译码程序从这里取出程序段。当从MDI键盘输入程序段时，程序段被存入MDI缓冲器中。此时译码程序则从MDI缓冲器取出程序段。

在CNC系统的纸带与存储器两种输入方式中，最常见的工作方式是存储器工作方式，即用键盘命令调出零件程序存储器中指定的零件程序，逐段装入零件程序缓冲器。并且这两种输入方式都允许人们根据需要临时用键盘输入修正程序段。

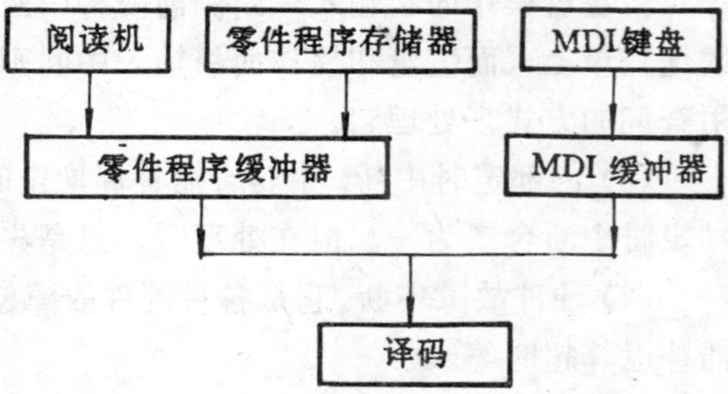

图 3－14　输入过程

阅读机将零件程序输入到存储器的处理程序与键盘完成此项工作的原理基本相同。区别仅在于前者是从阅读机到零件程序缓冲器再送到存储器，而后者是从键盘到MDI缓冲器再送到存储器。从阅读机到零件程序缓冲器以及从键盘到MDI缓冲器分别由阅读机中断程序及键盘中断程序处理。零件程序进入缓冲器后再在输入程序的控制下进入存储器。

下面以键盘输入零件程序至存储器的过程为例来说明（从阅读机将程序输入到零件程序存储器的过程与此原理相同）。

当操作员用MDI键盘输入零件程序时，每次输入的字符总数以MDI缓冲器的容量为限，并且要以规定的符号结束。此时，控制程序循环等待。字符是以中断方式进入MDI缓冲器的。

现假如操作员已用键盘输入零件程序，在控制程序检测到规定的结束符以后便设置MDI缓冲器起址至相应单元，并对已输入到MDI缓冲器的程序进行如下处理。

（1）判别是否取出的字符为结束符。如果是结束符，则作结束处理；否则执行下面内容。

(2) 从 MDI 缓冲器读一段字符（这次仅扫描不存储），统计字符个数，记录相应的首尾标志值（如结束字符 M02 和 M30，程序段号 N 等），并且对本段取出的个数进行越界检查。如果在本段存入后超过了地址界限，那么就作为出错处理；否则，就将首尾标志值以及本段的字符数等存入本段的标志单元。

(3) 第二次从 MDI 缓冲器中读本段字符，并且存所有的字符至零件程序存储器。

(4) 将零件程序存储器指针指向下一数据段区域。

CNC 系统为阅读机输入和键盘输入分别配置了阅读机中断服务程序和键盘中断服务程序，以便将字符送入缓冲器。

阅读机中断服务程序执行一次只读入一个字符。读入的字符并不立即存入零件程序缓冲器，而是要经过一系列检查，认为合格以后才存入缓冲器。这些检查包括单个字符的奇偶校验，操作数是否超限，字地址的顺序，程序格式是否正确，信息是否完整，等等。

阅读机中断服务程序的框图见图 3-15。图中的"EOB"表示数据段结束符。零件程序中的每一个数据段必须以"EOB"符号结束。而整个零件程序是以"M02"或"M30"结束。另外，每个数据段字符数有一个规定值，最多不得超过该规定值。每次读入一个字符，计数器增 1，当计数器计数增至该规定值时，虽然仍读取，但不存入缓冲器。

所谓打开和停止阅读机即表示是否允许阅读机工作，系用软件实现。只有打开了阅读机，它才能读数并向主机发出中断请求。阅读机读取的"数"先是存放在阅读机接口中的暂存器，主机响应中断以后，从接口中将字符读入内存，经过检验后存入零件程序缓冲器。在非加工状态下将零件程序读入零件程序存储器时，除了需要阅读机中断服务程序外，还要有输入程序的配合才行。

键盘中断服务程序负责将键盘上打入的字符存入 MDI 缓冲器，按一下键就是向主机申请一次中断。其框图如图 3-16 所示。

2. 译码

由前面的讨论可知，经过输入系统的工作，已将数据段送入零件程序存储器。下一步就是由译码程序将输入的零件程序数据段翻译成本系统能识别的语言。一个数据段从输入到传送至插补工作寄存器需经过以下几个环节，如图 3-17 所示。

从原理和本质上说，软件译码与硬件译码相同。对于 8 单位的纸带程序，一个字符占 8 位。在 16 位字长的缓冲器中，一个字可存放两个字符。数据段长的则占的字数多。译码程序按次序将一个个字符和相应的数字进行比较，若相等了，则说明已输入了该字符。它就好像在硬件译码线路中，一个代码输入时只打开相应的某一个与门一样。所不同的是译码程序是串行工作的，即一个一个地比较，一直到相等时为止。而硬件译码线路则是并行工作的，因而速度较快。以 ISO 码为例，M 为 $(01, 001, 101)_2$，即 M 为八进制的 $(115)_8$，S 为 $(123)_8$，T 为 $(124)_8$，F 为 $(106)_8$，……，因此，在判定数据段中是否已编入 M，S，T 或 F 字时，就可以将输入的字符和这些八进制数相比较，若相等了，则说明相应的字符已输入，立即设立相应的标志。

某一个字符输入以后的处理过程包括：

(1) 建立格式标志。如果是位格式，则每个字符所占的格式字的位数不同。

(2) 根据输入字符的不同，确定相应的存放数值的地址。例如，M 码的值存放在 1000H，S 码的值存放在 1002H，……；有的系统则对于各专用地址码（如 N，X，Y，G，M，F 等）

在存放区域中都有一个位移量，该区域的首址加上地址码所对应的位移量，就可得到该地址码所存放的区域。

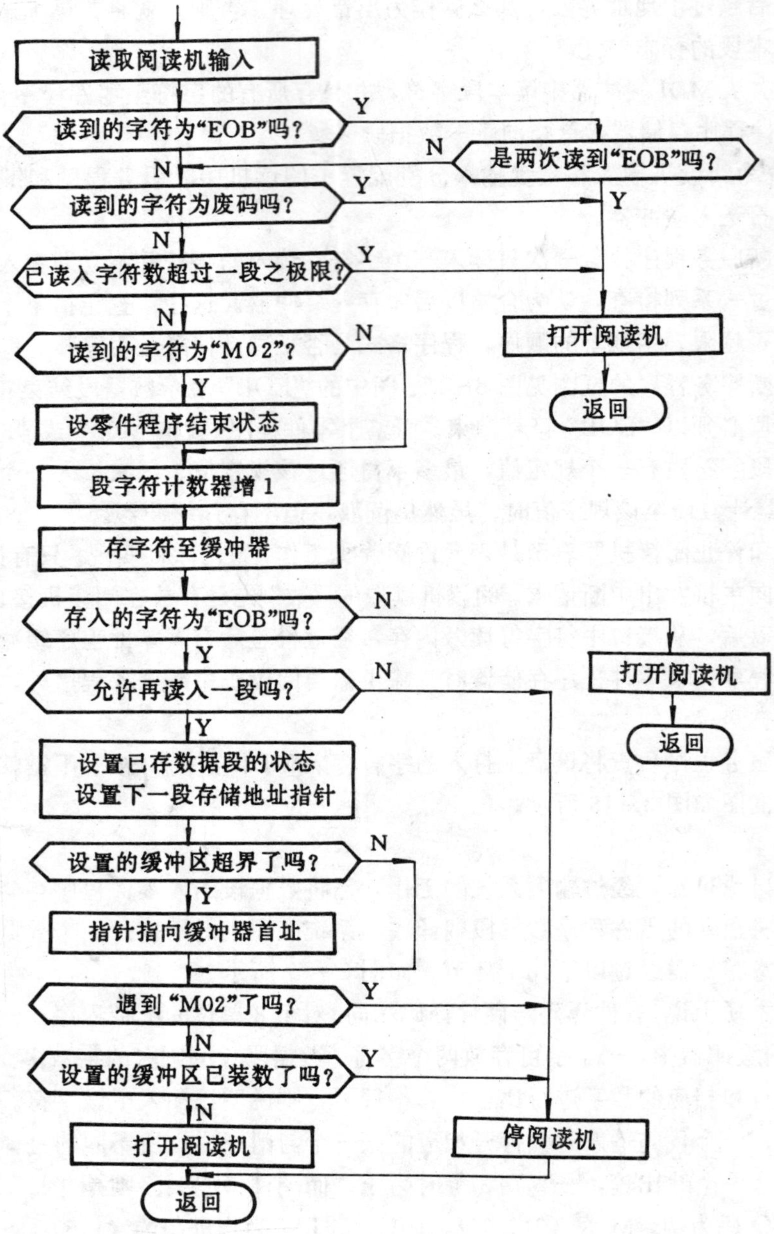

图 3-15　阅读机中断服务程序

（3）确定调用“数码转换程序”的次数。一个代码后总有数字相接，例如 M02，S11，X1000000，…。M 码的值最多为 2 位，S 码最多为 2 位（或 3 位），X 的值最多为 7 位等。各个系统不尽相同。但对某一个具体系统而言，有一个规定值。如果某一个代码，它的值最多为两位，那么只须调用数码转换程序两次。所谓数码转换，即把输入的字符（如 ASCII 码）转换成二进制码在内存中存放。

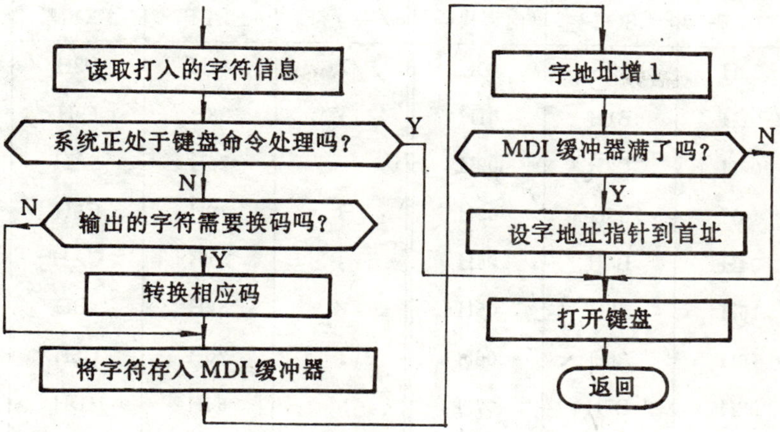

图 3-16　键盘中断服务程序

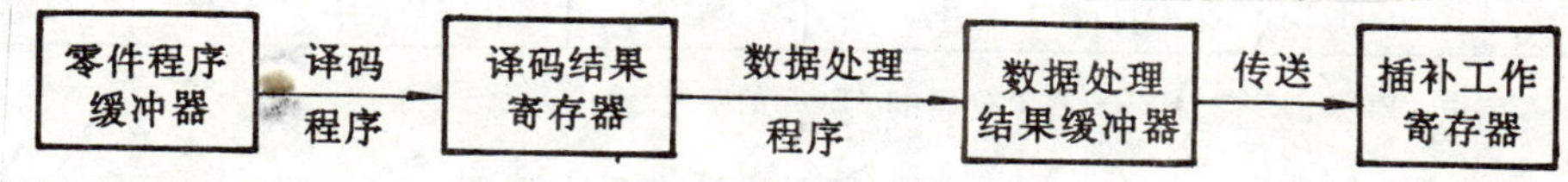

图 3-17　一个数据段经历之过程

将不同字符的处理程序合并起来需要有一张信息表。该表中每一个字符均有相应的一栏。栏中内容包括地址偏移量、在格式标志字中的位数及调用数码转换程序的次数。经过一次的算术和逻辑运算即可完成译码工作。在进行译码的同时，系统要对该零件程序作语法检查，如输入的数字个数是否大于允许值，不允许带负号的地址码是否带了负号等。

译码的结果存放在规定的存储区内，存放译码结果的地方称为译码结果寄存器。译码结果寄存器以规定的次序存放各代码的值（二进制），且包括一个编程格式标志单元。在该格式标志单元中某一位为 1，即表示指定的代码（例如 F，S，M，…）已被编入。为了使用方便，有时对 G 码、M 码的每一个值或几个值单独建立标识字。例如，对关于插补方式的 G00，G01，G02，G03 建立一个标识字，该标识字为 0 时代表已编入了 G00，为 1 时代表已编入 G01，……。

下面举一例说明其译码过程。

假如由穿孔带输入的零件加工程序 P 为

P：LF

N1 G01 X132 Y3198 F46 LF

N2 X－4000 M02 LF

%

根据数控系统常用码和内部代码表（见表 3-1），如果零件程序存储区从地址 8001H（H 表示 16 进制数）开始，那么上述零件加工程序 P 经过输入程序处理后，在零件程序存储区就存有如表 3-2 所示的信息。

表 3-1 常用数控码及其内部码

字 符	EIA 码	ISO 码	内部代码	字 符	EIA 码	ISO 码	内部代码
0	20H	30H	00H	X	37H	D8H	12H
1	01H	B1H	01H	Y	38H	59H	13H
2	02H	B2H	02H	Z	29H	5AH	14H
3	13H	33H	03H	I	79H	C9H	15H
4	04H	B4H	04H	J	51H	CAH	16H
5	15H	35H	05H	K	52H	4BH	17H
6	16H	36H	06H	F	76H	C6H	18H
7	07H	B7H	07H	M	54H	4DH	19H
8	08H	B8H	08H	LF/CR	80H	0AH	20H
9	19H	39H	09H		40H	2DH	21H
N	45H	4EH	10H	DEL	7FH	FFH	FFH
G	67H	47H	11H	EOR*	0BH	A5H	22H

* 在 EIA 码中，EOR 的字符是 ER；在 ISO 码中，EOR 的字符是%。

表 3-2 零件程序存储区的信息

地 址	内 容	地 址	内 容	地 址	内 容
8001H	10H	800CH	01H	8016H	21H
8002H	01H	800DH	09H	8017H	04H
8003H	11H	800EH	08H	8018H	00H
8004H	00H	800FH	18H	8019H	00H
8005H	01H	8010H	04H	801AH	00H
8006H	12H	8011H	06H	801BH	19H
8007H	01H	8012H	20H	801CH	00H
8008H	03H	8013H	10H	801DH	02H
8009H	02H	8014H	02H	801EH	20H
800AH	13H	8015H	12H	801FH	22H
800BH	03H				

译码程序的功能就是把程序段中的各数据根据其前后的文字地址送到相应的缓冲寄存器中。图 3-18 是译码程序流程图。对于上述加工程序 P，首先取出一个字节，例如 N，由于这是第一个地址，故再从零件程序存储区取一个字节，这次是数字 1，存入数字码寄存器。再取一个字节，这次取出的是地址 G，由于它是新的文字符，这说明上一个文字地址的内容已取完，因此就把数字码寄存器中的数 (1) 存入上一地址 N 的缓冲寄存器中。然后再取一个字节，这

次是数字 0，存入数字码寄存器，再取一个字节，是数字码 1，存入数字码寄存器，这时数字码寄存器中为 01。再取一个字节，是地址 X，这一新文字符的取出说明上一个文字地址的内容已取完。因而就把数字码寄存器中的数（01）送入上一个地址 G 的缓冲寄存器中，……当取出该程序段最后一个地址 LF 时，就把当时数字码寄存器中的数（46）送入上一个地址 F 的缓冲寄存器中，随后返回主程序。这样，经过译码程序后，一个程序段中的所有文字连同它们后面的数字都存入相应的文字缓冲寄存器中，完成了译码功能。

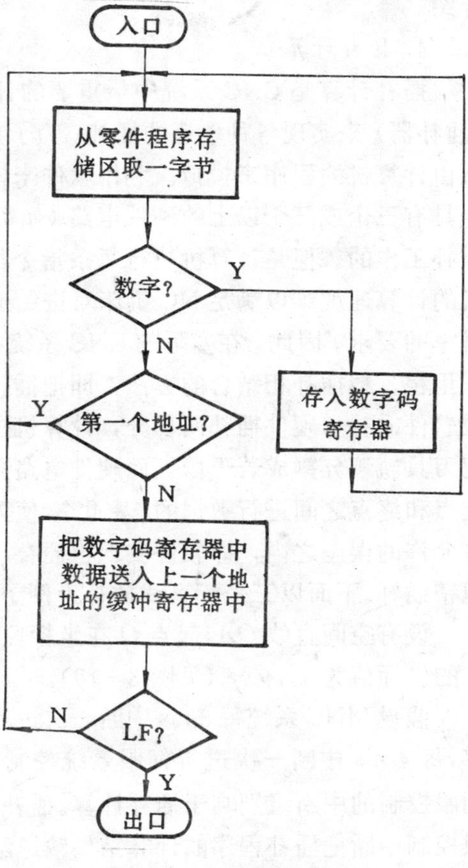

图 3-18 译码程序流程图

3. 预计算

为了减轻插补工作的负担，提高系统的实时处理能力，常常在插补运算前先进行数据的预处理，例如，确定圆弧平面、刀具半径补偿的计算等。当采用数字积分法时，可预先进行左移规格化的处理和积分次数的计算等，这样，可把最直接、最方便形式的数据提供给插补运算。

数据预处理即预计算，通常包括刀具长度补偿、刀具半径补偿计算、象限及进给方向判断、进给速度换算和机床辅助功能判断等。在第二章中已对刀具半径补偿计算的方法作了介绍。下面仅叙述速度计算及控制。

进给速度的控制方法与系统采用的插补算法有关，也因不同的伺服系统而有所不同。在开环系统中，常常采用基准脉冲插补法，其坐标轴的运动速度控制是通过控制插补运算的频率，进而控制向步进电机输出脉冲的频率来实现的，速度计算的方法是根据编程 F 值来确定这个频率值。通常有程序延时法和中断法两种。

(1) 程序延时法。程序延时法又称为程序计时法。这种方法先根据系统要求的进给频率，计算出两次插补运算之间的时间间隔，用 CPU 执行延时子程序的方法控制两次插补之间的时间。改变延时子程序的循环次数，即可改变进给速度。

(2) 中断方法。中断方法或称为时钟中断法，是指每隔规定的时间向 CPU 发中断请求，在中断服务程序中进行一次插补运算并发出一个进给脉冲。因此，改变中断请求信号的频率，就等于改变了进给速度。中断请求信号可通过 *F* 指令设定的脉冲信号产生，也可通过可编程计数器/定时器产生。如采用 Z80CTC 作定时器，由程序设置时间常数，每定时到，就向 CPU 发中断请求信号，改变时间常数 T_c 就可以改变中断请求脉冲信号的频率。所以，进给速度计算与控制的关键就是如何给定 CTC 的时间常数 T_c。

在半闭环和闭环系统中，则是采用时间分割的思想，根据编程的进给速度 *F* 值将轮廓曲线分割为采样周期，即迭代周期的进给量——轮廓步长的方法。速度计算的任务是：当直线插补时，计算出各坐标轴的采样周期的步长；当插补圆弧时，为插补程序计算好步长分配系数（有时也称之为角步距）。另外，在进给速度控制中，一般也都有一个升速、恒速（匀速）和降速的过程，以适应伺服系统的工作状态，保证工作的稳定性。此内容将在第五章中详细介绍。

4. 插补计算

插补计算是CNC系统中最重要的计算工作之一。在传统的NC装置中，采用硬件电路（插补器）来实现各种轨迹的插补。为了在软件系统中计算所需的插补轨迹，这些数字电路必须由计算机的程序来模拟。利用软件来模拟硬件电路的问题在于：三轴或三轴以上联动的系统具有三个或三个以上的硬件电路（如每轴一个数字积分器），计算机是用若干条指令来实现插补工作的。但是计算机执行每条指令都须要花费一定的时间，而当前有的小型或微型计算机的计算速度难以满足NC机床对进给速度和分辨率的要求。因此，在实际的CNC系统中，常常采用粗、精插补相结合的方法，即把插补功能分成软件插补和硬件插补两部分，计算机控制软件把刀具轨迹分割成若干段，而硬件电路再在段的起点和终点之间进行数据的“密化”，使刀具轨迹在允许的误差之内，即软件实现粗插补，硬件实现精插补。下面以三坐标直线插补为例予以说明。

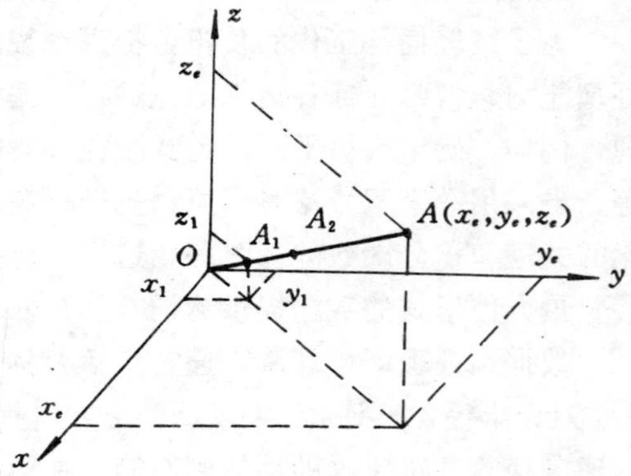

图 3-19　空间直线 OA

设有空间直线 OA，起点 O 在坐标原点，终点 A 的坐标值为 x_e, y_e, z_e（见图 3-19）。

假设MNC系统每8 ms中断一次进行插补计算，每4 ms中断一次进行伺服系统控制，且规定伺服控制的中断级别高于插补计算。插补中断时，插补程序计算出8 ms中各坐标的位移量；伺服控制中断把插补程序的计算结果输送给硬件伺服系统，控制各坐标轴的位移。

粗插补的任务是根据编程的进给速度 F 和终点坐标值 x_e, y_e, z_e 计算出8 ms中各坐标的位移量，这由插补计算软件和伺服控制软件来实现。首先，由编程的进给速度 F（单位为0.01 mm/min）可计算出刀具每8 ms的位移量 ΔL（单位为0.001 mm），则有

$$\Delta L = F\frac{10 \times 8}{60 \times 1\,000} = \frac{F}{750}$$

随后，根据编程的终点坐标值 x_e, y_e, z_e 可计算出直线 OA 在各坐标轴上的分量 x'_e, y'_e, z'_e 值为

$$x'_e = \frac{x_e}{\sqrt{x_e^2 + y_e^2 + z_e^2}}$$

$$y'_e = \frac{y_e}{\sqrt{x_e^2 + y_e^2 + z_e^2}}$$

$$z'_e = \frac{z_e}{\sqrt{x_e^2 + y_e^2 + z_e^2}}$$

从而求得每8 ms各坐标轴的位移量（简称轮廓进给步长或段值）$\Delta x, \Delta y, \Delta z$ 如下：

$$\Delta x = \Delta L x'_e$$

$$\Delta y = \Delta L y'_e$$

$$\Delta z = \Delta L z'_e$$

如图3-19所示。以上是插补计算的预计算，每个程序段只须计算一次。下面说明插补计算及输出的过程。

设 x_r, y_r, z_r 为程序段中尚未插补输出的量(简称剩余量)，则它们的初值分别为

$$x_r = x_e; \quad y_r = y_e; \quad z_r = z_e$$

每进行一次插补计算，输出一组段值 $\Delta x, \Delta y, \Delta z$，同时进行一次如下计算：

$$x_r - \Delta x \rightarrow x_r$$

$$y_r - \Delta y \rightarrow y_r$$

$$z_r - \Delta z \rightarrow z_r$$

求得新的剩余值。当

$$|x_r| < |\Delta x|$$

$$|y_r| < |\Delta y|$$

$$|z_r| < |\Delta z|$$

都成立时，即为本程序段最后一次插补计算，于是设置相应的标志(用"LASTSG" = 1 来表示)，这时输出到伺服系统的段值为剩余值 x_r, y_r, z_r。在插补运算中计算得到的段值存储在段值寄存器 x_s, y_s, z_s 中。每一个 8 ms，刀具沿着 x, y, z 轴由 O 点分别移动到(x_1, y_1, z_1) 点，它们的合成运动使刀具由 O 点移动到 A_1 点。下一个 8 ms，刀具由 A_1 点移动到 A_2 点，…… 这样进行下去，就保证了刀具按编程速度 F 由 O 点移动到 A 点。插补计算的方框图如图 3-20 所示。

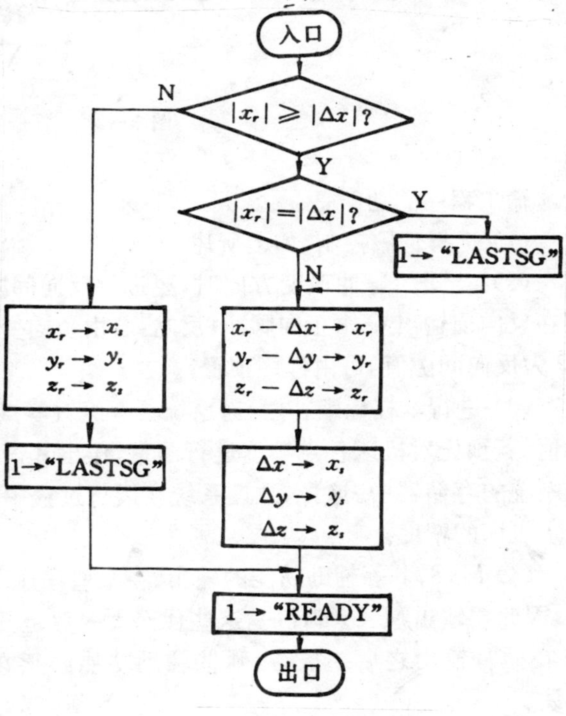

图 3-20　插补运算方框图

伺服控制软件的任务之一是把段值寄存器中的数值取出来，送到命令值寄存器中。在插补程序中，把计算结果送往段值寄存器后，置标志"READY" = 1，表示已准备好。在伺服控制程序中，仅当"READY" = 1 时，才允许输出段值，否则立即返回。由于插补中断是 8 ms 一次，伺服控制中断是 4 ms 一次，因此，一次插补中断产生的段值应提供两次伺服控制中断使用。若在第 N 次 4 ms 中断时，"FSTM" 标志为 1，"FSTM" = 1 表示这是进行本次插补中断里的首次(即第一个 4 ms) 伺服段值输出，伺服控制软件便把段值寄存器中存数的一半送往命令值寄存器，从而在第 $N+1$ 次 4 ms 中断时，"FSTM" 标志为 0，伺服控制软件又把剩余的一半送往命令值寄存器，完成了粗插补。

精插补是由伺服系统硬件来实现的。图 3-21 为伺服系统结构图。旋转变压器(或感应同步器) 为位置测量装置，测速电机 T 为速度测量装置。位置检测器产生数字式正余弦信号，用于旋转变压器的激磁，同时计数旋转变压器的反馈脉冲。伺服控制软件每 4 ms 计算一次命令值

D_C，读一次反馈值 D_F，同时计算出命令值与反馈值间的差值 ΔD，随后乘以增益系数 K_D，得到速度指令值，向硬件发出速度信息。硬件把这速度信息由数字量转换成模拟量，产生一个速度命令电压 V_P 输出到速度控制单元。命令值 D_C 是数控系统要求该坐标轴在 4 ms 内的位移量，反馈值 D_F 是该坐标轴实际的位移量，它们的差值 ΔD 即为该坐标轴 4 ms 的速度指令。由于硬件伺服控制系统本身的平均作用，使该坐标轴在 4 ms 内以这个速度指令均衡地移动，从而保证刀具轨迹在允许的误差范围内。

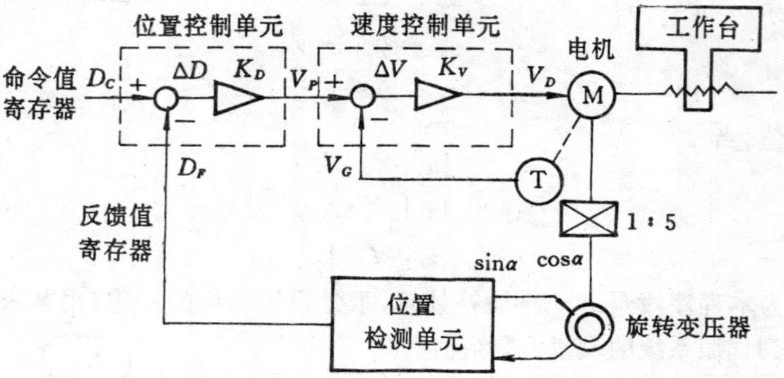

图 3-21　伺服系统结构图

5. 输出

输出程序的功能是：

(1) 进行伺服控制。如上所述。

(2) 当进给脉冲改变方向时，要进行反向间隙补偿处理。若某一轴由正向变成负向运动，则在反向前输出 Q 个正向脉冲；反之，若由负向变成正向运动，则在反向前输出 Q 个负向脉冲（Q 为反向间隙值，可由程序预置）。

(3) 进行丝杠螺距补偿。当系统具有绝对零点时，软件可显示刀具在任意位置上的绝对坐标值。若预先对机床各点精度进行测量，作出其误差曲线，随后将各点修正量制成表格存入数控系统的存储器中。这样，数控系统在运行过程中就可对各点坐标位置自动进行补偿，从而提高了机床的精度。

(4) M，S，T 等辅助功能的输出。在某些程序段中须要启动机床主轴、改变主轴速度、换刀等，因此要输出 M，S，T 代码，这些代码大多数是开、关控制，由机床强电执行。但哪些辅助功能是在插补输出之后才执行，哪些辅助功能必须在插补输出前执行，需要在软件设计前预先确认。

由于直线、圆弧和其他曲线控制功能的数据转换流程大致相同，下面仅以直线为例，简述其直线数据在 CNC 系统中的转换流程。如图 3-22 所示，图中每一个框中的变量表示进行一次数据变换后的结构。

(1) 译码。译码程序从 CNC 装置的零件程序区中读出一个程序段，当译码程序发现在该程序段中有 G01 代码时，就知道要处理的是直线。译码程序把指示该直线轨迹的终点坐标 (X_e, Y_e) 和刀具沿直线移动的速度 F 等数据识别出来，经过相应的数据转换（设标志、数据装配、求补码等）后送到译码缓冲区中。图 3-22 中的 X_{A1}，Y_{A1}，F_{A1} 就是译码以后的编程数据，它们在内存各占两个字的单元。

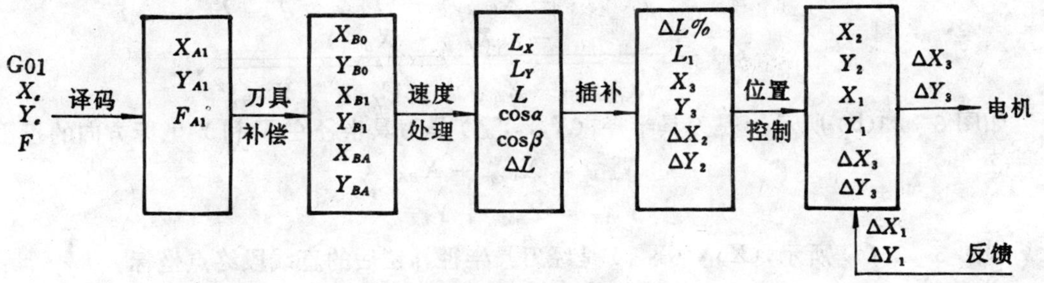

图 3-22　直线数据转换流程

(2) 刀具补偿。刀具补偿主要完成以下几步计算：

①
$$X_{B0新} = \begin{cases} X_{B0旧} + X_{A1} & (增量编程) \\ X_{A1} & (绝对编程) \end{cases}$$

如图 3-23(a) 所示，$X_{B0旧}$ 是上一个程序段的终点坐标，在本程序段中 $X_{B0旧}$ 作为直线的起点坐标，$X_{B0新}$ 是经过计算后的本程序段的终点坐标。

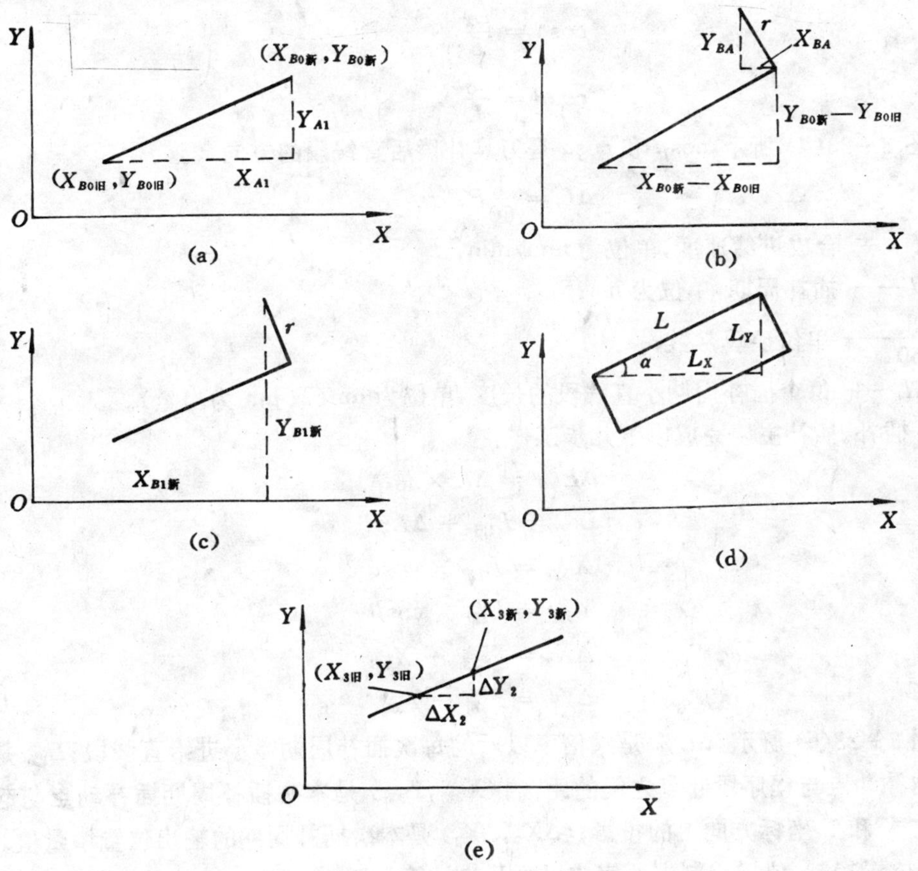

图 3-23　直线数据转换示意

(a)、(b)、(c) 刀具补偿　(d) 速度处理　(e) 插补

②
$$X_{BA} = \frac{r(Y_{B0新} - Y_{B0旧})}{\sqrt{(X_{B0新} - X_{B0旧})^2 + (Y_{B0新} - Y_{B0旧})^2}}$$
$$Y_{BA} = \frac{-r(X_{B0新} - X_{B0旧})}{\sqrt{(X_{B0新} - X_{B0旧})^2 + (Y_{B0新} - Y_{B0旧})^2}}$$

如图 3-23(b) 所示，r 是刀具半径；(X_{BA}, Y_{BA}) 是刀具半径在 X 和 Y 坐标方向的投影。

③
$$X_{B1新} = X_{B0新} + X_{BA}$$
$$Y_{B1新} = Y_{B0新} + Y_{BA}$$

如图 3-23(c) 所示，$(X_{B1新}, Y_{B1新})$ 是经刀具半径补偿后的直线段终点坐标。

(3) 速度处理。速度处理主要完成以下几步计算：

①
$$L_X = X_{B1新} - X_{B1旧}$$
$$L_Y = Y_{B1新} - Y_{B1旧}$$
$$L = \sqrt{L_X^2 + L_Y^2}$$

如图 3-23(d) 所示，(L_X, L_Y) 是刀具补偿后直线段在 X 和 Y 坐标上的投影；L 是刀具补偿后直线段的长度。

②
$$\cos\alpha = \frac{L_X}{L}$$
$$\cos\beta = \frac{L_Y}{L}$$

如图 3-23(d) 所示，$\cos\beta$ 和 $\cos\alpha$ 是刀具补偿后直线段的方向余弦。

③
$$\Delta L = \frac{1}{60}FT$$

式中 F—— 合成进给速度，单位为 mm/min；

T—— 插补周期，单位为 ms；

$\frac{1}{60}$—— 单位换算常数；

ΔL—— 每个插补周期小直线段的长度，单位为 μm(取 μm 为当量)。

(4) 插补。插补主要完成以下几步工作：

① $$\Delta L\% = \Delta L \times 倍率$$

② $$L_{1新} = L_{1旧} + \Delta L\%$$

③
$$X_{3新} = L_{1新} \times \cos\alpha$$
$$Y_{3新} = L_{1新} \times \cos\beta$$

④
$$\Delta X_2 = X_{3新} - X_{3旧}$$
$$\Delta Y_2 = Y_{3新} - Y_{3旧}$$

如图 3-23(e) 所示，$\Delta L\%$ 是乘倍率以后的每次插补周期微小进给直线段；$L_{1新}$ 是本次插补周期插补动点与程序段起点之间的距离；$(X_{3新}, Y_{3新})$ 是本次插补周期插补动点与起点之间的距离在 X 和 Y 坐标方向上的投影；$(\Delta X_2, \Delta Y_2)$ 是本次插补周期的输出位置增量值。

(5) 位置控制。位置控制主要完成以下几步计算：

①
$$X_{2新} = X_{2旧} + \Delta X_2$$
$$Y_{2新} = Y_{2旧} + \Delta Y_2$$

② $$X_{1新} = X_{1旧} + \Delta X_1$$

$$Y_{1新} = Y_{1旧} + \Delta Y_1$$

③ $$\Delta X_3 = X_{2新} - X_{1新}$$

$$\Delta Y_3 = Y_{2新} - Y_{1新}$$

如图 3-24 所示，($X_{2新}$,$Y_{2新}$)是指令位置；(ΔX_1,ΔY_1)是反馈的位置增量值；($X_{1新}$,$Y_{1新}$)是实际位置；(ΔX_3,ΔY_3)是位置控制的输出值。

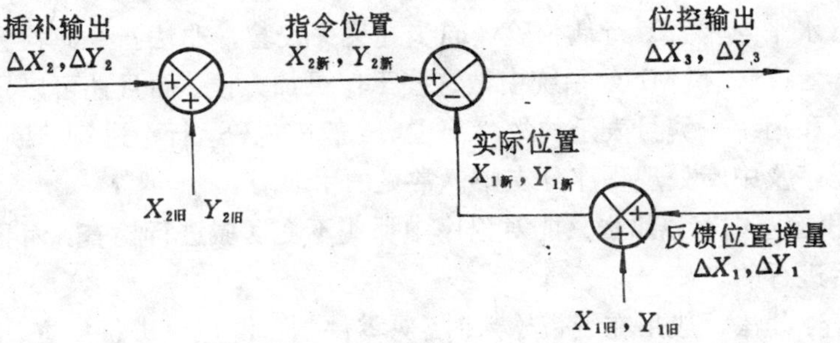

图 3-24　位置控制数据转换

6. 管理与诊断软件

一般 CNC（MNC）系统中的管理软件只涉及两项，即 CPU 管理和外部设备管理。由于数控机床的加工是以单个零件为对象的，一个零件程序可以分成若干程序段。每个程序段的执行又分成数据分析、运算、走刀控制、其他动作的控制等步骤。通常情况下，这些加工步骤之间多是顺序关系，因此实际的过程就是这些预定步骤的反复执行。在实际系统中，通常多是采用一个主程序将整个加工过程串起来，主控程序对输入的数据分析判断后，转入相应的子程序处理，处理完毕后再返回对数据的分析、判断、运算……。在主控程序空闲时（如延时），可以安排 CPU 执行预防性诊断程序，或对尚未执行程序段的输入数据进行预处理等。

在 CNC 系统中，中断处理部分是重点，工作量也比较大。因为大部分实时性较强的控制步骤如插补运算、速度控制、故障处理等都要由中断处理来完成。有的机床将行程超程和报警、阅读机请求、插补等分为多级中断，根据其优先级决定响应的次序。有的机床则只设一级中断，只是在中断请求同时存在时，才用硬件排队或软件询问的方法来定一个顺序。

对于单 CPU 数控系统而言，常见的软件结构有两种，即前后台型和中断型。

在前后台型结构的 CNC 系统中，整个控制软件分为前台程序和后台程序。前台程序是一个实时中断服务程序，它几乎承担了全部的实时功能，如插补、位置控制、机床相关逻辑和监控等。后台程序是指实现输入、译码、数据处理及管理功能的程序，亦称背景程序，如图 3-25 所示。背景程序是一个循环运行程序，在其运行过程中，前台实时中断程序不断插入，与背景程序相配合，共同完成零件的加工任务。

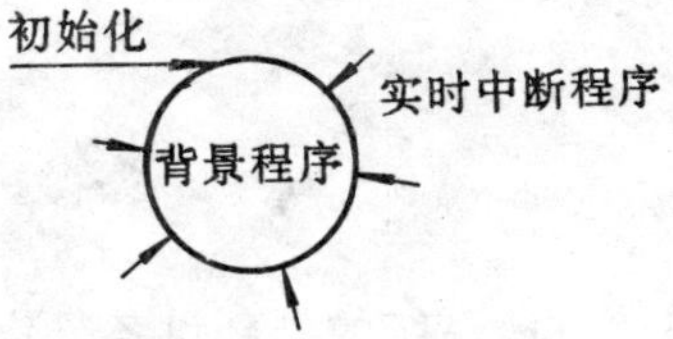

图 3-25　前后台结构

中断型结构的特点是，除了初始化程序之外，系统软件中所有的各种任务模块分别安排在不同级别的中断服务程序中。整个软件就是一个大的中断系统。其管理的功能主要通过各级中断程序之间的相互通信来解决。

能够方便地设置各种诊断程序也是 CNC 和 MNC 系统的特点之一。有了较完善的诊断程序可以防止故障的发生或扩大。在故障出现后可以迅速查明故障的类型和部位，减少故障停机时间。各种 CNC（MNC）系统设置诊断程序的情况差别也很大。诊断程序可以包括在系统运行过程中进行检查和诊断；也可以作为服务性程序，在系统运行前或故障停机后进行诊断，查找故障的部位。国外一些公司的 CNC 系统还可以进行通信（海外）诊断，由通信诊断中心指示系统或操作者进行某些试运行，以查找故障隐患或故障部位。

(1) 运行中的诊断。在普通 NC 系统中已包含有在运行中进行诊断的萌芽，如纸带输入时的横向与纵向（水平与垂直）奇偶校验，同步孔丢失校验，非法指令码检查等。此外还有超程报警等措施。在 CNC 和 MNC 系统中做这些工作更加方便。而且还可以用打字机指示各种项目诊断的结果和用统一编号表示的故障部位。一般来说，运行中进行诊断的程序比较零散，常包含在主控程序及中断处理程序分支中。常见的手段有：

① 用代码和检查内存：此法只能对程序中那些不变区域进行检查，而且必须是在恢复系统程序的初态后进行的。

② 格式检查：此法一般用在纸带输入时，对零件加工源程序进行检查，包括奇偶校验、非法指令代码（本系统中不使用的指令代码）、数据超限等。

③ 双向传送数据校验：此法常用在间接型 CNC 系统或群控系统中。手动数据输入也可用此法校验。

④ 清单校验：即利用所配备的打印设备打印程序清单及某些中间数据，综合性地诊断主机、接口及软件的故障。

(2) 停机诊断。停机诊断是指在系统开始运行前，或发生故障（包括故障先兆）系统停止运行后，利用计算机进行诊断。它一般是用软件控制进行阶段性的运行，如传送数据或模拟进行单项的控制动作。逐项检查硬件线路的功能，有选择地查找故障部位。这种诊断程序可以与运行用的系统程序分开，在须要进行诊断时再输入计算机。必要时，还可冲掉部分系统程序而装入内存。

(3) 通信诊断。通信诊断是由用户经电话线路与通信诊断中心联系，由该中心的计算机给用户的计算机发送诊断程序，程序指示 CNC 系统进行某种运行，同时收集数据，分析系统的状态。将系统状态与存储的应有工作状态以至某些极限参数作比较，以确定系统的工作状态是否正常，故障的部位及故障的趋势。可见，通信诊断既可用作诊断异常状态的工具，又可用作预防性检修的手段。因为用户与通信诊断中心之间可使用跨洋电话系统，故又被称为海外诊断。

§3-4 CNC 系统常用外设及接口

CNC 系统的外部设备是指为了实现机床控制任务而设置的输入与输出装置。我们知道，不同的数控设备配备外部设备（简称外设）的类型和数量都不一样。大体来说，外设包括输入设备和输出设备两种。输入设备常见的有自动输入的纸带阅读机、磁带机、磁盘驱动器，手动输入的键盘，手动操作的各种控制开关等。零件的加工程序、各种补偿的数据、开关状态等都要通过输入设备送入数控系统。输出设备常见的有通用显示器（如指示灯）、外部位置显示器（如 CRT 显示器、发光二极管（LED）显示器等）、纸带穿孔机、电传打字机、行式打印机等。

随着工厂自动化（FA）和计算机集成制造系统（CIMS）的发展，CNC 装置作为 FA 或 CIMS 结构中的一个基础层次，用作设备层或工作站层的控制器时，可以是分布式数控系统（DNC，或称群控系统）以及柔性制造系统（FMS）的有机组成部分，一般通过工业局部网络相连。

CNC 装置除了要与数据输出输入设备等外部设备相连接外，还要与上级主计算机或 DNC 计算机直接通信或通过工厂局部网络相连，具有网络通信功能。CNC 装置与上级计算机或单元控制器间交换的数据要比单机运行时多得多。例如，机床启停信号、操作指令、机床状态信息、零件程序的传送、其他 CNC 数据的传送等。为此，传送的速率也要高些。早期的 CNC 系统采用的是专用远距输出输入接口，来进行外部机床控制面板与 CNC 系统的数据传递。后来采用 RS—232C（V24）/20 mA 电流环接口，其传送速率不超过 9 600 bit/s。世界上几大数控机床公司都配有类似的接口。因此，本节除介绍一些常见的外部设备和相应接口外，还将介绍其他的接口（如异步串行接口，应用局部网络技术的 CNC 网络通信接口）。

一、纸带阅读机输入及接口

读入纸带信息的设备称为纸带阅读机或读带机，它把纸带上有孔和无孔的信息逐行地转换为数控装置可以识别和处理的逻辑信号。读带机通常有机械式和光电式两种。机械式阅读机是利用接触转换原理来识别出两种信号，纸带在行进的过程中，有孔触点接合，无孔触点不接合。由于接触式读带机纸带传送速度较低，易产生接触不良，影响阅读信息的可靠性，纸带在行进过程中一直与触点接触，容易磨损，影响纸带使用寿命，纸带还容易变形，不易保存。因此，目前已被光电阅读机所代替。

1. 光电阅读机结构及工作原理

光电式阅读机有多种型号，但其原理和结构大致相同。都是采用光敏元件来识别程序纸带上有孔和无孔的信息，所以，反应速度快，具有较强的抗干扰能力和较高的阅读速度，一般约为 300 行/s。图 3-26 是一般光电阅读机的结构示意图。

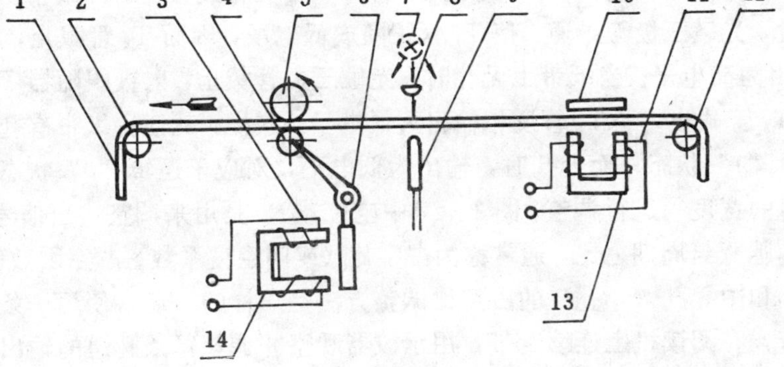

图 3-26　光电阅读机示意图

1—纸带　2—导向轮　3—启动线圈　4—压轮；5—主动轮
6—衔铁　7—光源　8—聚光镜　9—光敏元件　10—衔铁
11—制动线圈　12—导轮　13—制动磁铁　14—启动磁铁

数控机床加工以前，将穿孔纸带装入光电阅读机上。启动阅读机后，主动轮 5 在电机驱动下高速旋转，制动磁铁 13 的线圈失电，将衔铁 10 松开，同时启动磁铁 14 的线圈通电，将衔铁 6 吸合，压轮 4 将穿孔纸带压向主动轮 5，穿孔纸带 1 在主动轮 5 高速旋转的带动下，以一定的速度向前送进，进行代码读入。当纸带上程序读完时（CNC 机床将纸带信息全部读入内存），启动磁铁 14 断电，衔铁 6 松开，压轮 4 与主动轮脱离，同时制动磁铁 13 的线圈通电，衔铁 10 吸合，压紧纸带停止送进。

光源 7 的光线经聚光镜 8 聚焦后，变成一条很细的光束照在纸带上，纸带下方的 9 为一排共 9 个光敏元件，它们分别与纸带上 8 个信号孔和 1 个同步孔对齐。如果穿孔带上无孔，则相应的光敏元件不受光照。光敏元件利用它的光敏特性，根据有无光照的情况，即可转换为电位的高低，从而实现光电转换作用。

2. 光电信号转换

用作光电信号转换的光敏元件有光敏二极管、光敏三极管、光敏电阻及光电池等。它们有一个共同特性，就是随着外界光照强度的变化其光电流是变化的，如 2CV2A 型光敏二极管，在反向电压为 10 V 的情况下，有光照时，反向电阻很小，电流 $i \geqslant 30\ \mu A$，此时的电流叫光电流，无光照时，反向电阻很大，电流 $i \leqslant 0.1\ \mu A$，此时的电流叫暗电流。

但是直接从光敏元件输出的信号一般是比较微弱的，信号的波形也不规则，近似于正弦波，加之由光电阅读机到控制系统需通过线路传送，外界干扰可能由此混入，所以光敏元件输出的微弱信号，一般都先经过整形放大后再输送到控制装置中。

过去采用分立元件构成光电转换放大电路，现都用集成电路。图 3－27 给出的是一种组件形式的电路，即 HM6108—GD 型厚膜电路，它是专门为光电转换而设计的，整个电路封装在陶瓷外壳里，使用时，按图配接电阻 R、电位器 R_p、光敏三极管 3 DU 及各档电源。整个电路由光电转换、整形及反相输出三部分组成。光敏元件采用了光敏三极管，它比光敏二极管的工作稳定，提高了读入的可靠性。该电路前级为 T_1 管的射极跟随器，起电流放大作用，T_2 和 T_3 两个晶体管构成一个射极耦合双稳态触发器，又称施密特触发器。该触发器输入与输出的关系是：当输入电压达一定数值时，引起输出电压的变化，所以是一个整形器。若输入为正弦波或三角波，则输出为一定幅值的方波。T_4 管为一个反相放大器。当纸带上有孔使光敏三极管受光照射时，光敏三极管导通，使 T_1 管跟随成低电平，因而 T_2 管截止，T_3 管导通，经 T_4 管反相后输出为高电平。当纸带上无孔时，光敏三极管截止，射极跟随器 T_1 输出高电平，使 T_2 管导通，T_3 管截止，经 T_4 管反相输出为低电平。这样，就使得纸带有孔时输出为高电平，对应于逻辑“1”状态；而无孔时，输出为低电平，对应于逻辑“0”状态。

整形后信号的宽度须进行调整，图 3－27 中电位器 R_p 是用来调整输出信号的波形的，即调整输出脉冲的脉宽与周期之比，通常称为占空比（或叫空度系数、占空因数等）。纸带上的信号孔（大孔）和中导孔（小孔）的占空比调整方法是一样的。通常使用一条 8 个孔道连续穿孔的环形纸带，在阅读机上连续走带，用示波器观察并调整每条孔道的输出波形，使其满足一定的占空比要求。一般占空比要求：信号孔通道有孔时为 60%，无孔时为 40%；中导孔有孔时为 30%，无孔时为 70%，如图 3－28 所示。

3. 阅读机与微型计算机的通信

纸带上的孔信息是由光电阅读机通过光电转换经整形放大转换为逻辑信号，由计算机接口输入相应的内存，以备控制运行。光电阅读机是并行输出 8 单位纸带信息，若采用 Z80—PIO

并行输入/输出接口芯片，正好占用 A 口与 B 口其中一个通道，由于纸带信号输入计算机是随机信号，使用程序中断方式将纸带信息读入相应内存，中导孔作为中断信号。Z80—PIO 口与纸带阅读机的连接如图 3-29 所示。

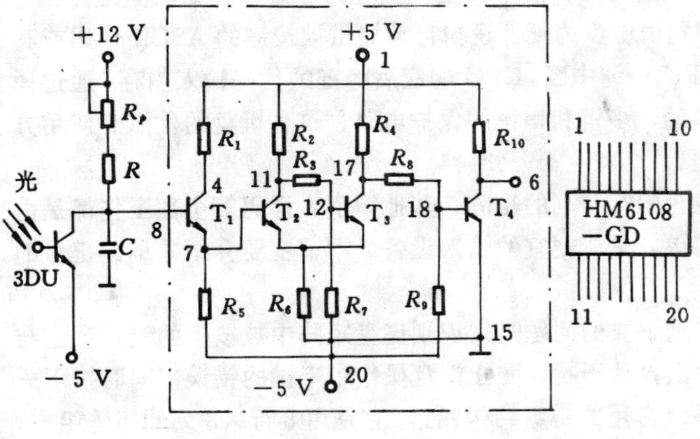

图 3-27 厚膜电路光电转换电路

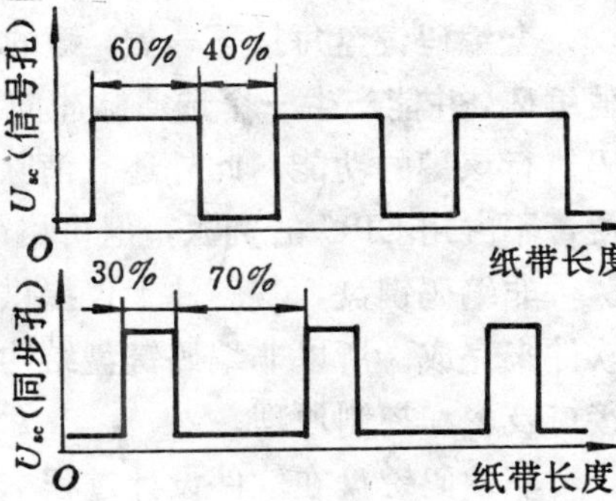

图 3-28 占空比的要求

信息输入过程如下：纸带上信息通过光电阅读机的光电转换输送到输入缓冲区，缓冲器的信号接到 PIO A 口的数据线 $PA_0 \sim PA_7$ 上，而纸带上中导孔的信息接到 A 口的 $\overline{ASTB}$ 选通线上，起同步输入作用。用 ARDY 有效（高电平）去控制纸带信息由输入缓冲区输出，当 ARDY 为高电平时纸带信息是从输入缓冲区输出到 $PA_0 \sim PA_7$ 上；当中导孔信息到达时，$\overline{ASTB}$ 端出现一个负脉冲，它的前沿（下降沿）将 $PA_0 \sim PA_7$ 的信息输入 A 口的输入寄存器，它的后沿（上升沿）使 ARDY 端变为低电平，禁止由光电阅读机中输入缓冲器的信号输出，表示 PIO A 口输入寄存器中的信息尚未被 CPU 取走，停止送数。同时，它的后沿又发出中断申请信号，在 CPU 响应中断后，转入执行纸带信息处理的中断服务程序。在服务程序中设置读入程序，将 A 口信息进行处理存入相应的内存中。在读入过程，CPU 的 RD 信号的边沿（上升沿）使 ARDY 变为高电平再次有效，允许光电阅读机的信息继续输入 A 口，如此循环一直到纸带信息全送完，禁止 PIO 口中断。

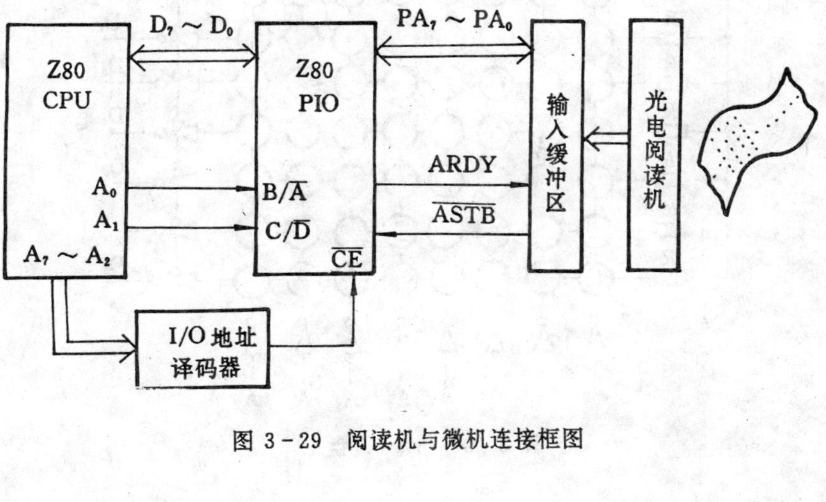

图 3-29 阅读机与微机连接框图

二、键盘输入及接口

键盘是数控机床最常用的输入设备，是实现人机对话的一种重要手段，通过键盘可以向计算机输入程序、数据及控制命令。键盘有两种基本类型：全编码键盘和非编码键盘。

全编码键盘每按下一键，键的识别由键盘的硬件逻辑自动提供被按键的 ASCII 代码或其他编码，并能产生一个选通脉冲向 CPU 申请中断，CPU 响应后将键的代码输入内存，通过译码执行该键的功能。此外还有消除抖动、多键和串键的保护电路。这种键盘的优点是使用方便，不占用 CPU 的资源，但价格昂贵。

非编码键盘，其硬件上仅提供键盘的行和列的矩阵，其他识别、译码等全部工作都是由软件来完成。所以非编码键盘结构简单，是较便宜的输入设备。本节主要介绍非编码键盘的接口技术和控制原理。

非编码键盘在软件设计过程中必须解决的问题是：识别键盘矩阵中被按下的键；产生与被按键对应的编码，消除按键时产生的抖动干扰，防止键盘操作中串键的错误（同时按下一个以上的键）。图 3-30 是一般微机系统常用的键盘结构线路。它是由 8 行×8 列的矩阵组成，有 64 个键可供使用。行线和列线的交点是单键按钮的接点，键按下，行线和列线互通。CPU 的 8 条低位地址线通过反相驱动器接至矩阵的列线，矩阵的行线经反相三态缓冲器接至 CPU 的数据总线上。CPU 的高位地址通过译码接至三态缓冲器的控制端，所以 CPU 访问键盘是通过地址线，与访问其他内存单元相同。键盘也占用了内存空间。若高位地址译码的信号是 38H，则 3800H～38FFH 的存储空间为键盘所占用。

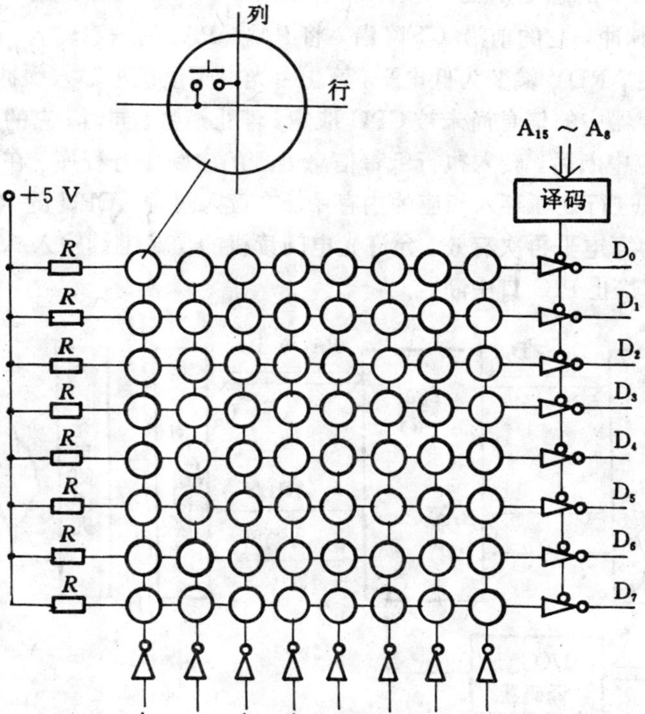

图 3-30　8×8 键盘矩阵

键盘输入信息的过程是这样的：

(1) 操作者按下一个键；

(2) 查出按下的是哪一个键，称为键扫描；

(3) 给出该键的编码，即键译码。在这种方式中，键的识别和译码是由软件来实现的，采用程序查询的方法来扫描键盘。其扫描的步骤如下：

平时三态缓冲器的输入端是高电平。扫描键盘是否有键按下时，首先访问键盘所占用的空间地址，高位地址选通，经译码器打开三态缓冲器的控制端，低位地址 $A_0 \sim A_7$ 全为高电平，然后检查行线，用读入数据的方法判断 $D_0 \sim D_7$ 是否全为零，若全为零，则表示没有键按下。程序再反复扫描，直到查出输入的信息不是零，某一根数据线为高电平，表示键盘中有一个键按下。根据数据的值知道按键是在哪一行。查到有键按下后，必须找出键在哪一列上。接着 CPU 再逐列扫描地址线，其方法是使第 1 列地址线为高，其他 7 列为低，然后再读入数据检查行线，是否有一根数据线为高，若不为高，则使第 2 列为高，其余列为低，再读入数据，是否不是全零，以此类推一直到读入数据不是全零，即可找出所按下的键在哪一列。

找到按下的键所属的行列，就知按下的是什么键，通过程序处理即可执行按键的功能。以 Z80 CPU 为例，键盘扫描的参考程序如下（键盘的占用存储空间为 3800～38FFH）：

```
        ORG     3000H
KEY:    LD      A, (38FFH)          ；列线全为高、读行线
        CP      0
        JR      Z, KEY              ；无键按下重复扫描
        LD      B, A                ；有键按下保存行值
        CALL    D20ms               ；消除抖动
        LD      A, (3801H)          ；使第 1 列为高，逐列检查
        CP      0
        JR      NZ, KEY1            ；是第 1 列，转键功能处理
        LD      A, (3802H)          ；不是第 1 列，检查第 2 列
        CP      0
        JR      NZ, KEY2            ；是第 2 列，转键功能处理
        LD      A, (3804H)
        ……
```

注意，当按下按键时，由于键是机械触点，因此，键在闭合过程中会产生抖动，图 3－31 是一个典型的键触点当键按下时的抖动变化情况。抖动时间一般在十几毫秒之内，在抖动期间，开关多次闭合和断开，造成输入信息的不可靠。所以，消除抖动影响的最简单办法是在键按下稳定后再查键的信息。克服抖动的常见方法是：①用硬件滤波；②用软件延迟程序，即用软件延时程序待键稳定后再读键的代码。此外，对于多键或串键的问题，一般也是通过软件进行处理。对于多键或串键按下，由于扫描后读入数据信息不是一根数据线为高，可作按下键无效处理。

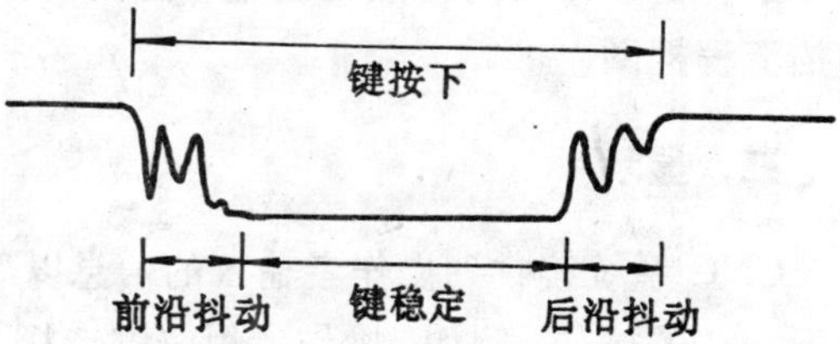

图 3－31　键按下时的抖动

图 3－32 是键盘的另一种硬件结构，它由 6 行×5 列的矩阵组成。与上述键盘线路不同之点是，键盘矩阵的行线和列线是通过接口地址与 CPU 通信。

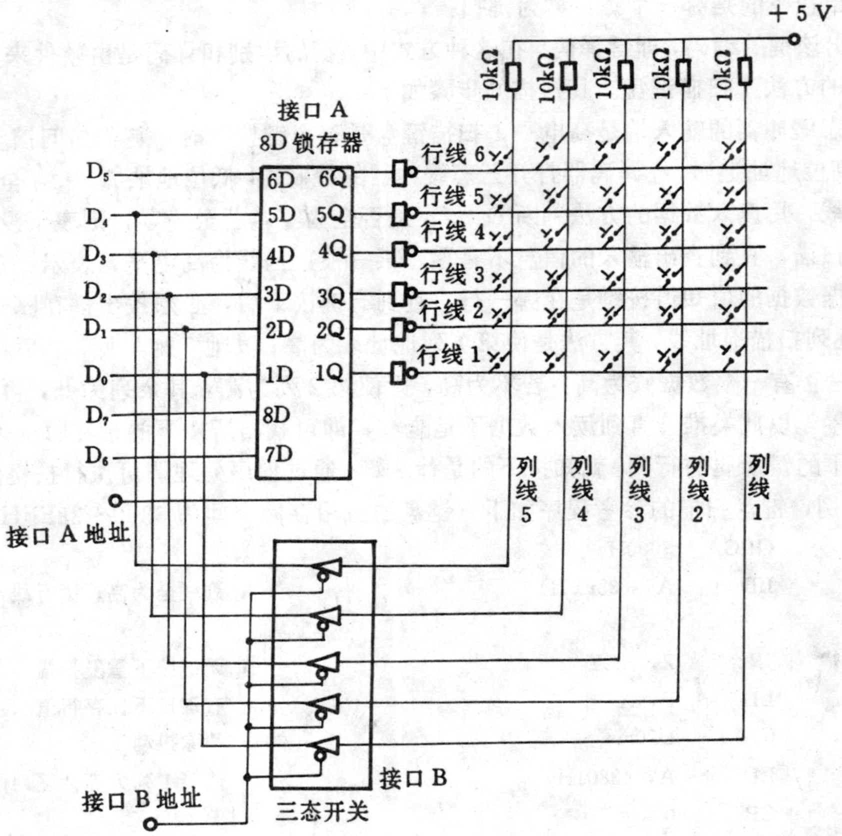

图 3－32 键盘输入电路

用输入、输出指令来扫描键值，其扫描过程如下：

先通过接口 A 执行一条输出指令，使锁存器输出为全高，经反相驱动器使行线为全低，再通过接口 B 执行一条输入指令，读入列线。若读入数据为全高，表明无键按下；若不是全高，则表明有键按下。然后再逐行扫描，以确定哪一个键按下，其过程与图 3－30 的键盘相同。

这种键盘结构的特点是键盘不占用内存空间，是常用的一种键盘结构。图 3－33 是键盘行扫描流程框图。

三、显示

CNC 系统接收到操作者输入的信息以后，往往还要把接收到的信息告知操作者，以便进行下一步的操作。例如，操作者用按键选择了 CNC 的某种工作方式，CNC 系统就要用文字把当前的状态显示出来，告知操作者是否已经接收到了正确的信息；在零件程序的输入过程中，每输入一个字符，CNC 系统也都要将其显示出来，操作者可以很方便地知道正在输入的当前位置；已经在内存的零件程序如果需要修改，也可以显示出来，以便操作者找到修改的位置。所有这些，都要求 CNC 系统具有显示数据和其他信息的功能。因此，显示是数控机床最常用的输出设备，也是实现人机对话的一个重要手段。尤其是现代CNC系统采用的CRT显示，大大扩展了显示功能，它不仅能显示字符，还能显示图形。所以，在CNC系统中，常采用各种显示方式以简化操作和丰富操作内容，用来显示编制的零件加工程序，显示输入的数据、参数和加工过程的状态（动态坐标值等）以及加工过程的动态模拟等，使操作既直观又方便。早期的CNC系统多采用发光二极管（LED）显示器，现代CNC系统都配有阴极射线管（CRT）显示器，最新的还采用液晶显示器。下面仅对LED和CRT显示器作以介绍。

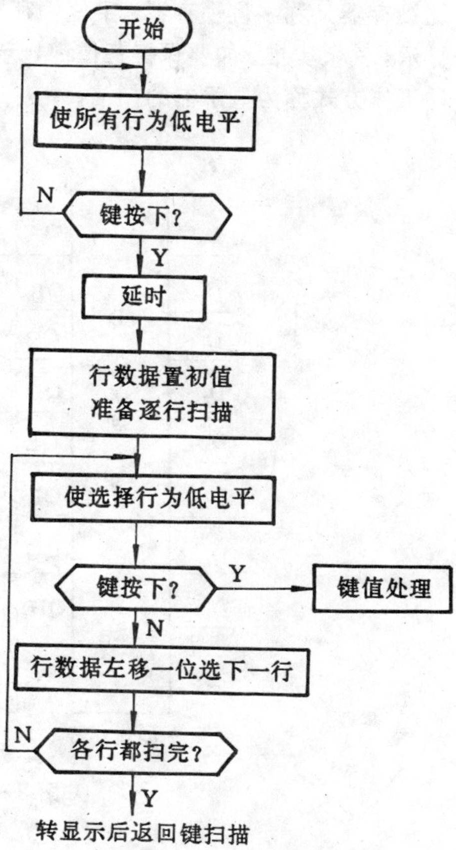

图 3-33　行扫描流程框图

1. 发光二极管（LED）显示器

1）七段LED显示器的结构原理

LED显示器可以有多种形式，如七段、八段、米字形显示器等，如图3-34所示。它是以条状线段的发光二极管所排列成的七段、八段或米字形状而命名的。但其中以七段LED显示器的应用最为广泛，它既可显示0～9的数字也可显示大部分的英文字母。例如：若要显示数字“5”，则可选择a,c,d,f,g段发光；要显示英文字母“H”，则可选择b,c,e,f,g段发光。其余类推。

每个发光二极管通常需2～20 mA的正向驱动电流才能发光，因此每个7段LED显示器都需有7个驱动器才能正常工作。电路连接如图3-35所示。当输入端QA为低电平且发光二极管的P端也为低电平时，使驱动三极管T_1导通，有一定的正向电流从驱动管T_1流向a段，使a管发光。反之，若输入端为高电位或P端为高电位则该段不发光。

字形的构成取决于输入端相应线段的发光，所以输入端需有一个数据锁存器（称字形锁存器）输出相应的数码来保持字形的显示。每一位七段显示器都应带一个字形锁存器及相应的三极管驱动电路，所有的P端均接地，这样，每一位所显示的字形只取决于相应的字形锁存器所存储的数据，而各位显示器之间互不干扰，显示内容的变化仅由CPU向各字形锁存器送出相应编码，当显示内容不变时，不需CPU服务。

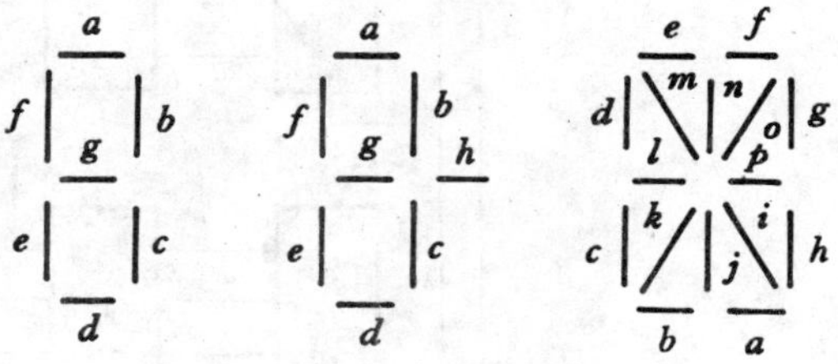

图 3-34　LED显示器

2）显示器的扫描

每一位LED显示器独占一个数码锁存器及一套驱动器时，若需显示的位数很多，其硬件将大大增加。为了节省硬件费用，可以采用多路复用的方法，如图3-36所示。图中各LED显示器通过两个接口与CPU相连接，它们共用一个数据锁存器存放字形代码，此锁存器又称字形锁存器，共用一套驱动器，还共用一个数据锁存器来控制由哪一位 LED 显示器显示字形，此锁存器又称字位锁存器。字位锁存器控制 P_1 为低电平时 LED1 显示，P_2 为低电平则 LED2 显示，其余类推。如要保持各位都显示字形，必须由程序周期性地轮流循环接通各显示器，这种工作方式称为显示器的扫描。

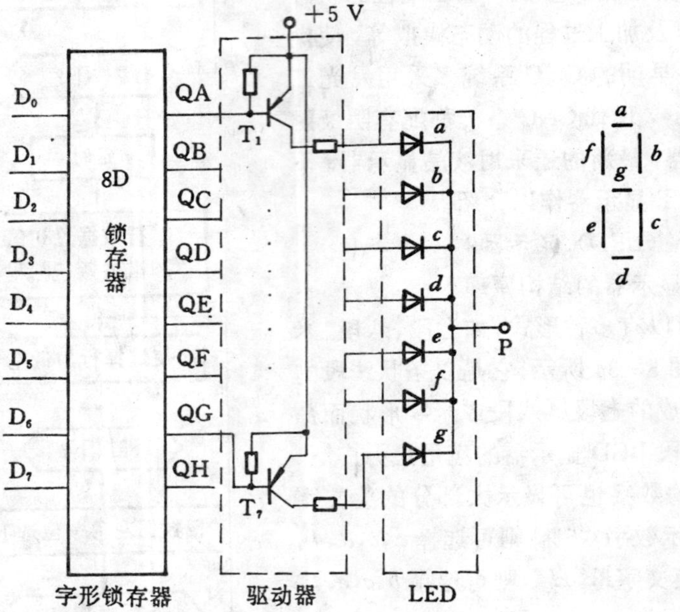

图 3-35　一位七段 LED 的连接

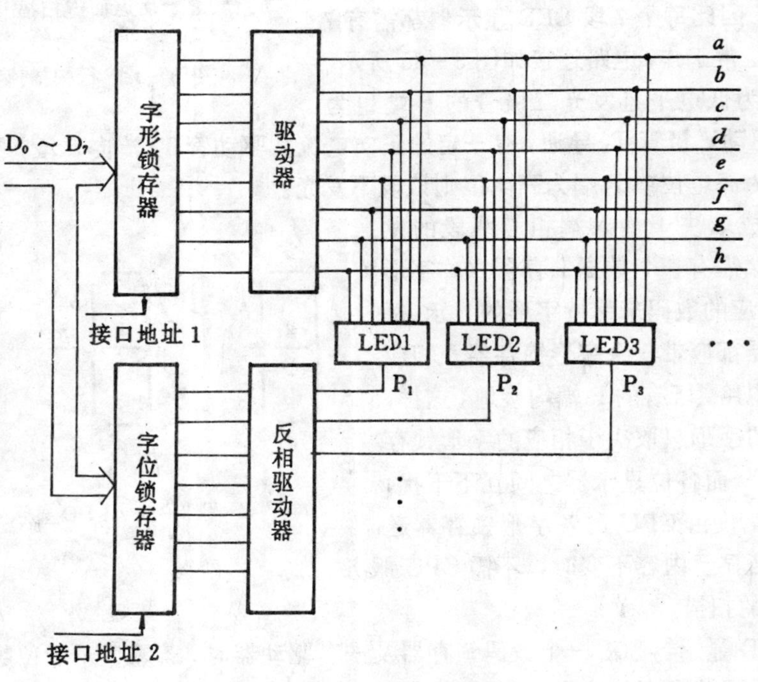

图 3-36　LED 的多路复用电路

若要使LED1～LED8分别显示不同的8个数字或字母，则只要使字形锁存器依次置相应的8个数码，而字位锁存器依次置数且不断循环往复。字位锁存器是控制LED显示器的P端，所置的数是依次使某一个P端为低电平而其他为高电平。所以，要稳定地显示一组字形，CPU要不断循环扫描，在两个锁存器中有规律地置数。由于CPU连接循环置数，只要几微秒就改变一次，发光二极管及人眼均跟不上，所以改变数据后在软件上应设计延迟一段时间（约几十毫秒），再改变一次数据。但延迟时间也不能太长，否则要导致人眼感觉显示闪烁。

由上可知，为了能连续显示，CPU要不断扫描，即使显示内容不变，也得扫描。由于字形消失后，人眼感觉还能滞留1/10 s，假若显示器每位置数后延迟5 ms，8位显示器共需40 ms。这样40 ms扫描一遍后，还剩60 ms时间，CPU可安排做其他工作，只要保证在1/10 s扫描一遍，CPU既能处理扫描显示又能处理其他工作。

2. 阴极射线管（CRT）显示器

CRT显示器是中、高档数控机床常用的输出设备，能较直观地实现屏幕编辑，显示编制的零件加工程序。CRT显示器有两种类型：一类是只能显示数字和文字的字符显示器，大都是9英寸单色显示器。另一类是既可显示字符又能显示图形的图形显示器，配有14英寸彩色显示器的CNC系统大都具有这种功能。字符显示器的结构比较简单，用途广泛，可以作为信息输入/输出显示，有屏幕编辑能力。图形显示可以显示几何图形，可实现动态轨迹模拟，具有较强的直观显示功能。本节主要介绍字符显示器的工作原理。对图形显示器仅作以简述。

1）CRT显示器的基本原理

CRT显示器显示屏幕上的图像是利用阴极射线管中高速电子束的不断扫描来实现的。高速电子束撞击荧光屏表面的磷光物，对应点的位置就出现光点，光点的亮度取决于电子束的强度。为了使电子束能够有规律地从左到右、自上而下地移动以构成一帧完整的幕面，必须有偏转电路控制电子束按上述规律不断移动，电子束的这种移动称为扫描。

在电子束扫描过程中，利用图像信号（视频信号）不断控制电子束的强度，于是荧光屏上就显示黑白图像。当然，图像信号必须与扫描过程密切配合，否则荧光屏上就会杂乱无章，不会显示清晰的图像，图像信号与扫描过程的这种密切配合，称为同步。扫描过程在荧光屏上所形成的一行一行光点，称为光栅。逐行扫描在荧光屏上形成帧面的示意图，如图3-37所示。

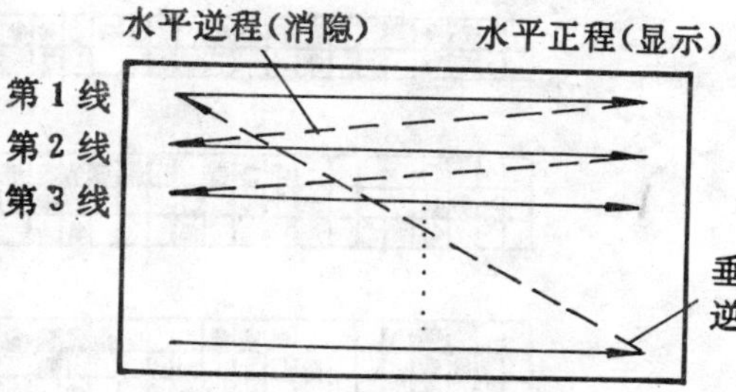

图3-37　扫描路线

水平扫描包括水平正程和水平逆程。水平正程在幕面上形成光栅，而逆程则是回扫线，通常都是用消隐信号，使它不在幕面上留下痕迹。

当电子束自上而下扫描到最后一行的右端时，垂直正程结束，开始垂直逆程。垂直逆程同样用消隐信号，使光点重新回到原点，开始新的一帧扫描。由于人们的视觉特性，这种帧扫描至少必须每秒钟进行50次，才能避免闪烁的感觉。

用一条电子束只能在荧光屏上形成单一颜色的画面，现在常用的彩色CRT的扫描过程与上述的单色CRT原理一样，其形成彩色的原理是这样的。它由三个电子枪发出三条电子束。这三条电子束由一个共同的偏转线圈来控制。荧光屏上由红、蓝、绿三种荧光物质组成许多小点，小点的数目约一百万个以上，有规则地交错排列在屏面上。三条电子束分别轰击到相应颜色的荧光点上，从而发出各自颜色的辉光，由于这三种颜色的荧光点互相靠得很近，点之间距离很小，人眼分不开，人的视觉所感受到的却是这三种基色合成的某种颜色。至于看到的是什么颜色，则要由红、蓝、绿三种基色的相对分量而定（如红与绿可配成黄色）。

2）字符的产生

用一般阴极射线管作为显示器，从图 3-38 可以看出，显示屏幕的图像区由 384×192 点阵组成，其余为消隐区。显示字符时，常用的显示格式是每个字为 5×7 点阵，两个字符间的间隔为 1 个点，各行间的间隔为 5 个点，所以每行显示 64 个字符，共显示 16 行。

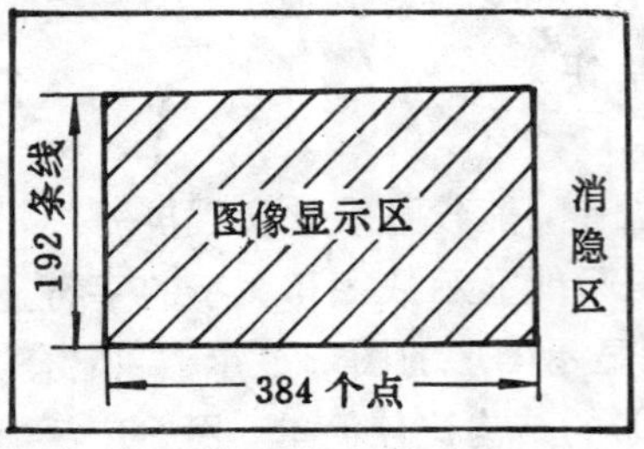

图 3-38　显示区

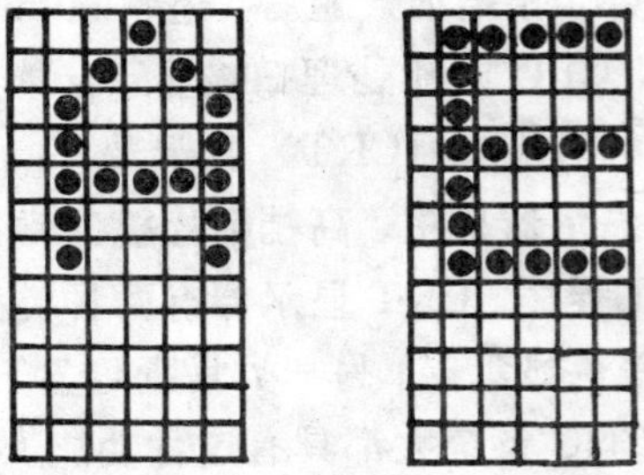
图 3-39　字符组成

用 5×7 点阵显示字符的格式，见图 3-39。每个含有亮暗点的阵列表示一个字符，这些亮暗点分别对应二进制的 0，1 代码。每条线所对应的代码称为字符点阵的线代码。实际上，为了得到良好的视觉，在字符的上、下方还要留出一定的空白，所以一般需要 10 条线来显示一个字符。通过逐行扫描的方法，在荧光屏上显示一行一行的过程，如图 3-40 所示。

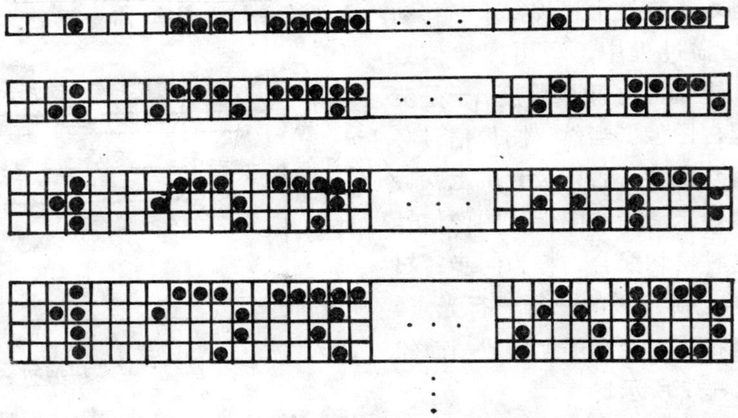
图 3-40　全屏幕上的扫描顺序

字符信息的读出必须与光栅扫描位置一致。字符点阵的线代码表明了要控制的电子束强度，从而在幕面上形成亮点或暗点。在 7 根扫描线扫过后，就显示出一行字符来。

各种字符的点阵图形，都是预先固化在ROM中，称字符发生器。例如MCM6674是掩膜编程的只读存储器，其中包含全部ASCII码的字符和除此以外的32个可用符号。MCM6674的容量为128×7×5位，其中5位为一个字节作为某一线的点阵，如图3-41中字母A字符的第一线中点阵代码为04H，每7个字节为一个字符的点阵代码，共128个字符。字符发生器中代码读出的地址由两部分组成：一部分是A_0～A_6即字符的7位ASCII码构成；另一部分是L_1，L_2，L_3线地址，指明该字符的哪一线的码点输出。例如，字符发生器的A_0～A_6地址线为41H，则选中文字A的字形在线地址的控制下不断从D_0～D_4数据线输出相应的码点代码。该码点代码经移位寄存器串行输出作为视频信号，显示相应的光点，形成文字A。

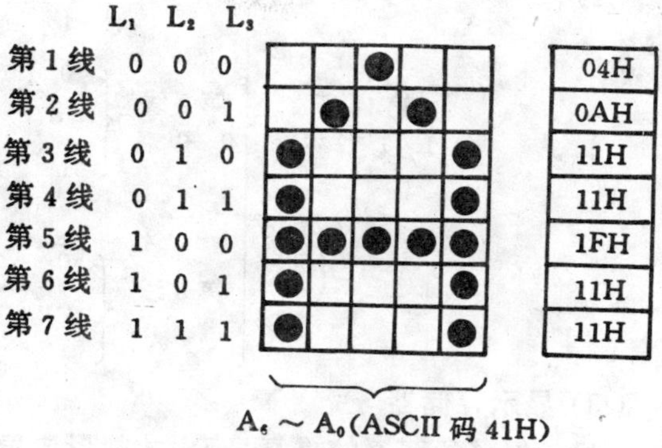

图 3-41　字符与码点代码

若以显示屏幕的图像区由384×192点阵构成为例，则字符发生器两部分地址形成的关系应是：当线地址在000状态，扫描第一线时相应产生64个ASCII码地址，选中的64个字符，形成64个字符第一线的点阵。然后电子束消隐，并在行同步信号出现时回扫。回扫完毕，线地址加1，线地址处于001状态，扫描第二线，同样须产生64个ASCII码地址，选中同样的64个字符，形成64个字符的第二线点阵。这样，在扫描7根线后，第一行字符就形成，扫描信号的组合关系见表3-3。这种过程一直进行到第16行字符的最后一线，在帧同步信号出现时回扫，重复上述过程进行第二帧扫描。

表3-3　扫描信号组合关系

R_4 R_3 R_2 R_1 / A_9 A_8 A_7 A_6	L_3 L_2 L_1	C_6 C_5 C_4 C_3 C_2 C_1 / A_5 A_4 A_3 A_2 A_1 A_0	
第1行 0 0 0 0	第1线 0 0 0	0 0 0 0 0 0	第1个字符
		0 0 0 0 0 1	第2个字符
		0 0 0 0 1 0	第3个字符
		……	
		1 1 1 1 1 1	第64个字符
	第2线 0 0 1	0 0 0 0 0 0	第1个字符
		0 0 0 0 0 1	第2个字符
		……	
		1 1 1 1 1 1	第64个字符
	……		
	第8线 1 1 1	0 0 0 0 0 0	第1个字符
		0 0 0 0 0 1	第2个字符
		……	
		1 1 1 1 1 1	第64个字符

第16行 1 1 1 1

第1线 0 0 0
0 000000 第1个字符
0 000001 第2个字符
……
1 111111 第64个字符

第2线 0 0 1
0 000000 第1个字符
……
1 111111 第64个字符

……

第8线 1 1 1
0 000000 第1个字符
……
1 111111 第64个字符

3）显示存储器

显示屏幕须要逐帧重复显示，才能形成稳定的帧面，为了实现帧面信号的重复再生，CRT 显示器设有一个显示存储器，提供 ASCII 码来产生字符发生器的地址。显示存储器的每一个存储单元，对应屏幕上的一个字符位置。所以，若需将字符显示在屏幕上的某一位置上，只要选中与屏幕相对应的显示存储器地址，在该地址中写入字符的 ASCII 码即可。当屏幕显示格式规定为 16 行、每行 64 个字符时，显示存储器必须具有 64×16 个存储单元，共需 1K RAM 存放 1024 个字符的 ASCII 代码。所以，要形成一帧图像，在显示存储器中必须逐个放入 ASCII 代码，凡是需要显示的字符，必须将该字符的 ASCII 码存入显示存储器相应的存储单元中。

显示存储器必须接受两种访问：一种是 CPU 的访问；另一种是由硬件电路中的分频器产生 10 条地址线（$C_1 \sim C_6$，$R_1 \sim R_4$）的访问。图 3-42 为显示器硬件框图。

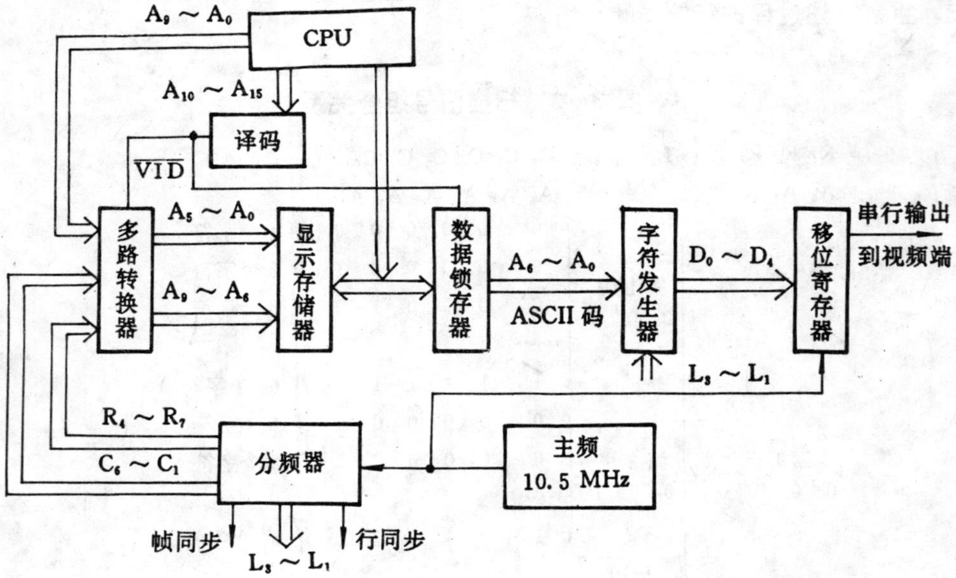

图 3-42 显示原理框图

这两种访问由多路转换器来实现。当 CPU 要访问时，由地址线产生$\overline{VID}=0$信号，CPU 可以向显示存储器执行写操作，将要显示的 ASCII 码写入相应地址的显示存储器中。除了 CPU 访问外，显示存储器一直处于接受扫描地址的访问，显示存储器在扫描地址访问时，总处于读出状态，循环反复地提供ASCII码送入字符发生器的地址线。字符发生器连续提供字符的点阵代码供显示。

当须要显示信息时启动显示信息子程序，将所显示的信息从计算机内存送到CRT内的显示存储器（即缓冲存储器）。由于显示存储器和CRT屏幕是一一对应的，一经输入即按新的内容显示。如果没有新的内容输入即按原有信息重复刷新。

4）图形显示

图形显示具有直观、形象的特点，配有图形功能的CNC系统会给操作者带来很大的方便。例如，利用CRT的图形功能可对零件程序进行仿真，显示零件轮廓，显示刀具轨迹，检查加工程序是否合格，判别会不会出现干涉现象等。总之，CNC系统配上图形功能后，使之面目为之一新。下面简单介绍一下CRT的图形原理。

显示图形的CRT的扫描过程与前述的字符显示CRT一样，两者最大的区别在于显示存储器中的映像信息。字符显示时，显示存储器中存储的是屏幕上某个位置要显示字符的ASCII码。图形显示时，存储的则是若干个像素。所谓像素是指显示图形时所采用的点（或称点为最小画图单位）。为了显示一幅图形，需要有成千上万个像素来构成这幅图。把CRT设置成图形显示方式，则要把整个CRT作为一个像素矩阵来看，人们常用分辨率来描述一个CRT的像素数。例如，640×480表示CRT有480条扫描线，每线上有640个像素。通过软件来控制CRT上像素的色彩（如亮与灭），就可以作出各种所需要的图形。

四、异步串行接口

数据在设备间的传送可以采用串行方式或并行方式。所谓并行方式（或并行接口）是指输入输出数据都按字节传送，一位数据有一根传输线。所谓串行方式（或串行接口）是指与设备进行数据传送的只有一根线，数据按通信规程所约定的编码格式沿一根线逐位依次传送。相距较远的设备间的数据传送采用串行传送方式比较经济。

但串行接口需要有一定的逻辑，将机内的并行数据转换成串行信息后再传送出去，接收时也要将收到的串行信号经过缓冲转换成并行数据，再送至机内处理。现已有集成电路的专用接口器件来实现这些功能，如Intel 8251A，Motolora的MC6850，6852等，价格都比较便宜。

为了能保证数据传送的正确和一致，接收和发送双方对数据的传送应确定一致的应相互遵守的约定，它包括定时、控制、格式化和数据表示方法等。这种约定称为通信规程（Procedure）或通信协议（Protocol），通常应遵循标准化的通信协议。串行传送一般分异步协议和同步协议两大类。

异步协议将8位的字符看作一个独立信息，字符在传送的数据流中出现的相对时间是任意的。然而每一字符中的各位却以预定的时钟频率传送，即字符内部是同步的，字符间是异步的。异步协议的特征是字符间的异步定时。

异步传送时，在字符前加一个起始位，其作用是使接收端将其本地时钟与新传来的字符同步，以便正确采样，接收到信号。在字符的结尾要加1，$1\frac{1}{2}$或2位终止位以标志一个字符传送的结束。接收端每接收一个字符同步一次。这样异步串行传送每一字符要增加约20%的额外费用。

同步协议以固定的时钟产生数据流，将要传送的字符组成字符块发送，在字符块的开始和末尾增加控制信息组。这样同步协议比异步协议的额外费用低得多，可充分利用传送的带宽，采用较快的传送速率。传送大量数据时同步协议省时间，但其接口的结构要复杂得多，成本也较高。通常网络接口采用同步协议。

此外，异步协议的检错主要利用字符中奇偶校验位，而同步协议可利用较复杂的方法，如循环冗余码校验（CRC），其检错能力很强。但也使同步协议发送和接收机构复杂化。

异步协议通用的定时规定只有一种起止式异步串行传送格式，如图 3-43 所示。其电气连接标准常用的有 RS—232C（V24）/20 mA 电流环或 RS—422/RS—449。

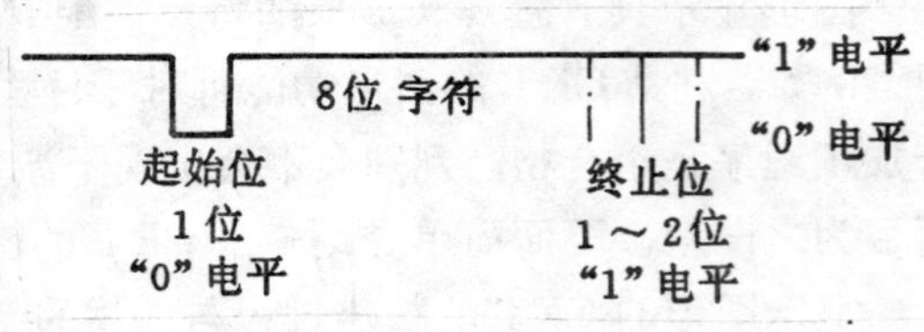

图 3-43 起止式异步串行传送格式

RS—232C（V24）标准串行接口采用 25 芯双排针式插座，连接比较可靠。在数控机床上，主要用于：

(1) 与光电纸带阅读机（PTR）、纸带穿孔机（PP）、打印和穿复校设备（TTY）等相连接，将数控机床的各种参数、加工程序等信息通过该接口穿成纸带，保存起来，以备以后使用。或将纸带信息通过 PTR 送往机床。

(2) 与磁泡盒或磁带相连接，将零件加工程序送入数控机床。

(3) 与通用计算机相连，进行通信，实现编程控制一体化。通过计算机中的自动编程软件得出的数控加工程序指令不须要穿成纸带，而通过直接通信，将加工指令送入数控系统进行加工。从而省掉了制备穿孔纸带、输送纸带的环节，提高了系统的可靠性和信息的输送效率。

(4) 与上一级计算机相连接，实现 CAD/CAM 一体化。

下面主要介绍使用 RS—232C 接口时应注意的问题：

(1) 在数据通信领域中，将相互通信的设备分成 DTE（数据终端设备）和 DCE（数据通信设备）。计算机或终端设备是 DTE。自动呼叫设备、调制解调器（Modem）、中间设备等是 DCE。RS—232C 规定了 DTE 与 DCE 间连接的信号关系。信号的详细情况可参看有关资料。因此在连接设备时一定要区分设备是 DTE 还是 DCE。将计算机与计算机或终端设备连接时，即 DTE 和 DTE 相连时，要注意接线的信号关系以免出现差错。

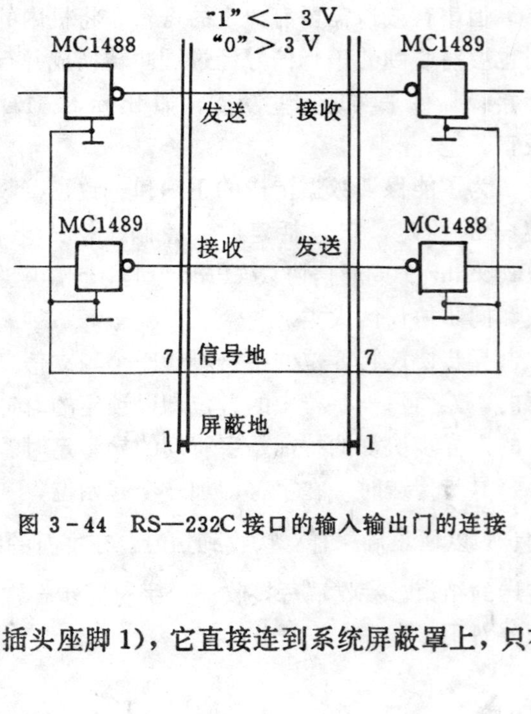

图 3-44 RS—232C 接口的输入输出门的连接

(2) RS—232C 规定的电平与 TTL 和 MOS 电路的电平不同。RS—232C 规定逻辑"0"至少为 3 V，逻辑"1"为 −3 V 或更低。电源通常采用 ±12 或 ±15 V。输出驱动器通常采用 74188 或 MC1488，输入接收器采用 74189 或 MC1489。传送频率不超过 20 kHz，最大距离为 30 m（见图 3-44）。

(3) RS—232C 有两个地。一个是机壳地（插头座脚 1），它直接连到系统屏蔽罩上，只有在把机壳连在一起是安全的情况下，两个相连设备的机壳地才能连接在一起。另一个是信号地（插头座脚 7），这个地必须连接在一起，它是对所有信号提供一个公共参考点的信号地。但信号地不一定与机壳绝缘，因此它有一个潜在的接地问题未解决好，造成对长距离传送的不可靠。公布的 RS—232C 标准协议，一对器件间电缆总长不得超过 30 m。

在 CNC 装置中，RS—232C 接口用以连接输入输出设备（PTR，PP 或 TTY）、外部机床控制面板或手摇脉冲发生器。传输速率不超过 9 600 bit/s。西门子的 CNC 中规定连接距离不超过 50 m 。在 CNC 装置中标准的 RS—232C/20 mA 接口结构见图 3-45。

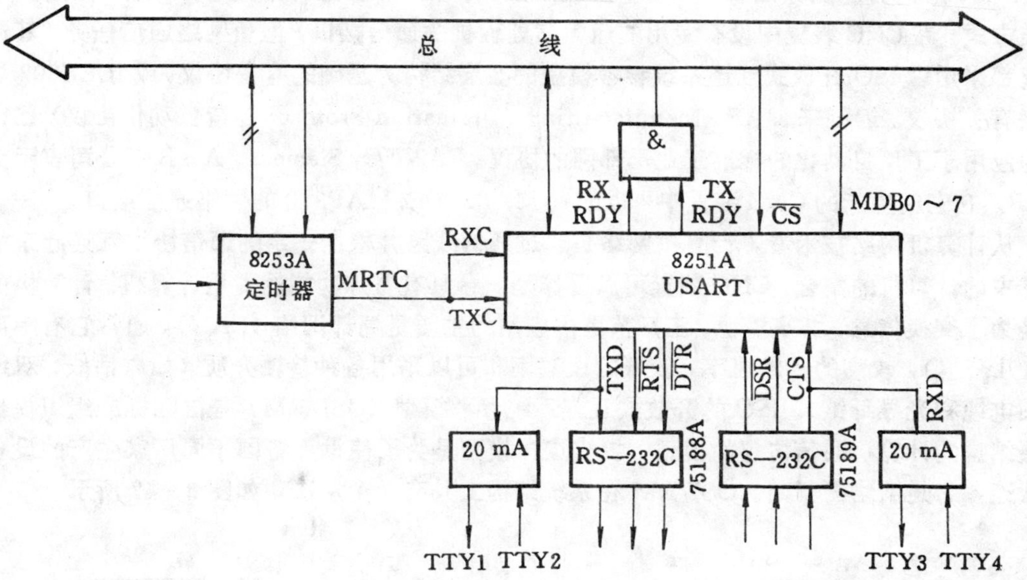

图 3-45 CNC 装置中标准的 RS—232C20 mA 接口结构示意图

在 CNC 装置中，20 mA 电流环通常与 RS—232C 一起配置，过去 20 mA 电流环主要用于连接电传打印机和纸带穿复校设备，其特点是电流控制。以 20 mA 电流作为逻辑“1”，零电流为逻辑“0”，在环路中只能有一个电流源。

电流环的内在的双端传输特性对共模干扰有抑制作用，并可采用隔离技术消除接地回路引起的干扰。传输距离比 RS—232C 远得多，可达 1 000 m。

为了弥补 RS—232C 的不足，提出了新的接口标准 RS—422/RS—449。RS—422 标准规定了双端平衡电气接口模块。RS—449 规定了这种接口的机械连接标准，即采用 37 脚的连接器，与 RS—232C 的 25 脚插座不同。这种平衡发送能保证更可靠、更快速的数据传送。它采用双端驱动器发送信号，而用差分接收器接收信号，能抗传送过程的共模干扰，还允许线路有较大信号衰减，这样可使传送频率高得多，传送距离也比 RS—232C 远得多。

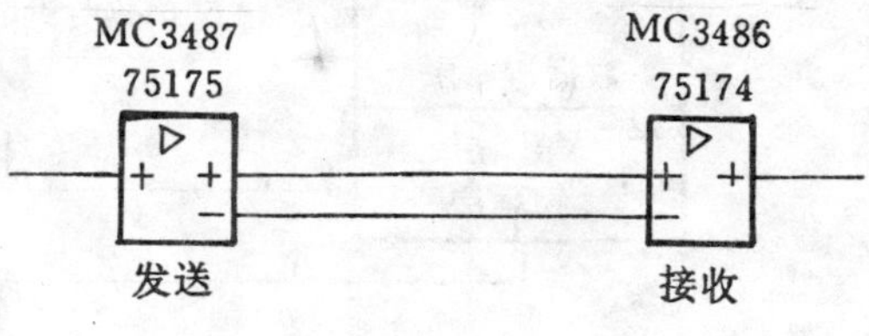

图 3-46 RS—422 平衡传送

RS—422 平衡传送如图 3-46 所示。常用的器件有驱动器 75175 或 MC3487，接收器 75174 或 MC3486。最近出现一种新的集成电路——双 RS—422/423 收发器 MC34050，MC34051。每一器件上有两个独立的驱动器和两个独立的接收器。MC34050 具有 DRIVE ENABLE 及 $\overline{\text{RECEIVER ENABLE}}$（RECEIVER ENABLE 的非信号）信号。而 MC34051 的每一驱动器都有单独的 DRIVE ENABLE 信号。

五、近代 CNC 系统的网络通信接口

当前对生产自动化提出很高的要求，生产要有很高的灵活性并能充分利用制造设备资源。为此将 CNC 装置和各种系统中的设备，计算机通过工业局部网络（LAN）连网以构成 FMS 或 CIMS。连网时应能保证高速和可靠地传送数据和程序。在这种情况下，一般采用同步串行传送方式，在 CNC 装置中设有专用的通信微处理机的通信接口，但负网络通信任务。其通信协议都采用以 ISO 开放式互连系统参考模型的 7 层结构为基础的有关协议，或 IEEE802 局部网络有关协议。近年来 MAP（Manufacturing Automation Protocol 制造自动化协议）已很快成为应用于工厂自动化的标准工业局部网的协议。FANUC，Siemens，A－B 等公司表示支持 MAP，在它们生产的 CNC 装置中可以配置 MAP2.1 或 MAP3.0 的网络通信接口。

从计算机网络技术看，计算机网络是通过通信线路并根据一定的通信协议互连起来的独立自主的计算机的集合。CNC 装置可以看作是一台具有特殊功能的专用计算机。计算机的互连是为了交换信息，共享资源。工厂范围内应用的主要是局部网络（LAN），通常它有距离限制（几公里），较高的传输速率，较低的误码率和可以采用各种传输介质（如电话线、双绞线同轴电缆和光导纤维）。ISO 的开放式互连系统参考模型（OSI/RM）是国际标准组织提出的分层结构的计算机通信协议的模型。提出这一模型是为了使世界各国不同厂家生产的设备能够互连，它是网络的基础。OSI/RM 在系统结构上具有 7 个层次，如图 3－47 所示。

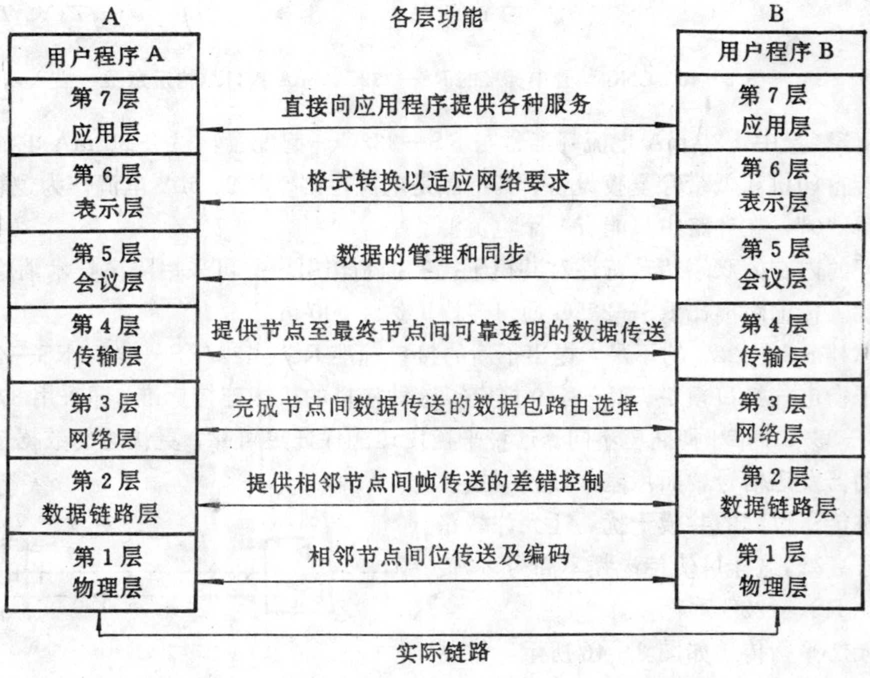

图 3－47　OSI/RM 的 7 层结构

通信一定是在两个系统之间进行的。因此两个系统都必须具有相同的层次功能。通信可以认为是在两个系统的对应层次（同等层 Peer）内进行。同等层间通信必须遵循一系列规则或约定，这些规则和约定称为协议。OSI/RM 最大优点在于有效地解决了异种机之间的通信问题。不管两个系统之间的差异有多大，只要具有下述特点就可以相互有效地通信。

(1) 它们完成一组同样的通信功能。

(2) 这些功能分成相同的层次，对等层提供相同的功能。

(3) 同等层必须共享共同的协议。

局部网络标准由 IEEE802 委员会提出建议，并已被 ISO 采用。它只规定了链路层和物理层的协议。它将数据链路层分成逻辑链路控制（LLC）和介质存取控制（MAC）两个子层。MAC 中根据采用的 LAN 技术分成：CSMA/CD（IEEE 802.3）、令牌总线（Token Bus 802.4）和令牌环（Token Ring 802.5）。物理层也分成两个子层次：介质存取单元（MAU）和传输载体（Carrier）。MAU 分基带、载带和宽带传输。传输载体有双绞线、同轴电缆、光导纤维（见图 3-48）。

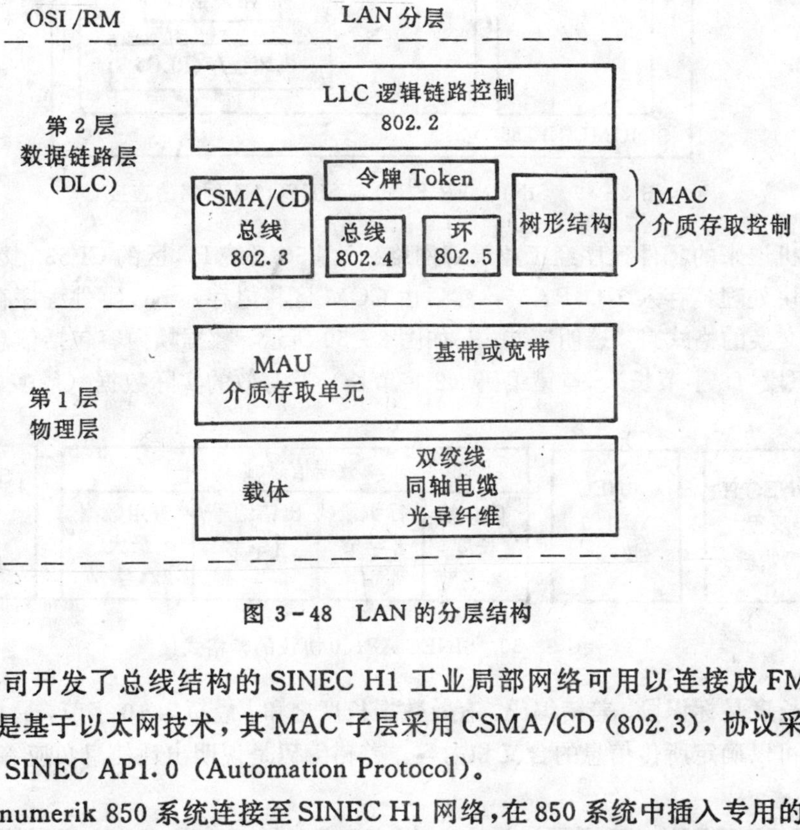

图 3-48 LAN 的分层结构

西门子公司开发了总线结构的 SINEC H1 工业局部网络可用以连接成 FMC 和 FMS。SIN—EC H1 是基于以太网技术，其 MAC 子层采用 CSMA/CD（802.3），协议采用自行研制的自动化协议 SINEC AP1.0（Automation Protocol）。

为了将 Sinumerik 850 系统连接至 SINEC H1 网络，在 850 系统中插入专用的工厂总线接口板 CP535，通过 SINEC H1 网络，850 系统可以与主控计算机交换信息，传送零件程序，接收指令，传送各种状态信息等。主计算机通过网络向 850 系统传送零件程序的过程如图 3-49 所示。西门子的 850 系统是一台多微处理机的高档 CNC 系统。从结构上看 850 系统可以分成三个区域：NC 区、PC 区和 COM 区。NC 区负责传统的数控功能，采用通道概念，可同时处理加工程序达 16 通道，其位置控制可达 24 轴和 6 个主轴。PC 区是内装的可编程控制器。COM 区主要任务是零件程序和中央数据的存储和管理。它有两个通道：一个用于零件程序在

CRT 上图形仿真；另一个用于所有接口的 I/O 处理。它还包含有用户存储子模块用以存储所配置机床用的特殊专用加工循环。

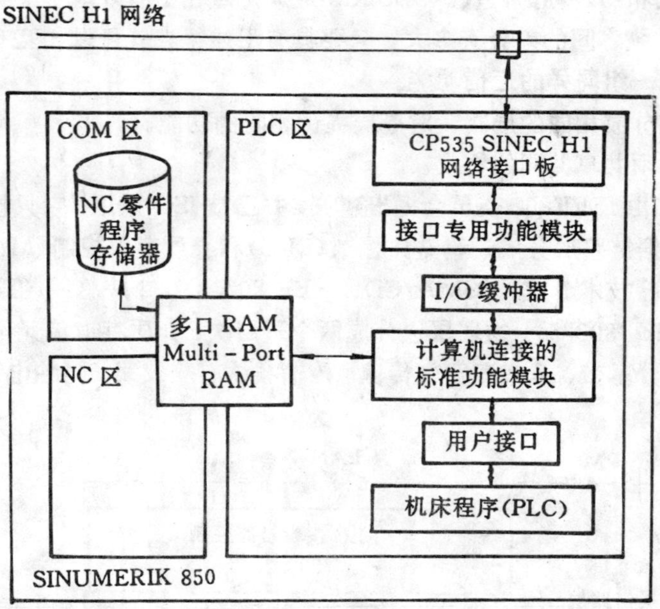

图 3－49　SINUMERIK850 与 SINEC H1 网络的连接

主计算机送来的零件程序经工业局部网络到达 850 系统 PC 区的 CP535 接口，再经专用接口功能模块处理，存入多口 RAM，然后由 COM 区将之存入 NC 零件程序存储器中。

其数据交换的格式是“透明”方式，如图 3－50 所示。数据帧内容包括信息帧长度（2 字节长）、标识段（8 字节长）、差错编码（2 字节长）及有效的实际数据（最多 224 字节）。

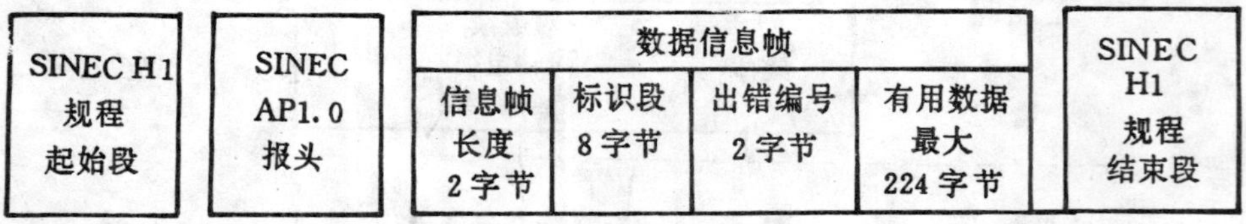

图 3－50　SINEC AP1.0 协议的帧格式

信息帧长度是标识段、差错编码、有效数据长度之和，最短为 10 字节，最长为 234 字节。通过标识段可以确定所传信息的含义和内容。差错编码是说明出现信息负应答的原因，以编码方式出现。

此外 SINUMERIK 850 还可通过插入 AS512 接口板，采用 3964R 规程接入星型网络实现点一点通信。信息帧格式中有效数据最大为 128 字节。

MAP 是美国 GM 公司发起研究和开发的应用于工厂车间环境的通用网络通信标准，目前已成为工厂自动化的通信标准。其特点为：

(1) 采用适于工业环境的令牌通信网络访问方式，网络采用总线结构。

(2) 采用适应工业环境的技术措施，提高了工业环境应用的可靠性，如在物理层采用宽带技术及同轴电缆以抗电磁干扰，传输层采用高可靠的传输服务。

(3) 具有较完善的明确而针对性强的高层协议以支持工业应用。

(4) 具有较完善的体系和互连技术，使网络易于配置和扩展。低层次应用可配 Mini MAP（只配置 DLC 层、物理层以及应用层），高层次应用可配置完整的带 7 层协议的全 MAP。此外还规定了网络段、子网和各类网络互连技术。

(5) 针对 CIMS 的需要而开发。

§3-5 CNC 系统实例

一、国外几家主要生产厂及其典型产品

世界上生产数控系统的厂家很多，其中对我国影响较大的有日本的 FANUC 公司、美国的 Allen-Brandley（简称 A-B 公司）和德国的 SIEMENS 公司等。

1. FANUC 公司及其数控系统

FANUC 公司创建于 1956 年，1959 年首先推出电液步进电机，在后来的若干年中逐步发展并完善了以硬件为主的开环数控系统。进入 70 年代后，该公司一方面从 Gettes 公司引进直流伺服电机制造技术，另一方面加强了与 Siemens 公司的合作，学习其先进的硬件技术。1976 年 FANUC 公司研制成功数控系统 5，随后又与 Siemens 公司联合研制了具有相当先进水平的数控系统 7，从这个时候起，FANUC 公司就逐步发展成为世界上最大的专业数控系统生产厂家，产品日新月异，年年翻新。

1979 年推出数控系统 6，它是具备一般功能和部分高级功能的中级型 CNC 系统，6M 适用于铣床和加工中心，6T 适用于车床。与过去的机型比较，使用了大容量磁泡存储器和专用大规模集成电路，元件总数减少约 30%，它还备有由用户自己制作的特有变量型子程序的用户宏功能。

1980 年在系统 6 的基础上向低档和高档扩展，研制成系统 3 和系统 9。系统 3 是在系统 6 的基础上简化而成的，体积小，成本低，容易组成机电一体化系统，适用于小型、廉价的机床。系统 9 是在系统 6 的基础上强化而成，并具备有高级性能的可变软件型 CNC 系统，通过变更其软件能够适应任何不同用途，尤其适用于加工复杂而昂贵的航空部件、要求高度可靠的多轴联动重型数控机床。

1984 年 FANUC 公司又推出新型系列产品数控系统 10、数控系统 11 和数控系统 12。该产品在硬件方面作了较大的改进，凡是能够集成的都做成了大规模集成电路，其中包含 8 000 个门电路的专用大规模集成电路有 3 种，其引出脚竟多达 179 个，另外专用大规模集成电路有 4 种，厚膜电路有 22 种，还有 32 位的高速处理器，4 Mbit 的磁泡存储器，等等，元件数比前期同类型产品又减少 30%。由于该系统采用光导纤维，使过去在数控装置与机床以及操作面板之间的数百根电缆数大幅度减少，提高了抗干扰性和可靠性。该系统在工厂自动化 DNC 方面能够实现主计算机与机床、工作台、机械手、搬运车等之间各种数据的双向传递。它的 PC 装置使用了独特的无触点、无极性输出和大电流、高电压输出电路，能够促使强电柜的半导体化。此外 PC 的编程不仅可以使用梯形图语言，还可使用 PASCAL 语言，便于用户厂自己开发软件。数控系统 10，11，12 还充实了专用宏功能、自动计划功能、自动刀具补偿功

能、刀具寿命管理、彩色图形显示 CRT 等。

1985 年 FANUC 公司推出数控系统 0，它的主要目标是体积小，价格低，适用于机电一体化的小型机床，因此它与适用于中、大型机床的系统 10，11，12 一起组成了这一时期的全新系列产品。在硬件组成上以最少的元件数发挥最高的效能为宗旨，采用了最新型高速高集成度微处理器，共有专用大规模集成电路 6 种（其中 4 种为低功耗 CMOS 专用大规模集成电路），专用的厚膜电路 9 种。三轴控制系统的主控制电路包括输入输出接口、PMC（Programmable Machine Control）和 CRT 电路等都装在一块大型印刷电路板上，与操作面板、CRT 组成一体。系统 0 的主要特点有彩色图形显示、会话菜单式编程、专用宏功能、多种语言（汉、英、德、法）显示、录返（Playback）功能等。FANUC 公司推出数控系统 0 以来，得到了各国用户的高度评价，从而成为广泛采用的数控系统之一。

1987 年 FANUC 公司又研制成功数控系统 15，该系统采用了模块式多主总线（FANUC BUS）结构，应用了 MMC（Man Machine Control），CNC，PMC（Programmable Machine Control）的新概念，被称之为划时代的 AI—CNC（人工智能数控）系统。它采用了高速度、高精度、高效率加工的数字伺服单元、数字主轴单元和纯电子式绝对位置检出器，还增加了 MAP（Manufacturing Automatic Protocol）、窗口功能等。

2. SIEMENS 公司及其数控系统

SIEMENS 公司是生产数控系统的著名厂家，SINUMERIK 数控装置，从最简单到最复杂的都具有如下优点：一切为操作者着想；通道结构；可按图纸直接编程；操作方便。

70 年代，SIEMENS 公司生产出 SINUMERIK—6T，6M，7T，7M 系统；80 年代初期又推出了 SINUMERIK 8T，8M，8MC 系统；80 年代后期又相继推出 SINUMERIK 850T，850M，850/880 系统。SINUMERIK 数控系统技术构思一致，其区别则是在于它们的应用对象不同。

SINUMERIK 8 系统是一种用于柔性制造的数控系统，适用于车、镗、铣和其他各种工艺，最多可扩展到 12 个坐标轴。它主要是用来加工形状复杂的工件，一般在工艺设计过程阶段进行编程，但也可借助于人机对话方式直接在机床上编制和修改程序。利用简便的轮廓编程及快速处理功能，操作十分方便。不同的配置使 8 系统能以最合理的形式安装到电气柜中和机床上。可编程控制器不仅有效地完成刀具管理和刀具寿命监控的功能，它还能进行工件监控和控制工件输送设备。

SINUMERIK 8MC 系统，最多可扩展到控制 12 个坐标轴，可实现数个坐标轴联动，功能齐全，它带有 SIMATIC S5 可编程控制器（PC），系统控制程序可直接在编程机上编制好，在机床设备调试中加以修改，最后把完好的 PC 控制程序写入 EPROM。它具有调试方便、修改容易、运行可靠等特点，是数控落地铣镗床较理想的配套系统。

SINUMERIK 850/880 系统在数控技术中是一种最新的形式。它适用于高度自动化的机床和柔性制造系统。在加工的同时，进行柔性制造系统信息交换。由于具有专用的通信模块，原有的数控装置就不必承担各种繁重的通信任务。

SINUMERIK 850/880 系统在数控部分采用通道结构，使数控装置实现了新的功能，它最多可控制 30 个主坐标轴、辅助坐标轴和 6 个主轴，可实现 16 个工位联动控制，并可扩展到具有 4 个可编程控制器，采用模块化的结构；显示器是 30.48 cm（12 in）彩色图形显示，显示规格：41 字符×17 行；带有 2 个系列接口 1×RS232C（V24），1×RS232C（V24）/24mA；

中央处理器有 NC—CPU1，COM—CPU，PLC—CPU1 和 NC—CPU2。

3. Allen－Bradley 公司及其数控系统

美国的 Allen－Bradley（简称 A－B）公司也是世界上较著名的数控系统生产厂之一，其典型产品有 7300 系列、8200 系列、8400 系列、8600 系列等。这类产品的共同特点是：

（1）采用模块结构，可扩展性好。

（2）带有内装式 PLC（可编程逻辑控制）。

（3）备有特殊的服务软件，称为 AMP（可调整机床参数）。它使 CNC 系统的应用更为灵活、广泛。通过 AMP 可以定义一些基本参数，如系统分辨率、轴的类型等与全局相关的控制参数，还可以定义每个轴自身的参数，如行程极限、位置误差、反馈常数等控制参数。又能对每一个轴建立定标表，以便调整机床精度等。

（4）具有充分的柔性，通过改变软件以实现 CNC 功能的改变，来满足各种不同机床的需求，从而使一种硬件系统形成了系列产品。

（5）具有与主计算机的通信功能，使 CNC 装置成为 FMS 和 CIMS 的一个主要组成部分。

（6）由于采用新的元器件，如超大规模集成电路（VLSI）和新技术，使元件数和连接部分大幅度减少，提高了系统的集成度和可靠性。

为使读者对数控系统的工作原理有比较深入的了解，下面将对上述三家公司的几个典型系统作以介绍。值得说明的是，虽然各家公司都有系列产品和最新版本，但其实现数控基本功能的原理与早期的系统大致相同。因此，以下将选取 A－B 公司的 7360 系统、FANUC 7 系统和 FANUC 6 系统加以叙述。

二、FANUC 7 系统

FANUC 7 系统包括 7 T 和 7 M 两个系列。其中 7 T 系统适用于两坐标数控车床，7 M 适用于三坐标铣床、镗铣床和加工中心等。下面以 7 M 系统为例来说明其工作原理。

7 M 系统是一种带固定软件的高精度、高性能的闭环计算机数控系统，由日本富士通发那科公司和德国西门子公司联合设计，1976 年研制成功，主要用于控制铣床和加工中心机床。其基本系统是一个具有三坐标两联动（任意两轴的直线插补和圆弧插补）机能的数控系统，它可以扩展为三坐标三联动（三轴直线插补和螺旋线插补）或四坐标四联动数控系统。

7 M 系统硬件以双极型位片式高速微处理器（字长 16 位）为核心，采用半导体存储器，控制系统软件采用固化在 EPROM 中的方式运行。它在实际加工过程中的最高切削速度和最高快进速度均由用户根据机床性能和加工需要自行设定。由于系统具有软件“自动升降速”和“段间速度转接”功能，又设有“数控程序段缓冲存储器（BS）”、“工作存储器（AS）”、“C 刀补缓冲存储器（CS）”等多个缓冲存储器，因此，各加工段间的转接平滑，零件的表面粗糙度低。它还具有 ROM 与 RAM 的联机自诊断功能以及外设、接口信号、机床输入输出信号的自诊断功能。它具有存储器方式、纸带方式、数据输入（包括 MDI—手动数据输入）方式、手动方式和数据输出方式等 5 种操作方式，且各种方式间可互相转换。

伺服系统采用大惯量直流伺服电动机作为驱动电机。电机由三相全波可控硅无环流电路驱动，采用旋转变压器或感应同步器作为位置检测器件，由测速发电机构成速度反馈。进给传动链的反向间隙补偿和滚珠丝杠的螺距误差补偿均由软件实现。

1. 系统硬件结构

7 M 以中央处理装置（CPU）为核心，CPU 通过总线与存储器以及各种接口相连接，总方框图如图 3-51 所示。

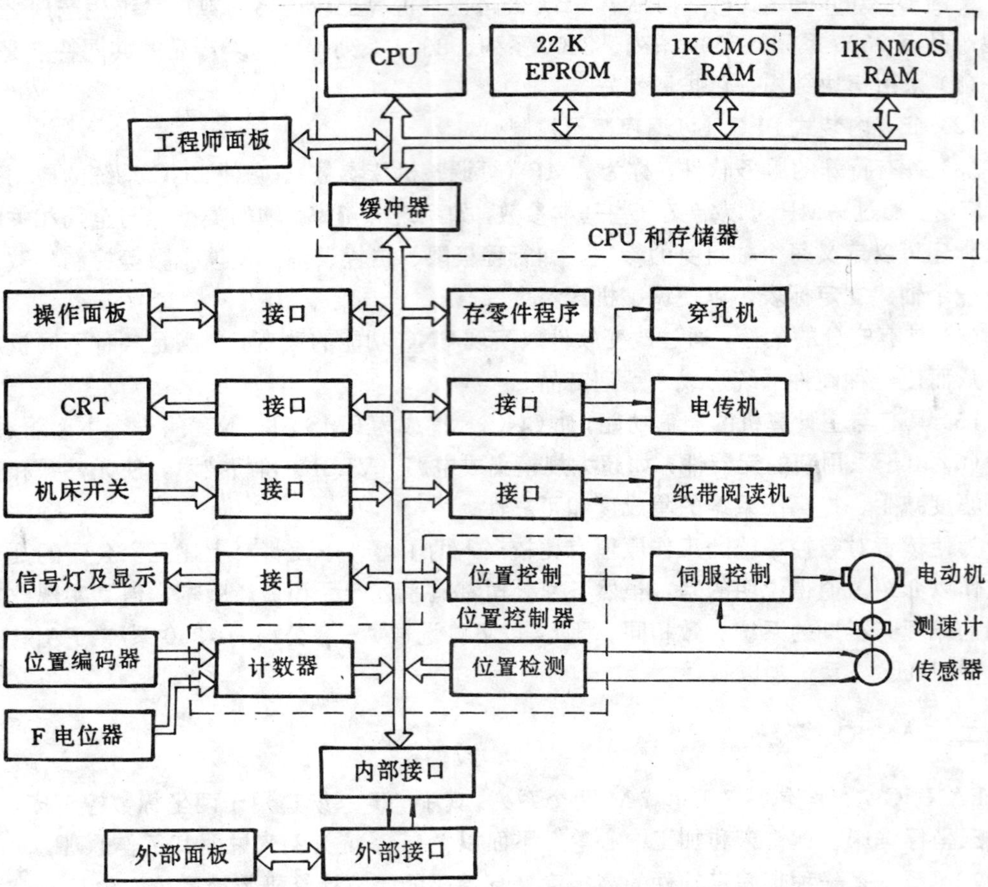

图 3-51　7 M 数控系统总方框图

中央处理装置和存储器是同一个部件，CPU 通过内部数据总线与内部存储器相连接。内部存储器分三种：22 K 容量的 EPROM 存放处理机的控制程序；1 K 容量的 CMOS RAM 存放工作参数（关断电源后，CMOS RAM 由可再充电的小蓄电池维持存储器的信息，所以有一些需保存的状态和数据也存储在 CMOS RAM 中）；1 K 容量的 NMOS RAM 作为数控系统的工作区域，用以存储处理机工作过程中的状态和数据。内部数据总线经双向缓冲器接到外部数据总线，再连接到各接口电路。工程师面板是调试 7 M 系统的专用测试板，用于调试和分析程序，维修时也可用以检查故障。

零件程序存储器用于存放数控加工用的零件程序，根据用户需要，可选用 8 K 容量的 CMOS RAM 或 96 K 容量的动态 RAM。通常由纸带阅读机将数控纸带一次读入零件程序存储器中，然后，逐个将程序段转送到 1K NMOS RAM 的缓冲存储器（BS）中，再转存到工作存储器（AS）中，作为正在执行的零件程序段。由于零件程序可分为主程序（MP）、子程序（SP）和校正程序（PC）三部分，所以在零件程序存储器中要给它们分配适当的区域。

在 7M 系统中，如选用 8K CMOS 的零件程序存储器，可用穿孔机作纸带穿孔和电传机打印输出；如选用 96 K 动态存储器，可用穿孔机作纸带穿孔和电传机打印输出或键盘输入。

位置控制器由位置控制装置、位置检测装置和脉冲计数器组成。位置检测装置将旋转变压器或感应同步器检测到的瞬时位置信号变换为数字化的瞬时位置检测值，送到中央处理装置。中央处理装置将插补计算出的瞬时位置指令值与瞬时位置检测值相比较，两者的差值被送到位置控制装置。此时，数字量变换为模拟量的速度控制电压，并被送到伺服控制装置去控制直流伺服电动机的旋转。脉冲计数器用作手摇脉冲发生器和位置编码器及F电位器的脉冲计数。手摇脉冲发生器是手动进给的一种脉冲源；位置编码器就是光电脉冲发生器，一般安装在机床主轴上，当主轴旋转时产生脉冲；F电位器经脉冲振荡器变换为一定频率的脉冲。这三种脉冲都作为坐标进给速度的信号源。

输入接口用于接收机床操作面板的开关、按钮信号和机床的各种限位开关信号。输出接口用于发送机床操作面板的各种状态灯信号。数控操作面板接口的作用是接收数控柜上操作面板的各开关、按钮信号，并将状态灯信号和显示器数据送到数控操作面板。外部操作面板是外接的数控操作面板，一般用于大型数控机床，将外部操作面板安装在操作者认为方便的地方，以便操作和控制数控机床的工作。

荧光屏（CRT）显示装置可显示数控程序、数控加工中的瞬时数据、各种设定参数和故障情况等内容，比数控面板上的通用显示器的功能更强。

7 M 系统采用 AM 2901 位片式微处理器，它和微程序控制电路以及中断控制电路等组成了一个 16 位字长的 CPU。它的时钟频率为 5.714 MHz，一次加法运算用 6 个节拍，约占 1 μs 时间。它除具有加减、变补、左右移位及逻辑运算功能外，还可完成除法功能。

2. *系统软件结构*

7 M 数控装置的系统软件由 22 K 控制程序（三坐标两联动系统为 20 K）、4 K 的 CRT 控制程序和诊断程序（由专用的诊断纸带输入）组成。这里仅对系统控制程序作以介绍。

7 M 系统的整个控制程序实际上是一个大的多重中断系统。机床的插补、进给，数据的输入、输出和显示，纸带的输入，控制台开关状态的改变等，任何一种动作和功能都是由相应的中断服务程序来实施的。此外，开机时为了作一些必要的处理，系统设置有一段“初始化”程序。也就是说，CPU 在开机初始化后，就转入各级中断的工作状态。7 M 系统共有 8 级中断（第 0～7 级），并允许多重中断。8 级中，第 0 级为最低级中断；第 7 级为最高级中断。表 3-4 列出了各级中断的功能，其中第 0 级中断（CRT 显示）请求始终存在。所以只要机器没有其他中断级别的请求，就总是处在“第 0 级中断”，即总是进行 CRT 显示。7 M 系统的中断有两种来源：一种是由时钟或其他外部设备产生的中断请求信号，称为硬件中断（如第 0，3，5，7 级）；另一种是由程序产生的中断信号，称为软件中断，这是由 4 ms 的实时时钟在软件中分频得出的。软件中断请求有第 1～6 级，分别对应软件中断寄存器的第 1～6 位，由置软件中断指令和清软件中断指令分别置“1”和清“0”。

控制程序中，还包括一个近 200 个子程序所组成的庞大的子程序库。为了使子程序能实现多级嵌套和正常返回，设置了堆栈。系统的“0”单元是“堆栈指示器”。堆栈的实际栈区是“0400～041F”单元，栈底地址是 03FF。进栈时，堆栈指示器先加 1，然后将内容送入栈。出栈时先将内容自堆栈指示器所指的单元中取出，然后堆栈指示器减 1。

系统中存储器地址和输入/输出端口地址采用统一编制。系统地址分配如表 3-5 所示。

表 3-4 中断功能一览表

级别	主 要 功 能	中 断 源
0	控制 CRT 显示	硬件
1	数控指令译码处理，刀具中心轨迹计算，显示器控制	软件，16 ms 定时
2	NC 键盘监控，I/O 信号处理，穿孔机控制	软件，16 ms 定时
3	外部操作面板和电传机处理	硬件，8 ms 软件定时
4	插补运算，终点判别及转段处理	软件，8 ms 定时
5	纸带阅读机阅读纸带处理	硬件或软件（需要时）
6	伺服系统位置控制的处理	4 ms 时钟
7	通过 7 M 测试板进行存储器数据读、写，程序调试处理	硬件

表 3-5 系统地址分配表

地 址	存储器型号	功 能
0000～03FF	1K CMOS RAM	(1) 堆栈指示器 (2) 存放设定参数 (3) 各级中断保护区 (4) 报警状态寄存器 (5) 状态寄存器和工作寄存器
0400～07FF	1K NMOS RAM	(1) 堆栈区 (2) AS 区 (3) BS 区 (4) 纸带缓冲器 (5) 状态寄存器和工作寄存器
0800～5FFF	22K NMOS EPROM	存放控制程序（三坐标两联动为 20 K）
8000～9FFF	8K CMOS RAM	纸带存储器（包括 MP，SP，PC）
A000～A080		输入/输出端口地址
B000～C7FF	6K NMOS EPROM	CRT 控制程序
CC00～CFFF	1K NMOS RAM	穿孔机缓冲区和 CRT 缓冲区等

下面我们分别介绍初始化程序和 8 级中断的内容。

1) 初始化程序

初始化程序的主要作用是为整个系统的正常工作做准备。开机后，通过“初始化微程序”在“现行状态寄存器”中置入“第 6 级中断”的“现行状态”，使得除第 7 级中断以外的中断无法打断初始化。同时，在“初始化微程序”的执行阶段，将程序转入“初始化程序”。

因此“初始化程序”是每次开机后首先执行的。进入初始化程序后，系统把第 0 级中断的保护区首地址置入第 6 级中断保护区的首地址，从而造成由第 6 级打断第 0 级的状态，以便初始化执行完后返回第 0 级中断。

初始化程序主要完成以下三项工作：

(1) 对 RAM 中作为工作寄存器的单元设置初始状态。一般的单元是清 0；对一些特殊的单元，例如，各级中断的保护区的“返回地址寄存单元”置入该级中断的服务程序的入口地址，第 0 单元存栈底地址等。

(2) 进行 ROM 奇偶校验。当进行 ROM 奇偶校验时，若有错则初始化的正常进程中止。程序直接转入 ROM 出错处理，即报警号显示 9999，通用显示器上显示出错的 ROM 在印刷板上的安装位置号。

(3) 为数控加工正常进行而设置一些所需的初始状态。属于这种初始状态设置的有零件程序存储器区域设定，AS 区域设初始位，等等。对通过 TE 子方式（设置参数）设置的部分参数进行必要的初始处理。例如，将快速进给率数值由 mm/min 为单位换算成 μm/8ms 为单位等。如果在开机的同时，按下某些特定的按键，还可以进行附加操作。

如果按下“M”和“R”键，则零件程序缓冲器及零件程序存储器全部清除。

如果按下“S”和“R”键，则将 0～03FF 单元全部清除（即连同参数全部清除），零件程序缓冲器、零件程序存储器也全部清除。

如果按下“I”和“L”键，则进行“诊断操作”。初始化程序的简化框图如图 3-52 所示。

2) 第 1 级中断

第 1 级中断主要为插补的正常进行做准备工作。例如，将一个零件程序段自零件程序存储器读入 BS 区；当一段加工完时，从 BS 区中取出所存的零件程序段，送往 AS 区，计算出刀具中心轨迹以备插补使用等。此外，显示操作及“启动—再启动”的运算也由第 1 级中断完成。

第 1 级中断按工作内容又细分为 13 个口子，系统采用依次查询的工作方式来完成第 1 级中断。

在 0～3FF 的 RAM 区中，有一个存放“第 1 级中断口状态字”的单元，该状态字的 BIT0～BITC 分别对应 1 级中断的各口子。某位若为“1”，则表示要求进行该口的处理。系统在进入第 1 级中断服务时，先查询“口状态字”的 BIT1 位，然后由低到高依次查询“口状态字”的各位，并散转入各相应口子处理。最后，对“0”号进行显示处理，各口的主要功能与口状态字的关系如表 3-6 所示。

(1) 口状态字的置 1 和复 0。口状态字的置 1 大致有两种情况：

① 其他中断根据需要置第 1 级中断请求的同时，置相应的口状态字。例如，第 4 级中断在某一程序段插补即将计算完时，要求系统把下一程序段从 BS 区取出，并作相应的刀具中心轨迹计算。于是，将口状态字的 BIT4 置 1，并置第 1 级中断请求。

② 在执行第 2 级中断的某一口子处理时，置口状态字的另一位。例如，在执行 8 号口处理时，将口状态字的 BIT3 置 1，于是在 8 号口处理完后就可以转入对 3 号口处理。

当某一口的处理结束时，程序将口状态字中对应位复 0。

对于 0 号口（显示）是特殊处理，它由初始化程序置 1，以后在每次第 1 级中断 0 号口处理完时并不清 0，从而保证每次第一级中断总要进行显示处理。

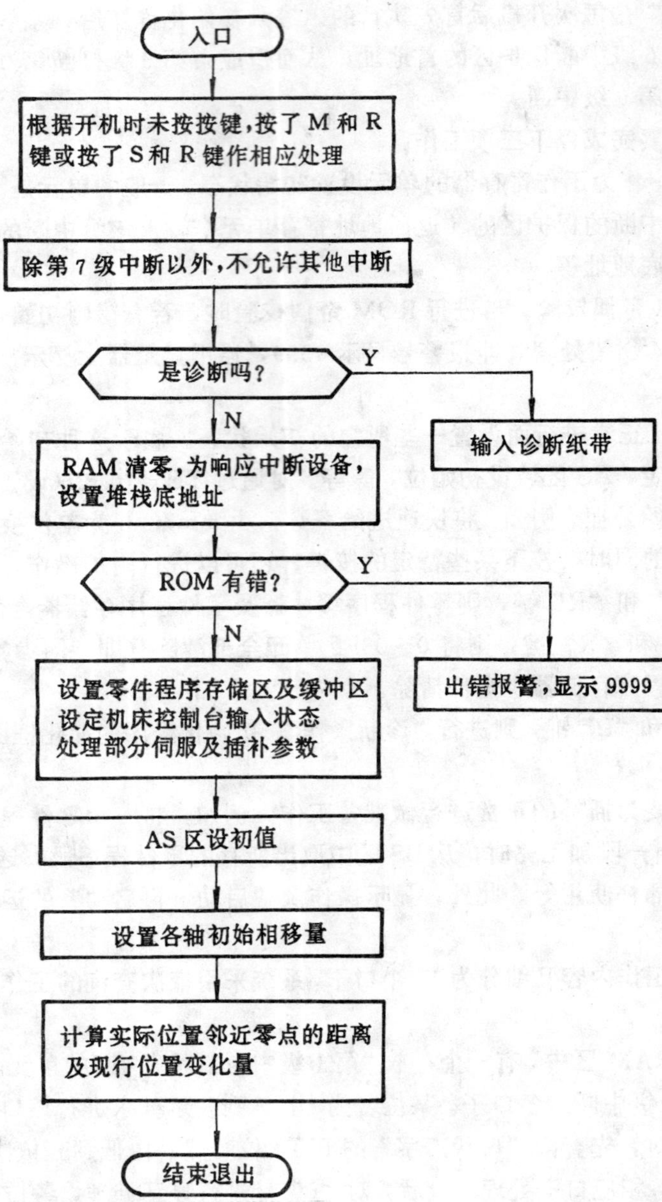

图 3-52 初始化程序的简化框图

表 3-6 各口的主要功能与口状态字的关系表

口状态字中的位	对应口的功能
0	显示处理
1	公英制转换计算
2	部分单元重新初始化
3	从 MP 区或 PC 区或 SP 区读一段零件程序到 BS 区

续　表

口状态字中的位	对　应　口　的　功　能
4	将编程轨迹转换成刀具中心轨迹
5	“再启动”开关处于无效状态时，刀具回到断刀点的“启动”处理
6	“再启动”处理
7	按“启动”按钮时，要读一段程序到BS的处理
8	连续加工时，要求读一段程序到BS的预处理
9	带卷盘的纸带阅读机反绕或纸带存储器返回首址处理
A	启动纸带阅读机使纸带进给一步
B	M，S，T指令置标志及G 96速度换算
C	纸带反绕置标志

第3，4号口也是特殊处理。即对其他口子，每次1级中断都只处理一次，但3，4号口子由于功能比较重要，别的口子也可以对它们置1。因此，即使3，4号口子已经处理过一次，如果别的口子在口状态中又使它们置1，那么可以再次处理。

第1级中断各口的处理转换关系如图3-53所示。

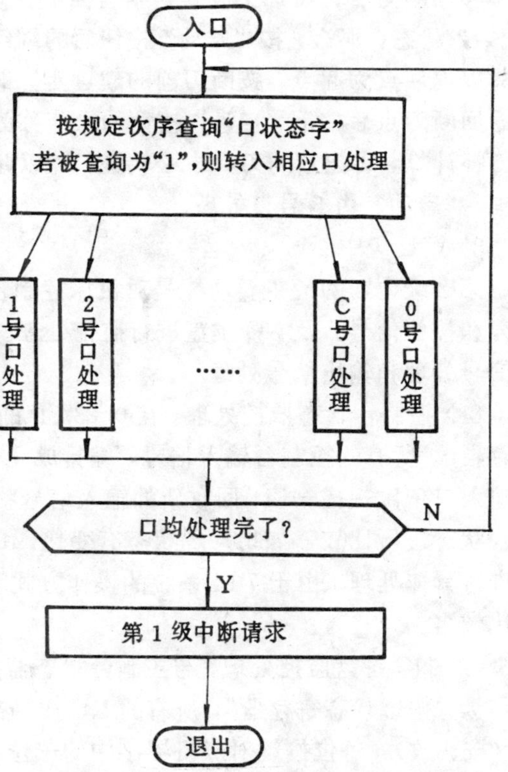

图3-53　第1级中断各口处理转换框图

(2) 0号口显示处理。0号口负责处理NC面板的所有发光二极管数码显示器和状态灯的显示。从处理的顺序来分，首先处理“4位字段”。根据不同的数据选择状态，4位字段的内容分别可以是报警号、程序段号或序数。接着，处理通用显示器的“数控地址（符号）”显示。然后是8位数据显示。所显示的数据可以是十六进制数或十进制数或二进制数，再进行各发光二极管状态灯显示处理，最后是坐标位置显示。

(3) 3号口处理。3号口的主要任务是将零件程序从主程序区(MP)或子程序区(SP)或校正程序区(PC)读入缓冲存储器(BS)内。在读的过程中，读完一组数控指令（数控地址和其后接的数据一起，例如G01，称为一组数控指令）后，再读到下一组数控指令的数控地址时，将上一组数控指令送入BS区。在一程序段全读入后（即读到NL时），如果需要校正，还要进行校正处理。

(4) 4号口的处理。4号口主要完成以下任务：将BS中的零件程序段读出，根据该段程序进行刀具中心轨迹的计算，如果本程序段有刀具偏移（或者刀具补偿），则还要进行刀偏（或刀补）计算，最后的刀具中心轨迹应该是考虑了刀具偏移（或刀补）后的轨迹。轨迹是以插补参数的形式给出的。以G17为例各种插补的插补参数如表3-7所示。

表3-7　各种插补的插补参数表(G17为例)

插补线型	插补参数	参数意义
直线	$\cos\alpha$	速度的合成矢量与长轴之间夹角的余弦
	X,Y	本程序段的增量值
圆弧	I',J'	起点在以圆心为坐标原点的辅助坐标系中的坐标
	X,Y	本程序段中X方向和Y方向的增量

(5)“启动—再启动”处理。所谓“启动—再启动”，是指刀具在加工中折断等特殊情况下，两种不同的继续加工的方式。一般情况下，在刀具折断后，首先将加工方式由“自动”转为“手动”，此时系统自动地记录断刀点的位置。然后，操作人员将刀具移开并进行换刀。再将刀具移回断刀点，将加工方式重新转回“自动”方式。此时，若控制台“再启动”开关处于“无效”状态，那么，按“启动”按钮后的继续加工称为“启动”方式。系统不再作刀补计算，刀具以返回点为起点，按断刀前的轨迹走完剩下的路径。若“再启动”开关为“有效”状态，则返回断刀点后按下“启动”按钮的操作称为“再启动”。此时，以新刀具半径为准，重新进行刀补计算，得出新的刀具中心轨迹，并以此轨迹走向终点。在程序中，“再启动”由6号口处理，“启动”由5号口处理。

3) 第2级中断

第2级中断的最主要功能是对机床控制台的输入信号（控制台送给NC装置的控制开关信号和按钮信号）及NC键盘进行监控处理。其次是穿孔机操作处理，还有M，S，T，H强电信号处理和输出信号处理等。

(1) 控制台状态监控处理。在0～3FF的RAM区中，有几个单元作为“控制台输入状态寄存器”。所有的控制台输入信号，编排成几个输入口地址。每逢第2级中断时，系统对这几个输入口依次扫描一遍，回收新的输入信号状态，然后与已存入“控制台输入状态寄存器”的输入状态进行比较，如果发现状态有变化，那么就转入该开关（或按钮）状态改变的具体程序进行具体处理。由于7M系统的操作方式和控制机能种类繁多，相应的具体处理程序种类也比较多。

(2) NC键盘监控处理。与控制台状态监控处理相似，在0～3FF的RAM区中有几个单元作为“按键状态寄存器”，所有的NC按键被编排成几个输入口地址。由于按键只有两种状态（按、放），每位按键对应机器字中的一位。按下键为“1”，放开键为“0”，每逢第2级中断时，系统对这几个输入口依次扫描一遍。同样，新老状态进行比较，若有变化则根据按键位置（称为按键位移量）转入相应的按键处理程序加以处理。按键根据机能可分为四类：数字键、数控地址键、方式键和功能键。

NC 键盘操作主要用于零件程序编辑、手动数据输入（MDI）、选择显示、纸带输入和检索等操作。

当零件程序编辑时，由于系统中没有另外开辟专用的编辑缓冲区，只设置了几个专用单元，作为“改入内容”的暂存等用，因此，每次修改、插入或删除，以一组数控指令为限。设计思想是，先通过检索的方法在零件程序存储器中找到修改（或插入）位置，然后将零件程序存储器中文件以修改（或插入）位置为界分成两部分，从修改（或插入）位置以后的部分（不包括修改或插入的本组）往后移动，将修改（或插入）内容填入，再将被移动的文件接于填入内容之后，形成完整的文件。这种编辑方法的优点是省去了“编辑缓冲区”，缺点是编辑速度较低。

（3）穿孔机的穿孔处理。当进行穿孔处理时，程序首先判别是否能进行正常穿孔操作。只有满足下列条件，穿孔才能进行：

① 无“穿孔出错”以及“纸带缺乏”报警；

② NC 工作方式处于“数控输出”方式；

③ 穿孔方式已经设定，穿孔机已“启动过”，而且处于“穿孔请求”状态。

程序根据所选择的“穿孔方式”，分别可以将 MP，PC，SP 的内容穿成纸带。此外，机器设定的 TE 参数、刀补量（按 SE 键）以及经过校正的主程序（同时按下 MP，PC 键），也可以穿成纸带。按 BS 键时，可以进行复制纸带操作。穿孔纸带的格式由程序以顺序控制的方式来保证。

第 2 级中断的简化框图如图 3－54 所示。

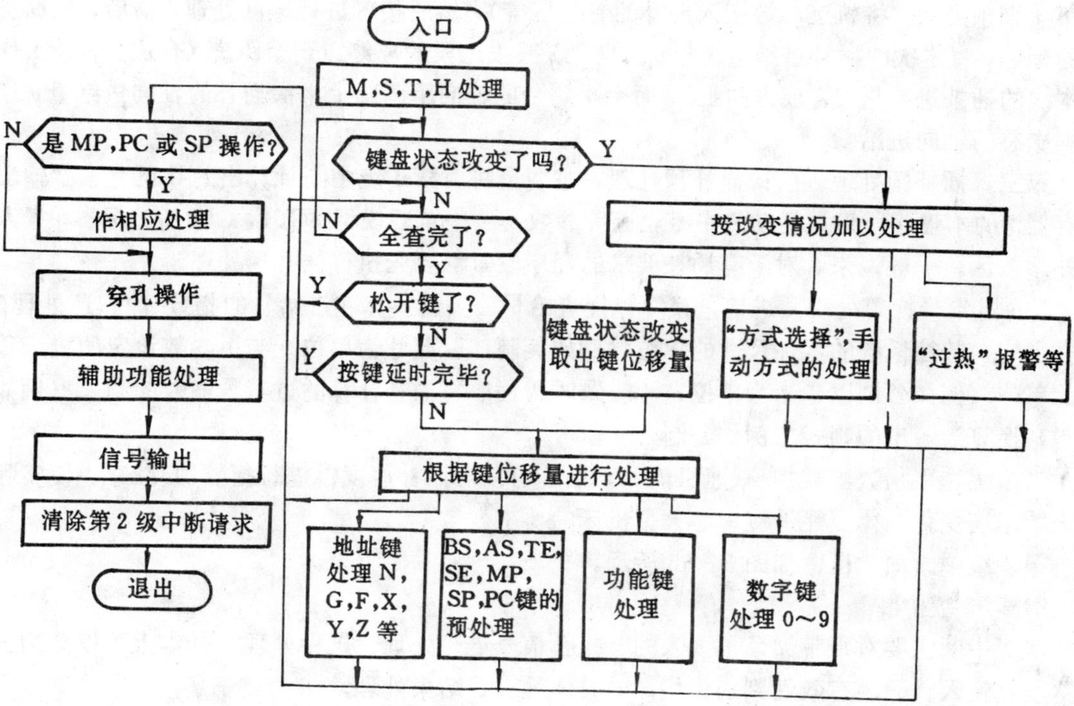

图 3－54 第 2 级中断简化框图

4）第 4 级中断

第 4 级中断最主要的功能是完成插补计算。7 M 系统采用“时间分割法”插补，即将程序段的增量以 8 ms 时间为单位，划分为许多小段，每次插补进给一小段。一次插补处理可以分为 4 个阶段，即速度计算、插补计算、终点判别、进给量变换。

下面，对第 4 级中断的几个具体问题作以说明：

(1) 稳定速度与瞬时速度。当速度变化时，7 M 系统具有自动升降速处理。在切削加工中，我们称刀具匀速运动时的速度为稳定速度；称某一瞬间的速度为瞬时速度。在升降速度过程中，瞬时速度不等于稳定速度；在匀速运动时，瞬时速度等于稳定速度。

(2) 加工过程中段与段之间的衔接。这类情况分为以下三种：

第一，零件程序正在加工的那个程序段的内容是存于工作寄存器区（AS）内的。每插补一次，程序总要进行一次终点判别，当一个程序段将近加工完（离本段终点只有一小段距离）时，程序就设置一个允许下一程序段读入 AS 区域的标志，于是，在下一次第 4 级中断时就可以去请求将下一程序段读入 AS。从而保证段与段之间操作的连续。

第二，速度衔接问题。根据指令功能的要求，加工到终点时，有些程序段速度一定要减为 0。例如，G00 或 G09 为了定位，要求到终点时速度必降为 0，而在正常切削加工中，绝大多数是 G01 和 G02 等加工段，在这些情况下，希望速度连续。即使段与段之间 F 值不同，为了不影响加工零件的粗糙度，也希望转段时速度有一个平稳的过渡而不希望转段时每次都降为 0。在 7 M 系统的速度处理中，对后一种情况，执行“不减速到 0 的程序段的最后一次插补”，作特殊处理（称之为“速度转接”）。即在上段的最后一次插补后发觉离终点的剩余距离小于一次插补的进给量，于是设置标志。在下一次第 4 级中段时先根据标志进行下一程序段的第 4 级预处理（将轨迹参数搬入插补的参数区等），然后接着进行速度处理，最后，根据所设的标志，将本次的插补进给量（合成方向上）减去上段的离终点剩余距离（合成方向上）作为本次的插补进给量（合成方向上）。而上次剩余的轴向距离加上本次插补的轴向进给量，作为本次总的轴向进给量。

第三，插补预处理。所谓插补预处理，主要是将由第 1 级中断计算出的并已存于“输出寄存器”的本程序段刀具运动的中心轨迹等参数及一些轨迹线型（G01，G02 等）标志，搬入插补参数区。一般说来，对于有插补要求的程序段，都要先执行插补预处理。

(3) 进给量换算处理。进给量换算包括进给量公英制换算和进给量的指数加/减速处理。

当输入数控系统的零件尺寸的单位（例如英制，以英寸为单位）与由参数设定的机床移动的单位（例如公制以毫米为单位）不一致时，程序将插补计算的进给量输入的制式（例如英制）换算为输出的制式（例如公制）。

当系统选用指数函数加/减速机能时，系统可以对插补速度再进行指数加/减速。使实际的进给速度变化规律更能适应中、大型机床的要求。

第 4 级中断简化框图如图 3－55 所示。

5) 第 5 级中断

本级中断主要对纸带阅读机读入的一排孔信号进行处理。这种处理，基本上可以分为三个阶段：输入代码的有效性判别；代码的具体处理；结束处理。

(1) 输入代码的有效性判别。凡满足下述条件的代码才算为有效代码：

① 读入的代码信号在时间上没有“延迟”。

② 读入的代码是纸带的“程序起始”标志（ISO 方式的第一个 NL 码或 EIA 方式的第一

个 CR 码）以后的代码。

③ 读入的代码奇偶校验正确，也不是废码。

(2) 代码的具体处理。首先，将已被确认为有效代码的读入代码统一转为 ISO 码制，然后，判别该代码本身是否为注解段标志码（或其他特殊代码），并根据判别结果，设置相应的标志。接着，进行输入操作方式的判别，并根据不同类别进行具体处理。

① MP，SP，PC 类：主要的处理是将输入代码存入零件程序存储器的相应区域。如果文件溢出（例如主程序文件长度大于零件程序存储器中 MP 区容量）或者存储出错，则报警。

② SE，TE 类：主要的处理是将读入代码相应地存入 SE 区或 TE 区，由于 SE 区、TE 区地址在 RAM 中并非连成一片，要根据代码进行地址计算。如果使用了非法的数控地址，则报警。

③ 纸带工作方式：将读入代码存入零件程序缓冲器，该缓冲器只允许存一个程序段（约可存 90 个字符），如果缓冲器溢出，则报警。

(3) 结束处理。对于一排孔信号的结束有两种可能：

① 如果是一排一般的孔信号处理完，或者虽然本排孔信号是 NL（程序段结束码），但不是整个程序结束，则再启动一次阅读机。

② 如果出错或者是整个程序结束，则停阅读机。

第 5 级中断见图 3－56 所示。

6) 第 6 级中断

本级中断主要完成位置控制、4 ms 定时计时和存储器奇偶校验工作。

(1) 位置控制。7 M 系统中，位置控制是由软件和硬件配合完成的。软件部分的任务是在第 6 级中断中，定时地从“实际位置计数器”中回收实际位置值，然后将位置指令值与实际位置值之间的差值（称位置偏移量）换算成速度指令值，送给硬件的“速度指令寄存器”，去控制电机的运转。

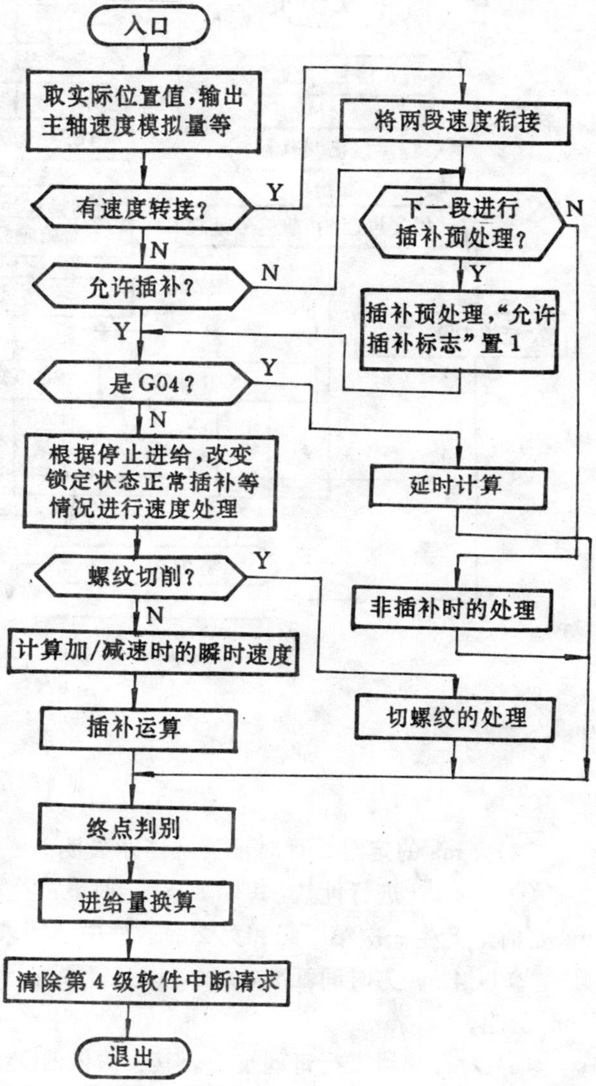

图 3－55　第 4 级中断简化框图

为了保证伺服系统的正常工作，还必须考虑许多影响伺服系统工作的因素。在位置控制的软件处理中还包括其他工作和判别，主要是：

① 每次位置控制处理只有在伺服系统处于正常状态下（例如，伺服准备好，电机既无

“过热”，也无“过载”等），才能正常进行。

② 进给方向改变时，要进行齿隙补偿。

③ 机床丝杠螺距有误差时，在设定的螺距补偿点进行螺距误差补偿计算。

④ 当设有软件限位或硬件限位时，随着机床的进给，进行是否到达限位位置的判别。

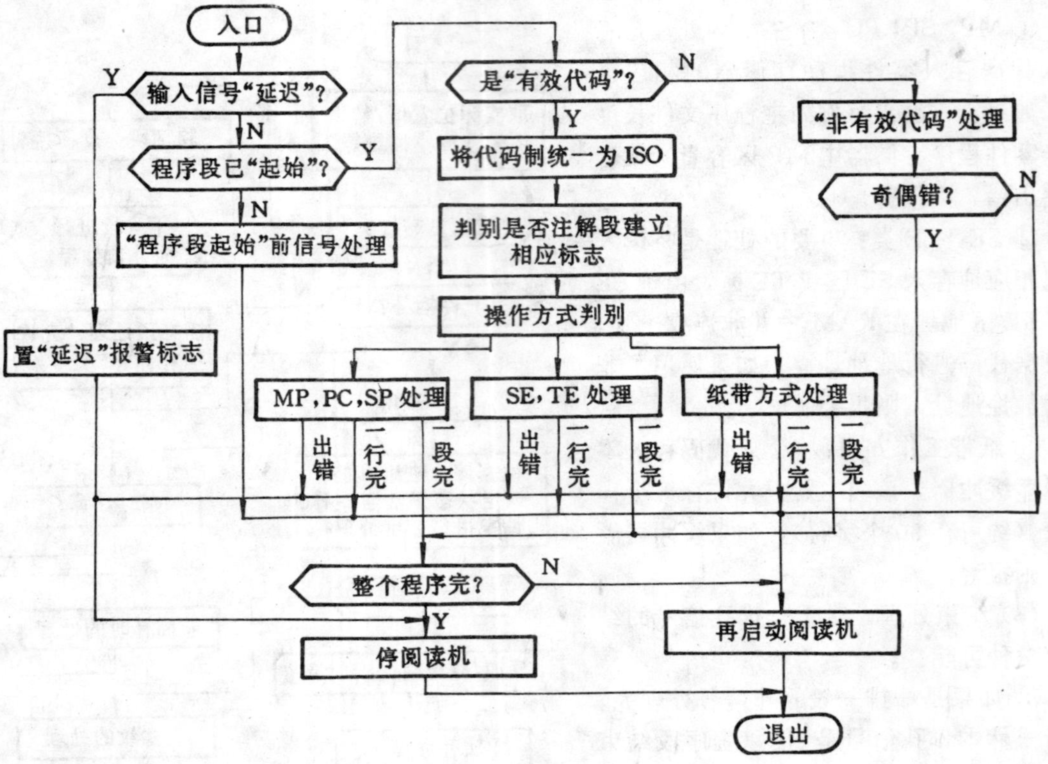

图 3-56　第5级中断简化框图

(2) 4 ms 的定时、计时，其具体办法是：

① 对 4 ms 进行计数，每隔 8 ms 定时地产生一次第 3 级和第 4 级软件中断请求。每隔 16 ms 定时地产生一次第 1 级和第 2 级软件中断请求。

② 以 4 ms 为时间基准，对 4 ms 进行累加计算，和数就是数控装置使用的时间，这就是计时功能。

(3) 对存储器进行奇偶校验。其方法依 ROM 和 RAM 而有所不同。

① 通过读、写奇偶校验的方法，来判别 RAM 是否出错。如果出错，首先使伺服系统停止工作，并点亮报警灯；然后，对出错的区域进行写和读全 0，全 1，1234 试验，找出出错的地址和出错状态，并将出错范围、出错地址和出错状态在通用显示器上显示（报警号显示 9999）。

② ROM 的奇偶校验以一块 ROM 为单位，通过求该块 ROM 的累加和的方法来实现。若出错，则使伺服系统停止工作，点亮报警灯，找出出错的片子，并在通用显示器上显示出该 ROM 在印刷板上的安装位置，报警号也显示 9999。

第 6 级中断的简化框图如图 3-57 所示。

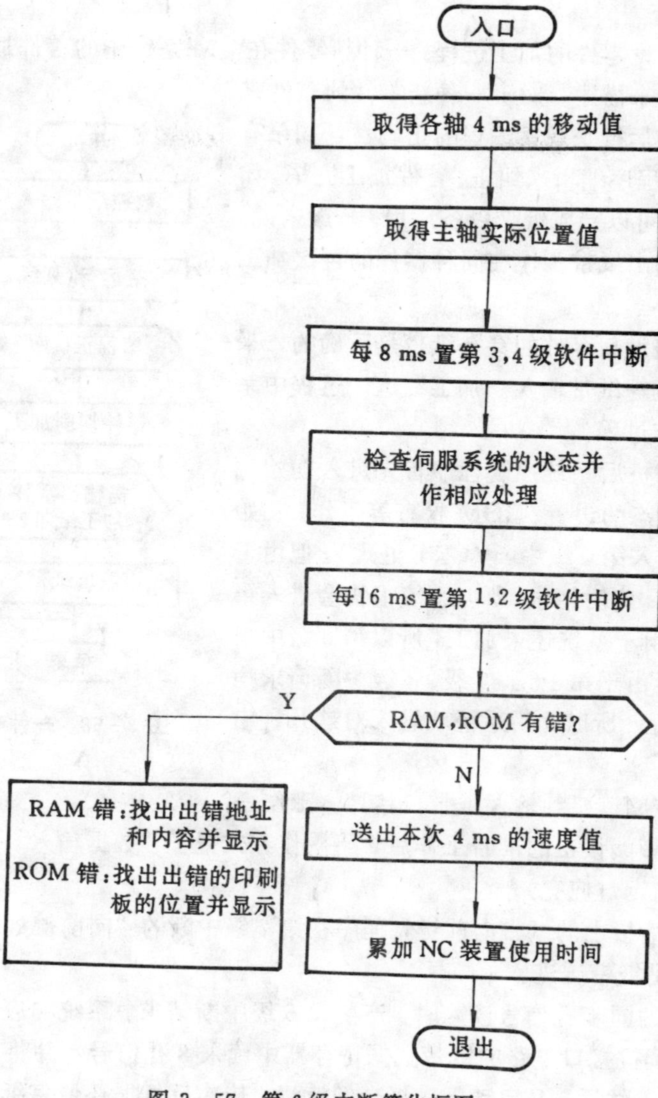

图 3－57　第 6 级中断简化框图

7）第 7 级中断

本级中断对 7 M 测试板（测试台）进行监控。测试板操作主要有：

① ROM，RAM 和中断保护区内容的“读出”操作，以及“地址加 1 读出”（读下一地址）操作。

② RAM 和中断保护区内容的“改写”操作以及“地址加 1 改写”（改写下一地址）操作。

③ 设断点进行运行控制。

④ 执行单指令（包括单微指令和单控制指令）。

将上述读、写操作和运行控制操作结合起来，就可以进行程序调试。

第 7 级中断服务程序比较短，结构也很简单。程序首先回收“功能键”状态，然后根据该状态，进行不同操作的具体处理，如果出错，则点亮操作板上的“ER”灯。最后清除第 7 级中断请求。

3. 零件加工过程举例

现在我们来讨论零件的加工过程。一种新零件在 7 M 系统中的首件加工过程大致可以用图 3-58 所示流程来描述。对于一种新零件的首件来说，一般要通过空运行来观察编程的正确性，如果有错，可以通过零件程序编辑来纠正。首件加工完毕，如果程序需保存，则可以穿成纸带以备后用。一般来说，零件程序编辑和输出纸带工作在同种零件的再次加工时不必进行。

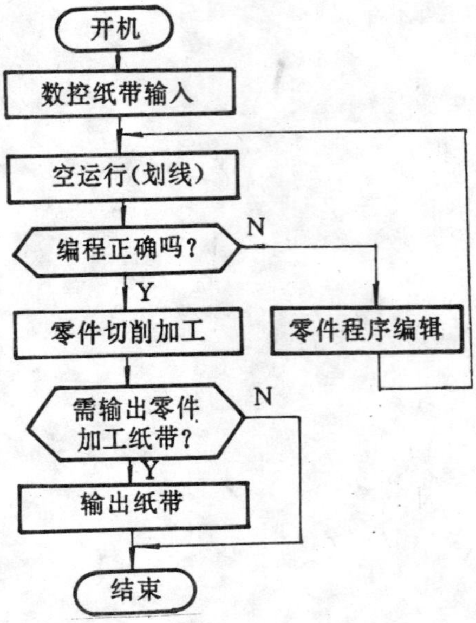

图 3-58　一种新零件的加工流程

现在，我们假设新零件的穿孔纸带是正确的，来分析一下从“开机→纸带输入→加工”这一过程中系统控制程序的工作过程。

(1) 开机。开机后系统控制程序首先进入初始化程序，进行初始状态的设置、ROM 检查等工作。初始化结束后，系统转入第 0 级中断（CRT 处理）。但由于第 6 级中断是 4 ms 定时请求，所以系统很快会进入第 6 级中断。此时，由于系统还未加工，所以第 6 级中断只是通过一下。但由于第 1 级、2 级、4 级中断请求均由第 6 级定时设置，所以此后系统就进入对这几种中断的轮番处理。

(2) 启动纸带阅读机，输入纸带。其具体工作是：

① 在做好纸带阅读机的准备工作后，将操作方式置于“数据输入”方式，按 NC 面板上的 MP 键（MP 指示灯应亮）。

② 按下 NC 面板上的纸带向前键，程序在第 2 级中断的“向前键处理程序”中启动一次纸带阅读机，于是纸带送进。

③ 当纸带上的同步孔信号读入时，产生第 5 级中断请求。系统响应后，转入第 5 级中断处理，从纸带阅读机接口电路的纸带数据寄存器中读入 8 孔信号，并将其送入 MP 区（即数控指令主程序区）。然后，又启动一次纸带阅读机。依次反复循环便将纸带读入到 MP 区，直至纸带结束。

(3) 启动机床加工。执行过程如下：

① 将方式开关置于“存储器方式”。按下机床控制台上的“启动”按钮后，第 2 级中断很快判断出是“机床启动”信号。在认定该信号为有效信号后，置第 1 级中断 7 号口状态为“1”，表示按启动按钮后要求将一段程序从 MP 区读入到 BS（缓冲存储器）区。

② 程序转入第 1 级中断，当处理到 7 号口时，置 3 号口状态为“1”，表示允许进行“程序从 MP 区读入 BS 区”的操作。

③ 在第 1 级中断依次处理各口后，由于 3 号口已置“1”状态，所以又返回 3 号口处理，将一段数控程序从 MP 区读入 BS 区，同时置“已有新加工段读入 BS 区”的标志为“1”。

④ 程序进入第 4 级中断。根据“已有新加工段读入 BS 区”的标志，在其他条件也满足的情况下（正常情况下，第一个程序段总满足），置“允许将 BS 内容送 AS 区（工作存储器）”标志为“1”，同时置第 1 级中断 4 号口状态为“1”。

⑤ 程序再转入第 7 级中断，在 4 号口处理中将 BS 区内容读入 AS 区，计算出刀具中心位

置，计算结束后，置相应的标志为“1”，并将所计算的轨迹参数存入“输出寄存器”。

⑥ 再次进入第 4 级中断处理。首先进行第 4 级的插补预处理，处理结束后置“允许插补开始”标志为“1”，同时由于 BS 内容已读入 AS 区，因此置第 1 级中断的 8 号口为“1”，表示要求从 MP 区读一段新内容到 BS 区。此后转入速度计算→插补计算→终点判别→进给量变换处理，完成第一次插补工作。

⑦ 进入第 6 级中断，将第 4 级中断所送出的插补进给量分两次（每 4 ms 一次）完成进给。

⑧ 再进入第 1 级中断，8 号口处理中允许再读入一段，于是置 3 号口状态为“1”，在 3 号口处理中将新内容从 MP 区读入 BS 区。

⑨ 反复地进行第 4 级、6 级、1 级和 0 级等中断处理，机床在系统的插补计算和位置控制处理中不断进给，显示器不断地显示新的位置值。实际的加工过程就是这样由许多次各级中断处理的有机结合来完成的。

三、FANUC 6 系统

1. FANUC 6 系统的特点及功能

FANUC 6 系统（简称 6 系统）是具备一般功能和部分高级功能的中级型 CNC 系统。其特点主要有：

(1) 可靠性高。由于使用了大容量磁泡存储器、大规模专用集成电路和高速微处理器，与过去的相当机种比较，元件总数减少约 30%，而且在制造过程中采用严格筛选，使用自动检测器进行自动检测以及环境试验等措施，大大地提高了电路的可靠性；电柜装有热交换器，使内部与外界隔离；装有防尘、防潮型的高可靠性键式手动数据输入单元，所以能在恶劣环境中使用；为了提高动作的可靠性，备有数据奇偶校验、程序对比校验和时序校验等许多校验功能。

(2) 适用于高精度、高效率加工。最小脉冲当量为 1 μm 或 0.000 1 in，有提高加工精度的间隙补偿和丝杠螺距误差补偿；有自动监视和自动补偿伺服系统漂移的功能；有自动监视误差寄存器的静态误差与动态误差的功能；备有高效率的随机选择自动换刀机构和纯电气式的主轴快速定向控制系统；有控制主轴电机转速、确保切削速度不变的恒速切削控制；还有为缩短各加工时间的许多固定循环。

(3) 容易编程。备有由用户自己制作特有变量型子程序的用户宏功能；有不必预先计算就能够直接指定刀尖设定点的刀尖半径补偿功能；能够用图纸标记半径值直接指令的圆弧补偿；还有便于某些交换工作台机械编程的返回第 2 参考点功能，只须指定精加工尺寸就可以自动地进行粗切削、精切削的复合型固定循环。

(4) 容易维护保养，现场调试方便。使用微处理器的 CNC 内部监视系统，能够判断 160 种（6 M）或 130 种（6 T）停车故障；确认 CNC 的所有输入、输出开关信号的显示值或输出值，能够发现数控柜和机床强电柜的故障；间隙补偿量、螺距误差补偿量、伺服系统时间常数等数控机床的参数可简单地用 MDI 上的按键设定输入，并用 CRT 或 DPL 确认。

(5) 操作性好，使用安全。由于使用大容量磁泡存储器，不需要蓄电池这类备有电源，具有最大 320 m 控制带的存储、编辑功能，用程序号检索可以调出所需程序进行加工，具有相当 DNC 的功能；使用 CRT 显示器能确认程序内容偏置量的设定与变更和各种动作的状态；加上手动操作，从而大大地提高了操作性能；使用带小数点的数字表示尺寸或位置可以防止眼误；还具备便于工程管理、刀具寿命管理的累计使用时间显示功能等；为了保护所存入的程序，使用带“锁”的键输入；为了防止刀具与工件冲撞，使用了存储式限位开关，设置刀具禁入区域。

6系统（包括6 M，6T）的控制功能有：

(1) 6 M的控制轴是X，Y，Z三轴，6 T是X和Z两轴，6 M还可以增加选用功能控制第四轴。

(2) 联动轴数：6 M可以进行三轴中的两轴联动，6 T能进行X和Z两轴联动，6 M增加选用功能后可以进行X，Y，Z三轴联动，能进行直线、圆弧、螺旋线等插补。

(3) 辅助功能为2位数(M 2)，主轴功能为2位数或4位数，刀具功能为2位数或4位数。

2. FANUC 6系统的硬件

6系统使用高速微处理器8086作为CPU，主时钟频率为5 MHz，其硬件结构如图3-59所示。系统中有28K RAM，用来存储中间结果和数据。全部零件加工程序和系统的工作参数存放在磁泡存储器中，磁泡存储器最多可存储320 m长的控制带。磁泡存储器和RAM之间的数据交换采用DMA方式，6系统使用一块专用集成电路MB 14231作为DMA控制器，磁泡存储器的控制电路如图3-60所示。

为了提高系统的可靠性，28K RAM读写时要进行奇偶校检，相应地有一套奇偶校验电路。系统有208K EPROM，用来存放控制软件。6系统使用了非屏蔽中断和8级可屏蔽中断，8级可屏蔽中断用中断控制器8259进行管理。8259对多级中断进行优先级排队，并产生中断矢量。6系统使用了一个定时器8253。8253有3个通道，分别产生2 ms的时钟、8 ms的时钟和利用RS—232 C口进行串行通信的时钟，因为CNC系统有许多位操作，须要读取指定单元的某一位或者修改指定单元的某一位时，不致影响该单元的其他位，这类位操作如果用程序实现的话，要占用CPU较多的时间，而且速度也比较慢，为了提高位操作的速度，发那科公司开发了专用的位操作芯片MB14233。

控制软件正常执行时，插补程序的执行时间小于8 ms，由于某种原因当程序执行发生故障时，插补程序的时间将大于8 ms，通过6系统专门设计的看门狗电路产生非屏蔽中断，当CPU接到非屏蔽中断请求时，作紧急处理。

3. FANUC 6系统的控制软件

与大多数CNC系统的工作流程相同，6系统也经历输入零件程序、译码、数据处理、进给速度控制、插补运算、伺服输出等工作阶段。为了提高刀具运动的线速度，节省CPU的时间，6系统也采用粗插补与精插补结合的方法，粗插补由软件完成，周期为8 ms，硬件完成精插补。

和7系统类似，6系统也是一个大的多重中断系统，共有10级中断优先级，其中0级为最低优先级，9级为最高优先级，除了2级、3级为软件中断外，其余为硬件中断。各级的功能如表3-8所示。由表3-8可见，0级为初始化程序，此时还没有开中断，还没有中断时钟产生，当0级结束时进入1级，同时开中断。1级是主程序，只要没有其他中断优先级的请求，就总是执行1级程序，即总是执行CRT显示和ROM校验。中断优先级关系示意图如图3-61所示。其中，1级为主程序，2～9级为中断服务程序。

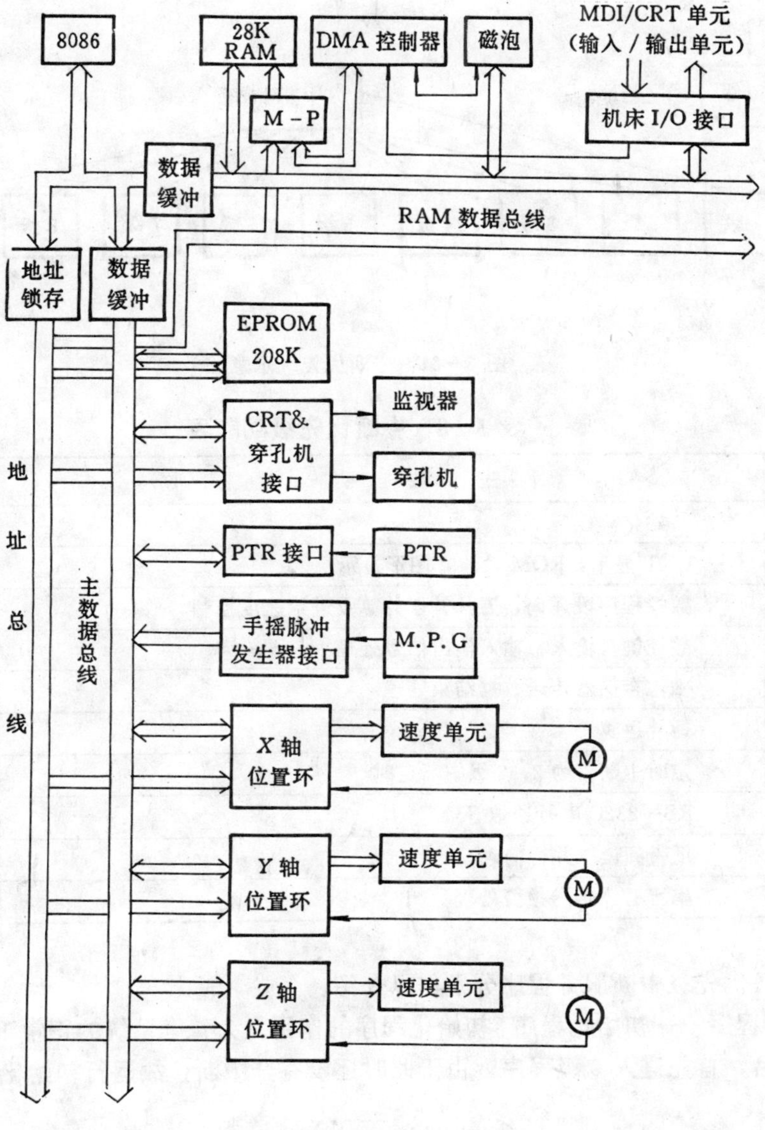

图 3-59 FANUC 6 总体结构图

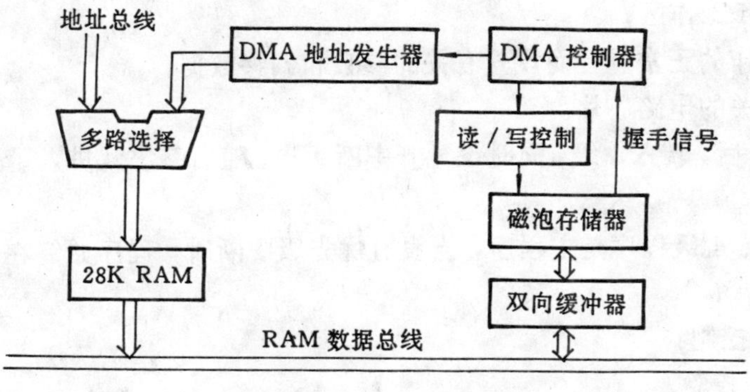

图 3-60 磁泡存储器的读写电路

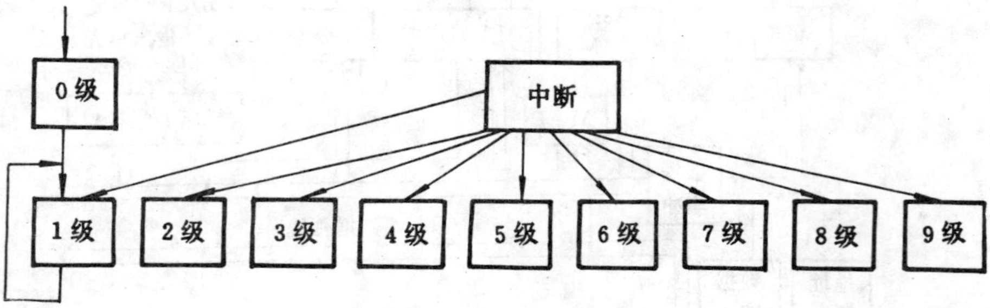

图 3-61　中断优先级示意图

表 3-8　中断优先级功能表

优先级	主　要　功　能	中断源
0	初始化	开机后进入
1	CRT 显示，ROM 校验，图形显示	主程序
2	数控程序段译码，刀具补偿计算及进给速度控制	16 ms
3	数控键盘输入，输入输出信号处理	16 ms
4	磁泡存储器传送数据结束处理	硬件
5	插补运算	8 ms
6	定时中断，为 2，3 级中断定时	2 ms
7	RS—232C 串行通信管理	硬件
8	纸带阅读（并行输入）	硬件
9	串行 I/O 传送报警处理	硬件

下面对各优先级中断服务程序分别作以介绍。

(1) 0 级程序——初始化程序。初始化程序的作用是为整个系统的正常工作做准备。即系统每次开机后，首先进入 0 级程序，由于此时还没有开中断，故运行初始化程序时没有其他的中断进入。

初始化程序主要完成以下的几项工作：

① 清除 RAM 工作区；

② 为数控工作的正常进行而设置有关的参数和偏移数据；

③ 初始化有关的电路芯片。

0 级程序执行后，转入 1 级，同时设置开中断标志，随后系统就进入了采样周期分时处理的工作状态。

(2) 1 级程序。1 级程序是主程序，当没有优先级中断时，程序始终在 1 级运行。其工作任务是：

① CRT 显示控制；

② ROM 奇偶校验。

其具体工作过程如图 3-62 所示。

(3) 2 级中断服务程序。2 级中断服务程序的工作主要是为插补准备好数据和状态，大致有以下的工作：

① 将零件程序通过 NC 键盘用 CRT 编辑方式输入至 MDI 缓冲器中，然后通过 DMA 方式送到磁泡存储器中。

② 将存入磁泡存储器中的零件程序的一段程序读入并经译码送至译码缓冲区中。

③ 对已送入译码缓冲区中的一个程序段的零件程序信息进行绝对坐标至增量坐标的变换，并进行刀具长度、刀具半径补偿运算。经这一步运算后便得到了下一个程序段进行插补加工的数据。

④ 进给速度处理：要将零件程序读入的 F 值由“毫米/分”进给变换为“当量值/采样周期（8 ms）”。因为 6 系统采用的是扩展数字积分器（DDA）的插补方法，因此，还须要进行速度积分的运算。

⑤ 存储在磁泡存储器中的程序可穿孔输出。

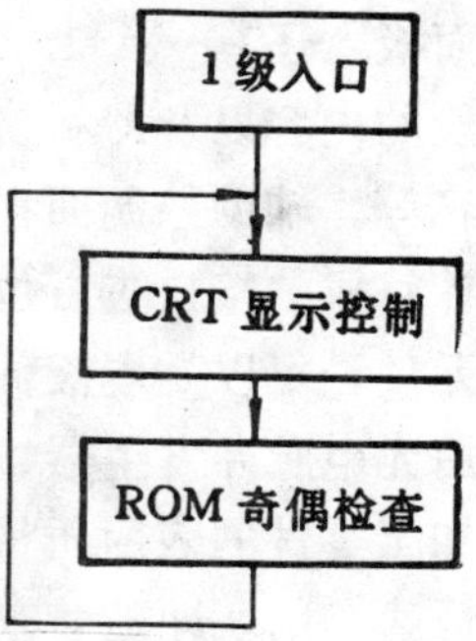

图 3-62　1 级程序示意图

(4) 3 级中断服务程序。对数控操作命令进行处理，包括选择 CNC 工作方式、选择显示形式等。

(5) 4 级中断服务程序。当磁泡存储器与 RAM 缓冲器之间通过 DMA 方式传送数据结束时，调用该子程序作结束处理。

(6) 5 级中断服务程序。5 级中断主要工作是完成插补运算。6 系统采用数字积分器插补算法（DDA），采样周期为 8 ms。每次插补均要计算出在每个坐标方向上的一组数字增量值，即完成二次插补的粗插补工作。插补程序在每个采样周期运行一次，因而实时性要求比较高。6 系统的插补程序主要完成插补运算、终点判别、加减速控制等工作，最后将计算出的数字增量值送至接口，作为伺服单元的输入。

(7) 6 级中断服务程序。6 级中断为硬件定时中断，每 2 ms 产生一次中断请求。该级的主要工作是产生 2 级、3 级的 16 ms 软中断定时。

(8) 7 级中断服务程序。7 级中断服务主要完成以下的工作：

① 利用 RS—232C 口从外设输入零件程序：该功能的主要工作是将零件程序从外设经 RS—232C 标准串行口读入到字符缓冲区中，如图 3-63 所示。

② 利用 RS—232C 口向外设输出零件程序：这一功能是①的逆过程。

(9) 8 级中断服务程序。该程序的主要工作是将零件程序由带卷盘的纸带阅读机送入到字符缓冲器中，如图 3-64 所示。

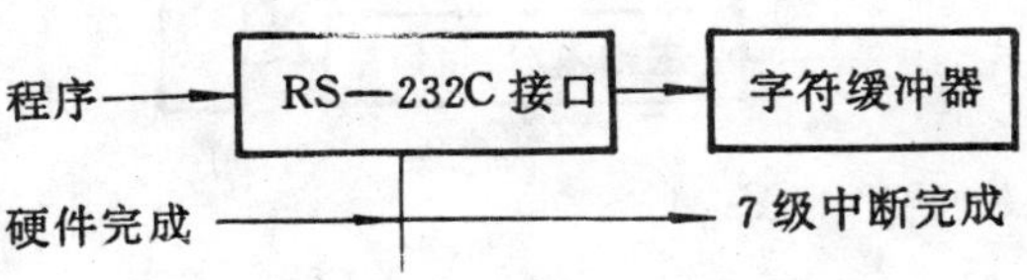

图 3-63　从外设经 RS—232C 口输入零件程序

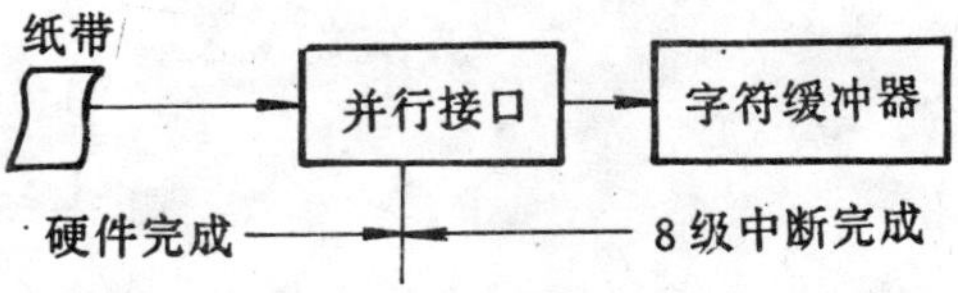

图 3-64　零件程序由阅读机送至缓冲器

四、A-B　公司的 7360 系统

美国 Allen Bradley 公司出品的 7360 CNC 系统是用来控制车床的计算机数控系统，整个系统安装在一个独立的封闭机柜中，系统的核心是一台字长为 16 位的小型计算机（或称工业

处理机)，内存共 32 K。控制数据的输入方式有纸带输入、手动输入，还可以与工厂的中央计算机联机，实现直接数控 (DNC)。系统有三块控制面板：主控制面板、辅助控制面板和一块专为工业处理机用的控制面板。操纵机床时，主要通过主控制面板实现对系统的控制。主控制面板上还有一个 12 in 的荧光屏 (CRT) 字符显示器，可以显示坐标轴位置，正在执行的程序段的内容以及即将执行的 4 个程序段的内容，刀具偏移量和补偿量的数字表，手动输入的内容等。辅助控制面板提供系统所需要的但不是经常使用的控制开关。系统与机床的联系通过计算机的接口进行位置控制、位置检测及其他指令信号和回答信号来实现。系统使用的驱动元件，可以是电液伺服液压马达，也可以是脉宽调速的直流电动机。位置的检测元件，可以用光电脉冲发生器、感应同步器或旋转变压器。此外，当车削大直径的端面时，为了保证被加工零件的表面质量，7360 CNC 系统能在车削端面期间，保持切削速度恒定，实现所谓端面恒速车削，即随着车削半径的增大和减小，主轴的转速相应地降低和增高。

1. *7360 系统硬件结构*

7360 系统是以 16 位字长的工业处理机 AIP 为核心，包括阅读机、CRT 键盘、控制面板和机床接口的实时控制系统。它实施全盘的计算机数字控制，即机床相关功能由可编程应用逻辑 (PAL) 来实现，以此减少故障，提高效率。处理机由微程序控制，有硬件乘除、奇偶校验、掉电保护等功能。

图 3-65 为 7360 系统的硬件框图。

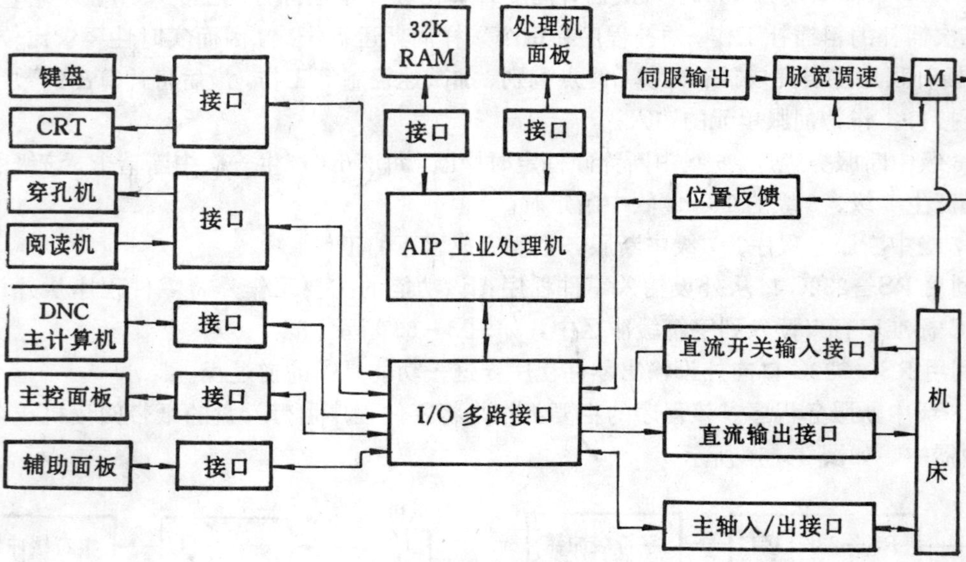

图 3-65　7360 系统硬件框图

7360 系统的工业处理机 AIP 使用微程序控制技术。存储微指令的存储器容量为 512×24 位。其中 256 个字支持标准机器指令 86 条，其余部分为用户提供编微程序的能力。标准机器指令中硬件乘除指令周期分别为 10 μs 和 19 μs，平均一条指令的执行时间是 2 μs 左右。

32K RAM 中存储系统程序和零件程序，并提供缓冲器以供运行时使用。CRT 显示用的信息亦在 RAM 中。系统不带外存储器。当主电源断开时，由来自蓄电池的电源保持供电。

处理机面板给操作员提供了软件开发和测试维护的手段。辅助控制面板提供系统所需的但不常使用的开关。操作员主要通过主控面板实施对系统的控制。它包括方式选择按钮，坐标轴选择并关，以及启动、循环停、紧停按钮等。

CRT、键盘、阅读机（穿孔板）属于计算机的通用外设。主要给系统提供信息来源及显示之用。本系统阅读机的阅读速度为200字符/s，双向阅读。纸带穿孔机的速度为75字符/s。

键盘的信息输入比阅读机更为灵活。除了零件程序能从键盘上输入外，操作者可输入键盘命令，通过键盘进行编辑、输入刀补表、程序显示及执行等。键盘输入的信息均在CRT上显示，出错时可及时修改。

伺服驱动接口（图3-65中伺服输出和位置反馈）主要是将处理机每10 ms发来的跟随误差的数字量转换为驱动伺服系统的速度指令电压，然后输出给伺服组件。同时对来自旋转变压器的模拟电压进行数字化，并对10 ms中坐标轴的位置增量进行计数，以供计算机每10 ms进行采样。计算机计算出上一个10 ms的进给滞后量，再加上插补理论值即形成新的跟随误差发送给伺服系统。

机床直流输入/输出接口是处理M，S，T功能的，其输入输出采用DMA方式。本系统采用5个输入组件、3个输出组件作为计算机和机床之间的接口。图3-66是该系统的计算机与通用外设和专用外设输出输入设备的联系示意图。这些输入/输出组件各自均是标准的。每个组件具有16套相同的电路以处理16个开关状态。每个电路均具有触点监测及电平转换功能。同时采用光电隔离装置。对输入组件而言，它是将24 V→5 V电压输入处理机。对输出组件，它是将5 V→24 V电压输出供给机床上的电路。5个输入组件对应内存I/O映像表中的5个输入字。3个输出组件对应I/O映像表中的3个输出字。机床或其他外部设备都通过一个I/O联结器UAF接口板与计算机相联系。

2. 7360系统的软件

7360数控系统是一种典型的数字采样实时过程控制系统。各种控制功能都被当作任务，编制成为相对独立的程序模块，通过系统程序将各种功能联系成为一个整体。系统程序的功能是处理中断、调度和监督各种任务的实施，该系统的软件结构如图3-67所示。

7360的系统程序可分为背景程序（又称后台程序）和中断服务程序（又称前台程序）两部分。背景程序的主要作用是管理和调度，它的运行是循环的。实时中断服务程序执行包括插补在内的全部实时功能。

1）背景程序

背景程序是计算机的主程序，主要功能是根据（控制面板上的）开关命令所确定的系统工作方式，进行任务的调度。它由三个主要的程序环组成，以便为键盘、单段、自动和手动四种工作方式服务。

当系统程序纸带的内容被装入内存或掉电后电源恢复并启动时，立即执行系统初始化程序，包括设置中断入口、设置机床参数、清除位置检测组件的缓冲器等功能。初始化完成以后，系统自动进入紧停状态，坐标轴的位置控制系统被断开，并允许10.24 ms的实时时钟中断，定时地扫描控制面板。操作人员按了“紧停复位”按钮以后，系统实行MCU（机床控制装置）总清除。接着启动背景程序，按照操作人员所确定的工作方式，进入相应的服务程序。无论系统处于何种工作方式，10.24 ms的实时中断总是定时地发生。

(1) 背景程序的4种工作方式。7360背景程序中主要分为自动、单段、键盘和手动4个服务例程，即4种工作方式。其中自动和单段方式的处理程序内容基本相同。下面分别叙述之。

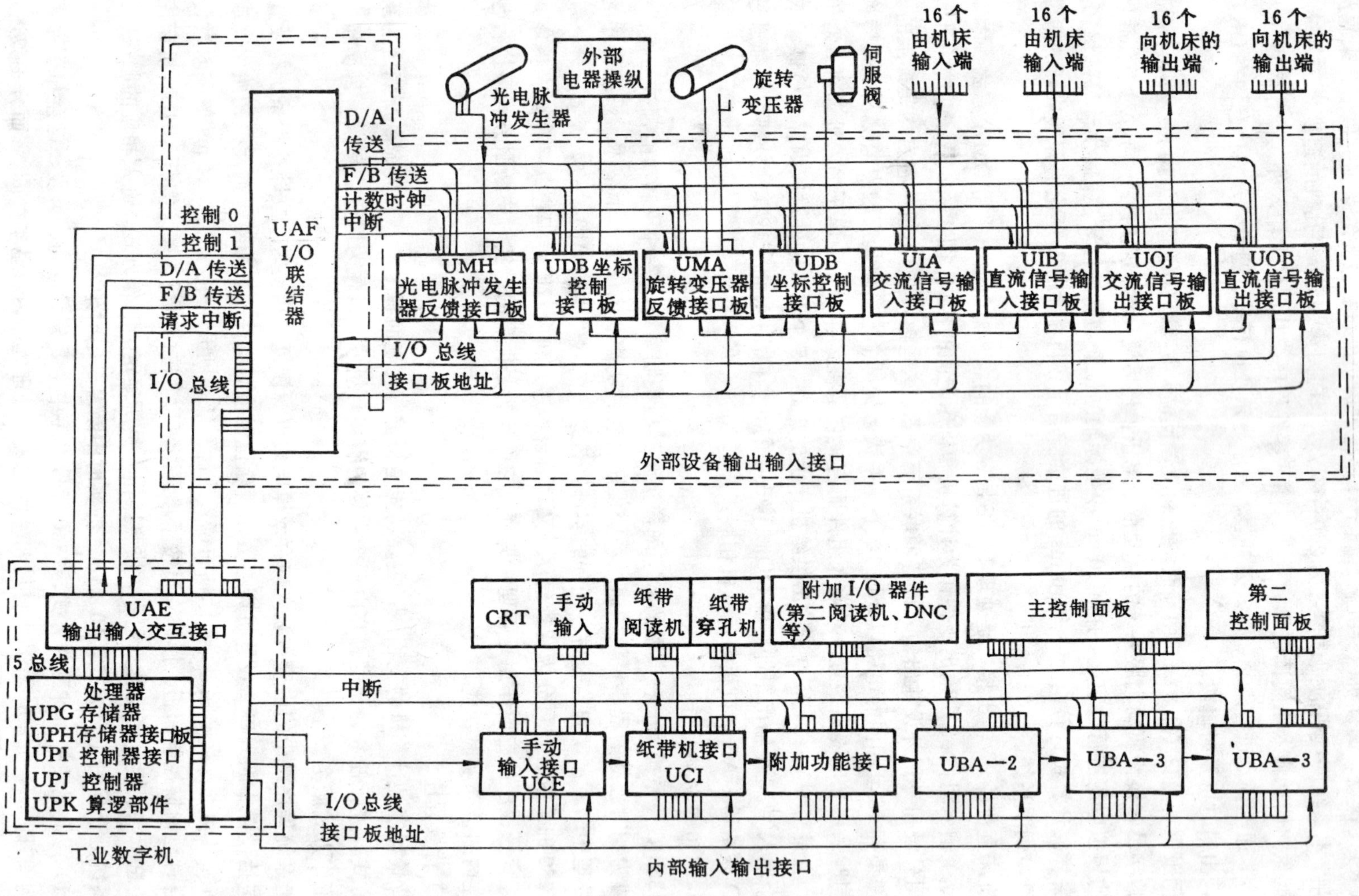

图 3-66　7360系统的示意图

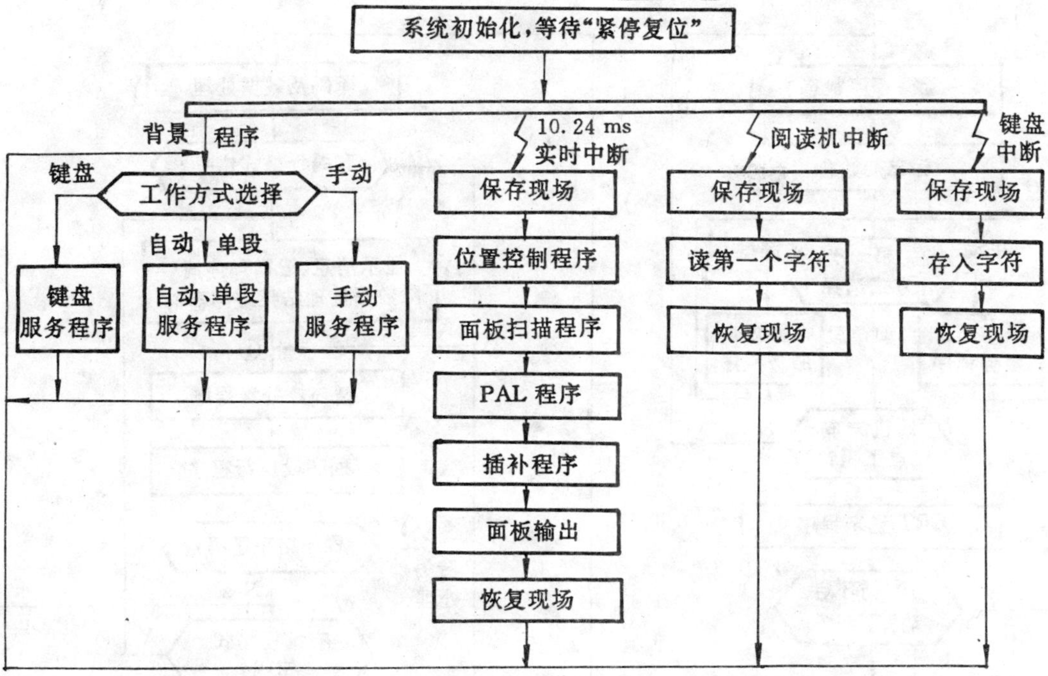

图 3-67　7360 系统的软件结构

① 键盘方式：键盘方式通过键盘的命令来实现数据输入、零件程序编辑和 MDI（手动数据输入）程序段的执行。数据输入以键盘中断方式实现。当操作人员通过键盘送入数据时，荧光屏（CRT）上显示了输入数据，等到操作人员送完数据并按“发送”键时，键盘方式服务程序立即按要求处理该数据，CRT 屏幕的显示被清除，然后返回键盘工作方式。

② 自动和单段方式：自动和单段方式是按程序段对零件进行加工的方式，是 CNC 系统中最根本的两个任务。二者的处理程序基本相同，区别仅在于：一个程序段执行完毕以后，“单段”方式须要设置“循环停”，而“自动”方式不须要设置“循环停”，并继续执行下一程序段。执行这一方式时，操作人员按“循环启动”按钮，于是输入程序段，进行译码和数据处理，将程序段信息传送到系统标志区，并把数据处理结果传送到插补缓冲区，最后设立“程序段传送完毕”标志及“允许插补”标志。10.24 ms 实时中断程序检测到这两个标志后，即开始进行 M，S，T 功能的处理（PAL 程序）。接着，进行插补计算，完成零件加工。在设置这两个标志以前，实时中断程序只执行面板扫描及一些监控，不执行其他功能，处于相对的空闲状态，背景程序便可获得较多的处理时间。10.24 ms 实时中断程序中的 PAL 程序和插补程序一经启动，背景程序立即进行下一段的准备，接着进入等待循环，等待本段执行完毕。单段方式时，本段执行完毕即进入“循环停”状态，直到操作人员再按“循环启动”按钮，才执行下一段。自动方式时，正常情况下，一个程序段执行完毕后便自动进入下一程序段的循环，直到整个零件程序执行完为止。

③ 手动方式：手动方式用来处理对坐标轴的点动和回机床原点的操作。实时中断程序根据操作人员在控制面板上设定的操作命令，产生相应的点动速度和点动进给增量。在处理循环中，手动服务程序通过位置控制程序实现坐标轴运动。每次处理后，即返回手动工作方式。

显然，上述的手动、自动、单段、键盘这四种工作方式是互相排斥的。

系统的背景程序框图如图 3-68 所示。

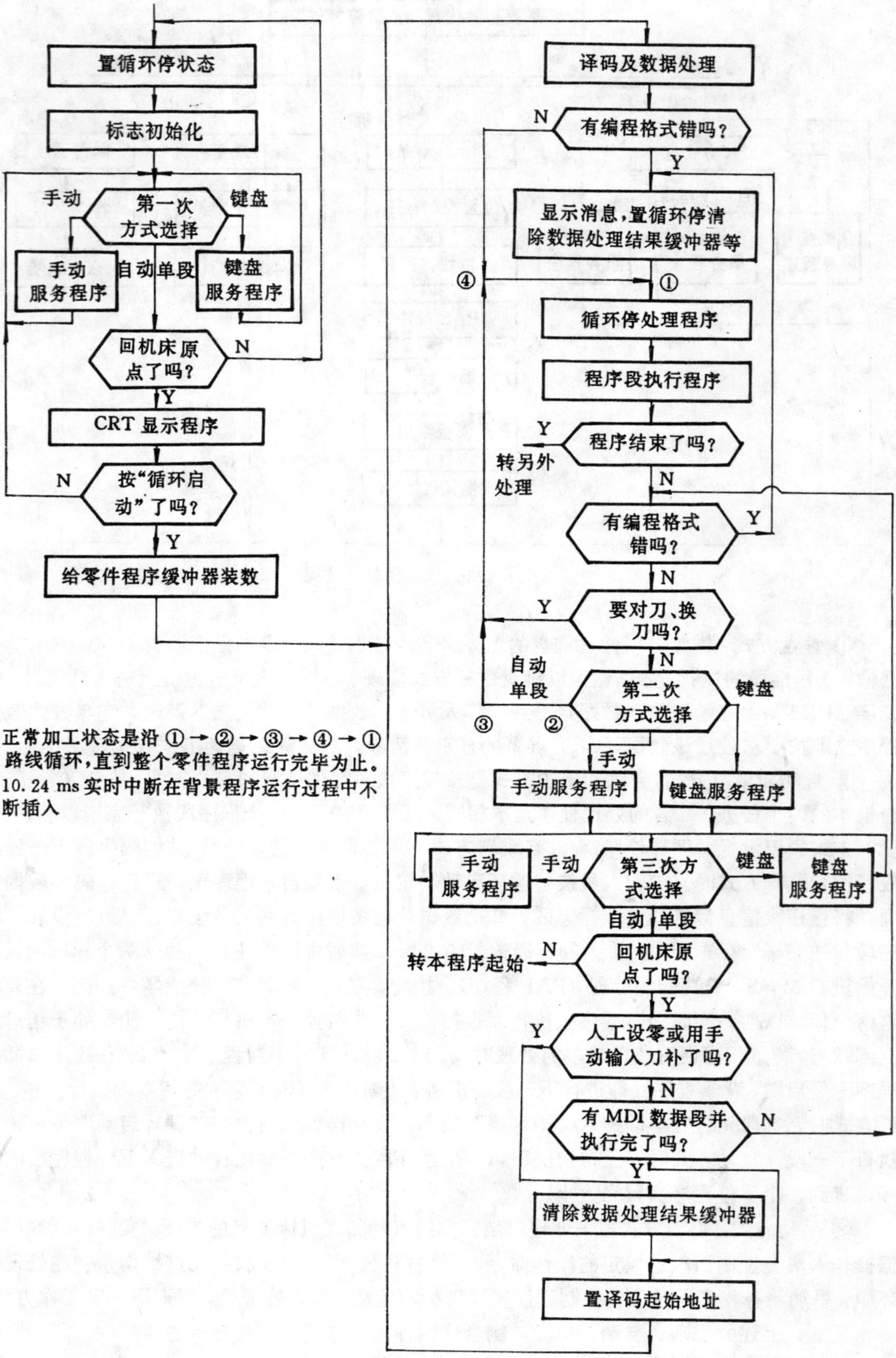

正常加工状态是沿①→②→③→④→①路线循环，直到整个零件程序运行完毕为止。10.24 ms 实时中断在背景程序运行过程中不断插入

图 3-68　背景程序框图

从图 3-68 可以看出，系统的背景程序为操作人员在面板上做工作方式选择提供了三次机会。第一次方式选择是加工开始进行的，主要功能是操作前的准备。如将刀架开回机床原点（手动服务程序），调出指定的零件程序（键盘服务程序）等。这些工作准备完以后，一般均选择自动或单段方式加工。按了“循环启动”按钮以后，先将零件程序送入零件程序缓冲器，将后者装满，然后预译一段并进行数据处理。接着，进入①→②→③→④→①所示的正常加工循环。自动和单段方式的区别是：单段方式时，程序段执行程序的末尾要设置循环停状态，而自动方式则否。因此，单段方式时，每一程序段执行完毕后，系统即处于循环停状态，等待操作人员再按“循环启动”按钮。一经按了该按钮，系统即再进入程序段执行程序，继续加工。

在加工中发生打刀时，操作人员按“循环停”按钮使刀架停止运动，并按“点动缩回”按钮，然后用点动操作使刀架离开零件（在点动前要记下打刀时的显示位置）。当刀架处于合适的位置时，进行人工换刀，然后点动回去，再按“循环启动”按钮，继续加工。

第二次方式选择是例行选择。每一程序段执行完毕，背景程序都要判断是否改变了工作方式。如果没有改变，则返回到正常加工循环。如有改变，则转到相应的服务程序。如果在第二次方式选择时，选择了手动或键盘，执行了相应的服务程序以后，便进入第三次方式选择。这是在零件加工中出现了非正常情况才发生的，如输入修正程序段，输入手动刀补修正量等。

(2) 7360 系统的内存分配。7360 系统的内存有 32 K 字，用于存储系统程序及零件程序，并设有缓冲器，供运行时使用。在系统电源接通后，如果内存故障灯亮，则表示驻留于内存的软件可能丢失。此时，禁止系统运行。操作人员必须重新从阅读机输入系统程序。系统的内存分配如表 3-9 所示。

表 3-9 系统的内存分配

起始地址（八进制）	内 容	字 数（十进制）	起始地址（八进制）	内 容	字 数（十进制）
00000	累加器 A	1	21123	坐标轴校准表	82
00001	累加器 B	1	21245	零件程序缓冲器	215
00002	中断入口单元	38	21574	系统程序	117
00050	局部标志	208	21761	插补参数区 I 和 II	65
00370	地址转换数据表	648	22062	系统程序	11 561
01600	系统标志表	128	50533	手动数据输入缓冲器	97
02000	定时/计数器，字存储区	104	50674	系统程序	52
02150	I/O 映像区	24	50760	PAL 操作系统	6 200
02200	系统程序	4016	65050	PAL 用户程序	3 708
12060	工作、译码寄存器	176	74244	零件程序存储器	1 720
12340	系统程序	2 886	77534	缓冲器（未用）	100
20046	消息表	530	77700	二进制引导程序	64
21070	机床伺服参数	27	77777		

从表 3-9 中可以看出，在软件中设置了 128 个字的系统标志（起始地址为 01600_8），作为任务之间通信和同步时的基准。还设置了 208 个字的局部标志（起始地址为 00050_8），作为任务内部联系的依据。系统标志属于全系统内的状态信息，是根据正在执行的零件程序段的编程和执行情况，由背景程序、实时中断程序以及系统的实时状态设置的。它所包括的内容有控制面板状态、控制方式、行程限位、刀具、点动、主轴、消息、进给保持、程序段等。

从表 3-9 中还可以看出，在内存 32 768 个字中，系统程序共占 18 632 个字，PAL 程序共占 9 908 个字，存储零件程序的空间占 1 720 个字。其余的空间作为存标志、参数和缓冲器之用。

(3) 零件程序的输入及执行过程。7360 系统是通过阅读机或键盘将原始加工信息输入到系统程序存储器的（如图 3-14 所示）。零件程序在存储器中是从高地址向低地址按段连续存储的。每段首尾两个单元存放该段的程序段号、字数、字符数及 M30 和 M02 信息，以便于取数、显示和编辑。零件程序存储器的排列格式如图 3-69 所示。系统程序为零件程序存储器设置有目录表，以便通过目录表对存储器进行管理。表中的每一目录对应一个零件程序。目录是在存储零件程序时建立的，包括 4 个字。前 2 个字是零件程序的名称，名称由数字组成；第 3 个字为零件程序的起始地址，第 4 个字为末尾地址。在调用某一零件程序时，根据零件程序名称查目录表。如果查不到，则为编程错。查到目录表以后，将零件程序的起始和末尾地址存放在指定的单元。取数时，从末尾地址开始逐段向起始地址取，直到取完为止。目录表结构如图 3-70 所示，表的起始地址为 16002_8。

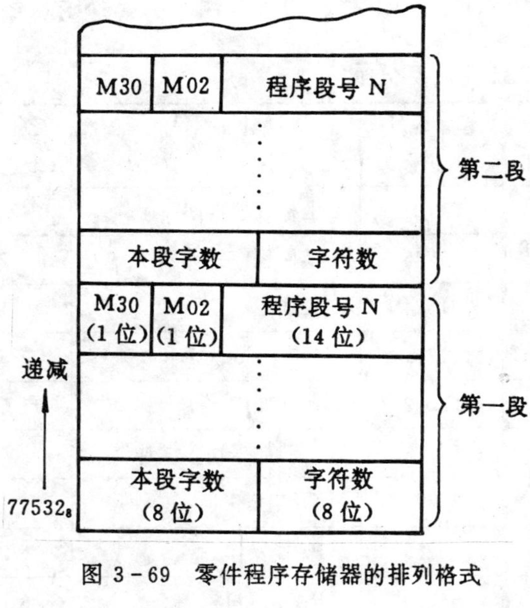

图 3-69 零件程序存储器的排列格式

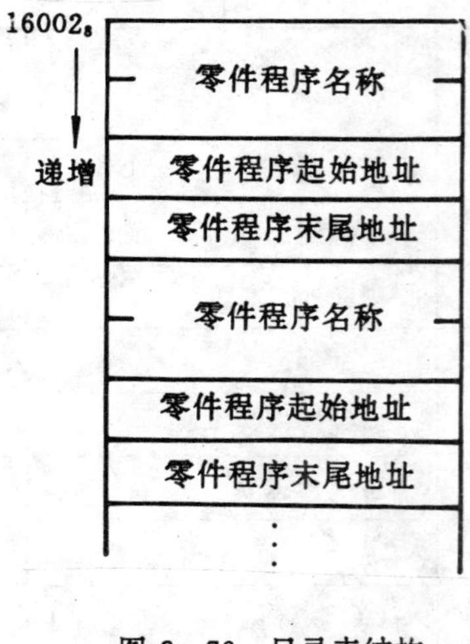

图 3-70 目录表结构

零件程序缓冲器共占 216 个单元，分为 9 个片，每片 24 个单元。一个程序段最多可达 94 个字符（47 个字），可占两个片，短的程序段只占一个片。向零件程序缓冲器装数或从中取数时，以片为单位。缓冲器的结构按先进先出（FIFO）的原则，即输入程序段和取出程序段的顺序始终是一致的。为了管理缓冲器的输入和输出，设置了两个指针 I 和 O 及程序段首标识单元 ID。指针 I 在存储时使用，单元地址为 270_8；指针 O 是在取出程序段时使用，单元地址

为 271_8；标识单元 ID 则在片的第一个字。零件程序缓冲器的安排如图 3－71 所示。

起始时，指针 I 及 O 被置为第 1 片的起始地址 21245_8，每向缓冲器送入一个程序段，按程序段的长度是否超过一个片的容量而规定 ID 为 2 或为 1。指针 I 即加 2 或加 1（物理地址加 60_8 或 30_8），准备送入下一程序段。从缓冲器取出程序段时，指针 O 的算法和指针 I 的算法完全一样。取走一个程序段，该段的标识单元 ID 被清零。当取程序段时，如发现标识单元已清零，则说明缓冲器已空出。于是，启动输入程序，向缓冲器送数据。同样，当存储时如发现标识单元已置数，说明缓冲器已满。当指针指向第 9 片的起始地址 21545_8 时，用第 1 片的起始地址 21245_8 代替 21545_8。在程序段存储以前必须进行越界检查，以保证存储指针 I 所指示的两个片空出。

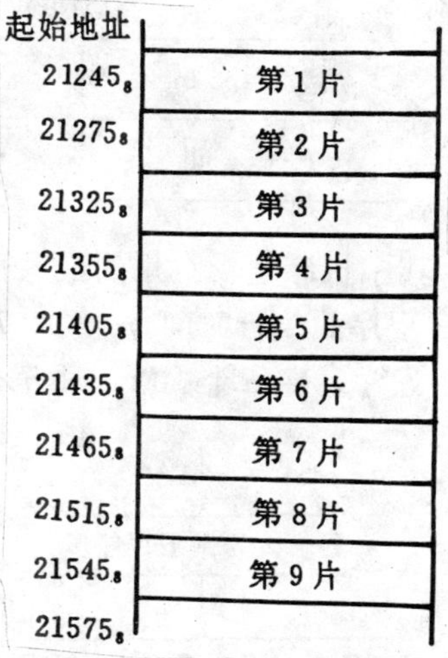

图 3－71　零件程序缓冲器的安排

MDI 缓冲器有 96 个单元（起始地址 50533_8），对应于 CRT 屏幕上的 3 行（3×64 个字符）。输入时，信息一方面暂存于 MDI 缓冲器内，另一方面则在 CRT 屏幕上显示，以便修改。每次输入最多不得超过 3 行。当操作人员校验了 CRT 屏幕上的数据无误时，按下“发送”键，屏幕上的数据消失，并对 MDI 缓冲器中的数据加以处理。

当用键盘命令输入 MDI 程序段或进行程序段编辑时，便从 MDI 缓冲器取出数据进行译码。这里，指的是操作人员在加工过程中临时插入的程序段，它不能保存，执行完毕后即消失，不同于通过键盘将零件程序送入内存。后者一般在加工之前进行，而前者是在加工中进行的。

图 3－72 示出输入程序的流程图。输入程序（起始地址为 43606_8）的功能是，将零件程序装入零件程序缓冲器，可以输入已存储的零件子程序、已存储的零件程序及纸带零件程序。无论输入什么程序，都是读一段整理一段。所谓整理，首先建立段首标识符，标明本段占了缓冲器的一片还是两片。其次，判明本段是否调子程序段，若是，则设立标志。取数时，如发现此标志，便立即停止。此后，便从子程序中取程序段装入零件程序缓冲器。在没有调子程序也没有装所存储的程序的情况下，就用阅读机输入。本输入程序便允许阅读机工作。阅读机的输入以中断方式进行。当阅读机缓冲器中装入了从纸带读入的字符时，立即向 CPU 发出中断请求。CPU 响应以后，进入阅读机中断服务程序，将阅读机缓冲器内容装入零件程序缓冲器并整理。

一个程序段的执行过程主要包括对下一个程序段的译码、数据处理和对本程序段的插补运算，如图 3－73 所示。

译码和数据处理是在背景程序的控制下进行的（数据处理流程见图 3－74），而插补则在 10.24 ms 的实时中断程序控制下进行。两者在 10.24 ms 时间片中分享处理机。即在程序段执行过程中，10.24 ms 的实时中断程序不断地插入。而在每 10.24 ms 中，用于插补运算的时间约为 2.5 ms，留给背景程序（包括译码和数据处理）的时间在 2 ms 以上。一般说来，进行译码及数据处理的时间比执行一个程序段的时间要短得多。

(4) 7360 系统的信息流。7360 系统的信息流如图 3－75 所示。

数控加工中的原始信息（零件程序段）进入系统以后，在控制程序的指挥下，将按图中所示的流动，将运动轨迹信息及各种辅助信息输出。图中的 10.24 ms 周期中时间片的分配大致如下：

最大 4.5 ms	最大 2.5 ms	2 ms	1 ms
机床逻辑	插　补	实时监控	阅读机

其中机床逻辑占用的最大可能时间为 4.5 ms，通常情况下为 2.5 ms（这是指机床逻辑 PAL 程序的执行时间，一般为 2～4.5 ms）。插补占用的最大可能时间（在圆弧插补时）为 2.5 ms。通常，在每个 10 ms 中至少给背景程序留出 2 ms 以上的时间。

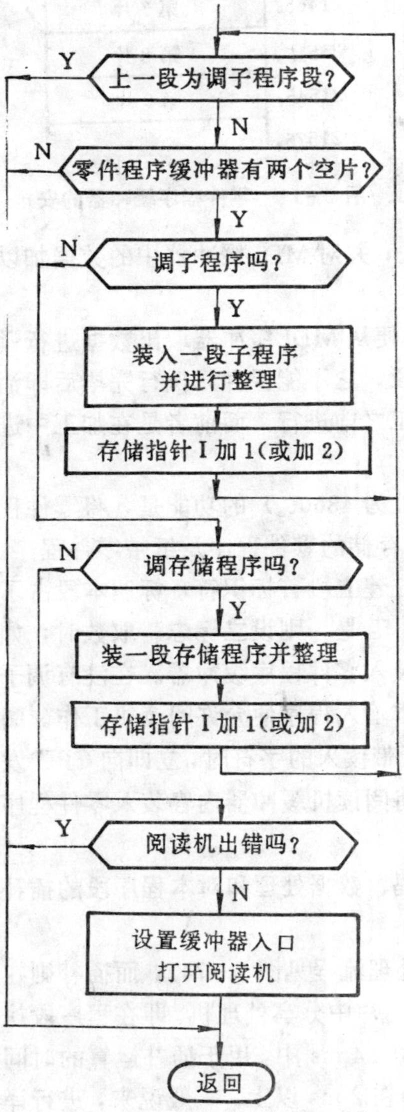

图 3-72　输入程序流程图

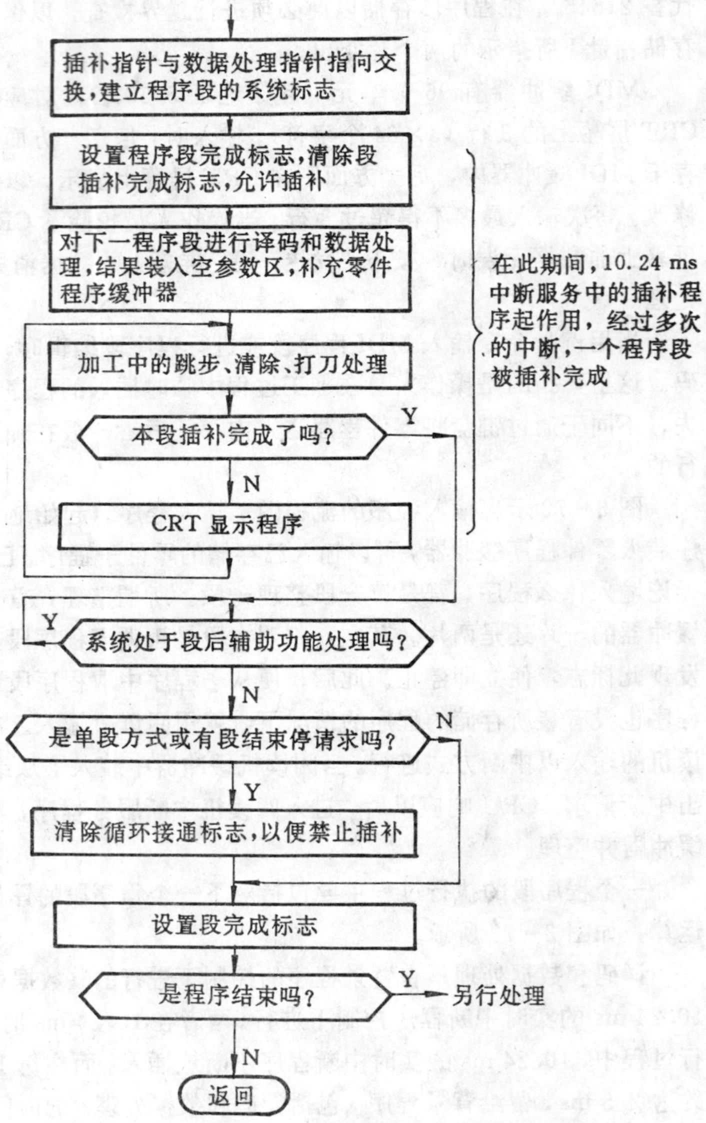

图 3-73　程序段执行程序

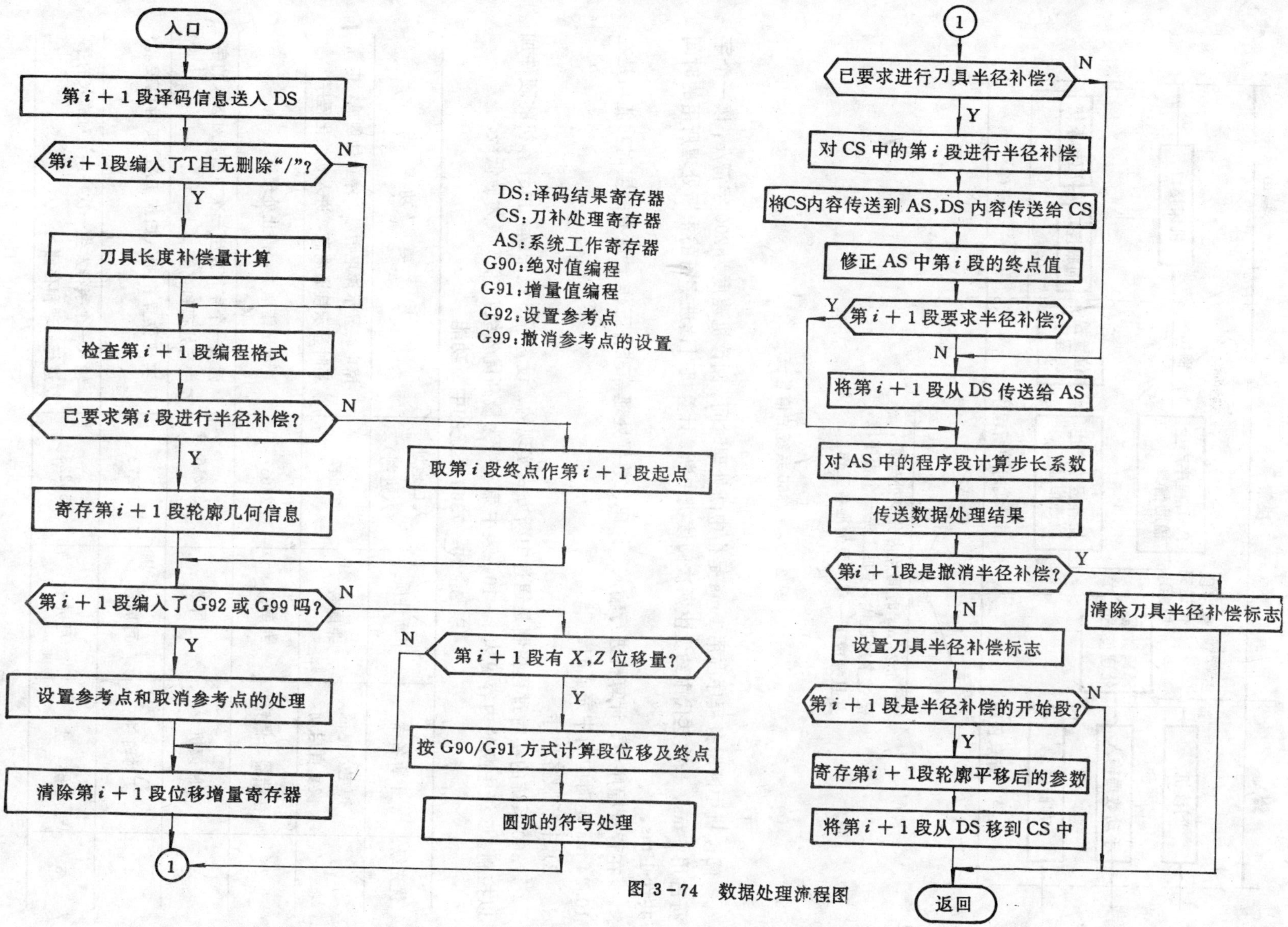

图3-74 数据处理流程图

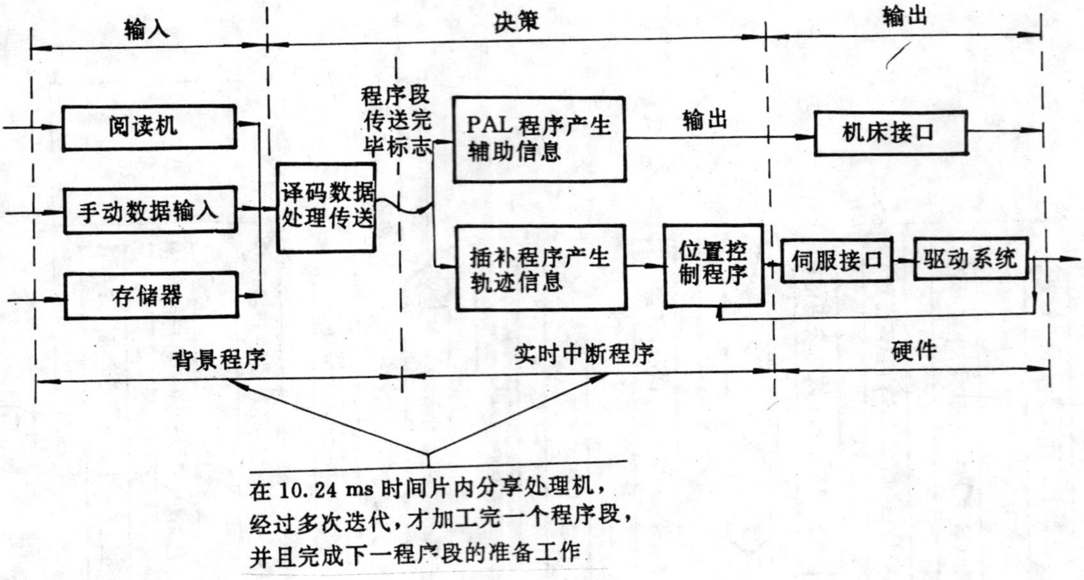

图 3-75　7360 系统的信息流

阅读机中断服务程序占用 1 ms 是指中断处理时间。阅读机速度为 200 字符/s，读一个字符占用 5 ms，一次迭代中约发生两次阅读机中断。计算机对读进字符的中断处理所用的时间共计 1 ms。

在背景程序中，计算机进行输入、译码、数据处理等准备工作。所有的实时功能均是在 10.24 ms 定时中断中完成的。

2）中断服务程序

7360 系统的实时过程控制是通过中断方式实现的。设置了 5 级中断，由计算机的硬件加以控制。5 级中断的内容见表 3-10，表中第 1 级为最高优先级，第 5 级为最低级。

表 3-10　7360 系统的中断功能

优先级	中断名称	中断性质	入口地址（八进制）	主　要　功　能
1	掉电及电源恢复自启动	非屏蔽	23647	掉电时显示掉电消息，停止处理机，电源恢复时显示接通消息，进入初始化程序
2	存储器奇偶错	非屏蔽	23657	显示出错地址，停止处理机
3	阅读机	可屏蔽	32216	读入一个字符发生一次中断，对读入的字符进行处理和存储
4	实时时钟	可屏蔽	17372	实现位置控制，扫描 PAL 实时监控和插补
5	键　盘	可屏蔽	50223	输入一个字符发生一次中断，对输入的字符进行处理和存储

实时中断服务程序的主要内容如下：

(1) 检查上一次 10.24 ms 中断服务是否完成，若发生 10.24 ms 中断重叠，则自动进入紧停。

(2) 把用于实时监控的系统标志清零。

(3) 进行位置控制，即对上一个 10.24 ms 周期中坐标轴的位移增量进行采样，根据上一个 10.24 ms 周期结束前所插补的本周期的位置增量命令（经过齿隙补偿），算出当前的跟随误差，为位置控制系统算出相应的进给速度指令，以便驱使坐标轴运动。

(4) 如果有程序段传送到系统中，则根据编程格式设立 M，S，T 被编程与否的标志，以供 PAL 程序使用，执行相应的 M，S，T 功能。这些标志与程序段传送标志只在一次 10.24 ms 周期中有效。如果程序段中编入了 M00，M01，M02，M30，M48/49 或 M80/81，则设置相应标志，供以后处理，不由 PAL 处理。

(5) 扫描主控制面板和辅助控制面板，设置控制面板状态的系统标志。

(6) 调用 PAL（可编程的应用逻辑）程序，执行 M，S，T 辅助功能及机床状态监控。

(7) 处理控制面板输入信息，对操作人员的操作（如循环启动、停止、改变工作方式、手动操作、进给率超调等）作出及时的响应。

(8) 检查系统的状态。当发生超程、超温、熔丝熔断、阅读机出错等故障时，及时作出响应，处理点动请求，检查 M，S，T 辅助功能的执行情况。当前一程序段 M，S，T 功能处理未完成时，禁止插补；当本程序段 M，S，T 功能处理未完成时，禁止传送新的程序段。在发生了软件紧停请求或操作人员按了紧停按钮时，系统即进入紧停状态。

(9) 当允许插补时，执行插补程序，算出的位置增量作为下一周期的位置增量命令。

(10) 扫描和修正控制面板的指示灯，向操作人员指明系统的现时状态。

(11) 清除只在本周期有效的系统标志及一些实时监控标志。

实时时钟中断服务流程如图 3-76 所示。

7360 系统使用了扩展 DDA 的软件插补法。如前所述，这种方法采取时间分割，根据编程的进给速度，将轮廓曲线（或直线）分割为轮廓步长作为每一采样周期的进给量。扩展 DDA 直线和圆弧插补法只要求计算机进行加、减法及有限次数的乘法，没有函数计算，计算简便，速度较高，精度可达 1 μm。

图 3-77 示出了 7360 系统插补程序的流程图。其中，圆弧插补需时最长，可达 2.5 ms。

7360 系统在位置控制方面实行数字采样方法，其伺服驱动装置和位置检测组件通过计算机形成位置控制回路。位置控制由软件和硬件共同实现。系统的采样周期为 10.24 ms，通过实时时钟中断来实现。在每一中断周期服务结束前，算出下一周期坐标轴的位置增量命令。每一中断周期开始时，位置控制程序对坐标轴的实际位置进行采样，将采样值与增量命令值比较，算出跟随误差。跟随误差的数字量经处理送到伺服输出组件，通过 D/A（数字/模拟）转换后变为进给速度指令电压，以驱动坐标轴的电动机，从而实现按偏差的位置控制。其详细工作过程将在第五章中介绍。

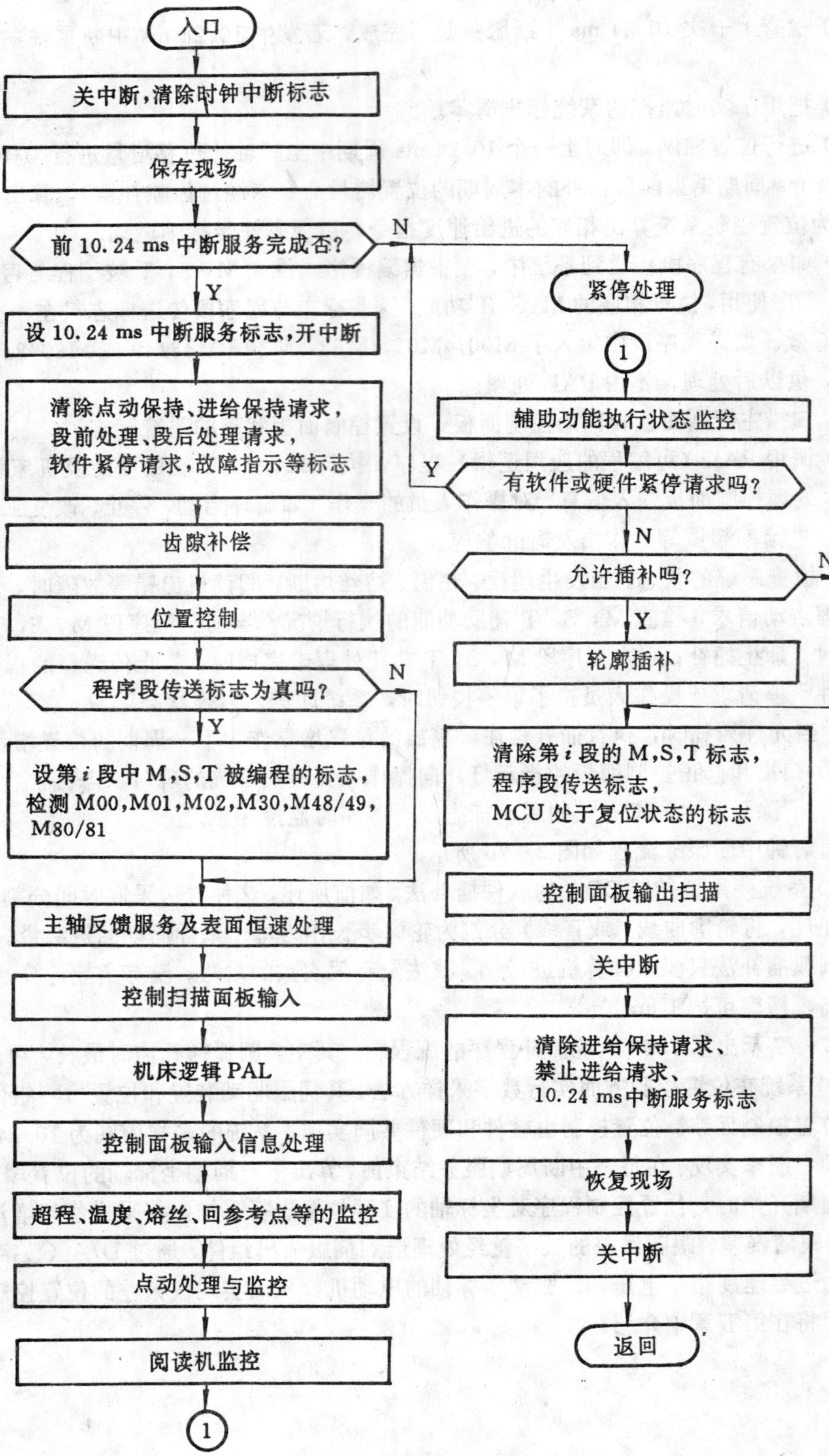

图 3-76　实时时钟中断服务流程图

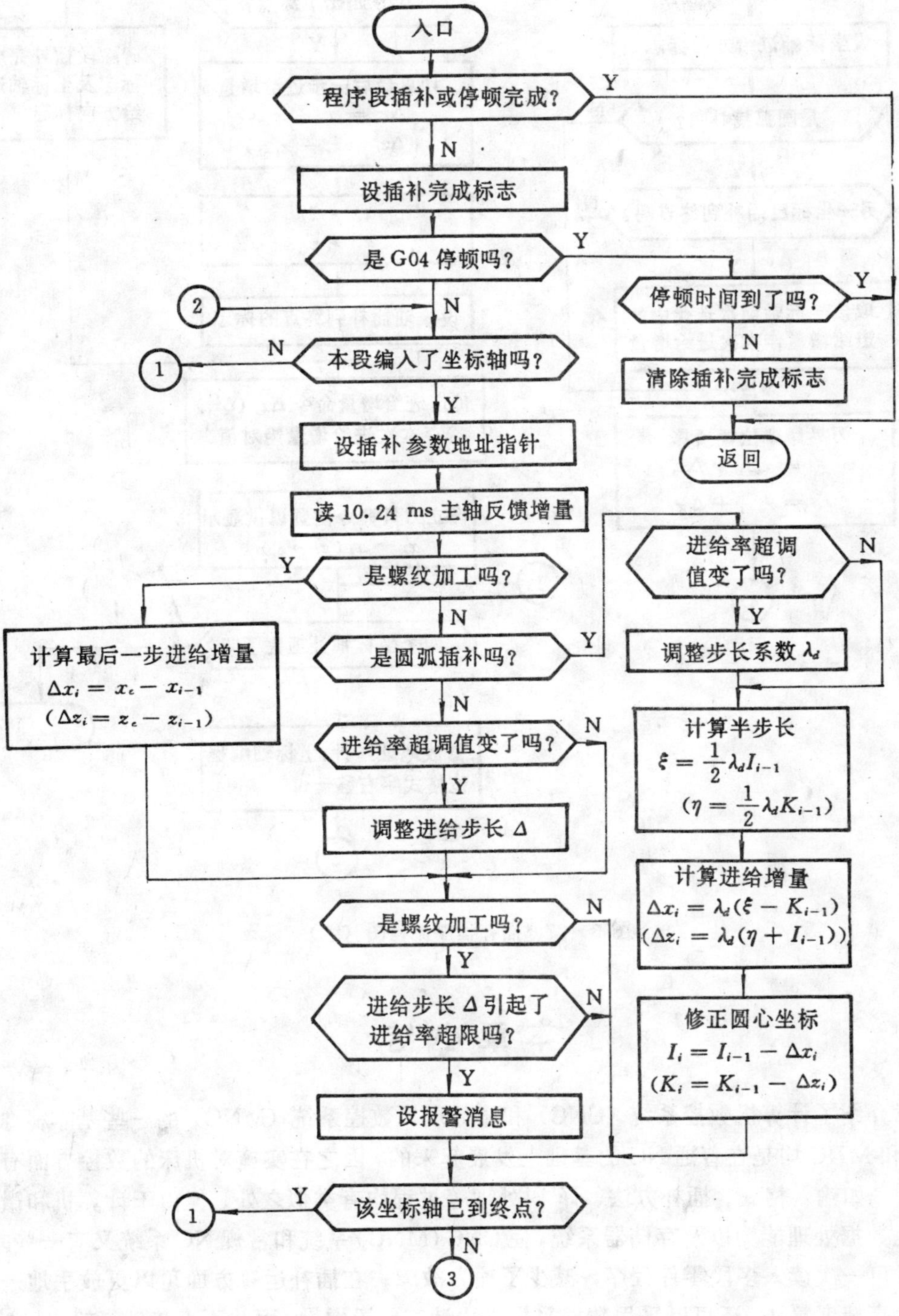

图 3-77 插补程序流程图

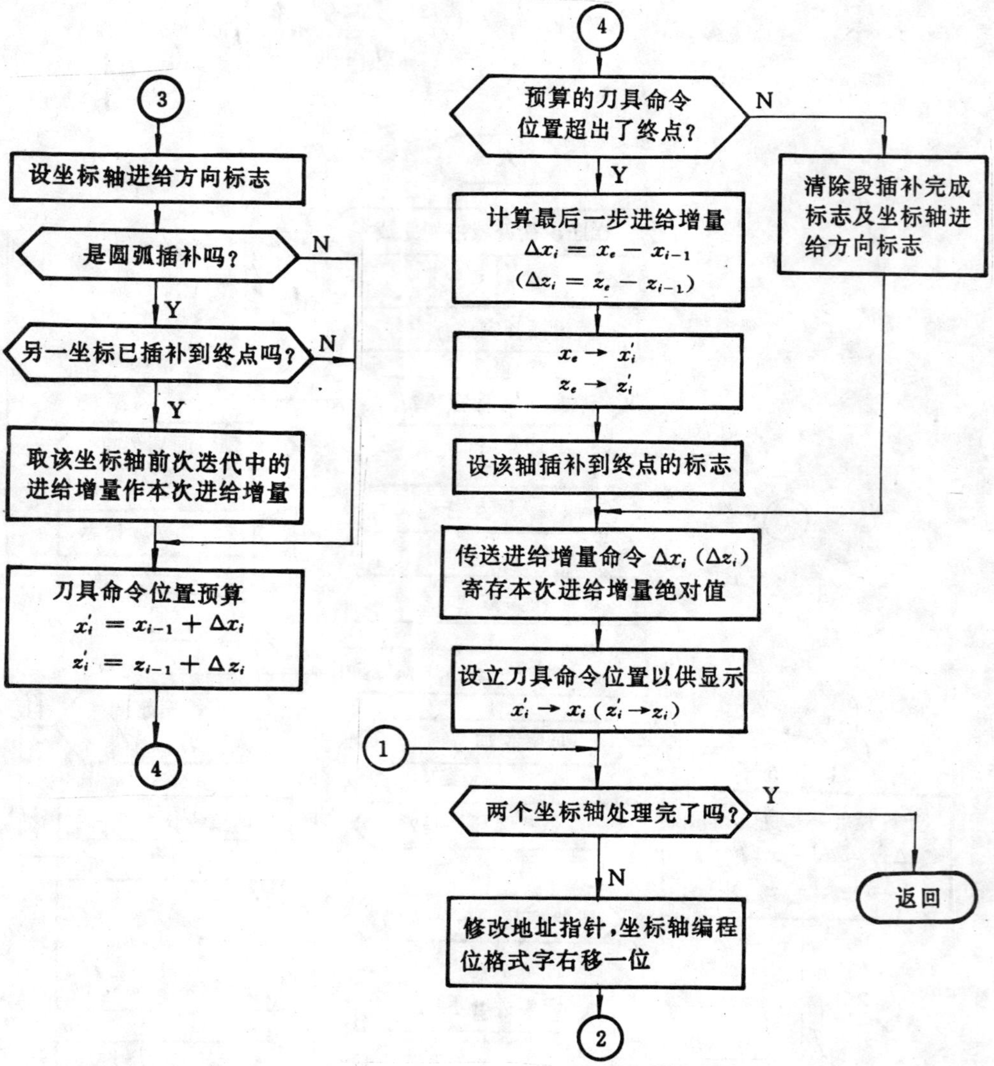

图 3－77　插补程序流程图（续）

本章小结

本章介绍了计算机数控系统（CNC）和微处理机数控系统（MNC）的一些基本概念。由于 CNC 和 MNC 均是在普通 NC 的基础上发展起来的，因之在实施对机床的数控方面有一些共同之处，如输入格式、插补方法、译 码处理等过程均有类似之处。但由于计算机和微处理机的高速数据处理能力以及存储器系统，使 CNC（MNC）系统和常规 NC 系统又有一些差别。如输入时可一次读入多段零件程序，减少了输入故障；在插补运算方面可以更放手地采取一些复杂的高精度算法，还可以采用数据采样方法计算位置增量，而并不直接计算输出脉冲；由于具有存储器系统，CNC 系统还能预先根据两相邻程序段的数据进行刀补计算及插补预处理等工作；在伺服控制方面又多采取实时性的中断处理等。

为了完成控制机床的任务，CNC 或 MNC 系统都有一套专用软件，这就是系统软件。它一般包括输入数据处理、插补计算、位置控制、速度控制、管理和诊断等软件。输入数据处理软件包括对程序段的输入、存储、译码、修改、编辑以及预计算（如刀补计算）等内容。插补计算是 CNC 系统中实时性很强的一项任务。CNC（MNC）系统除可以采用 DDA、逐点比较法等基准脉冲插补算法外，还常采用数据采样法，即在每个采样周期内计算出下个周期中机床工作台应到达的位置值，将此位置坐标值输出给伺服系统，然后伺服系统再根据具体情况作具体处理（如步进系统时，再算出插补脉冲；闭环系统时，求出跟随误差），以带动机床操作。管理软件和诊断软件的设置使 CNC（MNC）系统的性能更可靠，工作更稳定，提高了使用效率。常见的系统软件结构有前后台型和中断型两种。

CNC 系统的硬件结构从电路板结构来分，有大板式和模块化结构两种。从使用的微机及结构来分，有单微机和多微机结构。为了实现机床的控制任务，还必须设置一些输入、输出装置，这些装置通称为外部设备，它们通过相应的接口与数控机床连接，实施信息交换与控制。本章介绍了纸带阅读机、键盘及显示器等外部设备及相应的接口。

本章还举出了几个 CNC 系统实例。它们有各自的特点。7M 系统采取中断型软件结构。系统中所有的各种功能子程序均被安排成级别不同的中断程序，整个系统软件就是一个大的中断系统。其管理功能主要通过各级中断程序之间的相互通信来解决。7360 系统为前、后台型软件结构。前台程序负责实时性强的工作（如实现插补、伺服、机床相关逻辑和监控等功能）。后台程序负责调度与管理，即实现输入译码、数据处理和管理等功能。

习　题　三

3-1　CNC 系统软件一般包括哪几部分？各完成什么工作？

3-2　单微处理机结构和多微处理机结构各有何特点。

3-3　CNC 系统软件处理中的两个突出特征是什么？

3-4　速度计算与控制的常用方法是哪些？

3-5　在单 CPU 数控系统中，常见的软件结构是哪两种？并简述其特点。

3-6　试述光电阅读机的工作原理。

3-7　全编码键盘和非编码键盘各有何特点？

3-8　试述 CRT 显示字形的工作原理。

3-9　数控机床常用的输入方法有几种？各有何特点？

3-10　试论述分别采用串行和并行方式进行外部设备与数控机床间数据通信时的工作原理与特点。

3-11　7M 系统程序中的初始化程序主要完成哪些工作？

3-12　简述 7M 系统“从开机到零件加工”的执行过程？

3-13　7360 系统与 7M 系统的控制软件有哪些异同？

3-14　FANUC 6 系统与 7 系统的控制软件有何异同？

3-15　试述 7360 系统背景程序的功能和工作过程。

第四章　检 测 装 置

我们这里讲的检测装置是指用在数控机床上的位置检测装置。它们通常安装在机床的工作台或丝杠上，相当于普通机床的刻度盘和人的眼睛，不断地将工作台的位移量检测出来并反馈给控制系统。大量事实证明，对于设计完善的高精度数控机床，它的加工精度和定位精度将主要取决于检测装置。因此，精密检测装置是高精度数控机床的重要保证。一般来说，数控机床上使用的检测装置应该满足以下要求：

(1) 工作可靠，抗干扰性强。

(2) 能满足精度和速度的要求。

(3) 使用维护方便，适合机床的工作环境。

(4) 成本低。

通常，检测装置的检测精度为 ±0.001～0.02 mm/m，分辨率为 0.001～0.01 mm/m，能满足机床工作台以 1～10 m/min 的速度移动。

表 4-1 是目前在数控机床上经常使用的检测装置。本章就其中常用的几种作以介绍。

表 4-1　位置检测装置分类

	数字式		模拟式	
	增量式	绝对式	增量式	绝对式
回转形	圆光栅	编码盘	旋转变压器，圆感应同步器，圆形磁栅	多极旋转变压器
直线形	长光栅 激光干涉仪	编码尺	直线感应同步器、磁栅，容栅	绝对值式磁尺

§4-1　旋转变压器

旋转变压器是一种常用的转角检测元件，由于它结构简单，工作可靠，且其精度能满足一般的检测要求，因此被广泛应用在数控机床上。

一、旋转变压器的结构

旋转变压器的结构和两相绕线式异步电机的结构相似，可分为定子和转子两大部分。定子和转子的铁心由铁镍软磁合金或硅钢薄板冲成的槽状心片叠成。它们的绕组分别嵌入各自的槽状铁心内。定子绕组通过固定在壳体上的接线柱直接引出。转子绕组有两种不同的引出方式。根据转子绕组两种不同的引出方式，旋转变压器分为有刷式和无刷式两种结构形式。

图4-1是有刷式旋转变压器。它的转子绕组通过滑环和电刷直接引出，其特点是结构简

单，体积小，但因电刷与滑环是机械滑动接触的，所以旋转变压器的可靠性差，寿命也较短。

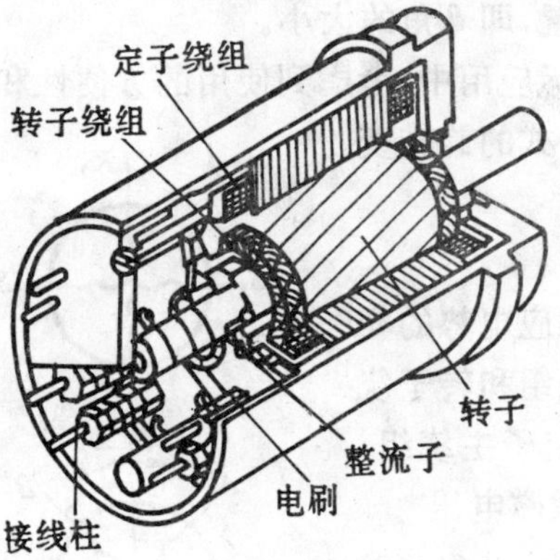

图 4-1　有刷式旋转变压器

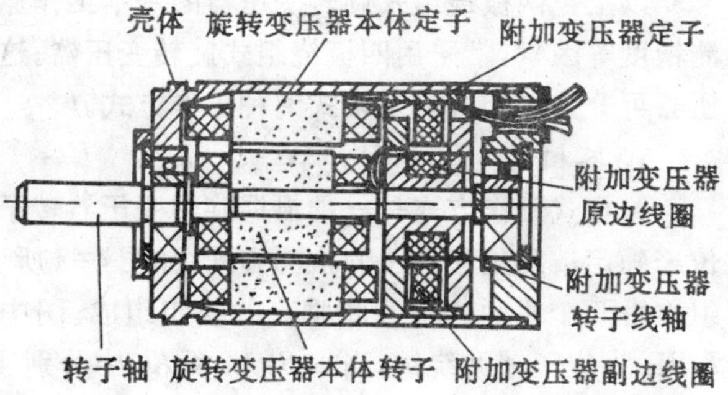

图 4-2　无刷式旋转变压器

图 4-2 是无刷式旋转变压器。它分为两大部分，即旋转变压器本体和附加变压器。附加变压器的原、副边铁心及其线圈均成环形，分别固定于转子轴和壳体上，径向留有一定的间隙。旋转变压器本体的转子绕组与附加变压器原边线圈连在一起，在附加变压器原边线圈中的电信号，即转子绕组中的电信号，通过电磁耦合，经附加变压器副边线圈间接地送出去。这种结构避免了电刷与滑环之间的不良接触造成的影响，提高了旋转变压器的可靠性及使用寿命，但其体积、质量、成本均有所增加。

常见的旋转变压器一般有两极绕组和四极绕组两种结构形式。两极绕组旋转变压器的定子和转子各有一对磁极，四极绕组则有两对磁极，主要用于高精度的检测系统。除此之外，还有多极式旋转变压器，用于高精度绝对式检测系统。

二、旋转变压器的工作原理

由于旋转变压器在结构上保证了其定子和转子（旋转一周）之间空气间隙内磁通分布符合正弦规律，因此，当激磁电压加到定子绕组时，通过电磁耦合，转子绕组便产生感应电势。图 4-3 为两极旋转变压器电气工作原理图。图中 Z 为阻抗。设加在定子绕组 S_1S_2 的激磁电压为

$$V_S = V_m \sin\omega t \tag{4-1}$$

根据电磁学原理，转子绕组 B_1B_2 中的感应电势则为

$$\begin{aligned} V_B &= KV_S \sin\theta \\ &= KV_m \sin\theta \sin\omega t \end{aligned} \tag{4-2}$$

式中　K —— 旋转变压器的变化；

V_m —— V_S 的幅值；

θ —— 转子的转角，当转子和定子的磁轴垂直时，$\theta = 0$。如果转子安装在机床丝杠上，定子安装在机床底座上，则 θ 角代表的是丝杠转过的角度，它间接反映了机床工作台的位移。

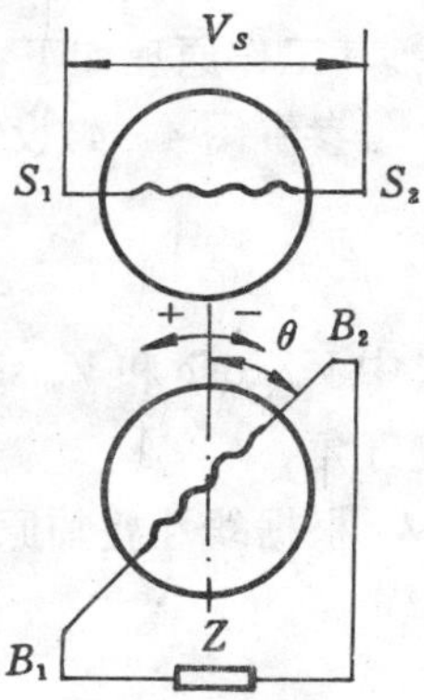

图 4-3　两极旋转变压器电气工作原理

由式(4-2)可知，转子绕组中的感应电势 V_B 为以角速度 ω 随时间 t 变化的交变电压信号。

其幅值$KV_m \sin\theta$随转子和定子的相对角位移θ以正弦函数变化。因此，只要测量出转子绕组中的感应电势的幅值，便可间接地得到转子相对于定子的位置，即θ角的大小。

以上是两极绕组式旋转变压器的基本工作原理，在实际应用中，考虑到使用的方便性和检测精度等因素，常采用四极绕组式旋转变压器。这种结构形式的旋转变压器可分为鉴相式和鉴幅式两种工作方式。

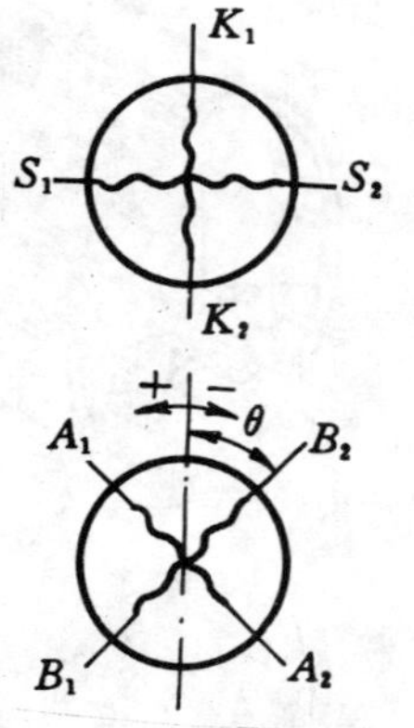

图 4-4　旋转变压器电气工作原理图

1. 鉴相式工作方式

鉴相式工作方式是一种根据旋转变压器转子绕组中感应电势的相位来确定被测位移大小的检测方式。如图 4-4 所示，定子绕组和转子绕组均由两个匝数相等互相垂直的绕组组成。图中S_1S_2为定子主绕组，K_1K_2为定子辅助绕组。当S_1S_2和K_1K_2中分别通以交变激磁电压

$$V_S = V_m \cos\omega t \tag{4-3}$$

$$V_K = V_m \sin\omega t \tag{4-4}$$

时，根据线性叠加原理，便可在转子绕组B_1B_2中得到感应电势V_B，其值为激磁电压V_S和V_K在B_1B_2中产生的感应电势V_{BS}和V_{BK}之和，即

$$\begin{aligned} V_B &= V_{BS} + V_{BK} \\ &= KV_S \sin(-\theta) + KV_K \cos\theta \\ &= -KV_m \cos\omega t \sin\theta + KV_m \sin\omega t \cos\theta \\ &= KV_m \sin(\omega t - \theta) \end{aligned} \tag{4-5}$$

由式(4-4)和(4-5)可见，旋转变压器转子绕组中的感应电势V_B与定子绕组中的激磁电压同频率，但相位不同，其差值为θ。而θ角正是被测位移，故通过比较感应电势V_B与定子激磁电压信号V_K的相位，便可求出θ。

在图 4-4 中，转子绕组A_1A_2接一高阻抗，它不作为旋转变压器的测量输出，主要起平衡磁场的作用，目的是为了提高测量精度。

2. 鉴幅式工作方式

鉴幅式工作方式是通过对旋转变压器转子绕组中感应电势幅值的检测来实现位移检测的。其工作原理如下：

参看图 4-4，设定子主绕组S_1S_2和辅助绕组K_1K_2分别输入交变激磁电压

$$V_S = V_m \cos\alpha \sin\omega t \tag{4-6}$$

$$V_K = V_m \sin\alpha \sin\omega t \tag{4-7}$$

式中$V_m \cos\alpha$和$V_m \sin\alpha$分别为激磁电压V_S和V_K的幅值。α角可以改变，称其为旋转变压器的电气角。

根据线性叠加原理，得出转子绕组B_1B_2中的感应电势V_B如下：

$$\begin{aligned} V_B &= V_{BS} + V_{BK} \\ &= KV_S \sin(-\theta) + KV_K \cos\theta \\ &= -KV_m \cos\alpha \sin\omega t \sin\theta + KV_m \sin\alpha \sin\omega t \cos\theta \\ &= KV_m \sin(\alpha - \theta) \sin\omega t \end{aligned} \tag{4-8}$$

由式(4-8)可以看出，感应电势V_B是幅值为$KV_m \sin(\alpha-\theta)$的交变电压信号，我们只要逐渐改变α值，使V_B的幅值等于零，这时，因

$$KV_m \sin(\alpha - \theta) = 0 \tag{4-9}$$

故可得

$$\theta = \alpha \tag{4-10}$$

α值就是被测角位移θ的大小。由于α是我们通过对它的逐渐改变，实现使V_B幅值等于零的，其值自然是应该知道的。

三、旋转变压器的应用

在旋转变压器的鉴相式工作方式中，感应信号V_B和激磁信号V_K之间的相位差θ角，可通过专用的鉴相器线路检测出来并表示成相应的电压信号，设为$U(\theta)$，通过测量该电压信号，便可间接地求得θ值。但由于V_B是关于θ的周期性函数，$U(\theta)$是通过比较V_B和V_K之值获得的，因而它也是关于θ的周期性函数，即

$$U(\theta) = U(n \times 2\pi + \theta) \qquad (n = 1,2,3,\cdots) \tag{4-11}$$

故在实际应用中，不但要测出$U(\theta)$的大小，而且还要测出$U(\theta)$的周期性变化次数n，或者将被测角位移θ角限制在$\pm\pi$之内。

在旋转变压器的鉴幅式工作方式中，V_B的幅值设为V_{Bm}，由式(4-8)可知

$$V_{Bm} = KV_m \sin(\alpha - \theta) \tag{4-12}$$

它也是关于θ的周期性函数，在实际应用中，同样需要将θ角限制在$\pm\pi$之内。在这种情况下，若规定和限制α角只能在$[-\pi,\pi]$内取值，利用式(4-10)，便可唯一地确定出θ之值。否则，如$\theta = 3\pi/2(>\pi)$，这时，$\alpha = 3\pi/2$和$\alpha = -\pi/2$都可使$V_{Bm} = 0$，从而使θ角不能唯一地确定，造成检测结果错误。

由上述知，无论是旋转变压器的鉴相式工作方式，还是鉴幅式工作方式，都需要将被测角位移θ角限定在$\pm\pi$之内，只要θ在$\pm\pi$之内，就能够被正确地检测出来。事实上，对于被测角位移大于π或小于$-\pi$的情况，如用旋转变压器检测机床丝杠转角的情况，尽管总的机床丝杠转角θ可能很大，远远超出限定的$\pm\pi$范围，但却是机床丝杠转过的若干次小角度θ_i之和，即

$$\theta = \theta_1 + \theta_2 + \cdots + \theta_N = \sum_{i=1}^{N}\theta_i \tag{4-13}$$

而θ_i很小，在数控机床上一般不超过3°，符合$-\pi \leqslant \theta_i \leqslant \pi$的要求，旋转变压器及其信号处理线路可以及时地将它们一一检测出来，并将结果输出。因此，这种检测方式属于动态跟随检测和增量式检测。

§4-2 感应同步器

感应同步器是一种电磁式位置检测元件，按其结构特点一般分为直线式和旋转式两种。直线式感应同步器由定尺和滑尺组成；旋转式感应同步器由转子和定子组成。前者用于直线位移测量，后者用于角位移测量。它们的工作原理都与旋转变压器相似。感应同步器具有检测精度比较高、抗干扰性强、寿命长、维护方便、成本低、工艺性好等优点，广泛应用于数控机床及各类机床数显改造。本节仅以直线式感应同步器为例，对其结构特点和工作原理进行叙述。

一、结构特点

感应同步器的构造见图4-5，其定尺和滑尺基板是由与机床热膨胀系数相近的钢板做成，

钢板上用绝缘粘结剂贴以钢箔，并利用照像腐蚀的办法做成图示的印刷绕组。感应同步器定尺和滑尺绕组的节距相等，均为 2τ，这是衡量感应同步器精度的主要参数，工艺上要保证其节距的精度。一块标准型感应同步器定尺长度为 250 mm，节距为2 mm，其绝对精度可达2.5 μm，分辨率可达0.25 μm。

从图 4-5 可以看出，如果把定尺绕组和滑尺绕组 A 对准，那么滑尺绕组 B 正好和定尺绕组相差 1/4 节距。也就是说，A 绕组与 B 绕组在空间上相差 1/4 节距。

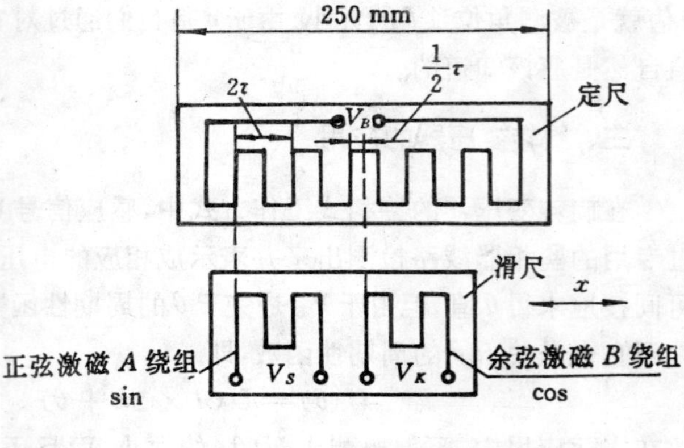

图 4-5　感应同步器构造图

感应同步器的定尺和滑尺是通过定尺尺座和滑尺尺座分别安装在机床上两个相对移动的部件上(如工作台和床身)，当工作台移动时，滑尺在定尺上移动。滑尺和定尺要用防护罩罩住，以防止铁屑、油污和切削液等东西落到器件上，从而影响正常工作。由于感应同步器的检测精度比较高，故对安装有一定的要求，如在安装时要保证定尺安装面与机床导轨面的平行度要求，若这两个平面不平行，将引起定、滑尺之间的间隙变化，从而影响检测灵敏度和检测精度。

二、工作原理及应用

1. 感应同步器的工作原理

从图 4-5 可以看出，滑尺的两个绕组中的任一绕组通以交变激磁电压时，由于电磁效应，定尺绕组上必然产生相应的感应电势。感应电势的大小取决于滑尺相对于定尺的位置。图 4-6 给出了滑尺绕组(滑尺)相对于定尺绕组(定尺)处于不同的位置时，定尺绕组中感应电势的变化情况。图中 A 点表示滑尺绕组与定尺绕组重合，这时定尺绕组中的感应电势最大；如果滑尺相对于定尺从 A 点逐渐向左(或右)平行移动，感应电势就随之逐渐减小，在两绕组刚好错开 1/4 节距的位置 B 点，感应电势减为零；若再继续移动，移到 1/2 节距的 C 点，感应电势相应地变为与 A 位置相同，但极性相反，到达 3/4 节距的 D 点时，感应电势再一次变为零；其后，移动了一个节距到达 E 点，情况就又与 A 点相同了，相当于又回到了 A 点。这样，滑尺在移动一个节距的过程中，感应同步器定尺绕组的感应电势近似于余弦函数变化了一个周期。

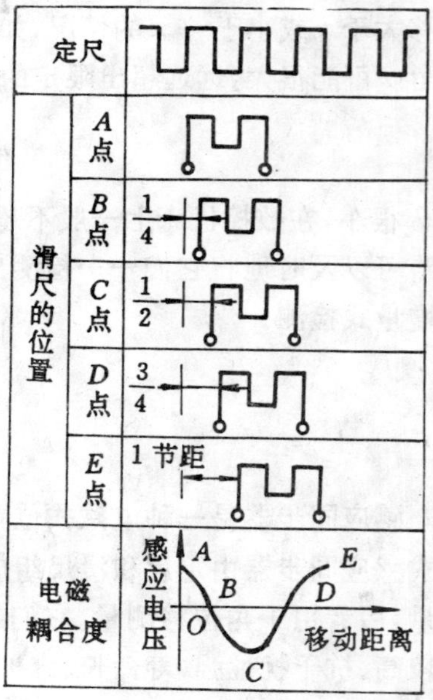

图 4-6　感应同步器的工作原理图

若用数学公式描述，设 V_S 是加在滑尺任一绕组上的激磁交变电压

$$V_S = V_m \sin\omega t \tag{4-14}$$

由上述及电磁学原理，定尺绕组上的感应电势为

$$V_B = KV_S\cos\theta = KV_m\cos\theta\sin\omega t \tag{4-15}$$

式中 K —— 耦合系数；

V_m —— V_S 的幅值；

θ —— 反映的是定尺和滑尺的相对移动的距离 x，可用下式表示：

$$\theta = (2\pi/2\tau)x = (\pi/\tau)x \tag{4-16}$$

由式(4－14)和式(4－15)可知，感应同步器的工作原理与两极式旋转变压器的工作原理一样，只要测量出 V_B 的值，便可求出 θ 角，进而求得滑尺相对于定尺移动的距离 x。

当分别向滑尺上的两绕组施加不同的激磁电压时，如式(4－3)、(4－4)及式(4－6)、(4－7)所示的 V_S 和 V_K，根据施加的激磁交变电压信号的不同，感应同步器也分为鉴相式和鉴幅式两种工作方式，其原理与四极式旋转变压器完全相同，请参看 §4－1。

2. 感应同步器的应用

在感应同步器的应用过程中，除同样会遇到旋转变压器在应用过程中所遇到的 θ 角须限定在 $[-\pi,\pi]$ 内的问题或要求之外，直线式感应同步器还常常会遇到有关接长的问题。例如，当感应同步器用于检测机床工作台的位移时，一般地，由于行程较长，一块感应同步器常常难以满足检测长度的要求，需要将两块或多块感应同步器的定尺拼接起来，即感应同步器接长。

接长的原理是：滑尺沿着定尺由一块向另一块移动经过接缝时，由感应同步器定尺绕组输出的感应电势信号，它所表示的位移应与用更高精度的位移检测器(如激光干涉仪)所检测出的位移相互之间要满足一定的误差要求，否则，应重新调整接缝，直到满足这种误差要求时止。

§4－3 光 栅

在高精度的数控机床上，目前大量使用光栅作为反馈检测元件。光栅与前面讲的旋转变压器、感应同步器不同，它不是依靠电磁学原理进行工作的，不需要激磁电压，而是利用光学原理进行工作，因而不需要复杂的电子系统。常见的光栅从形状上可分为圆光栅和长光栅。圆光栅用于角位移的检测，长光栅用于直线位移的检测。光栅的检测精度较高，可达 1 μm 以上。

一、光栅的构造

光栅是利用光的透射、衍射现象制成的光电检测元件，它主要由标尺光栅和光栅读数头两部分组成。通常，标尺光栅固定在机床的活动部件上(如工作台或丝杠)，光栅读数头安装在机床的固定部件上(如机床底座)，二者随着工作台的移动而相对移动。在光栅读数头中，安装着一个指示光栅，当光栅读数头相对于标尺光栅移动时，指示光栅便在标尺光栅上移动。当安装光栅时，要严格保证标尺光栅和指示光栅的平行度以及两者之间的间隙(一般取 0.05 mm 或 0.1 mm)要求。

1. 光栅尺的构造和种类

光栅尺包括标尺光栅和指示光栅，它是用真空镀膜的方法光刻上均匀密集线纹的透明玻璃片或长条形金属镜面。对于长光栅，这些线纹相互平行，各线纹之间的距离相等，我们称此距离为栅距。对于圆光栅，这些线纹是等栅距角的向心条纹。栅距和栅距角是决定光栅光学性质的基本参数。常见的长光栅的线纹密度为 25，50，100，125，250 条 /mm。对于圆光栅，若直径为 70 mm，一周内刻线 100 ～ 768 条；若直径为 110 mm，一周内刻线达 600 ～ 1 024 条，甚至更高。

同一个光栅元件，其标尺光栅和指示光栅的线纹密度必须相同。

2. 光栅读数头

图4-7是光栅读数头的构成图，它由光源、透镜、指示光栅、光敏元件和驱动线路组成。读数头的光源一般采用白炽灯泡。白炽灯泡发出的辐射光线，经过透镜后变成平行光束，照射在光栅尺上。光敏元件是一种将光强信号转换为电信号的光电转换元件，它接收透过光栅尺的光强信号，并将其转换成与之成比例的电压信号。由于光敏元件产生的电压信号一般比较微弱，在长距离传递时很容易被各种干扰信号所淹没、覆盖，造成传送失真。为了保证光敏元件输出的信号在传送中不失真，应首先将该电压信号进行功率和电压放大，然后再进行传送。驱动线路就是实现对光敏元件输出信号进行功率和电压放大的线路。

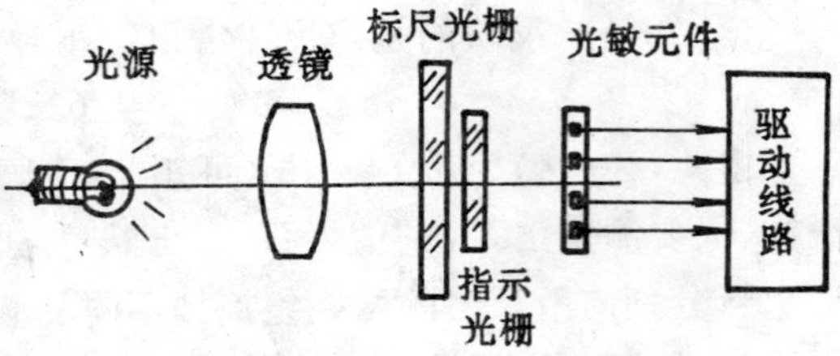

图 4-7　光栅读数头

根据不同的要求，读数头内常安装 2 个或 4 个光敏元件。

光栅读数头的结构形式，除图4-7的垂直入射式之外，按光路分，常见的还有分光读数头、反射读数头和镜像读数头等。图 4-8(a)、(b)、(c) 分别给出了它们的结构原理图，图中 Q 表示光源，L 表示透镜，G 表示光栅尺，P 表示光敏元件，P_r 表示棱镜。

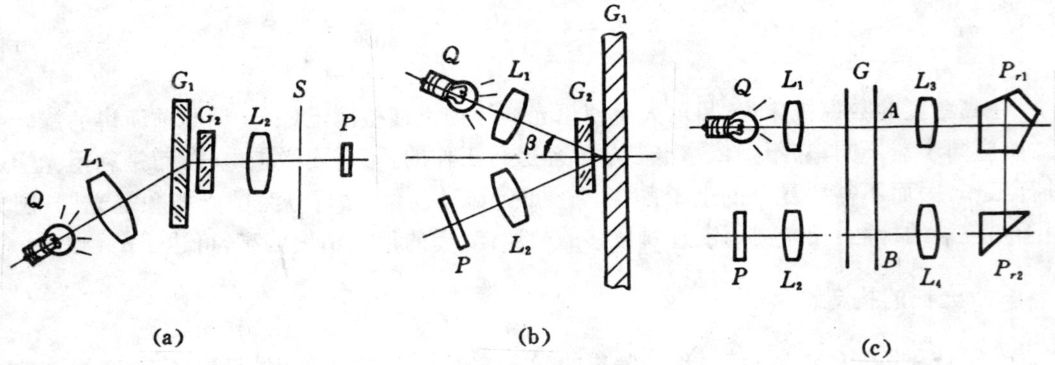

图 4-8　光栅读数头结构原理图

(a) 分光读数头　(b) 反射读数头　(c) 镜像读数头

二、工作原理

常见光栅的工作原理都是根据物理上莫尔条纹的形成原理进行工作的。图 4-9 是其工作原理图。当使指示光栅上的线纹与标尺光栅上的线纹成一角度 θ 来放置两光栅尺时，必然会造成两光栅尺上的线纹互相交叉。在光源的照射下，交叉点近旁的小区域内由于黑色线纹重叠，因而遮光面积最小，挡光效应最弱，光的累积作用使得这个区域出现亮带。相反，距交叉点较远的区域，因两光栅尺不透明的黑色线纹的重叠部分变得越来越少，不透明区域面积逐渐变大，即遮光面积逐渐变大，使得挡光效应变强，只有较少的光线能通过这个区域透过光栅，使这个区域出现暗带。这些与光栅线纹几乎垂直，相间出现的亮、暗带就是莫尔条纹。莫尔条纹具有以下性质：

(1) 当用平行光束照射光栅时，透过莫尔条纹的光强度分布近似于余弦函数。

(2) 若用 W 表示莫尔条纹的宽度，d 表示光栅的栅距，θ 表示两光栅尺线纹的夹角，则它们之间的几何关系为

$$W = d/\sin\theta \tag{4-17}$$

当 θ 角很小时，取 $\sin\theta \approx \theta$，上式可近似写成

$$W = d/\theta \tag{4-18}$$

若取 $d = 0.01$ mm，$\theta = 0.01$ rad，则由上式可得 $W = 1$ mm。这说明，无需复杂的光学系统和电子系统，利用光的干涉现象，就能把光栅的栅距转换成放大 100 倍的莫尔条纹的宽度。这种放大作用是光栅的一个重要特点。

(3) 由于莫尔条纹是由若干条光栅线纹共同干涉形成的，所以莫尔条纹对光栅个别线纹之间的栅距误差具有平均效应，能消除光栅栅距不均匀所造成的影响。

(4) 莫尔条纹的移动与两光栅尺之间的相对移动相对应。两光栅尺相对移动一个栅距 d，莫尔条纹便相应移动一个莫尔条纹宽度 W，其方向与两光栅尺相对移动的方向垂直，且当两光栅尺相对移动的方向改变时，莫尔条纹移动的方向也随之改变。

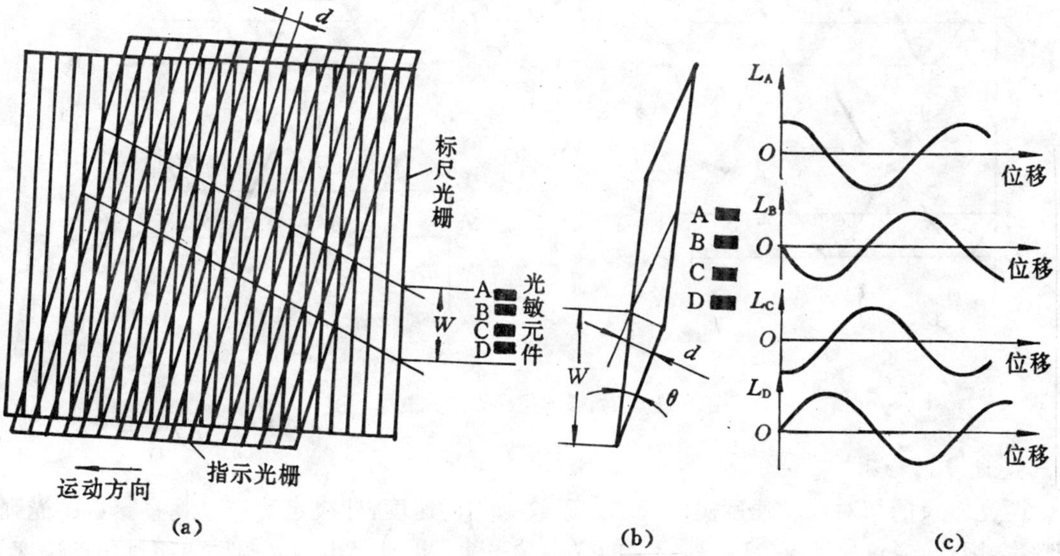

图 4-9　光栅工作原理图

根据上述莫尔条纹的特性，假如我们在莫尔条纹移动的方向上开 4 个观察窗口 A,B,C,D，且使这 4 个窗口两两相距 1/4 莫尔条纹宽度，即 $W/4$。由上述讨论可知，当两光栅尺相对移动时，莫尔条纹随之移动，从 4 个观察窗口 A,B C,D 可以得到 4 个在相位上依次超前或滞后(取决于两光栅尺相对移动的方向)1/4 周期(即 $\pi/2$)的近似于余弦函数的光强度变化过程，用 L_A,L_B,L_C,L_D 表示，见图 4-9(c)。若采用光敏元件来检测，光敏元件把透过观察窗口的光强度变化 L_A,L_B,L_C,L_D 转换成相应的电压信号，设为 V_A,V_B,V_C,V_D。根据这 4 个电压信号，可以检测出光栅尺的相对移动。

1. 位移大小的检测

由于莫尔条纹的移动与两光栅尺之间的相对移动是相对应的，故通过检测 V_A, V_B, V_C, V_D 这4个电压信号的变化情况，便可相应地检测出两光栅尺之间的相对移动。V_A, V_B, V_C, V_D 每变化一个周期，即莫尔条纹每变化一个周期，表明两光栅尺相对移动了一个栅距的距离；若两光栅尺之间的相对移动不到一个栅距，因 V_A, V_B, V_C, V_D 是余弦函数，故根据 V_A, V_B, V_C, V_D 之值也可以计算出其相对移动的距离。

2. 位移方向的检测

在图4-9(a)中，若标尺光栅固定不动，指示光栅沿正方向移动，这时，莫尔条纹相应地沿向下的方向移动，透过观察窗口A和B，光敏元件检测到的光强度变化过程 L_A 和 L_B 及输出的相应的电压信号 V_A 和 V_B 如图4-10(a)所示，在这种情况下，V_A 滞后 V_B 的相位为 $\pi/2$；反之，若标尺光栅固定不动，指示光栅沿负方向移动，这时，莫尔条纹则相应地沿向上的方向移动，透过观察窗口A和B，光敏元件检测到的光强度变化过程 L_A 和 L_B 及输出的相应的电压信号 V_A 和 V_B 如图4-10(b)所示，在这种情况下，V_A 超前 V_B 的相位为 $\pi/2$。因此，根据 V_A 和 V_B 两信号相互间的超前和滞后关系，便可确定出两光栅尺之间的相对移动方向。

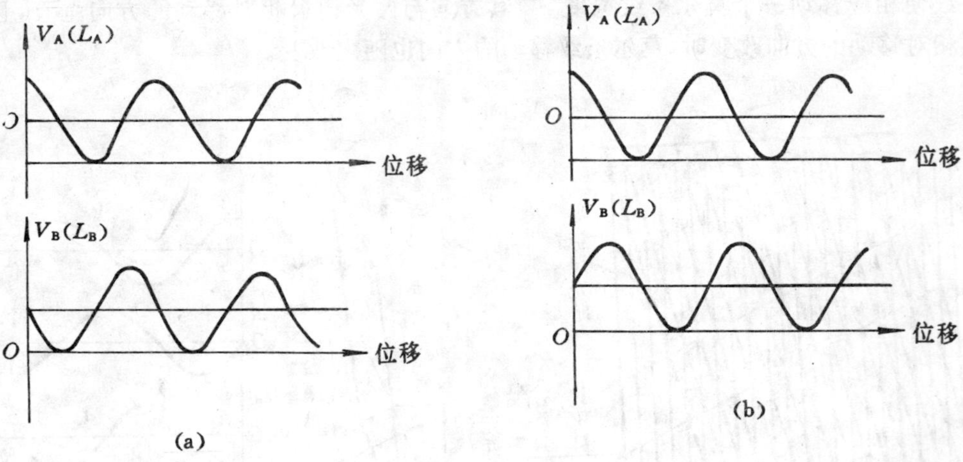

图4-10　光栅的位移方向检测原理图

3. 速度的检测

两光栅尺的相对移动速度决定着莫尔条纹的移动速度，即决定着透过观察窗口的光强度的频率，因此，通过检测 V_A, V_B, V_C, V_D 的变化频率就可以推断出两光栅尺的相对移动速度。

三、光栅信息处理及应用

如前所述，当两光栅尺有相对位移时，光栅读数头中的光敏元件根据透过莫尔条纹的光强度变化，将两光栅尺的相对位移即工作台的机械位移转换成了四路两两相差 $\pi/2$ 的电压信号 V_A, V_B, V_C 和 V_D，这四路电压信号的变化频率代表了两光栅尺相对移动的速度；它们每变化一个周期，表示两光栅尺相对移动了一个栅距；四路信号的超前滞后关系反映了两光栅尺的相对移动方向。但在实际应用中，常常需要将两光栅尺的相对位移表达成易于辨识和应用的数字脉冲量，因此，光栅读数头输出的四路电压信号还必须经过进一步的信息处理，转换成所需的数字脉冲形式。

图4-11给出了一种用于光栅信息处理的线路框图。它由三个部分组成,即放大环节、整形环节和鉴向倍频线路。

1. 放大与整形

放大与整形环节与一般系统中采用的原理及结构无多大差别,主要是用以求得电压与功率的放大以及波形的规整。这里的放大环节主要采用的是差动放大器,以抑制各种共模干扰信号的影响及矫正因光栅尺和光栅读数头的机械误差造成的光栅读数头输出信号的相位误差,经过放大环节后,V_A,V_B,V_C,V_D(其初相位分别对应于图4-11中的0,π/2,π和3π/2)四路电压信号变成两路,一路其初相位和频率同V_A一样,一路同V_B一样,分别记为V_a和V_b(对应于图4-11中放大环节输出的0和π/2)。整形环节采用的是电压比较器,其作用是将V_a和V_b转换成同频率同相位的两路方波信号A和B(分别对应于图4-11中的sin和cos),见图4-12。电压比较器可选用LM311。

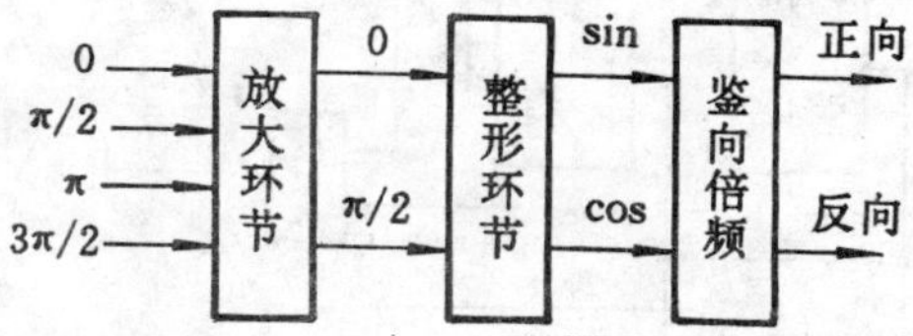

图4-11 光栅信息处理线路框图

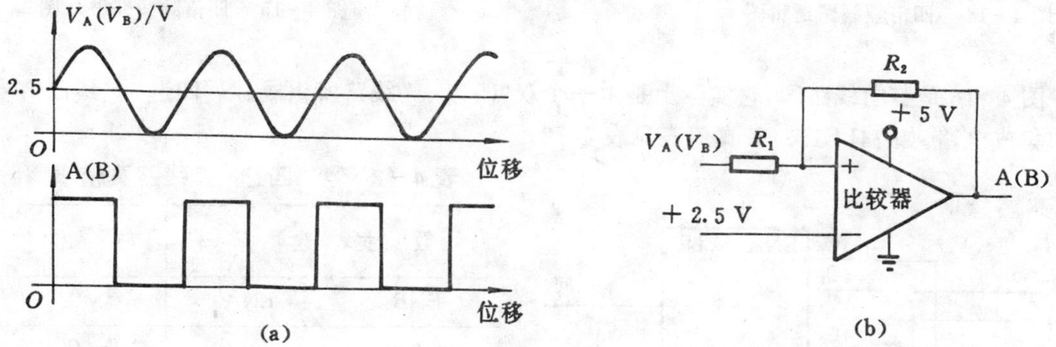

图4-12 整形环节信号输入输出关系

2. 鉴向倍频

顾名思义,鉴向倍频线路的功能有两个:一是鉴别方向,即根据整形环节输出的两路方波信号A和B的相位关系确定出工作台的移动方向;二是将A和B两路信号进行脉冲倍频,即将一个周期内的一个脉冲(方波)变为四个脉冲,这四个脉冲两两相距1/4周期。因一个周期内的一个脉冲表示工作台移动了一个栅距,这一个周期内的四个脉冲中的每一个则表示了工作台移动了1/4栅距,这样就提高了光栅测量装置的分辨率。

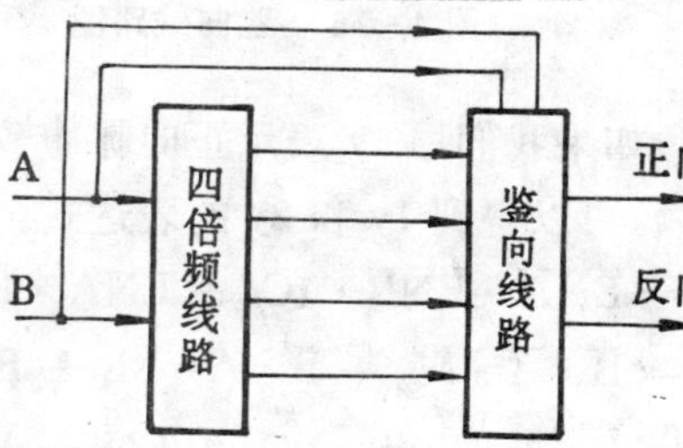

图4-13 鉴向倍频线路框图

图4-13是鉴向倍频线路的框图,图中实现四倍频的线路如图4-14所示,其波形图见图4-15。这种倍频线路产生的脉冲信号与时钟CP同步,应用比较方便,工作也十分可靠。在该四倍频线路中,时钟脉冲信号的频率要远远高于方波信号A和B的频率,以减少倍频后的相移误差。此外,从图4-15也可以看出,真正实现四倍频,M_1,M_2,M_3和M_4还需要“或”起来,这将由鉴向线路来完成。

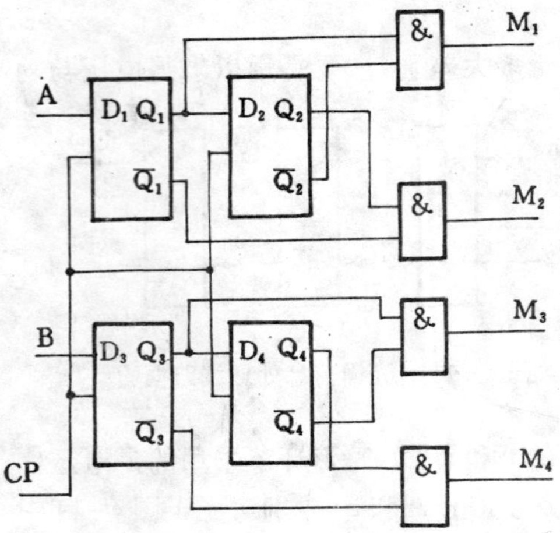

图 4-14　四倍频线路逻辑图

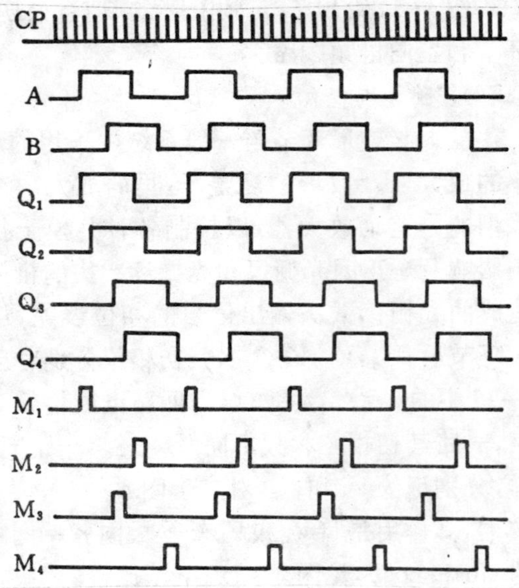

图 4-15　四倍频线路波形图

图 4-16 是鉴向线路图，它实际上是由一个双“四选一”线路所组成。双“四选一”线路有专用的集成电路。如 74LS153，其真值表见表 4-2。

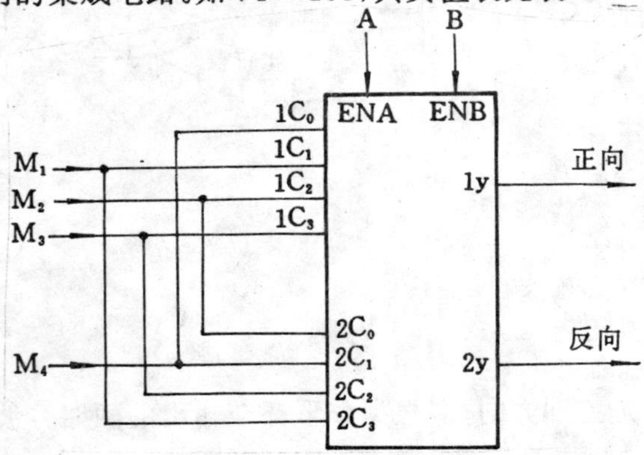

图 4-16　鉴向线路图

表 4-2　双“四选一”线路真值表

数据选择		输出
ENB	ENA	y
0	0	$y=C_0$
0	1	$y=C_2$
1	0	$y=C_2$
1	1	$y=C_3$

如果我们用 1y 表示正向脉冲输出端，2y 表示反向脉冲输出端，根据双“四选一”线路的真值表，可以得到 1y 和 2y 的表达式：

$$1y=\overline{ENA}\cdot\overline{ENB}\cdot 1C_0+ENA\cdot\overline{ENB}\cdot 1C_1+\overline{ENA}\cdot ENB\cdot 1C_2+ENA\cdot ENB\cdot 1C_3$$
$$=\overline{B}\cdot\overline{A}\cdot M_4+\overline{B}\cdot A\cdot M_1+B\cdot\overline{A}\cdot M_2+B\cdot A\cdot M_3 \tag{4-19}$$

$$2y=\overline{ENA}\cdot\overline{ENB}\cdot 2C_0+ENA\cdot\overline{ENB}\cdot 2C_1+\overline{ENA}\cdot ENB\cdot 2C_2+ENA\cdot ENB\cdot 2C_3$$
$$=\overline{B}\cdot\overline{A}\cdot M_2+\overline{B}\cdot A\cdot M_4+B\cdot\overline{A}\cdot M_3+B\cdot A\cdot M_1 \tag{4-20}$$

由上式可画出方波 A 滞后于 B(即工作台正向移动)和 A 超前于 B(即工作台反向移动)时的波形图如图 4-17 所示。由图中可以看出：当工作台正向移动时，在 1y 端输出了一系列代表移动距离的数字脉冲，而 2y 端为低电平；反过来，当工作台反向移动时，1y 端输出的是低电平，而 2y 端输出了一系列代表移动距离的数字脉冲。因此，只要 1y 端有脉冲，就表示了工作台正向移动，若 2y 端有脉冲，则表示工作台反向移动。

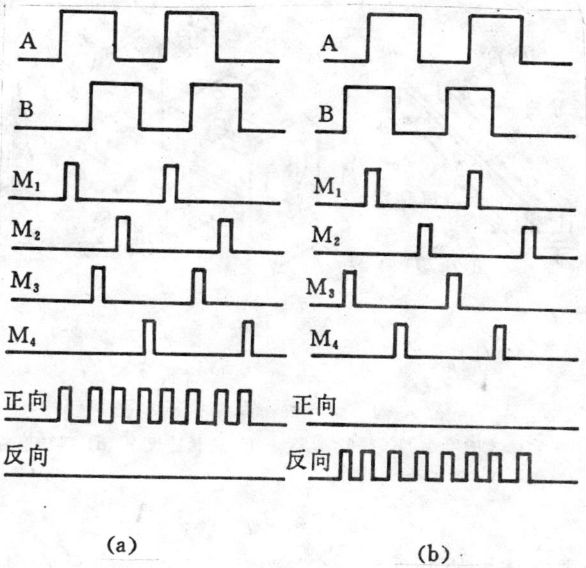

图 4－17　鉴向线路波形图

(a) 工作台正向移动　(b) 工作台反向移动

§4－4　磁　　栅

磁栅是一种利用电磁特性和录磁原理对位移进行检测的装置。它一般分为磁性标尺、拾磁磁头以及检测电路三部分。在磁性标尺上，有用录磁磁头录制的具有一定波长的方波或正弦波信号。检测时，拾磁磁头读取磁性标尺上的方波或正弦波电磁信号，并将其转化为电信号，根据此电信号，实现对位移的检测。磁栅按其结构特点可分为直线式和角位移式，分别用于长度和角度的检测。磁栅具有精度高、复制简单以及安装调整方便等优点，而且在油污、灰尘较多的工作环境使用时，仍具有较高的稳定性。磁栅作为检测元件可用在数控机床和其他测量机上。

一、磁性标尺和拾磁磁头

1. 磁性标尺

磁性标尺（简称磁尺）可分为两部分，即磁性标尺基体和磁性膜。磁性标尺的基体一般由非导磁材料（如玻璃、铜、铝或其他合金材料）制成。磁性膜是化学涂敷、化学沉积或电镀在磁性 标尺基体上的一层厚 10 ～ 20 μm 的磁性材料，该磁性材料均匀分布在磁性标尺的基体上，且成膜状，故称磁性膜。磁性膜上有用录磁方法录制的波长为 λ 的磁波。对于长磁性标尺来说，其磁性膜上的磁波波长一般取 0.005，0.01，0.20，1 mm 等几种；对于圆磁性标尺，为了等分圆周，录制的磁波波长不一定是整数值。

在实际应用中，为防止磁头对磁性膜的磨损，一般在磁性膜上均匀地涂上一层 1 ～ 2 μm 的耐磨塑料保护层，以提高磁性标尺的寿命。

按磁性标尺基体的形状，磁栅可分为实体式磁栅、带状磁栅、线状磁栅和回转形磁栅。前三种磁栅用于直线位移测量，后一种用于角位移测量。各种磁尺结构形状见图 4－18 所示。

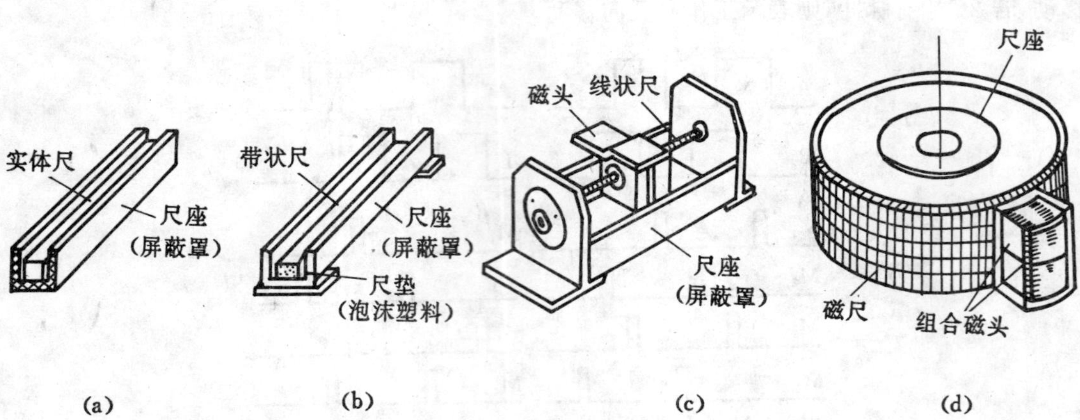

图 4-18 各种磁尺结构示意图

(a) 实体式磁尺 (b) 带状磁尺 (c) 线状磁尺 (d) 回转形磁尺

2. *拾磁磁头*

拾磁磁头是进行磁电转换的器件，它将磁性标尺上的磁信号检测出来，并转换成电信号。磁栅的拾磁磁头与一般录音机上使用的单间隙速度响应式磁头不同，它不仅能在磁头与磁性标尺之间有一定相对速度时拾取信号，而且也能在它们相对静止时拾取信号。这种磁头叫做磁通响应式磁头，其结构如图4-19所示，它的一个明显的特点就是在它的磁路中设有“可饱和铁心”，并在铁心的可饱和段上绕有两个可产生不同磁通方向的激磁绕组 N_2 和 N_3。

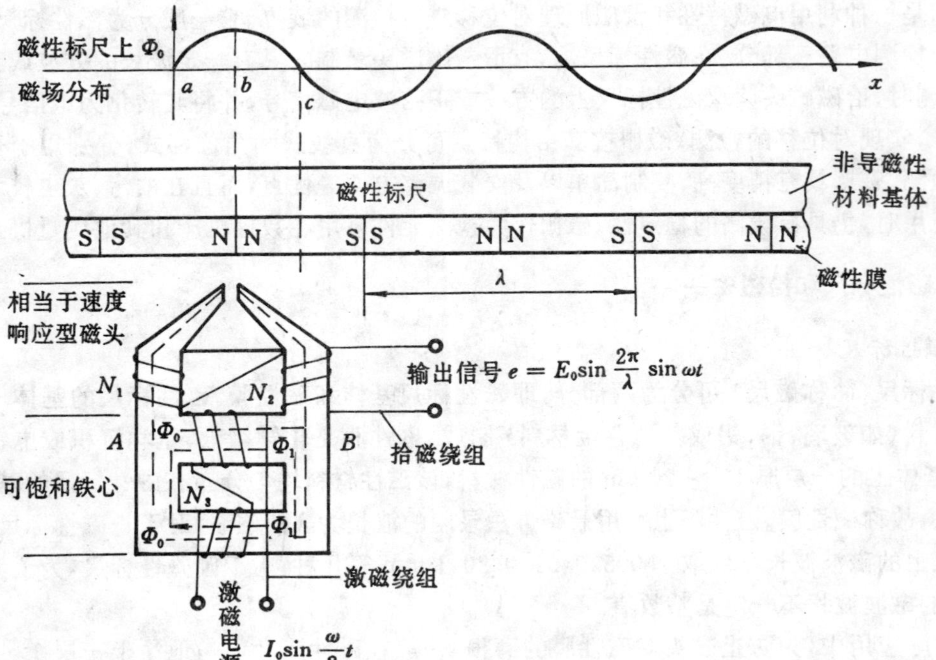

图 4-19 磁通响应式磁头

二、拾磁原理

图 4 - 20 是磁通响应式磁头中可饱和铁心的磁化曲线，H 是施加于可饱和铁心的外磁场强度，B 是可饱和铁心内的磁感应强度。当磁场强度 $H < H_M$ 时，磁感应强度 B 与 H 成正比，即 $B = \mu H$，μ 是磁导率。当 $H > H_M$ 时，磁感应强度恒定于 B_M 值，不再随 H 的增加而提高，达到磁饱和状态。施加于可饱和铁心的外磁场强度可分为两部分。一是激磁电流 I 流过绕组 N_2 和 N_3 时产生的交变磁场强度 H_2 和 H_3，设激磁电流为

$$I = I_0 \sin(\omega/2)t \tag{4-21}$$

则磁场强度为

$$H_2 = n_2 I_0 \sin(\omega/2)t \tag{4-22}$$

$$H_3 = n_3 I_0 \sin(\omega/2)t \tag{4-23}$$

式中 n_2 和 n_3 分别为绕组 N_2 和 N_3 单位长度内的匝数。另一外磁场强度是磁尺上的磁信号 H_1 对可饱和铁心的作用，如图 4 - 19 所示，设 H_1 为

$$H_1 = H_0 \sin(2\pi/\lambda)x \tag{4-24}$$

式中 H_0 —— 磁场强度的振幅；

λ —— 磁波 H_1 的波长；

x —— 表示磁头相对于磁尺的位移。当磁头位于图示的 a 点时，$H_1 = 0$。

磁通响应式磁头的制做，通过适当地选择磁头的物理参数和结构尺寸来实现。当 $H_1 = 0$ 时，保证 H_2 和 H_3 的共同作用，使可饱和铁心处于临界饱和状态。这时，根据磁路定律，可饱和铁心内的磁感应强度为

$$B_1 = W I_0 \sin(\omega/2)t = B_M \sin(\omega/2)t \tag{4-25}$$

式中 W 是一个与磁头磁阻有关的系数。在可饱和铁心处于临界饱和状态时，B_1 的工作点位于图 4 - 21 所示的 O 点，即原点。在这种情况下，B_1 在磁头的 N_1 段产生的交变磁通

$$\Phi_1 = B_1 S \tag{4-26}$$

式中 S 为 N_1 段的横截面积。

交变磁通 Φ_1 使线圈 N_1 产生感应电势 E，E 用下式表示：

$$E = -K(\mathrm{d}\Phi_1/\mathrm{d}t) \tag{4-27}$$

若设 e 是 E 的二次谐波，显然，对于上述这种情况

$$e = 0 \tag{4-28}$$

当磁头偏离磁尺上的 a 点向右移动时，若 $H_1 = H_0 \sin(2\pi/\lambda)x \neq 0$，它的作用使可饱和铁心上各段的外磁场强度有的加强，有的减弱。设 AB 段因 $H_1 \neq 0$ 而加强，即 AB 段除外磁场强度 H_2 和 H_3 共同作用外又叠加了一个正的直流分量 H_1。H_1 的作用，使 AB 段磁感应强度 B_2 的工作点上移(至 f 点，见图 4 - 21)，从而导致 AB 段铁心内的磁感应强度 B_2 由临界饱和状态变为可饱和状态，出现磁饱和，使 B_2 的正弦波波顶被削掉。在这种情况下，B_2 在磁头的 N_1 段产生的交变磁通

$$\Phi_2 = B_2 S \tag{4-29}$$

它使线圈 N_1 产生感应电势 E，用傅里叶级数将 E 展开，出现多级偶次谐波，其中二次谐波为

$$e = E_0 \sin(2\pi/\lambda)x \sin\omega t \tag{4-30}$$

式中 E_0 为系数。

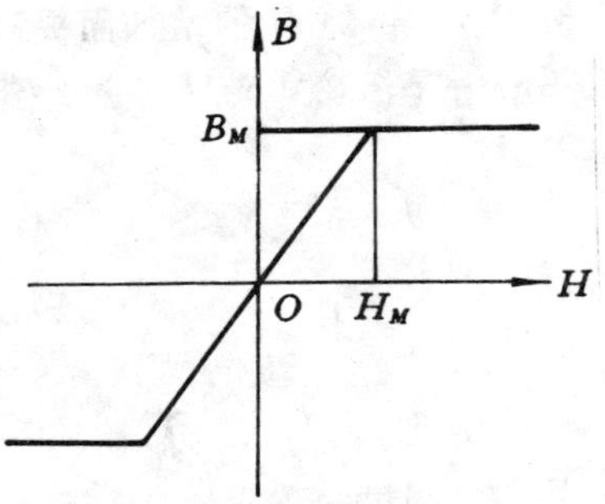

图 4-20 可饱和铁心磁化曲线

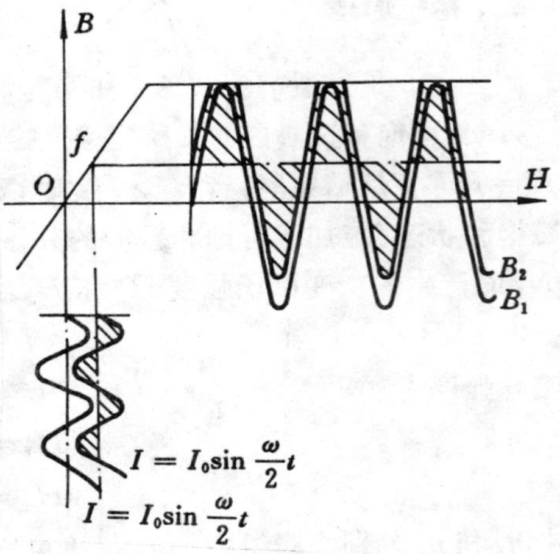

图 4-21 可饱和铁心工作曲线

很显然，式(4-28)是式(4-30)在 $x = \lambda/2, \lambda, 3\lambda/2, 2\lambda, \cdots$ 条件下的特殊情况。

综合上述两种情况，通过设置选频滤波线路对拾磁绕组 N_1 中的感应电势进行调制，即只选取拾磁绕组 N_1 中感应电势的二次谐波 e，这时，从式(4-28)及式(4-30)可以看出，根据这两个式子，由调制后得到的感应电势的二次谐波 e，便可确定出拾磁磁头和磁尺的相对位移，且信号 e 与拾磁磁头和磁尺的相对移动的速度无关，而只与两者的相对位移大小相关。

三、磁栅的工作原理

在实际应用时，为了提高拾磁绕组中感应电势的幅值，常将空间上相距 λ 的几个磁头的线圈串联起来，作为一组拾磁磁头。

磁栅作为测量元件，根据对磁头上拾磁绕组中感应电势的不同处理方法，可做成鉴相式工作状态和振幅式工作状态两种。无论哪一种工作状态，都必须设置两个或两组间距为 $(n \pm 1/4)\lambda$ 的拾磁磁头，如图 4-22 所示，n 是任意整数。

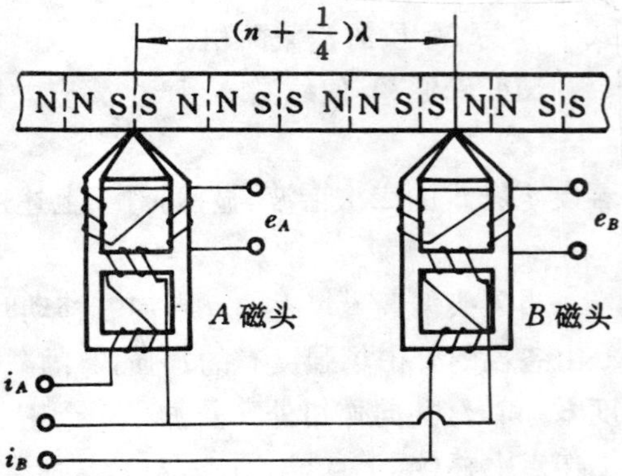

图 4-22 双磁头配置原理图

1. 鉴相式工作状态

对图 4-22 所示的两组磁头 A 和 B 的激磁绕组分别通以同频率、同相位、同幅值的激磁电流

$$i_A = i_B = I_0\sin(\omega/2)t \tag{4-31}$$

取磁尺上的某 N 点为起点，若 A 磁头离开起点的距离为 x，则 A 和 B 磁头上拾磁绕组输出的感应电势二次谐波为

$$e_A = (E_0\sin\omega t)\sin(2\pi/\lambda)x \tag{4-32}$$

$$\begin{aligned} e_B &= (E_0\sin\omega t)\sin(2\pi/\lambda)[(n+1/4)\lambda + x] \\ &= (E_0\sin\omega t)\cos(2\pi/\lambda)x \end{aligned} \tag{4-33}$$

式中　I_0 —— 激磁电流幅值；

E_0 —— 磁头输出的感应电势二次谐波幅值；

ω —— 激磁电流频率的二倍值。

把 A 磁头输出的感应电势 e_A 中的 $E_0\sin\omega t$ 移相 $\pi/2$，则得到 e_A'

$$e_A' = (E_0\cos\omega t)\sin(2\pi/\lambda)x \tag{4-34}$$

将 e_A' 和 e_B 相加，于是有

$$\begin{aligned} e &= e_B + e_A' \\ &= (E_0 + \sin\omega t)\cos(2\pi/\lambda)x + (E_0\cos\omega t)\sin(2\pi/\lambda)x \\ &= E_0\sin[\omega t + (2\pi/\lambda)x] \end{aligned} \tag{4-35}$$

通过鉴别 e 和 $E_0\sin\omega t$ 之间的相位差 $(2\pi/\lambda)x$，便可检测出磁头相对于磁尺的位移 x。鉴别 e 和 $E_0\sin\omega t$ 之间的相位差，与鉴相式旋转变压器及鉴相式感应同步器的原理和方法一致，它们的信号处理和应用方式也一样，请参见鉴相式旋转变压器的信息处理及应用。

2. 振幅式工作方式

同鉴相式工作状态一样，对两组拾磁磁头 A，B 的激磁绕组通以同频率、同相位、同幅值的激磁电流，即从两磁头绕组输出感应电势，感应电势的二次谐波为

$$e_A = E_0\sin(2\pi/\lambda)x\sin\omega t \tag{4-36}$$

$$e_B = E_0\cos(2\pi/\lambda)x\sin\omega t \tag{4-37}$$

这是磁头给出的原始信息。如果我们用检波器将 e_A 和 e_B 中的高频载波 $\sin\omega t$ 滤掉，便可得到相位差为 $\pi/2$ 的两路交变电压信号，即

$$e_A' = E_0\sin\frac{2\pi}{\lambda}x \tag{4-38}$$

$$e_B' = E_0\cos\frac{2\pi}{\lambda}x \tag{4-39}$$

与光栅测量元件的信息处理方式一样，首先，对 e_A' 和 e_B' 进行放大、整形，将 e_A' 和 e_B' 转换成两路相差 1/4 周期的方波信号。此方波信号与被测位移即磁头相对于磁性标尺的位移有如下对应关系：

(1) 方波信号每变化一个周期，即 e_A' 或 e_B' 变化一个周期，磁头相对于磁性标尺增加或减少一个波长 λ 的距离。

(2) 方波信号变化频率越高，即 $\frac{2\pi}{\lambda}x$ 变化越快，表示磁头相对磁性标尺的移动速度越大。

(3) 因两磁头在空间上相差 $\lambda/4$，即 $\frac{1}{4}e_A'$ 或 $\frac{1}{4}e_B'$ 的周期，与光栅读数头中的光敏元件布置方式相同。因此，由 e_A' 和 e_B' 转换而来的两路方波信号的超前滞后关系反映了磁头相对于磁性标尺的移动方向。

这两路方波信号经鉴向倍频之后，就变成了便于应用的正反向数字脉冲信号，具体线路与光栅信息处理线路相同，不再重述。

振幅式工作状态信息处理框图如图 4-23 所示。

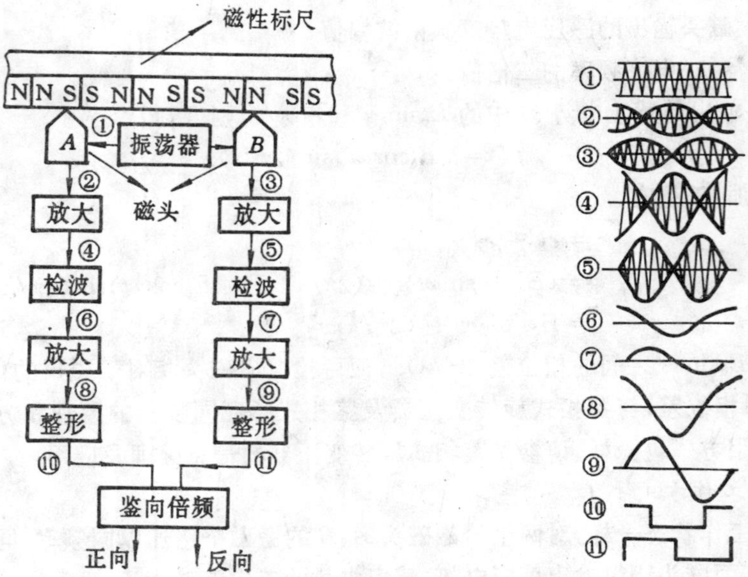

图 4-23 振幅式工作状态工作原理

§4-5 编 码 盘

编码盘或编码尺是一种通过直接编码进行测量的元件,它直接把被测转角或直线位移转换成相应的代码,指示其绝对位置。这种测量方式没有积累误差,电源切除后位置信息也不丢失。

一、工作原理

编码盘或编码尺是一种按一定的编码形式,如二进制编码,二—十进制编码、格莱码或余三码等,将一个圆盘或直尺分成若干等分,并利用电子、光电或电磁器件,把代表被测位移量大小的各等分上的编码转换成便于应用的其他二进制表达方式的测量装置。下面以接触式编码盘为例说明其工作原理。

图 4-24 是一个 4 位二进制编码盘,图中涂黑部分是绝缘的。码盘的外 4 圈按导电为"1"、绝缘为"0"组成二进制码。通常,我们把组成编码的各圈称为码道。对应 4 个码道并排安装有 4 个电刷,电刷经电阻接到电源正极。编码盘的最里一圈是公用的,与 4 个码道上的导电部分连在一起,而与绝缘部分断开,该圈接到电源的负极(地)。编码盘的转轴与被测对象连在一起(如机床丝杠),编码盘的电刷则装在一个不随被测对象一起运动的部件(如机床本体)上。当被测对象带动编码盘一起转动时,根据与电刷串联的电阻上有无电流流过,可用相应的二进制代码表示。如图 4-24(b) 所示,若编码盘沿顺时针方向转动,就可依次得到 0000,0001,0100,…,1111 的二进制输出。

用图示二进制代码做的编码盘,由于编码盘制作方面的误差以及由于电刷的安装不准确,有误差,个别电刷微小地偏离其设计位置,将造成很大的测量误差。

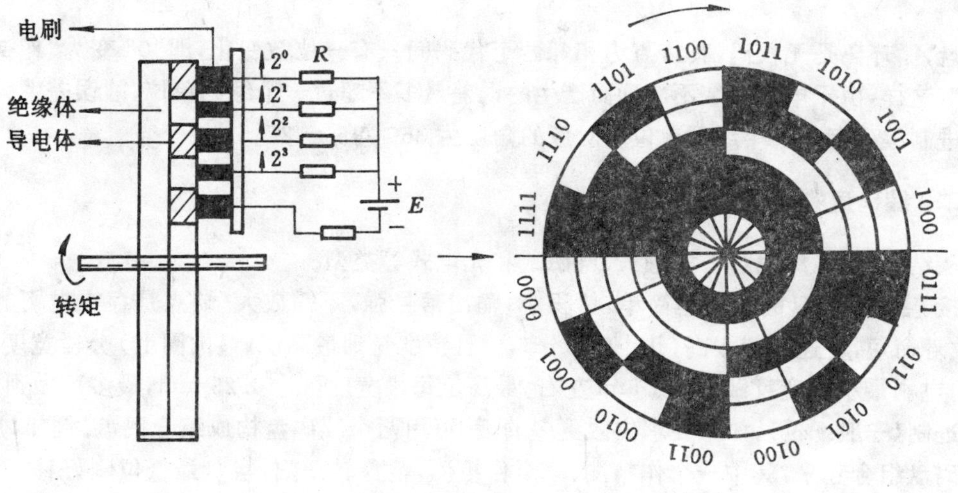

(a)　　　　(b)

图 4-24　编码盘

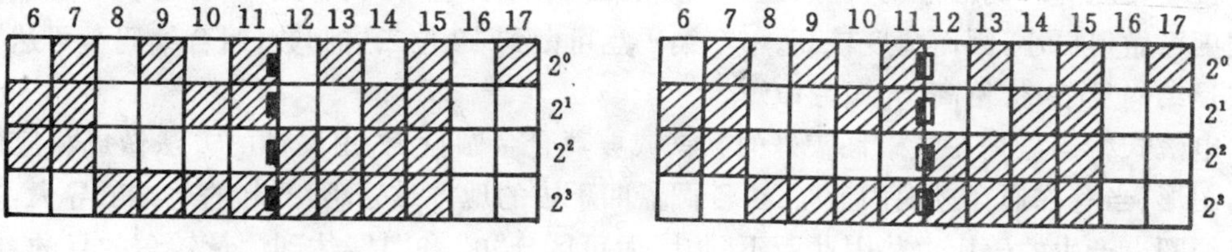

(a)　　　　(b)

图 4-25　四位二进制编码盘展开图

图 4-25 是图 4-24 的 4 位二进制编码盘的展开图。当电刷在图 4-25(a) 所示位置时，该读数应是由 1011 向 1100 过渡。若各电刷严格保持在一条直线上且编码盘制作无误差，读数也就无误差；若电刷安装不准或编码盘制作有误差，如电刷安装位置如图 4-25(b) 中白色所示，则读数可能会由 1011 先到 1000，再到 1100。类似于这种情况，对于 4 位二进制编码盘，由于电刷错位会产生从 0(0000) 到 15(1111) 之间的读数误差，一般称这种误差为“非单值性误差”。消除这种误差有两种方法。一种方法是采用双电刷，即在编码盘的不同位置上分别安装一组电刷，并且当一组电刷位于过渡线上时，另一组电刷一定位于两个过渡线中间。这样，根据两组电刷的空间位置和测得的编码值进行比较判断，可推算出正确的测量值。另一种方法是采用特殊代码即循环码。图 4-26 表示一个 4 位二进制循环码的光电

图 4-26　二进制循环码编码盘

编码盘，循环码是无权码，其特点为相邻两个代码间只有一位数变化，即“0”变为“1”或“1”变为“0”，这样，由于电刷安装不准确而产生的误差最多不超过一个编码单位，故误差大大减小。4位二进制编码盘的一个编码单位所对应的角度为 360°/16 = 22.5°。

二、编码盘的种类

从结构上讲，编码盘有接触式、电磁式和光电式等类型。

接触式编码盘的优点是简单，体积小，输出信号强，不需放大；缺点是存在电刷的磨损问题，故寿命短，转速不能太高（几十转/分），而且精度受到最高位（最内圈上）分段宽度的限制。目前，电刷最小宽度可做到 0.1 mm 左右。最高位每段宽度可达 0.25 mm，最多可做到 11～12 位二进制（一般 9 位）。如果要求位数更多的话，可用两个编码盘构成组合码盘。例如，用两个 6 位编码盘组合起来，其中一个作精测，一个作粗测，精盘转一圈，粗盘最低位刚好移过一格。这样就可得到和 11 位或 12 位相当的编码盘。既达到了扩大位数、提高精度的目的，又避免了分段宽度小所造成的困难。

光电编码盘是目前用得较多的一种。该编码盘由透明与不透明区域构成。转动时，由光电元件接收相应的编码信号。其优点是没有接触磨损，编码盘寿命长，允许转速高，而且最内层每片宽度可做得更小，因而精度较高。单个编码盘可做到 18 位二进制数，组合编码盘可达 22 位。缺点是结构复杂，价格高，光源寿命短。

电磁式编码盘是在导磁性较好的软铁或坡莫合金圆盘上，用腐蚀的方法做成相应码制的凹凸图形。当有磁通穿过编码盘时，由于圆盘凹下去的地方磁导小，凸起的地方磁导大，其在磁感应线圈上产生的感应电势因此而不同，因而可区分“0”和“1”，达到测量转角的目的。电磁式编码盘也是一种无接触式的编码盘，具有寿命长、转速高等优点。其精度可达到很高（达 20 位左右的二进制数），是一种有发展前途的直接编码式测量元件。

本章小结

本章主要介绍了数控机床上常见的几种测量装置的结构、工作原理、信息处理和应用。其中直线感应同步器、长光栅、长磁栅和编码尺用于直线位移的测量；旋转变压器、圆感应同步器、圆光栅、圆形磁栅和编码盘用于角度位移的测量。由于旋转变压器具有抗干扰性强、结构简单等优点，一般精度的数控机床上常采用它作为测量元件。光栅的测量精度比较高，一般用于高精度的数控机床上。编码盘和编码尺目前也常用于高精度的数控机床上，这主要是因为它的分辨率相对要低一些。磁栅的检测精度很高，目前很少用于数控机床上，但这种装置是很有发展前途的。容栅是一种根据电容变化来进行位移检测的测量元件，有些国家在数控机床上已开始应用容栅作为测量元件。由于篇幅限制，本书未作介绍。除光栅、磁栅和编码盘（尺）输出的是数字量外，其他几种检测装置的输出都是模拟量。磁栅的输出也可以是模拟量。

习 题 四

*4-1　数控机床对位置检测装置的要求有哪些？

4-2　以鉴相方式工作的旋转变压器和以鉴幅方式工作的旋转变压器在原理上和应用

上有哪些相同之处和不同之处？

4-3 当被测角位移连续变化时，鉴幅式旋转变压器能否检测出该角位移的变化过程？如何检测？鉴相式旋转变压器呢？

***4-4** 用鉴幅式感应同步器检测机床工作台的位移变化，试分析工作台的进给速度 v 的变化对检测精度的影响。

4-5 已知一感应同步器的节距 $2\tau = 2$ mm，试问以鉴相方式工作时和以鉴幅方式工作时，感应同步器定尺的感应电势 V_B 与被测直线位移 x 有何数量关系？

4-6 试述光栅检测装置的工作原理。

4-7 为什么说根据光栅读数头中光敏元件的光感信号的变化就可得出被测位移的变化情况？

4-8 鉴向、倍频线路各有何作用？为什么要使用它们？

4-9 在光栅的信息处理过程中，可以说倍频数越大越好吗？为什么？

***4-10** 光栅信息处理线路中，放大环节输出的两路交变信号经整形环节后再进行倍频，试问可能的最大倍频数是多少？若想实现 20 倍频，应采取什么措施？

4-11 试用与非门设计一个鉴向线路。

4-12 在磁栅检测装置中，为什么要采用磁通响应式磁头？这种磁头有何特点？

4-13 普通二进制编码盘与循环二进制编码盘各有什么优缺点？

4-14 试设计一套线路，将图 4-26 所示的二进制循环光电码盘的编码信号转换成二进制数码。

第五章　数控机床的伺服驱动系统

§5-1　概　述

数控机床伺服驱动系统是指以机床移动部件(如工作台、动力头等,本书仅以工作台为例)的位置和速度作为控制量的自动控制系统,又称拖动系统。在数控机床上,伺服驱动系统接收来自插补装置或插补软件生成的进给脉冲指令,经过一定的信号变换及电压、功率放大,将其转化为机床工作台相对于切削刀具的运动。目前,这主要通过对交、直流伺服电机或步进电机等进给驱动元件的控制来实现。

数控机床的伺服驱动系统作为一种实现切削刀具与工件间运动的进给驱动和执行机构,是数控机床的一个重要组成部分,它在很大程度上决定了数控机床的性能,如数控机床的最高移动速度、跟踪精度、定位精度等一系列重要指标取决于伺服驱动系统性能的优劣。因此,随着数控机床的发展,研究和开发高性能的伺服驱动系统,一直是现代数控机床研究的关键技术之一。

一、伺服驱动系统的性能

对数控机床伺服驱动系统的主要性能要求有下列几点:

(1) 进给速度范围要大。不仅要满足低速切削进给的要求,如 5 mm/min,还要能满足高速进给的要求,如 10 000 mm/min。

(2) 位移精度要高。伺服系统的位移精度是指指令脉冲要求机床工作台进给的位移量和该指令脉冲经伺服系统转化为工作台实际位移量之间的符合程度。两者误差愈小,伺服系统的位移精度愈高。目前,高精度的数控机床伺服系统位移精度可达到在全程范围内 $\pm 5\ \mu m$。通常,插补器或计算机的插补软件每发出一个进给脉冲指令,伺服系统将其转化为一个相应的机床工作台位移量,我们称此位移量为机床的脉冲当量。一般机床的脉冲当量为 0.01 ~ 0.005 mm 脉冲,高精度的 CNC 机床其脉冲当量可达 0.001 mm 脉冲。脉冲当量越小,机床的位移精度越高。

(3) 跟随误差要小。即伺服系统的速度响应要快。

(4) 伺服系统的工作稳定性要好。要具有较强的抗干扰能力,保证进给速度均匀、平稳,从而使得能够加工出粗糙度低的零件。

二、数控机床伺服驱动系统的基本组成

数控机床伺服驱动系统的基本组成如图 5-1 所示。数控机床的伺服驱动系统按有无反馈检测单元分为开环和闭环两种类型(见数控机床伺服驱动系统分类),这两种类型的伺服驱动系统的基本组成不完全相同。但不管是哪种类型,执行元件及其驱动控制单元都必不可少。驱动控制单元的作用是将进给指令转化为驱动执行元件所需要的信号形式,执行元件则将该信

号转化为相应的机械位移。

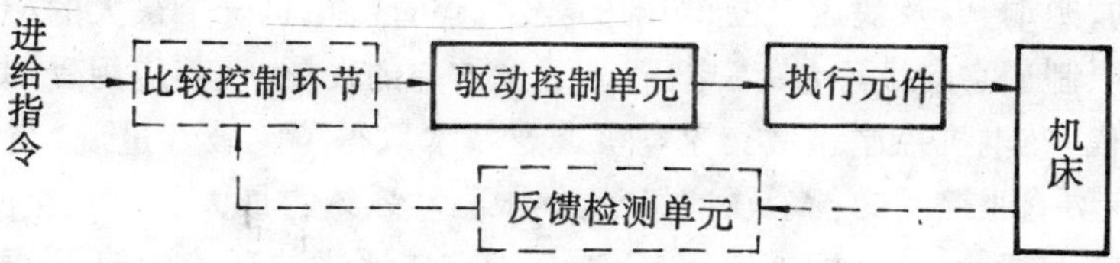

图 5-1　数控机床伺服驱动系统的基本组成

开环伺服驱动系统由驱动控制单元、执行元件和机床组成。通常，执行元件选用步进电机。执行元件对系统的特性具有重要影响。

闭环伺服驱动系统由执行元件、驱动控制单元、机床，以及反馈检测单元、比较控制环节组成。反馈检测单元将工作台的实际位置检测后反馈给比较控制环节，比较控制环节将指令信号和反馈信号进行比较，以两者的差值作为伺服系统的跟随误差经驱动控制单元，驱动和控制执行元件带动工作台运动。

在 CNC 系统中，由于计算机的引入，比较控制环节的功能由软件完成，从而导致系统结构的一些改变，但基本上还是由执行元件、反馈检测单元、比较控制环节、驱动控制单元和机床组成。

三、数控机床伺服驱动系统的分类

数控机床的伺服驱动系统按其用途和功能分为进给驱动系统和主轴驱动系统；按其控制原理和有无位置检测反馈环节分为开环系统和闭环系统；按驱动执行元件的动作原理分为电液伺服驱动系统和电气伺服驱动系统。电气伺服驱动系统又分为直流伺服驱动系统和交流伺服驱动系统。

1. 进给驱动与主轴驱动

进给驱动是用于数控机床工作台或刀架坐标的控制系统，控制机床各坐标轴的切削进给运动，并提供切削过程所需的转矩。主轴驱动控制机床主轴的旋转运动，为机床主轴提供驱动功率和所需的切削力。一般地，对于进给驱动系统，主要关心它的转矩大小、调节范围的大小和调节精度的高低，以及动态响应速度的快慢。对于主轴驱动系统，主要关心其是否具有足够的功率、宽的恒功率调节范围及速度调节范围。

2. 开环控制和闭环控制

数控机床伺服驱动系统按有无位置反馈分两种基本的控制结构，即开环控制和闭环控制，如图 5-1 所示。由此形成位置开环控制系统和位置闭环控制系统。闭环控制系统又可根据位置检测装置在机床上安装的位置不同，进一步分为半闭环伺服驱动控制系统和全闭环伺服驱动控制系统。若位置检测装置安装在机床的工作台上，构成的伺服驱动控制系统为全闭环控制系统；若位置检测装置安装在机床丝杠上，构成的伺服驱动控制系统则为半闭环控制系统。现代数控机床的伺服驱动多采用闭环控制系统。开环控制系统常用于经济型数控或老设备的改造。

3. 直流伺服驱动与交流伺服驱动

70 年代和 80 年代初，数控机床多采用直流伺服驱动。直流大惯量伺服电机具有良好的宽调速性能，输出转矩大，过载能力强，而且，由于电机惯性与机床传动部件的惯量相当，构成闭环后易于调整。而直流中小惯量伺服电机及其大功率晶体管脉宽调制驱动装置，比较适应数控机床对频繁启动、制动，以及快速定位、切削的要求。但直流电机一个最大的特点是具有电刷和机械换向器，这限制了它向大容量、高电压、高速度方向的发展，使其应用受到限制。

进入80年代，在电机控制领域交流电机调速技术取得了突破性进展，交流伺服驱动系统大举进入电气传动调速控制的各个领域。交流伺服驱动系统的最大优点是交流电机容易维修，制造简单，易于向大容量、高速度方向发展，适合于在较恶劣的环境中使用。同时，从减少伺服驱动系统外形尺寸和提高可靠性角度来看，采用交流电机比直流电机将更合理。

§5-2　开环步进式伺服驱动系统

步进式伺服驱动系统是典型的开环控制系统。在此系统中，执行元件是步进电机。它受驱动控制线路的控制，将代表进给脉冲的电平信号直接变换为具有一定方向、大小和速度的机械转角位移，并通过齿轮和丝杠带动工作台移动。由于该系统没有反馈检测环节，它的精度较差，速度也受到步进电机性能的限制。但它的结构和控制简单、容易调整，故在速度和精度要求不太高的场合具有一定的使用价值。

一、步进电机的种类、结构及工作原理

1. 步进电机的种类

步进电机的分类方式很多，常见的分类方式有按产生力矩的原理、按输出力矩的大小以及按定子和转子的数量进行分类等。根据不同的分类方式，可将步进电机分为多种类型，如表5-1所示。

表5-1　步进电机的分类

分类方式	具体类型
按力矩产生的原理	(1) 反应式：转子无绕组，由被激磁的定子绕组产生反应力矩实现步进运行 (2) 激磁式：定、转子均有激磁绕组(或转子用永久磁钢)，由电磁力矩实现步进运行
按输出力矩大小	(1) 伺服式：输出力矩在百分之几至十分之几(N·m)只能驱动较小的负载，要与液压扭矩放大器配用，才能驱动机床工作台等较大的负载 (2) 功率式：输出力矩在5～50 N·m以上，可以直接驱动机床工作台等较大的负载
按定子数	(1) 单定子式；(2) 双定子式；(3) 三定子式；(4) 多定子式
按各相绕组分布	(1) 径向分相式：电机各相按圆周依次排列 (2) 轴向分相式：电机各相按轴向依次排列

2. 步进电机的结构

目前，我国使用的步进电机多为反应式步进电机。在反应式步进电机中，有轴向分相和径向分相两种，如表5-1所述。

图 5-2 是一典型的单定子、径向分相、反应式伺服步进电机的结构原理图。它与普通电机一样，分为定子和转子两部分，其中定子又分为定子铁心和定子绕组。定子铁心由电工钢片叠压而成，其形状如图中所示。定子绕组是绕置在定子铁心 6 个均匀分布的齿上的线圈，在直径方向上相对的两个齿上的线圈串联在一起，构成一相控制绕组。图 5-2 所示的步进电机可构成三相控制绕组，故也称三相步进电机。若任一相绕组通电，便形成一组定子磁极，其方向即图中所示的 NS 极。在定子的每个磁极上，即定子铁心上的每个齿上又开了 5 个小齿，齿槽等宽，齿间夹角为 9°，转子上没有绕组，只有均匀分布的 40 个小齿，齿槽也是等宽的，齿间夹角也是 9°，与磁极上的小齿一致。此外，三相定子磁极上的小齿在空间位置上依次错开 1/3 齿距，如图 5-3 所示。当 A 相磁极上的小齿与转子上的小齿对齐时，B 相磁极上的齿刚好超前（或滞后）转子齿 1/3 齿距角，C 相磁极齿超前（或滞后）转子齿 2/3 齿距角。

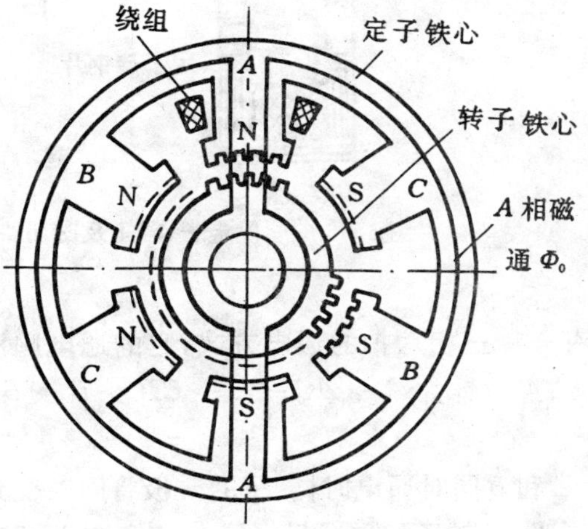

图 5-2 单定子径向分相反应式伺服步进电机结构原理图

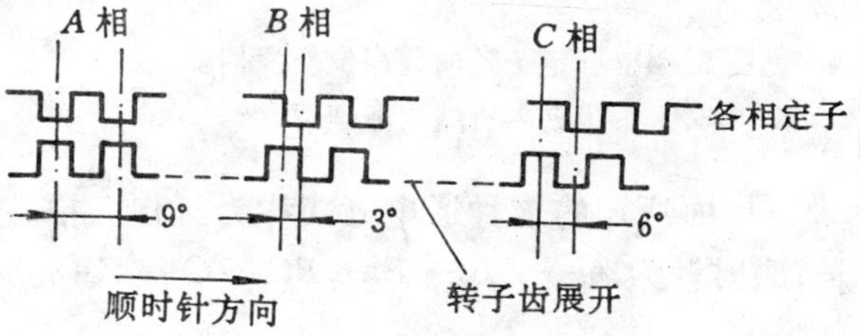

图 5-3 步进电机的齿距

图 5-4 是一个五定子、轴向分相、反应式伺服步进电机的结构原理图。从图中可以看出，步进电机的定子和转子在轴向分为五段，每一段都形成独立的一相定子铁心、定子绕组和转子，图 5-5 所示的是其中的一段。各段定子铁心形如内齿轮，由硅钢片叠成。转子形如外齿轮，也由硅钢片制成。各段定子上的齿在圆周方向均匀分布，彼此之间错开 1/5 齿距，其转子齿彼此不错位。当设置在定子铁心环形槽内的定子绕组通电时，形成一相环形绕组，构成图中所示的磁力线。

除上面介绍的两种形式的反应式步进电机之外，常见的步进电机还有永磁式步进电机和永磁反应式步进电机，它们的结构虽不相同，但工作原理相同。

3. *步进电机的工作原理*

步进电机的工作原理实际上是电磁铁的作用原理。图 5-6 是一种最简单的反应式步进电机，下面以它为例来说明步进电机的工作原理。

图 5-6(a) 中，当 A 相绕组通以直流电流时，根据电磁学原理，便会在 AA 方向上产生一磁场，在磁场电磁力的作用下，吸引转子，使转子的齿与定子 AA 磁极上的齿对齐。若 A 相断电，B 相通电，这时新的磁场其电磁力又吸引转子的两极与 BB 磁极齿对齐，转子沿顺时针转过 60°。

通常，步进电机绕组的通断电状态每改变一次，其转子转过的角度 α 称为步距角。因此，图 5-6(a) 所示步进电机的步距角 α 等于 60°。如果控制线路不停地按 $A \to B \to C \to A \cdots$ 的顺序控制步进电机绕组的通断电，步进电机的转子便不停地顺时针转动。若通电顺序改为 $A \to C \to B \to A \cdots$，同理，步进电机的转子将逆时针不停地转动。

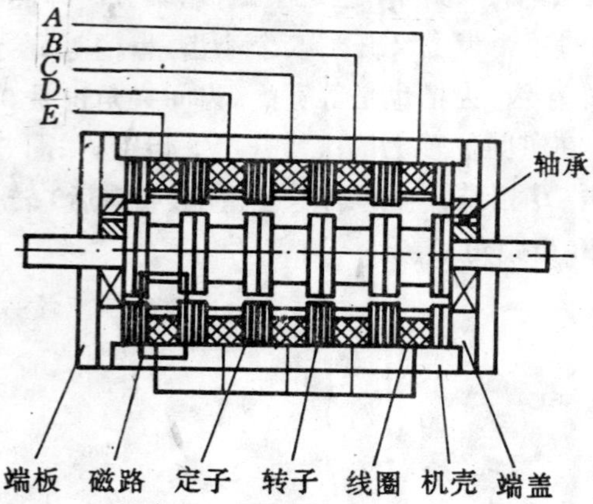

图 5-4　五定子轴向分相反应式伺服步进电机结构原理图

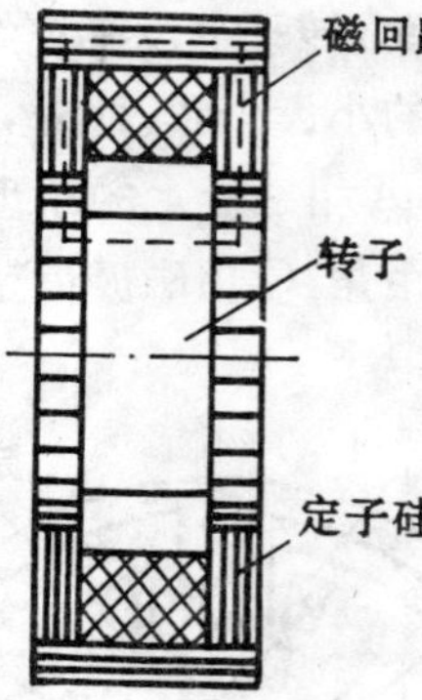

图 5-5　一段定子、转子及磁回路

上面所述的这种通电方式称为三相三拍。还有一种三相六拍的通电方式，它的通电顺序是：顺时针为 $A \to AB \to B \to BC \to C \to CA \to A \cdots$；逆时针为 $A \to AC \to C \to CB \to B \to BA \to A \cdots$。

若以三相六拍通电方式工作，当 A 相通电转为 A 和 B 同时通电时，转子的磁极将同时受到 A 相绕组产生的磁场和 B 相绕组产生的磁场的共同吸引，转子的磁极只好停在 A 和 B 两相磁极之间，这时它的步距角 α 等于 30°。当由 A 和 B 两相同时通电转为 B 相通电时，转子磁极再沿顺时针旋转 30°，与 B 相磁极对齐。其余依此类推。采用三相六拍通电方式，可使步距角 α 缩小一半。

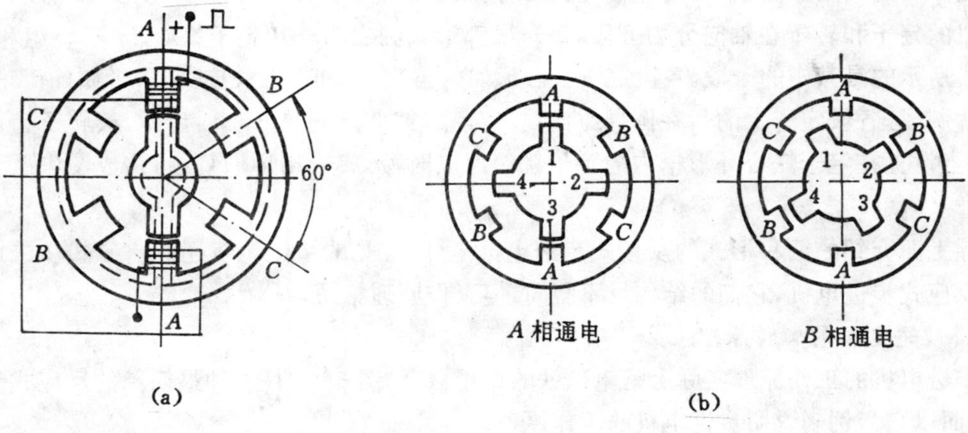

图 5-6　步进电机工作原理图

图 5-6(b) 中的步进电机，定子仍是 A,B,C 三相，每相两极，但转子不是两个磁极而是四

个。当 A 相通电时，是 1 和 3 极与 A 相的两极对齐，很明显，当 A 相断电、B 相通电时，2 和 4 极将与 B 相两极对齐。这样，在三相三拍的通电方式中，步距角 α 等于 30°，在三相六拍通电方式中，步距角 α 则为 15°。

综上所述，可以得到如下结论：

(1) 步进电机定子绕组的通电状态每改变一次，它的转子便转过一个确定的角度，即步进电机的步距角 α；

(2) 改变步进电机定子绕组的通电顺序，转子的旋转方向随之改变；

(3) 步进电机定子绕组通电状态的改变速度越快，其转子旋转的速度越快，即通电状态的变化频率越高，转子的转速越高；

(4) 步进电机步距角 α 与定子绕组的相数 m、转子的齿数 z、通电方式 k 有关，可用下式表示：

$$\alpha = 360°/(mzk) \tag{5-1}$$

式中 m 相 m 拍时，$k=1$；m 相 $2m$ 拍时，$k=2$；依此类推。

对于图 5-2 所示的单定子、径向分相、反应式伺服步进电机，当它以三相三拍通电方式工作时，其步距角为

$$\alpha = 360°/(mzk) = 360°/(3\times40\times1) = 3°$$

若按三相六拍通电方式工作，则步距角为

$$\alpha = 360°/(mzk) = 360°/(3\times40\times2) = 1.5°$$

4. 步进电机的主要特性

(1) 步距角。步进电机的步距角 α 是反映步进电机定子绕组的通电状态每改变一次，转子转过的角度。它是决定步进伺服系统脉冲当量的重要参数。数控机床中常见的反应式步进电机的步距角一般为 0.5° ~ 3°。步距角越小，数控机床的控制精度越高。

(2) 矩角特性、最大静态转矩 M_{jmax} 和启动转矩 M_q。矩角特性是步进电机的一个重要特性，它是指步进电机产生的静态转矩 M_j 与失调角 θ 的变化规律。

空载时，若步进电机某相绕组通电，根据步进电机的工作原理，电磁力矩会使得转子齿槽与该相定子齿槽对齐，这时，转子上没有力矩输出。如果在电机轴上加一逆时针方向的负载转矩 M，则步进电机转子就要逆时针方向转过一个角度 θ 才能重新稳定下来，这时转子上受到的电磁转矩 M_j 和负载转矩 M 相等。我们称 M_j 为静态转矩，θ 为失调角。不断改变 M 值，对应的就有 M_j 值及 θ 角，得到 M_j 与 θ 的函数曲线，如图 5-7 所示。我们称 $M_j = f(\theta)$ 曲线为转矩—失调角特性曲线，或称为矩角特性。图中画出了三相步进电机按照 $A—B—C—A\cdots$ 方式通电时，A,B,C 各相的矩角特性曲线，三相矩角特性曲线在相位上互差 1/3 周期。曲线上峰值所对应的转矩叫做最大静态转矩，用 M_{jmax} 表示，它表示步进电机承受负载的能力。M_{jmax} 愈大，自锁力矩愈大，静态误差愈小。换句话说，最大静态转矩 M_{jmax} 愈大，电动机带负载的能力愈强，运行的快速性和稳定性愈好。

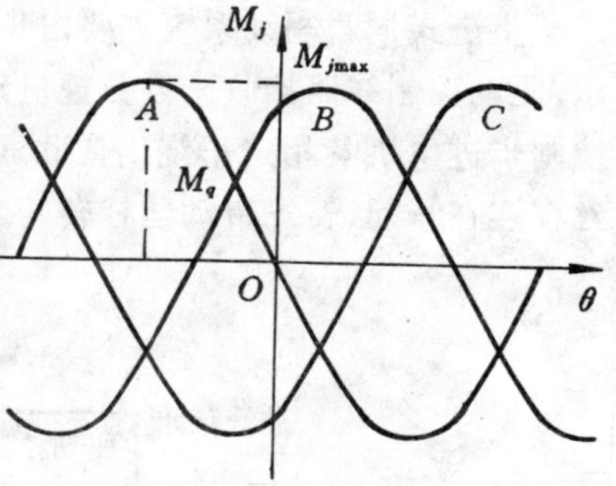

图 5-7　M_j 与 θ 角的关系

图 5-7 中曲线 A 和曲线 B 的交点所对应的力矩 M_q 是电机运行状态的最大启动转矩。当负载力矩 M_f 小于 M_q 时，电机才能正常启动运行。否则，将造成失步，电机也不能正常启动。一般地，随着电机相数的增加，由于矩角特性曲线变密，相邻两矩角特性曲线的交点上移，会使 M_q 增加；改变 m 相 m 拍通电方式为 m 相 $2m$ 拍通电方式，同样会使 M_q 得以提高。

(3) 启动频率 f_q。空载时，步进电机由静止突然启动，并进入不丢步的正常运行所允许的最高频率，称为启动频率或突跳频率。若启动时频率大于突跳频率，步进电机就不能正常启动。空载启动时，步进电机定子绕组通电状态变化的频率不能高于该突跳频率。

(4) 连续运行的最高工作频率 f_{max}。步进电机连续运行时，它所能接受的，即保证不丢步运行的极限频率 f_{max}，称为最高工作频率。它是决定定子绕组通电状态最高变化频率的参数，它决定了步进电机的最高转速。

(5) 加减速特性。步进电机的加减速特性是描述步进电机由静止到工作频率和由工作频率到静止的加减速过程中，定子绕组通电状态的变化频率与时间的关系。当要求步进电机启动到大于突跳频率的工作频率时，变化速度必须逐渐上升；同样，从最高工作频率或高于突跳频率的工作频率停止时，变化速度必须逐渐下降。逐渐上升和下降的加速时间、减速时间不能过小，否则会出现失步或超步。我们用加速时间常数 T_a 和减速时间常数 T_d 来描述步进电机的升速和降速特性，如图 5-8 所示。

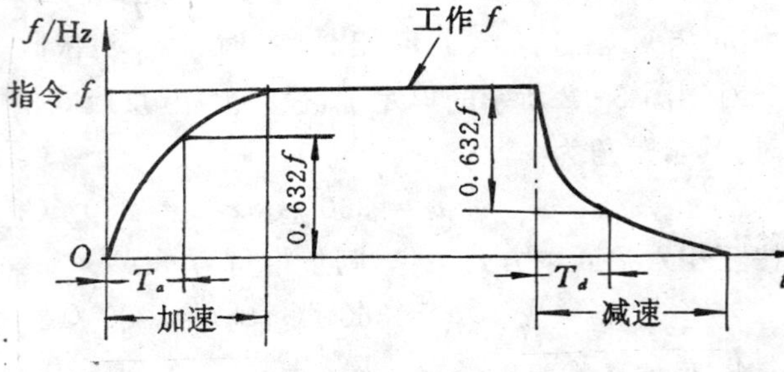

图 5-8　加减速特性曲线

除以上介绍的几种特性外，矩频特性、惯频特性和动态特性等也都是步进电机很重要的特性。其中动态特性描述了步进电机各相定子绕组通断电时的动态过程，它决定了步进电机的动态精度；惯频特性描述了步进电机带动纯惯性负载时启动频率和负载转动惯量之间的关系；矩频特性描述了步进电机控制频率与电磁力矩之间的关系。

二、步进式伺服驱动系统工作原理

步进式伺服驱动系统主要由步进电机驱动控制线路和步进电机两部分组成，如图 5-9 所示。驱动控制线路接收来自数控机床控制系统的进给脉冲信号(指令信号)，并把此信号转换为控制步进电机各相定子绕组依此通电、断电的信号，使步进电机运转。步进电机的转子与机床丝杠连在一起，转子带动丝杠转动，丝杠再带动工作台移动。

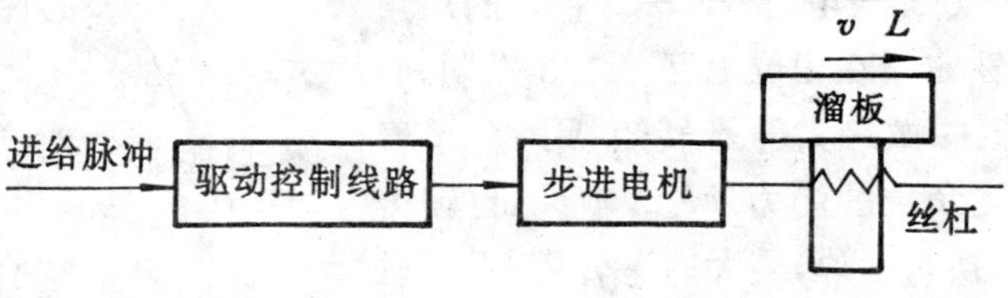

图 5-9　步进式伺服系统原理框图

下面从步进式伺服系统如何实现对机床工作台移动的移动量、速度和移动方向进行控制三个方面，对其工作原理进行介绍。

1. 工作台位移量的控制

数控机床控制系统发出的 N 个进给脉冲，经驱动线路之后，变成控制步进电机定子绕组通电、断电的电平信号变化次数 N，使步进电机定子绕组的通电状态变化 N 次。由步进电机工作原理可知，定子绕组通电状态的变化次数 N 决定了步进电机的角位移 φ，$\varphi = N\alpha$（α 即步距角）。该角位移经丝杠、螺母之后转变为工作台的位移量 L，$L = \varphi t/360°$（t 为螺距）。即进给脉冲的数量 $N \rightarrow$ 定子绕组通电状态变化次数 $N \rightarrow$ 步进电机的转角 $\varphi \rightarrow$ 工作台位移量 L。

2. 工作台进给速度的控制

机床控制系统发出的进给脉冲的频率 f，经驱动控制线路之后，表现为控制步进电机定子绕组通电、断电的电平信号变化频率，也就是定子绕组通电状态变化频率。而定子绕组通电状态的变化频率 f 决定了步进电机转子的转速 ω。该转子转速 ω 经丝杠螺母转换之后，体现为工作台的进给速度 v。即进给脉冲的频率 $f \rightarrow$ 定子绕组通电状态的变化频率 $f \rightarrow$ 步进电机的转速 $\omega \rightarrow$ 工作台的进给速度 v。

3. 工作台运动方向的控制

当控制系统发出的进给脉冲是正向时，经驱动控制线路，使步进电机的定子各绕组按一定的顺序依次通电、断电；当进给脉冲是负向时，驱动控制线路则使定子各绕组按与进给脉冲是正向时相反的顺序通电、断电。由步进电机的工作原理可知，通过步进电机定子绕组通电顺序的改变，可以实现对步进电机正转或反转的控制，从而实现对工作台的进给方向的控制。

综上所述，在开环步进式伺服系统中，输入的进给脉冲的数量、频率、方向，经驱动控制线路和步进电机，转换为工作台的位移量、进给速度和进给方向，从而实现对位移的控制。

三、步进电机的驱动控制线路

根 据步进式伺服系统的工作原理，步进电机驱动控制线路的功能是，将具有一定频率 f、一定数量 N 和方向的进给脉冲转换成控制步进电机各相定子绕组通断电的电平信号。电平信号的变化频率、变化次数和通断电顺序与进给指令脉冲的频率、数量和方向对应。为了能够实现该功能，一个较完整的步进电机的驱动控制线路应包括脉冲混合电路、加减脉冲分配电路、加减速电路、环形分配器和功率放大器（见图 5－10），并应能接收和处理各种类型的进给指令控制信号如自动进给信号、手动信号和补偿信号等。脉冲混合电路、加减脉冲分配电路、加减速电路和环形分配器可用硬件线路来实现，也可用软件来实现。

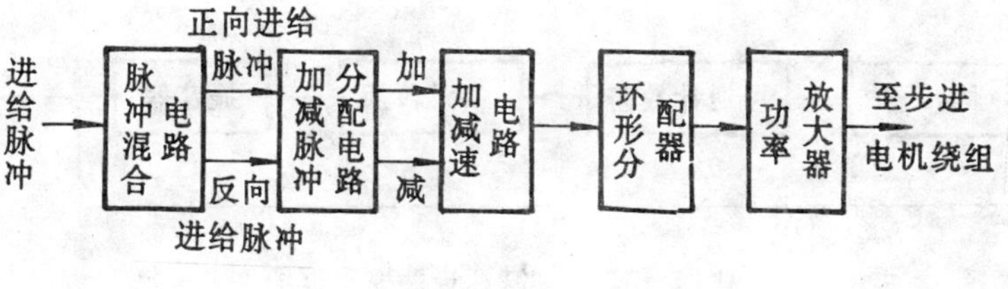

图 5－10　驱动控制线路框图

1. 脉冲混合电路

无论是来自于数控系统的插补信号，还是各种类型的误差补偿信号、手动进给信号及手动回原点信号等，它们的目的无非是使工作台正向进给或负向进给。必须首先将这些信号混合为使工作台正向进给的“正向进给”信号或使工作台负向进给的“负向进给”信号。这一功能由脉冲混合电路实现。

2. 加减脉冲分配电路

当机床在正向进给脉冲的控制下正在沿正方向进给时，由于各种补偿脉冲的存在，使得可能还会出现极个别的负向进给脉冲；同样，当机床在负向进给脉冲的控制下正在沿负方向进给时，还可能会出现极个别的正向进给脉冲。其示意图如图 5-11 所示。

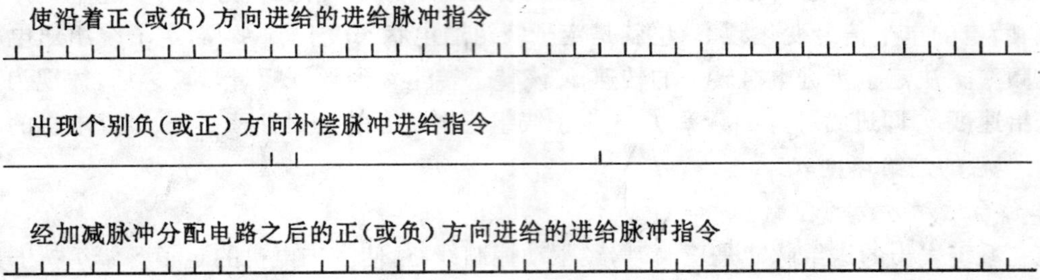

图 5-11　正在沿着一个方向进给时出现个别几个相反方向的进给脉冲指令

在实际的机床进给控制中，这些与正在进给方向相反的个别脉冲指令的出现，意味着执行元件即步进电机正在沿着一个方向旋转时，再向相反的方向旋转极个别几个步距角。根据步进电机的工作原理，要做到这一点，必须首先使步进电机从正在旋转的方向静止下来，然后才能向相反的方向旋转，待旋转极个别几个步距角后，再恢复至原来的方向继续旋转进给。这从机械加工工艺性方面来看是不允许的。即使是允许，控制线路也相当复杂。一般采用的方法是，从正在进给方向的进给脉冲指令中抵消相同数量的相反方向补偿脉冲，如图 5-11 所示。这也正是加减脉冲分配电路的功能和作用。

3. 加减速电路(又称自动升降速电路)

根据步进电机加减速特性，进入步进电机定子绕组的电平信号的频率变化要平滑，而且应有一定的时间常数。但由加减脉冲分配电路来的进给脉冲频率的变化是有跃变的。因此，为了保证步进电机能够正常、可靠地工作，此跃变频率必须首先进行缓冲，使之变成符合步进电机加减速特性的脉冲频率，然后再送入步进电机的定子绕组。加减速电路就是为此而设置的。图 5-12 是一种加减速电路的原理框图。

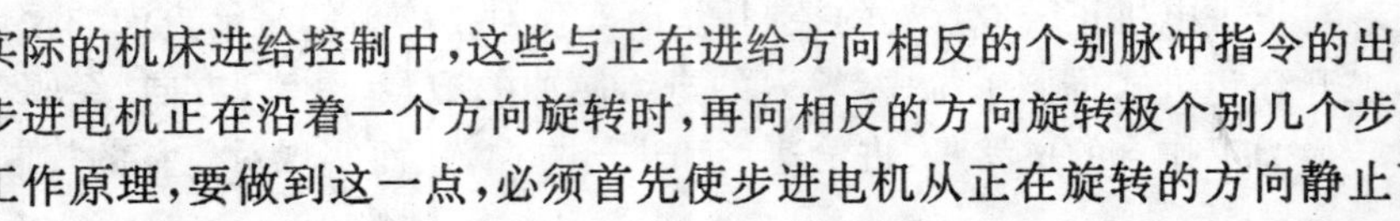

图 5-12　加减速电路原理框图

该加减速电路由同步器、可逆计数器、数模转换线路和 RC 变频振荡器四部分组成。同步器的作用是使得进给脉冲 P_a(其频率为 f_a) 和由 RC 变频振荡器来的脉冲 P_b(其频率是 f_b) 不会在同一时刻出现,以防止 P_a 和 P_b 同时进入可逆计数器,使可逆计数器在同一时刻既作加法又作减法,产生计数错误。RC 变频振荡器的作用是将经数模转换器输出的电压信号转换成脉冲信号,脉冲的频率与电压值的大小成正比。可逆计数器是既可作加法计数又可作减法计数的计数器,但不允许在同一时刻既作加法又作减法。数模转换线路的作用是将数字量转换为模拟量。

系统工作前,先将可逆计数器清"0",振荡器输出脉冲的频率 $f_b = 0$。

进给开始时,进给脉冲的频率 f_a 由 0 跃变到 f_1,而 $f_b = 0$,可逆计数器的存数 i 以频率 f_1 变化、增长。但由于开始时计数器内容为 0。RC 变频振荡器输出脉冲的频率 f_b 也就由 0 以对应于计数器存数增长的速度逐渐增大,f_b 增加以后,又反馈回去使可逆计数器作减法计数,抑制计数器存数的增长。计数器存数 i 增长速度减小之后,振荡器输出脉冲的频率 f_b 增加的速度也随之减少,经时间 t_1 后,$f_a = f_b(f_1 = f_2)$,达到平衡,这就是升速过程。

在 $f_a = f_b$ 后,计数器存数 i 增长速度为 0,即存数不变,因而振荡器的频率亦稳定下来,此过程是匀速过程。

若经过一段时间 t_2 后,进给脉冲由 f_1 突变为 0,计数器的存数便以 $f_b = f_1$ 的频率下降,相应地,振荡器输出的脉冲频率 f_b 随之下降,直到计数器为 0,$f_b = 0$,步进电机停止运转,这个过程就是降速过程。

在整个升速、匀速和降速过程中,进给脉冲 P_a 使可逆计数器作加法计数,RC 变频振荡器的输出脉冲 P_b 使可逆计数器作减法计数,而最后计数器的内容为 0,故进给脉冲 P_b 的个数和 RC 变频振荡器的输出脉冲 P_b 的个数相等。由于 RC 变频振荡器输出的脉冲 P_b 是进入步进电机的工作脉冲,因此,经过该加减速电路保证不会产生丢步。图 5-13 是加减速电路输入输出特性曲线。

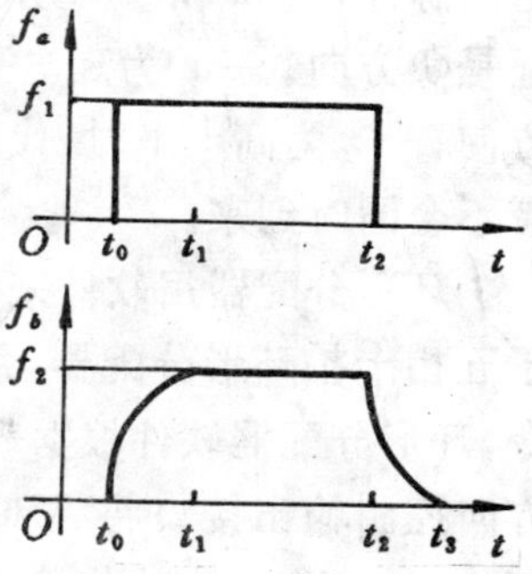

图 5-13　加减速电路输入输出特性曲线

4. 环形分配器

环形分配器的作用是把来自于加减速电路的一系列进给脉冲指令,转换成控制步进电机定子绕组通、断电的电平信号,电平信号状态的改变次数及顺序与进给脉冲的个数及方向对应。如对于三相三拍步进电机,若"1"表示通电,"0"表示断电,A,B,C是其三相定子绕组,则经环形分配器后,每来一个进给脉冲指令,A,B,C应按(100) = (010) = (001) = (100) = …… 的顺序改变一次。环形分配器可以由硬件逻辑线路构成,也可以用软件来实现。

图 5-14 是一个由硬件逻辑线路构成的五相十拍环形分配器。

对于五相步进电机,五相十拍的通电顺序为

$$ABC \rightleftarrows BC \rightleftarrows BCD \rightleftarrows CD \rightleftarrows CDE \rightleftarrows DE \rightleftarrows DEA \rightleftarrows EA \rightleftarrows EAB \rightleftarrows AB \rightleftarrows ABC$$

按照五相十拍步进电机的通电方式和通电顺序,列出控制定子绕组通、断电的真值表,如表 5-2 所示。根据真值表,如果采用上一拍的通电状态作为下一拍通电状态的控制条件,可写出逻辑式为:

正转时　$A = \bar{C},\ B = \bar{D},\ C = \bar{E},\ D = \bar{A},\ E = \bar{B}$

反转时　$A = \bar{D},\ B = \bar{E},\ C = \bar{A},\ D = \bar{B},\ E = \bar{C}$

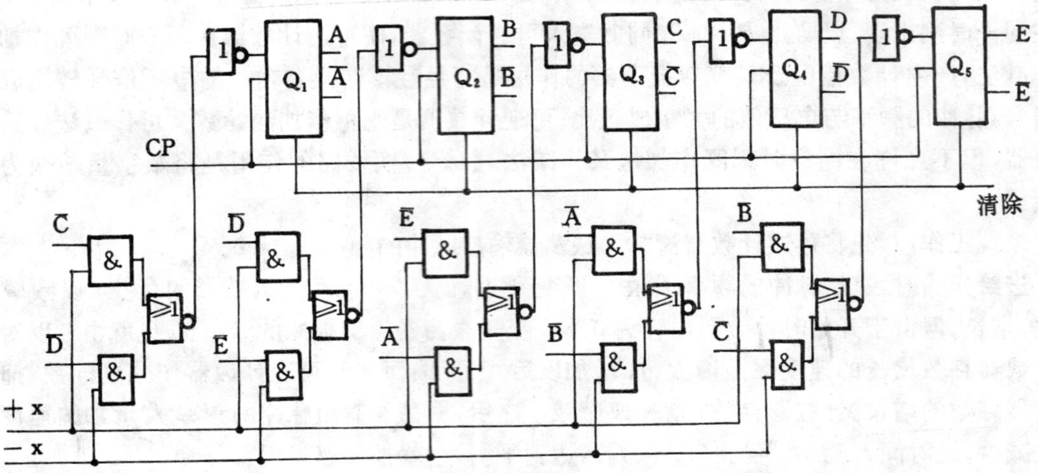

图 5-14　五相十拍环形分配器线路

按上述逻辑式再分别考虑到进给方向，可设计出该五相十拍环形分配器线路的逻辑结构。

在图 5-14 所示的五相十拍环形分配器中，CP 是进给脉冲，+x 和 -x 分别代表了进给脉冲是正方向还是负方向。+x 为高电平时，代表 CP 进给脉冲为正方向；-x 为高电平时，代表 CP 是反方向进给脉冲，两者不会同时到来。

环形分配器用软件来实现更方便，也更简单。如对于五相十拍环形分配器，每当接收到一个进给脉冲指令，环形分配器软件根据表 5-2 所示真值表，按顺序及方向控制输出接口将 ABCDE 的值输出即可。例如，若上一个进给脉冲指令来时，控制输出接口输出的 ABCDE 的值是 10001，则对于下一个正向进给脉冲指令，控制输出接口输出的 ABCDE 的值应是 11001，对于再下一个正向进给脉冲指令，是 11000，等等。

表 5-2　五相十拍环形分配器真值表

	Q1	Q2	Q3	Q4	Q5	备注	
	A	B	C	D	E	正转	反转
1	1	1	1	0	0		
2	0	1	1	0	0		
3	0	1	1	1	0		
4	0	0	1	1	0		↑
5	0	0	1	1	1		
6	0	0	0	1	1		
7	1	0	0	1	1	↓	
8	1	0	0	0	1		
9	1	1	0	0	1		
10	1	1	0	0	0		

5. *功率放大器*

从环形分配器来的进给控制信号的电流只有几毫安，而步进电机的定子绕组需要几安培的电流，因此，需要对从环形分配器来的信号进行功率放大。功率放大器一般由两部分组成，即前置放大器和大功率放大器。前者是为了放大环形分配器送来的进给控制信号并推动大功率驱动部分而设置的。它一般由几级反相器、射极跟随器或带脉冲变压器的放大器组成。在以快速可控硅或可关断可控硅作为大功率驱动元件的场合，前置放大器还包括控制这些元件的触发电路。大功率驱动部分进一步将前置放大器送来的电平信号放大，得到步进电机各相绕组所需要的电流。它既要控制步进电机各相绕组的通断电，又要起到功率放大的作用，因而是步进电机驱动电路中很重要的一部分。这一般采用大功率晶体管、快速可控硅或可关断可控硅来实现。

四、提高步进式伺服驱动系统精度的措施

步进式伺服驱动系统是一个开环系统，在此系统中，步进电机的质量、机械传动部分的结构和质量以及控制电路的完善与否，均影响到系统的工作精度。要提高系统的工作精度，应从这几个方面考虑：如改善步进电机的性能，减少步距角；采用精密传动副，减少传动链中传动间隙等。但这些因素往往由于结构和工艺的关系而受到一定的限制。为此，需要从控制方法上采取一些措施，弥补其不足。

1. *细分线路*

所谓细分线路，是把步进电机的一步再分得细一些。如十细分线路，将原来输入一个进给脉冲步进电机走一步变为输入 10 个脉冲才走一步。换句话说，采用十细分线路后，在进给速度不变的情况下，可使脉冲当量缩小到原来的 1/10。

若无细分，定子绕组的电流是由零跃升到额定值的，相应的角位移如图 5-15(a) 所示。采用细分后，定子绕组的电流要经过若干小步的变化，才能达到额定值，相应的角位移如图 5-15(b) 所示。

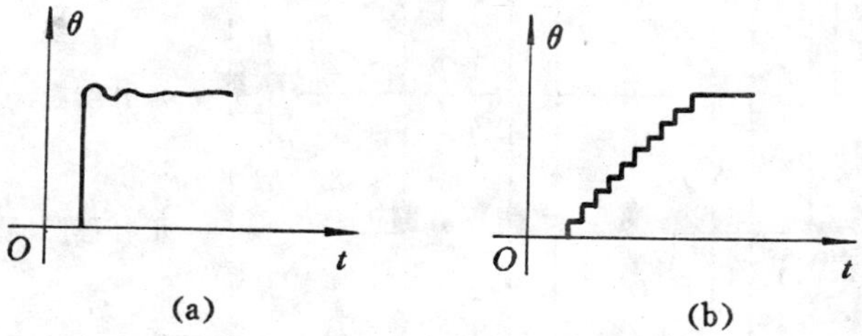

图 5-15　细分前后的一步角位移波形图

(a) 无细分　(b) 细分后

2. *齿隙补偿*

齿隙补偿又称反向间隙补偿。机械传动链在改变转向时，由于齿隙的存在，会引起步进电机的空走，而无工作台的实际移动。在开环伺服系统中，这种齿隙误差对于机床加工精度具有很大的影响，必须加以补偿。齿隙补偿的原理是：先测出齿隙的大小，设为 N_d；在加工过程中，每当检测到工作台的进给方向改变时，在改变后的方向增加 N_d 个进给脉冲指令，用以克服因步进电机的空走而造成的齿隙误差。

3. *螺距误差补偿*

在步进式开环伺服驱动系统中，丝杠的螺距积累误差直接影响着工作台的位移精度，若想提高开环伺服驱动系统的精度，就必须予以补偿。补偿原理如图 5-16 所示。通过对丝杠的螺距进行实测，得到丝杠全程的误差分布曲线。误差有正有负，当误差为正时，表明实际的移动距离大于理论的移动距离，应该采用扣除进给脉冲指令的方式进行误差的补偿，使步进电机少走一步；当误差为负时，表明实际的移动距离小于理论的移动距离，应该采取增加进给脉冲指令的方式进行误差的补偿，使步进电机多走一步。具体的做法是：

(1) 安置两个补偿杆分别负责正误差和负误差的补偿；

(2) 在两个补偿杆上，根据丝杠全程的误差分布情况及如上所述螺距误差的补偿原理，设

置补偿开关或挡块；

(3) 当机床工作台移动时，安装在机床上的微动开关每与挡块接触一次，就发出一个误差补偿信号，对螺距误差进行补偿，以消除螺距的积累误差。

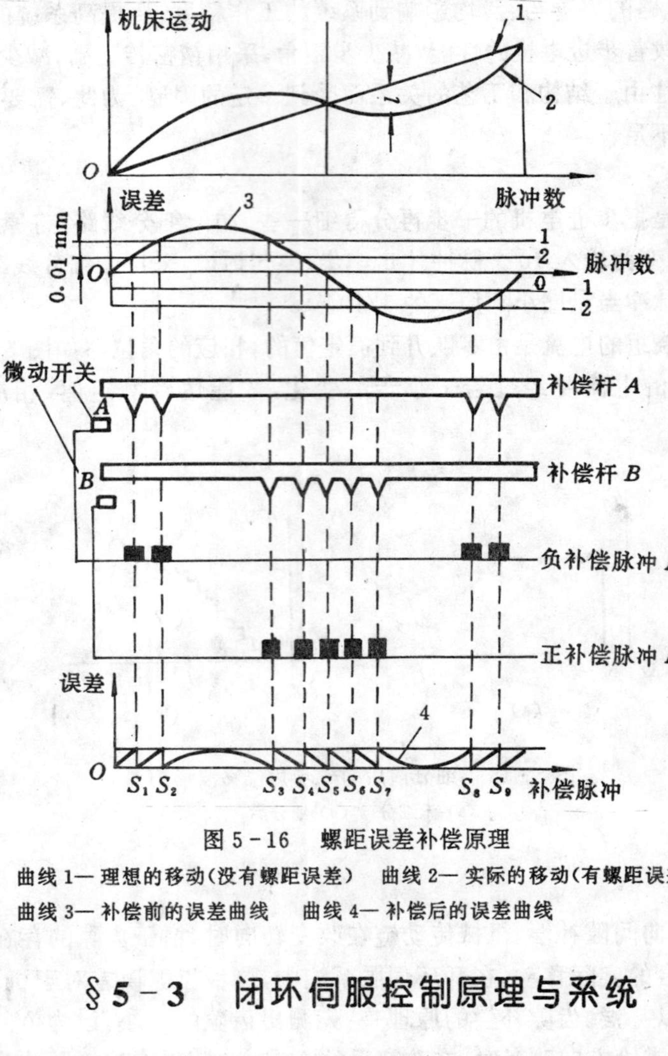

图 5-16 螺距误差补偿原理

曲线 1— 理想的移动(没有螺距误差) 曲线 2— 实际的移动(有螺距误差)

曲线 3— 补偿前的误差曲线 曲线 4— 补偿后的误差曲线

§5-3 闭环伺服控制原理与系统

在数控机床上，尤其是在计算机数控机床上，闭环伺服驱动系统由于具有工作可靠、抗干扰性强以及精度高等优点，因而相对于开环伺服驱动系统更为常用。但由于闭环伺服驱动系统增加了位置检测、反馈、比较等环节，与步进式开环系统相比，它的结构比较复杂，调试也相对更困难一些。

一、闭环伺服驱动系统的执行元件

随着数控技术的发展，对执行元件的要求愈来愈高，归纳起来主要有以下几点：

(1) 尽可能减少电机的转动惯量，以提高系统的快速动态响应；

(2) 尽可能提高电机的过载能力，以适应经常出现的冲击现象；

(3) 尽可能提高电机低速运行的稳定性和均匀性，以保证低速时伺服系统的精度。

鉴于机械加工的特殊性，一般的电机不能满足数控机床对伺服控制的要求。目前，在数控机床上广泛应用的有直流伺服电机和交流伺服电机。

1. 直流伺服电机

直流伺服电机是机床伺服系统中使用较广的一种执行元件。在伺服系统中常用的直流伺服电机多为大功率直流伺服电机，如低惯量电机和宽调速电机等。这些伺服电机虽然结构不同，各有特色，但其工作原理与直流电机类似。

(1) 低惯量直流伺服电机。主要有无槽电枢直流伺服电机及其他一些类型的电机。无槽电枢直流伺服电机的工作原理与一般直流电机相同，其结构的差别和特点是：电枢铁心是光滑无槽的圆体，电枢绕组用环氧树脂固化成型并粘结在电枢铁心表面上，电枢的长度与外径之比在5倍以上，气隙尺寸比一般的直流电机大10倍以上。它的输出功率在几十瓦至10 kW以内。主要用于要求快速动作、功率较大的系统。

由于结构上的这些特点，使其性能具有以下优点：

① 由于转子长而细，大大减少了电机的转动惯量，其转动惯量约为一般电机的1/10。

② 由于气隙较大，限制了电枢反应，换向性能好，电机的时间常数为5 ～ 10 ms。

③ 由于电枢表面无槽，大大减低了低速时电磁转矩的波动和不稳定性，保证了低速时运转稳定而均匀，在转速低达10 r/min时，无爬行现象。

④ 由于不存在齿部磁密饱和的问题，气隙磁密可达l T以上，为一般直流伺服电机的1.5倍。电气性能良好，最大电磁转矩可达额定值的10倍左右，过载能力强。

(2) 宽调速直流力矩电机。这种电机用提高转矩的方法来改善其动态性能。它的结构形式与一般直流电机相似，通常采用他激式。目前几乎都用永磁式电枢控制。它具有以下特点：

① 转矩大：这种电机采用增加极对数和电枢导体数以及采用支路对数少的单波绕组等办法，以提高电机的电磁转矩，增大电机的转矩与惯量比值，从而使电机的加速性能和动态响应都有明显的改善。

② 调速范围宽：它采用增加槽数和换向片数，齿槽分度均匀，极弧宽度与齿槽配合合理以及斜槽等措施，减小电机转矩的波动，提高低转动的精度，从而大大地扩大了调速范围。它不但在低速时提供足够的转矩，在高速时，也能提供所需的功率。

③ 动态响应好：由于永磁式的定子采用了矫顽力很高的铁氧体永磁材料，在电机电流过载10倍的情况下也不会被去磁，这就大大提高了电机的瞬时加速转矩，改善了动态响应性能。

④ 过载能力强：由于采用了高级的绝缘材料，转子的惯性又不大，允许过载转矩达5 ～ 10倍。而且在密闭的自然空冷条件下可以长时间地超负荷运转。

⑤ 易于调试：由于电机转子惯量接近于普通电机，外界负载惯量对伺服系统的影响较小，在调试中可以不加负载预调，联机时再作少量调整即可。

(3) 直流伺服电机的脉宽调速原理。调整直流伺服电机转速的方法主要是调整电枢电压。目前使用最广泛的方法是晶体管脉宽调制器 — 直流电机调速(PWM—M)。它具有响应快，效率高，调速范围宽以及噪音污染小，简单可靠等优点。

脉宽调制器的基本工作原理是，利用大功率晶体管的开关作用，将直流电压转换成一定频率的方波电压，加到直流电机的电枢上。通过对方波脉冲宽度的控制，改变电枢的平均电压，从而调节电机的转速。图5-17是PWM— M系统的工作原理图。设将图5-17(a)中的开关K周期地闭合、断开，开和关的周期是T。在一个周期内，闭合的时间为τ，断开的时间为$T-\tau$。若外加电源的电压U是常数，则电源加到电机电枢上的电压波形将是一个方波列，其高度为U，宽

度为 τ，如图 5-17(b) 所示。它的平均值 U_a 为

$$U_a = \frac{1}{T}\int_0^{\tau} u\mathrm{d}t = \frac{\tau}{T}U = \delta_T U \tag{5-2}$$

式中的 $\delta = \tau/T$，称为导通率。当 T 不变时，只要连续地改变 $\tau(0 \sim T)$，就可使电枢电压的平均值（即直流分量 U_a）由 0 连续变化至 U，从而连续地改变电机的转速。实际的 PWM—M 系统用大功率三极管代替开关 K。其开关频率是 2 000 Hz，即 $T = 1/2\ 000 = 0.5$ ms。

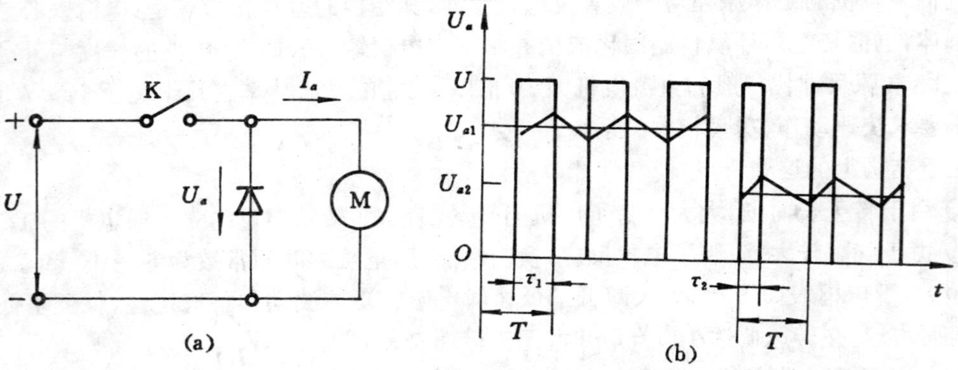

图 5-17　PWM —M 调速系统的电气原理

图 5-17 (a) 中的二极管是续流二极管，当K断开时，由于电枢电感 L_a 的存在，电机的电枢电流 I_a 可通过它形成回路而流通。

图 5-17 (a) 所示的电路只能实现电机单方向的速度调节。为使电机实现双向调速，必须采用桥式电路。图 5-18 所示的桥式电路为 PWM —M 系统的主回路电气原理图。图中 4 个大功率三极管 $T_1 \sim T_4$ 组成电桥。如果在 T_1 和 T_3 的基极加正脉冲的同时，在 T_2 和 T_4 的基极加负脉冲，这时 T_1 和 T_3 导通，T_2 和 T_4 截止，电流沿 + 90 V → c → T_1 → d → M → b → T_3 → a → 0 V 的路径流通。设此时电机的转向为正向。反之，如果在三极管 T_1 和 T_3 的基极加负脉冲，在 T_2 和 T_4 的基极加正脉冲，则 T_2 和 T_4 导通，T_1 和 T_3 截止，电流沿 + 90 V → c → T_2 → d → M → b → T_3 → a → 0 V 的路径流通。电流的方向与前一种情况相反，电机反向旋转。显然，如果改变加到 T_1 和 T_3，T_2 和 T_4 这两组管子基极上控制脉冲的正负和导通率 δ_T，就可以改变电机的转向和转速。

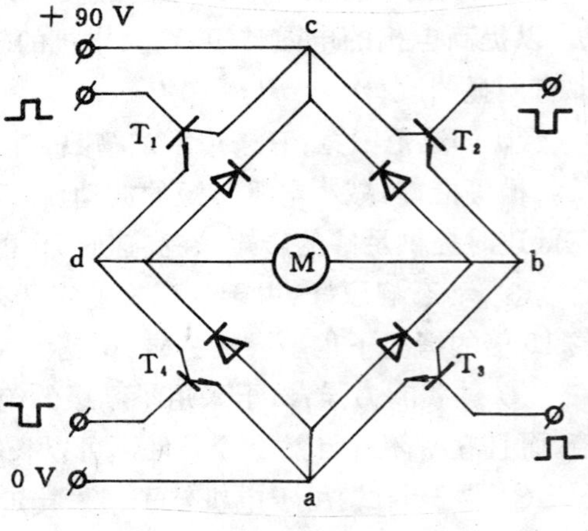

图 5-18　PWM — M 系统的主回路电气原理图

2. 交流伺服电机

交流伺服电机驱动是最新发展起来的新型伺服系统，也是当前机床进给驱动系统方面的一个新动向。该系统克服了直流驱动系统中电机电刷和整流子要经常维修、电机尺寸较大和使用环境受限制等缺点。它能在较宽的调速范围内产生理想的转矩，结构简单，运行可靠，用于数控机床等进给驱动系统为精密位置控制。

交流伺服电机的工作原理与两相异步电机相似。然而，由于它在数控机床中作为执行元件，将交流电信号转换为轴上的角位移或角速度，所以要求转子速度的快慢能够反映控制信号的相位，无控制信号时它不转动。特别是当它已在转动时，如果控制信号消失，它立即停止转动。而普通的感应电动机转动起来以后，若控制信号消失，它往往不能立即停止而要继续转动一会儿。

交流伺服电机也是由定子和转子构成。定子上有励磁绕组和控制绕组，这两个绕组在空间相差 90° 电角度。若在两相绕组上加以幅值相等、相位差 90° 电角度的对称电压，则在电机的气隙中产生圆形的旋转磁场。若两个电压的幅值不等或相位不为 90° 电角度，则产生的磁场将是一个椭圆形旋转磁场。加在控制绕组上的信号不同，产生的磁场椭圆度也不同。例如，负载转矩一定，改变控制信号，就可以改变磁场的椭圆度，从而控制伺服电机的转速。交流伺服电机的控制方式有三种：幅值控制、相位控制和幅值相位混合控制。图 5-19 所示为这三种控制方法的电气原理和矢量图。

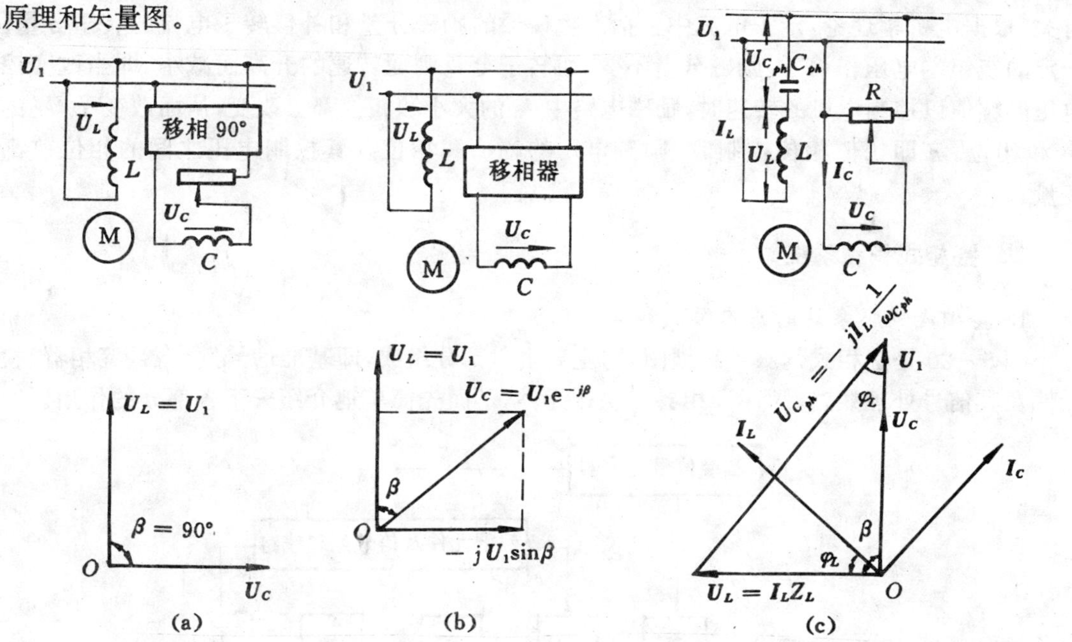

图 5-19　交流伺服电机的控制方法

所谓幅值控制，就是保持电压和励磁电压之间的相位差 β 为 90°，仅仅改变控制电压的一种调速方法，如图 5-19 (a) 所示。励磁绕组 L 接在额定电压为 $\boldsymbol{U}_1$ 的交流电源上，即 $\boldsymbol{U}_L=\boldsymbol{U}_1$。控制绕组 C 的两端加上相位与励磁电压 $\boldsymbol{U}_L$ 相差 90° 的控制电压 $\boldsymbol{U}_C$，控制电压的相位保持不变，改变其幅值以控制电机的转速。即保持矢量 $\boldsymbol{U}_1$ 和 $\boldsymbol{U}_C$ 之间的相位角 $\beta=90°$，而使信号系数 α 改变，$\alpha=|U_C|/|U_L|$。当 $U_C=0$ 时，$\alpha=0$，定子产生圆形磁场，电机处于对称运行状态；当 $0<|\boldsymbol{U}_C|<|U_1|$ 时，对应的 $0<\alpha<1$，定子产生椭圆形旋转磁场，在外加负载等于常数的情况下，随着 α 的减小，转速下降。

相位控制法则是保持电压的幅值不变，仅仅改变控制电压与励磁电压之间的相位差角 β，如图 5-19 (b) 所示，励磁绕组 L 仍直接接到电源上，控制绕组 C 则经过移相器接到同一电源上，控制电压 $\boldsymbol{U}_C$ 的幅值保持不变，且 $|\boldsymbol{U}_C|=|\boldsymbol{U}_L|=|\boldsymbol{U}_1|$。由图 5-19 (b) 的矢量图可见，$\boldsymbol{U}_C=\boldsymbol{U}_1\mathrm{e}^{-j\beta}$ 可分解为与 $\boldsymbol{U}_1$ 同方向的矢量 $\boldsymbol{U}_1\cos\beta$ 和与 $\boldsymbol{U}_1$ 相垂直的矢量 $-j\boldsymbol{U}_1\sin\beta$。后一矢量可使电

机产生旋转力矩。因此信号系数 $\alpha = U_1\sin\beta/U_1 = \sin\beta$。

幅值相位混合控制法如图 5－19(c) 所示，励磁绕组通过移相电容 C_{ph} 接到单相交流电源上，控制绕组通过电压解调器（例如交流放大器或部分电位器 R）接到同一交流电源上。为简单起见，假定控制电压 U_C 和电源电压 U_1 同相，电容器 C_{ph} 的作用是将励磁电压 U_L 和控制电压 U_C 分相。电压调节器 R 的作用是改变控制电压的幅值，实现电机的控制。

应该注意，尽管控制电压 U_C 的相位不变，并且和电源电压同相，但当改变控制电压的幅值时，励磁电压 U_L 的幅值和相位都随控制电压的变化而变化。这是因为

$$U_L = U_1 - U_{Cph} \tag{5-3}$$

电容 C_{ph} 两端的电压 $U_{Cph} = -jI_LX_{Cph}$，代入上式可得

$$U_L = U_1 + jI_LX_{Cph} \tag{5-4}$$

由上式可见，励磁电压的大小和相位与励磁电流 I_L 有关，而 I_L 不是常数，它与电机的转速有关。根据电机学理论，定子电流中包括产生磁通的励磁分量和补偿转子电流的转子分量。在一定的绕组端电压作用下，励磁分量不变，而转子分量则随转速的升高而减小。即当改变控制电压的幅值以控制电机的转速时，励磁电路中 I_L 的大小和相位都会改变，从而改变了 U_L 的大小和相位。亦即幅值相位控制时，励磁电压的幅值和相位及其控制电压之间的相位差都是变量。

二、鉴相式伺服系统

1. 鉴相式伺服系统的基本组成和工作原理

图 5－20 是鉴相式伺服系统框图，它主要由六部分组成，即基准信号发生器、鉴相器、检测元件及其信号处理线路、脉冲调相器和执行元件。下面先简单地介绍一下各部分的作用。

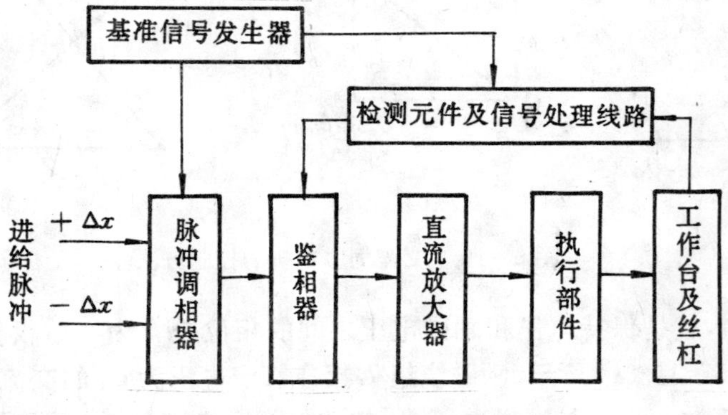

图 5－20　鉴相式伺服系统原理框图

基准信号发生器输出的是一列具有一定频率的脉冲信号，其作用是为伺服系统提供相位比较的基准。

脉冲调相器又称数字相位转换器，它的作用是将脉冲信号转换为相位变化信号，该相位变化信号可用正弦波或方波表示。若没有脉冲信号输入，脉冲调相器的输出与基准信号发生器输出的基准信号同相位，即两者没有相位差；若有脉冲到来，则每输入一个正向或反向脉冲，脉冲调相器的输出将超前或滞后基准信号一个相应的相位角。

检测元件及信号处理线路的作用是将工作台的位移检测出来，并表达为与基准信号之间

的相位差。此相位差的大小代表了工作台的实际位移量。

鉴相器的输入信号有两路：一路是来自脉冲调相器的指令进给信号；另一路是来自于检测元件及信号处理线路的反馈信号。这两路信号都用它们与基准信号之间的相位差表示，且同频率、同周期。鉴相器的作用就是鉴别出这两个信号之间的相位差，并以与此相位差信号成正比的电压信号输出。

鉴相器的输出信号一般比较微弱，不能直接驱动执行元件，故须要进行电压和功率放大，然后再去驱动执行元件。当执行元件为宽调速直流电机时，鉴相器的输出首先进行电压、功率放大，然后再送入可控硅驱动线路，由可控硅驱动线路驱动执行元件。这些都是驱动线路要完成的工作内容。

鉴相式伺服系统的工作原理是：当数控机床的数控装置要求工作台沿一个方向进给时，插补器或插补软件便产生一列进给脉冲。该进给脉冲作为指令信号被送入伺服系统。在伺服系统中，进给脉冲首先经脉冲调相器转变为相对于基准信号的相位差，设为 φ。来自于测量元件及信号处理线路的反馈信号也表示成相对于基准信号的相位差，设为 θ。φ 和 θ 分别代表了指令要求工作台的进给距离和机床工作台实际移动的距离。φ 和 θ 被送入鉴相器。在鉴相器中，代表指令要求工作台进给距离的指令信号 φ 和代表机床工作台实际移动距离的反馈信号 θ 进行比较，两者的差值 $\varphi-\theta$ 称为跟随误差。跟随误差信号经电压和功率放大后，驱动执行元件带动工作台 移动。当进给开始时，由于工作台没有位移，$\theta=0$，而设 $\varphi=\varphi_1$ 是指令要求工作台进给的距离，φ 和 θ 之差 $\varphi-\theta=\varphi_1$。鉴相器将该相位差检测出来，并作为跟随误差信号送入驱动线路，由驱动线路依照其大小驱动执行元件拖动工作台进给。工作台进给之后，测量元件检测出此进给位移，并经信号处理线路转变为相对于基准信号的相位差信号，设其值为 θ_1。该信号再次进入鉴相器中与指令信号进行比较，若 $\varphi-\theta=\varphi_1-\theta_1\neq 0$，说明工作台实际移动的距离不等于指令信号要求工作台移动的距离，鉴相器进一步将 φ 和 θ 的差值 $\varphi_1-\theta_1$ 检测出来，送入驱动线路，驱动执行元件继续拖动工作台进给。若 $\varphi-\theta=\varphi_1-\theta_1=0$，则说明工作台移动的距离等于指令 信号要求它移动的距离，鉴相器的输出 $\varphi-\theta=0$，驱动线路停止驱动执行元件拖动工作台进给。如果数控装置又发出了新的进给脉冲，伺服系统按上述循环过程继续工作。从伺服系统的工作过程可以看出，它实际上是一个自动调节系统。

2. 鉴相式伺服系统的类别

从鉴相系统的方框图可以看出，选用不同的测量元件，因其工作原理和输出的信号形式的不同，如旋转变压器的输出是正弦信号，而光栅的输出信号经处理后一般为方波信号，旋转变压器需要一组基准激磁信号，而光栅则不需任何激磁信号，只是在信息处理时，需要一个基准脉冲信号，造成了测量元件的控制及其输出信号的处理方法不同。此外，考虑到系统的整体结构和简化鉴相器结构，当测量元件的输出是方波信号时，脉冲调相器的输出设计成方波形式，两列方波信号在鉴相器中进行比较。若测量元件的输出是正弦信号，则要将该正弦信号转换成方波信号或者将脉冲调相器的输出设计成正弦信号形式，以保证相同形式的信号在鉴相器中进行比较。所以，选用的测量元件不同，鉴相式伺服系统的结构也不同。另外，不同的执行元件也使系统的构成有所不同。下面分别就常见的以旋转变压器、光栅为测量元件的鉴相式伺服系统的构成、工作过程加以说明。

1）以旋转变压器为测量元件的半闭环伺服系统

图5-21是以旋转变压器为测量元件的半闭环伺服系统的方框图。它的执行元件是宽调速

直流电机。在该系统中，基准信号发生器一方面控制脉冲调相器，使进给脉冲按一定的比例转换成相位的变化，另一方面经励磁线路产生出旋转变压器的激磁信号。整形线路将旋转变压器的输出变成与脉冲调相器的输出同形式的信号。由于系统的执行元件是宽调速直流电机，鉴相器的输出经直流放大之后，首先驱动宽调速直流电机的可控硅驱动线路，然后再由可控硅线路驱动宽调速直流电机带动工作台移动。由于旋转变压器安装在机床的丝杠上，经丝杠、螺母间接地检测工作台的位移，而丝杠和工作台之间存在着传动误差，工作台移动时，又有反向间隙存在，等等。为消除这些误差，可采用步进式开环伺服系统所采取的措施如齿隙补偿和螺距误差补偿等，或者采用闭环伺服系统。以直线感应同步器为测量元件构成的闭环伺服系统的框图与上述框图基本相同，唯一的区别仅在于感应同步器是直接安装在机床的工作台上，位置反馈信号直接代表了工作台的实际位移，构成了闭环系统，因而精度高，但调试比半闭环系统难。

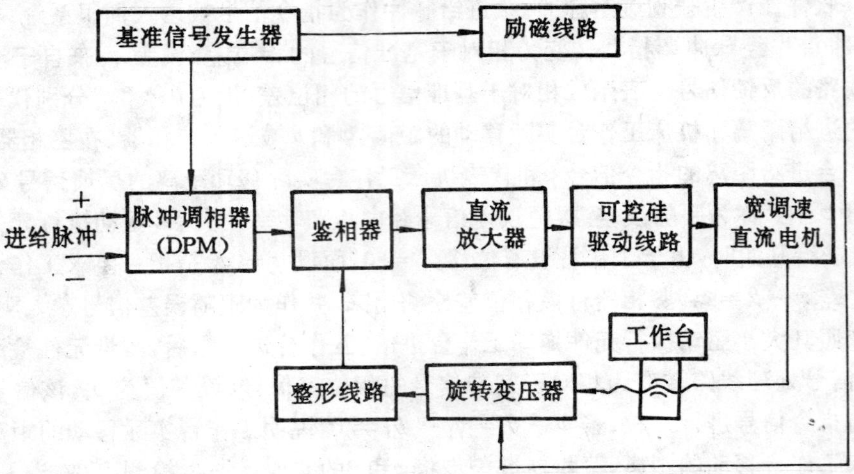

图 5-21　由旋转变压器组成的半闭环伺服系统框图

2）以光栅为测量元件的数字相位比较伺服系统

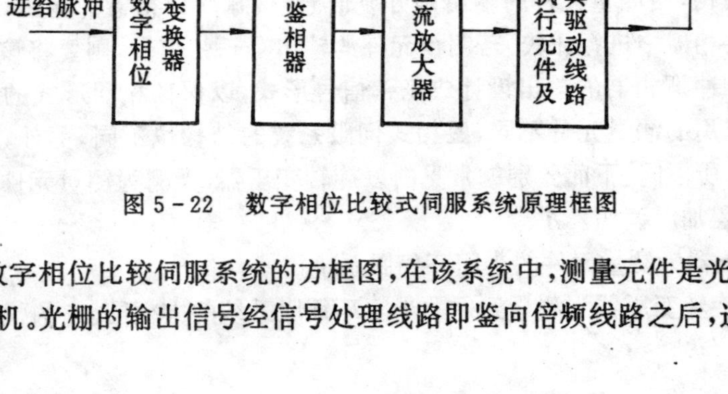

图 5-22　数字相位比较式伺服系统原理框图

图5-22是数字相位比较伺服系统的方框图，在该系统中，测量元件是光栅，执行元件是宽调速直流伺服电机。光栅的输出信号经信号处理线路即鉴向倍频线路之后，进入它的数字相位

变换器，把代表工作台实际位移的数字脉冲信号转换成与基准信号成一相位差的方波信号。同样，进给脉冲经它的脉冲调相器即数字相位变换器之后，变成另一与基准信号成一相位差的方波信号。这两路方波信号共同进入鉴相器，在鉴相器中进行比较，其差值以电压信号的形式输出。这个输出经直流放大，控制宽调速直流电机带动工作台移动。

3. 鉴相式伺服系统的主要控制线路

1）脉冲调相器

当用同一个时钟脉冲序列去触发容量相同的两个计数器 A 和 B 使它们计数时，如选用四位 二进制计数器，其容量为 16，这两个计数器 A 和 B 的最后一级输出是两个频率大大降低了的 同频率、同相位的方波信号，如图 5－23(b) 所示。如果在时钟脉冲触发两个计数器的过程中，通过脉冲加减器向 B 计数器加入一个额外的脉冲，则由于 B 计数器提前完成其一个周期的计数任务，即提前计完 16 个数的计数而使得其最后一级的输出提前翻转，从而相对于计数器 A 的输出产生了一个正的相移 $\Delta\theta$，见图 5－23(c)。同理，当通过脉冲加减器扣除一个进入 B 计数器时钟脉冲，则由于 B 计数器延时完成其一个周期的计数任务而使得其最后一级的输出延时翻转，从而导致相对于计数器 A 的输出产生了一个负的相移 $\Delta\theta$，见图 5－23(d)。$\Delta\theta$ 与计数器的容量有关，若计数器的容量为 m，则 $\Delta\theta = 360°/m$。如果在时钟脉冲触发两个计数器的过程中，通过脉冲加减器向 B 计数器加入或扣除的不止是一个脉冲，而是 n 个脉冲，根据同样道理，则 B 计数器相对于 A 计数器的相移是 $\theta = n\Delta\theta$。这就是脉冲调相器的工作原理及其基本的构成。

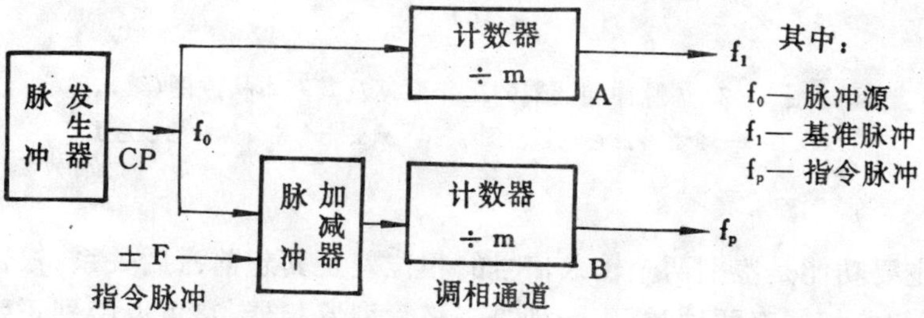

(a)

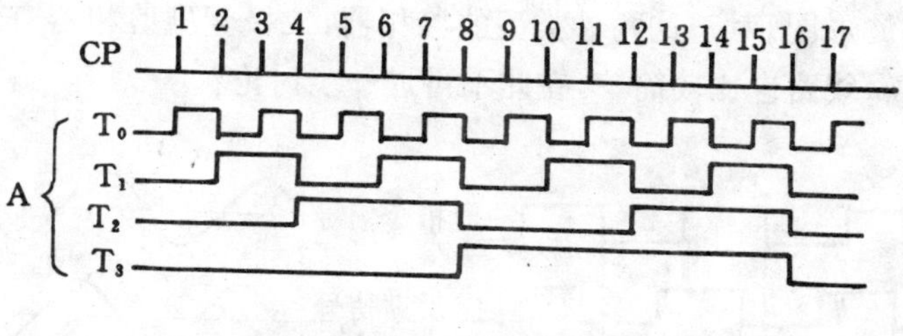

(b)

图 5－23　脉冲相调器的工作原理及其基本构成图

(a) 脉冲调相器　(b) 相同脉冲触发时的波形图

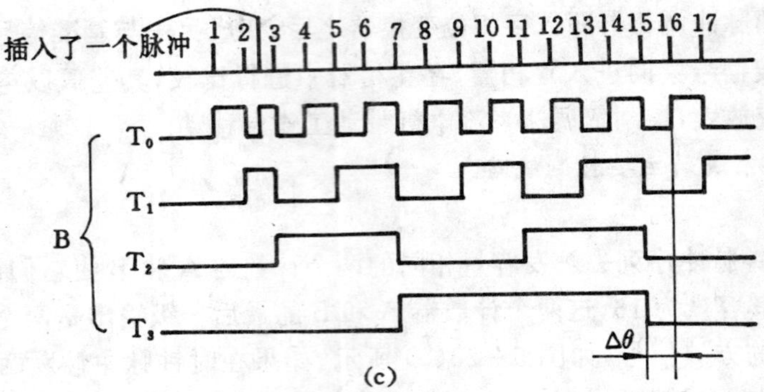

(c)

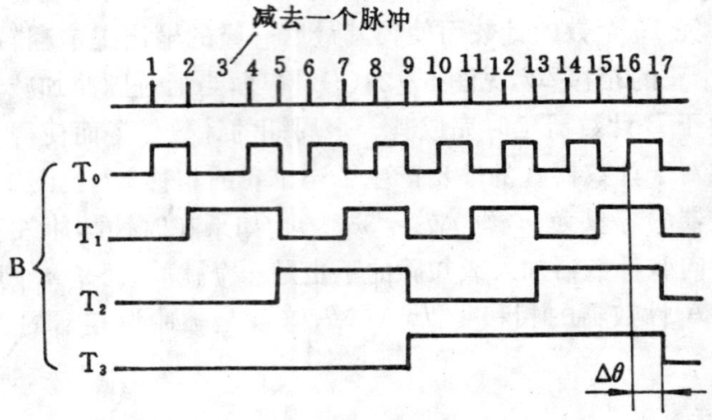

(d)

图 5-23　脉冲相调器的工作原理及其基本构成图(续)

(c) 插入一个指令脉冲的波形图　(d) 减去一个指令脉冲的波形图

2) 鉴相器

鉴相器的主要功能是鉴别两个输入信号的相位差及其超前滞后关系。根据输入的信号形式的不同，常用的鉴相器有两种类型：一种是二极管型鉴相器，它可以鉴别正弦信号之间的相位差；另一种是门电路型鉴相器，它对方波信号之间的相位差进行鉴别。图 5-24 是两种鉴相器的输入输出工作波形图。对于这两种类型的鉴相器，二极管型鉴相器有专门的集成元件，门电路型鉴相器其逻辑线路也比较简单，在此不再进一步讨论。

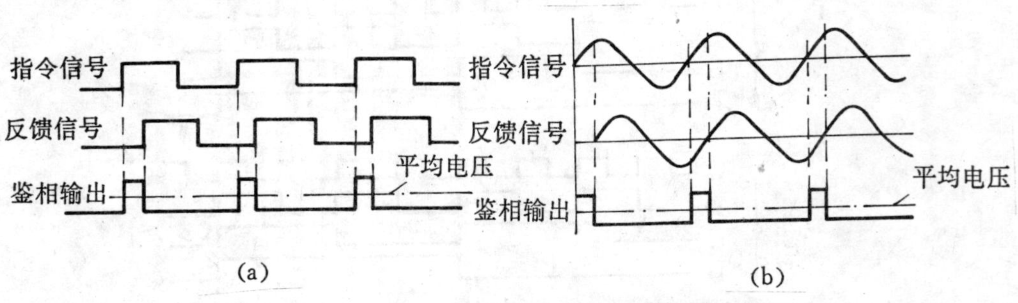

图 5-24　两种鉴相器的输入输出工作波形图

(a) 门电路型鉴相器　(b) 二极管型鉴相器

三、鉴幅式伺服系统

1. 鉴幅式伺服系统的工作原理

图5-25是鉴幅式伺服系统的方框图。该系统由测量元件及信号处理线路、数模转换器、比较器、驱动环节和执行元件五部分组成。它与鉴相式伺服系统的主要区别有两点：一是它的测量元件是以鉴幅式工作状态进行工作的，因此，可用于鉴幅式伺服系统的测量元件有旋转变压器和感应同步器；二是比较器所比较的是数字脉冲量，而与之对应的鉴相式伺服系统的鉴相器所比较的是相位信号，故在鉴幅式伺服系统中，不需要基准信号，两数字脉冲量可直接在比较器中进行脉冲数量的比较。

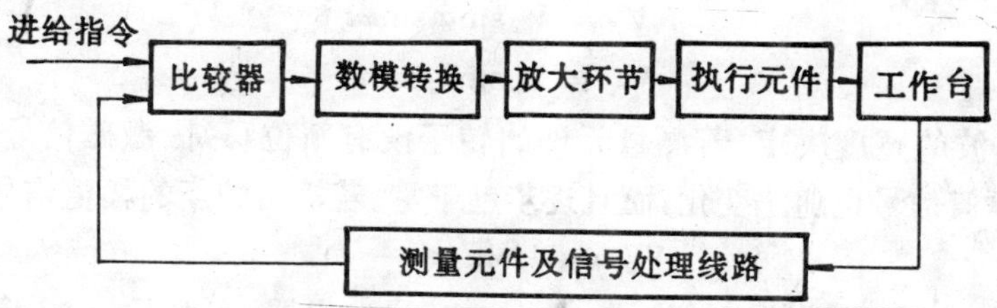

图 5-25　鉴幅式伺服系统

鉴幅式系统的工作原理如下：

进入比较器的信号有两路：一路来自数控装置插补器或插补软件的进给脉冲，它代表了数控装置要求机床工作台移动的位移；另一路来自测量元件及信号处理线路，也是以数字脉冲形式出现，它代表了工作台实际移动的距离。鉴幅系统工作前，数控装置和测量元件的信号处理线路都没有脉冲输出，比较器的输出为零。这时，执行元件不能带动工作台移动。出现进给脉冲信号之后，比较器的输出不再为零，执行元件开始带动工作台移动，同时，以鉴幅式工作的测量元件又将工作台的位移检测出来，经信号处理线路转换成相应的数字脉冲信号，该数字脉冲信号作为反馈信号进入比较器与进给脉冲进行比较。若两者相等，比较器的输出为零，说明工作台实际移动的距离等于指令信号要求工作台移动的距离，执行元件停止带动工作台移动；若两者不相等，说明工作台实际移动的距离还不等于指令信号要求工作台移动的距离，执行元件继续带动工作台移动，直到比较器输出为零时停止。

在鉴幅式伺服系统中，数模转换电路的作用是将比较器输出的数字量转化为直流电压信号，该信号经驱动线路进行电压和功率放大，驱动执行元件带动工作台移动。测量元件及信号处理线路是将工作台的机械位移检测出来并转换为数字脉冲量。

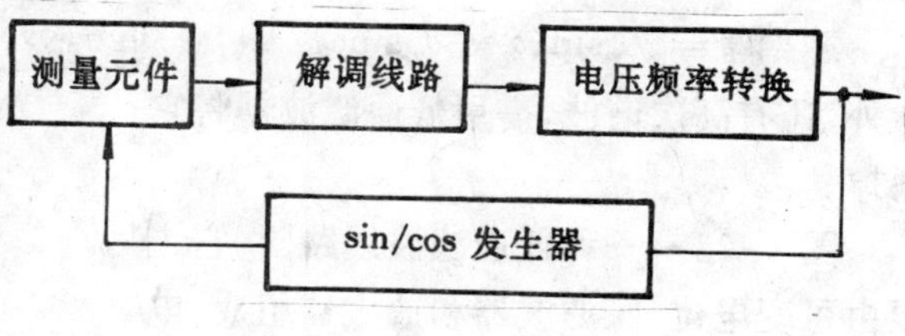

图 5-26　测量元件及信号处理线路

测量元件及信号处理线路是如何将工作台的机械位移检测出来并转换为数字脉冲的呢？测量元件的工作原理在第四章中已经详细地介绍过，下面重点介绍信号处理线路的工作原理。

图5-26是测量元件及信号处理线路的框图，它主要由测量元件、解调电路、电压频率转换器和sin/cos 发生器组成。由测量元件的工作原理可知，当工作台移动时，测量元件根据工作台

的位移量，即丝杠转角 θ 输出电压信号

$$V_B = V_m\sin(\alpha - \theta)\sin\omega t$$

α 是此时测量元件激磁信号的电气角。V_B 的幅值 $V_m\sin(\alpha - \theta)$ 代表着工作台的位移。V_B 经滤波、放大、检波、整流以后，变成方向与工作台移动方向相对应，幅值与工作台位移成正比的直流电压信号，这个过程称为解调。解调电路也称鉴幅器。解调后的信号经电压频率转换器变成计数脉冲，脉冲的个数与电压幅值成正比，并用符号触发器表示方向。一方面，该计数脉冲及其符号送到比较器与进给脉冲比较；另一方面，经 sin/cos 发生器，产生驱动测量元件的两路信号 sin 和 cos，使 α 角与此相对应发生改变。该驱动信号是方波信号，它的脉宽随计数脉冲的多少而变。根据傅里叶展开式，当该方波信号作用于测量元件时，其基波信号分量为

$$V_S = V_m\sin\alpha_1\sin\omega t \tag{5-5}$$

$$V_K = V_m\sin\alpha_1\cos\omega t \tag{5-6}$$

α_1 角的大小由方波的宽度决定。若测量元件的转子没有新位移，因激磁信号电气角由 α 变为 α_1，它所输出的幅值信号也随之变化，而且逐步趋于零。若输出的新的幅值信号

$$V_B' = V_m\sin(\alpha_1 - \theta)$$

不为零，V_B' 将再一次经电压频率转换器、sin/cos 信号发生器，产生下一个激磁信号，该激磁信号将使测量元件的输出进一步接近于零，这个过程的不断重复，直到测量元件的输出为零时止。在这个过程中，电压频率转换器送给比较器的脉冲数量正好等于 θ 角所代表的工作台的位移量。通常，我们总希望测量过渡过程尽可能短，如果这个过程很长，当有连续的进给脉冲时，由于来自测量元件的反馈脉冲不能及时到来，比较器输出的误差信号本身就带有很大的误差，因而必定要造成伺服系统的拖动误差，从而影响加工精度。

还有一点须要说明，测量元件的激磁信号 sin/cos 是方波信号，傅里叶展开后，可分解为基波信号和无穷个高次谐波信号，因此，测量元件的输出也必然含有这些高次谐波的影响，故在解调线路中，须首先进行滤波，将这些高次谐波的影响排除掉。

2. 鉴幅式伺服系统的主要控制线路

1）解调线路

图 5-27 是解调线路图，它由三部分组成，即低通滤波器、放大器和检波器。

如前所述，来自测量元件的信号除包含基波信号

$$V_B = V_m\sin(\alpha - \theta)\sin\omega t$$

之外，还有高次谐波，需用低通滤波器将它滤掉。

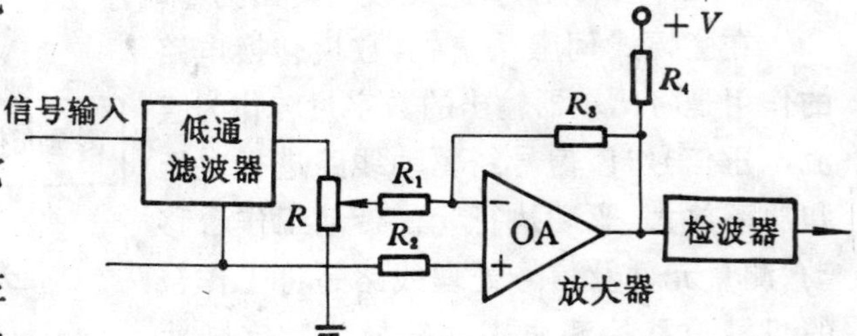

图 5-27　解调线路图

图 5-28 是一种低通滤波线路图。它主要由可变电位计、滤波器和放大器组成。电位计 W_1 可用来调节解调线路的灵敏度，通过调节 W_1 的输出电压，改变低通滤波器的输出。放大器用来提高输出阻抗，使低通滤波器有良好的阻抗匹配。

低通滤波器输出信号的幅值和功率较小，故经过一级放大之后送到检波器。放大器的参数可根据低通滤波器的输出信号的幅值和检波器对它的要求选定，放大器是集成元件，可根据要求选择。

图 5-29 是一种检波器线路图，它是一个带放大器和反相器的电子开关电路。输入信号 V_1 经放大器 T_1、反相器 T_2 和 RC 线路变成两列相位相反的交变电压信号，参考信号是与 V_D 同频率、同相位的方波信号。当参考信号 D 为高时，控制电子开关 K_1 接通，而此时 $\overline{D}$ 为低，控制电子开关 K_2 断开；当参考信号 D 为低时，控制电子开关 K_1 断开，而 $\overline{D}$ 为高使 K_2 接通。我们知道，测量元件输出的电压信号为

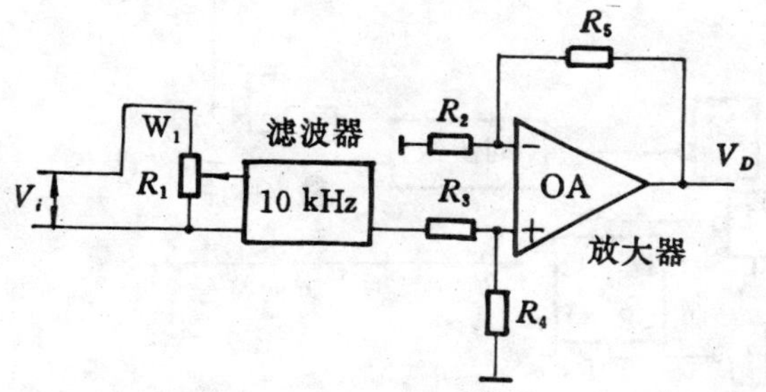

图 5-28　低通滤波器

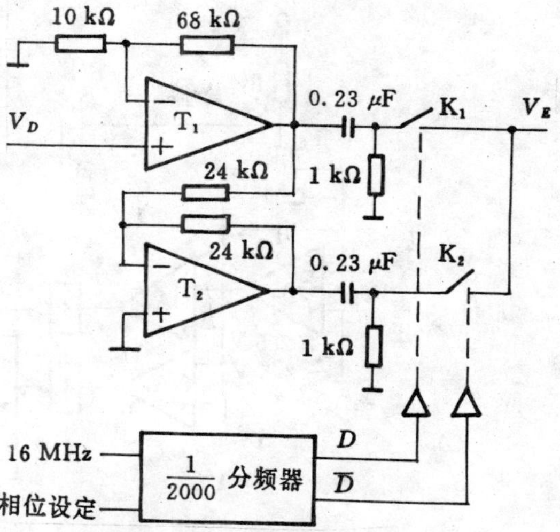

图 5-29　检波器线路图

$$V_B = V_m \sin(\alpha - \theta) \sin\omega t$$

当工作台正向进给时，V_B 的幅值 $V_m \sin(\alpha-\theta)$ 为正；当工作台反向进给时，$V_m \sin(\alpha - \theta)$ 为负。如果参考信号 D 在 $\sin\omega t$ 为正时为高，那么，工作台正向进给时，检波器的输出 V_E 为正；工作台反向进给时，检波器的输出 V_E 为负。V_E 信号再经过一次滤波去掉脉动成分，就得到平滑的直流电压 V_F，检波器的工作波形图如图 5-30 所示。

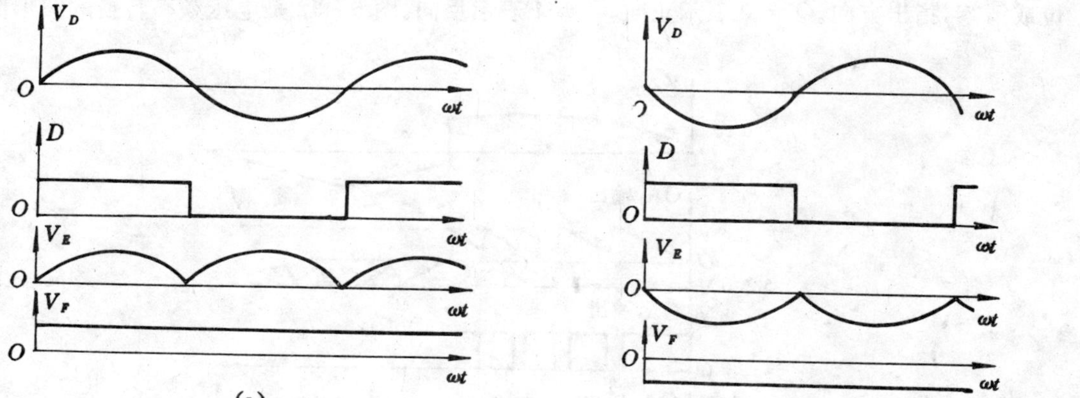

(a)　　(b)

图 5-30　检波器波形图

(a) 正向进给时　(b) 反向进给时

2) 电压频率转换器

电压频率转换器的作用是根据输入的电压值，产生出相应的脉冲。当输入电压为正时，输出正向脉冲；当输入电压为负时，输出反向脉冲，脉冲的方向用符号寄存器的输出表示；当输入为零时，不产生任何脉冲。随着输入电压信号幅值的增加，电压频率转换器的输出开始出现脉冲，图 5-31 是电压频率转换器线路图，其工作原理如下：

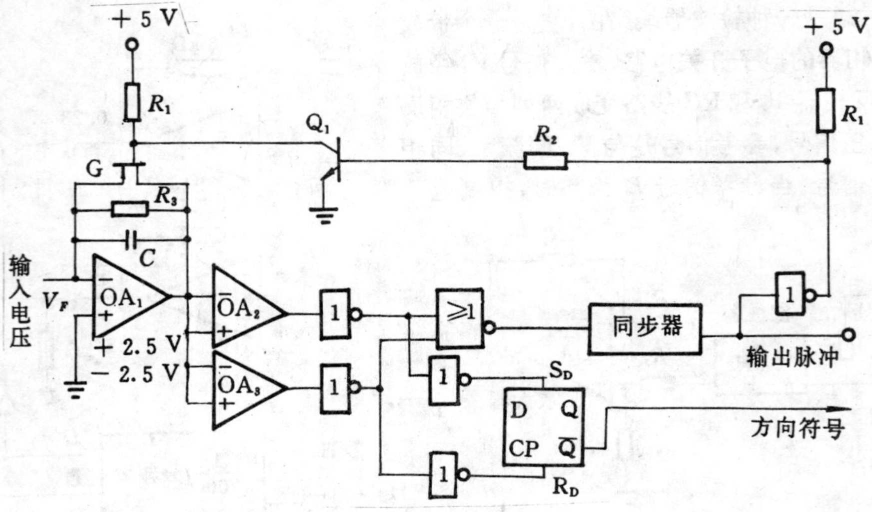

图 5-31　电压频率转换器

放大器OA_1是一个积分器，当输入信号的幅值大时，OA_1的输出上升到+2.5 V所需的积分时间短，当输入信号的幅值小时，积分的时间长一些，如图5-32所示。放大器OA_2和OA_3是两个电压比较器，它们的作用是检测OA_1的信号。当OA_1输出的电压上升到+2.5 V时，OA_2的输出突然由1变为0；而OA_1的输出电压值下降到−2.5 V时，OA_3的输出突然由1变为0。OA_2和OA_3的输出又被送到同步器，每当OA_2和OA_3有由高电平到低电平的跳变时，同步器输出一个同步脉冲。该脉冲经三极管Q_1和场效应管使积分器OA_1复位，OA_1的输出等于输入，同时OA_2或OA_3的输出又变为高电平。另外OA_2和OA_3输出的脉冲信号又控制符号触发器置位或清零，指出方向。$\overline{Q}=0$表示正向，$\overline{Q}=1$表示反向。图5-32是电压频率转换的波形图。

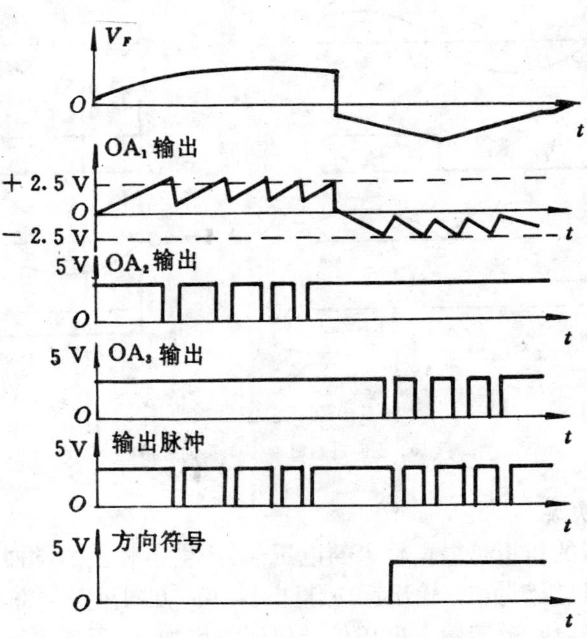

图 5-32　电压频率转换器工作波形图

电压频率转换器的输出一方面作为工作台的实际位移被送到鉴幅系统的比较器，另一方面作为激磁信号的电气角 α 被送到 sin/cos 发生器（见图 5-33）。

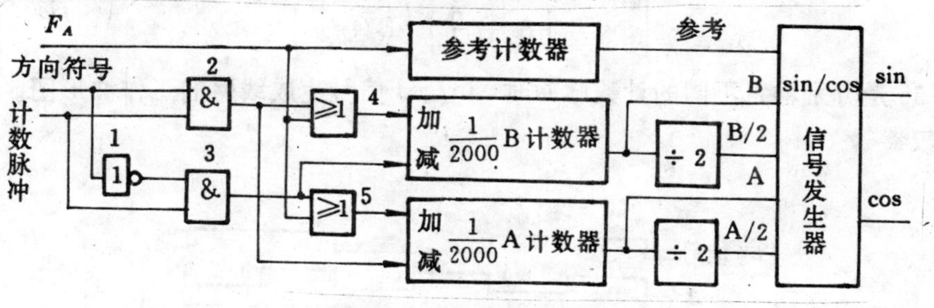

图 5-33 sin/cos 发生器

3) sin/cos 发生器

sin/cos 发生器的任务是根据电压频率转换器输出脉冲的多少和方向，生成测量元件的激磁信号 V_S 和 V_K，即

$$V_S = V_m \sin\alpha \sin\omega t \tag{5-7}$$

$$V_K = V_m \cos\alpha \sin\omega t \tag{5-8}$$

式中 α 的大小由脉冲的多少和方向决定；V_S 和 V_K 的频率和周期根据要求可用基准信号的频率和计数器的位数调整、控制。通常，sin/cos 发生器可分为两部分，即脉冲相位转换线路和 sin/cos 信号生成线路。图 5-33 是一具体的 sin/cos 信号发生器，其工作原理如下：

当电压频率转换器有正向计数脉冲输出时，该正向脉冲在方向符号的控制下，经门 3、门 5 进入 A 计数器的加端，使 A 计数器多加这些正向计数脉冲，A 计数器的输出便超前参考计数器的输出一个相位角 α_1；同时，它经门 3 直接进入 B 计数器减端，使 B 计数器减掉这些正向计数脉冲，B 计数器输出便滞后参考计数器的输出一个相应角 α_1；若电压频率转换器输出的是反向计数脉冲，则该反向脉冲在方向符号的控制下，一方面经门 2、门 4 使 B 计数器多加这些反向计数脉冲，B 计数器的输出超前参考计数器的输出一个相位角 α_2；另一方面经门 2 直接进入 A 计数器减端，使 A 计数器减掉这些反向计数脉冲，A 计数器的输出滞后参考计数器的输出一个相位角 α_2；若电压频率转换器没有计数脉冲输出，A 和 B 两计数器的输出与参考计数器的输出同相位。实现以上这部分功能的线路称之为脉冲相位转换线路，它与鉴相式伺服系统中的脉冲调相器基本相同。A 计数器的输出 A 及其两分频后的信号 A/2，B 计数器的输出 B 及其两分频后的信号 B/2，以及参考计数器输出的参考信号共同进入 sin/cos 信号生成线路。图 5-34 是 sin/cos 信号生成线路，它的输出就是所要求的测量元件的激磁信号。

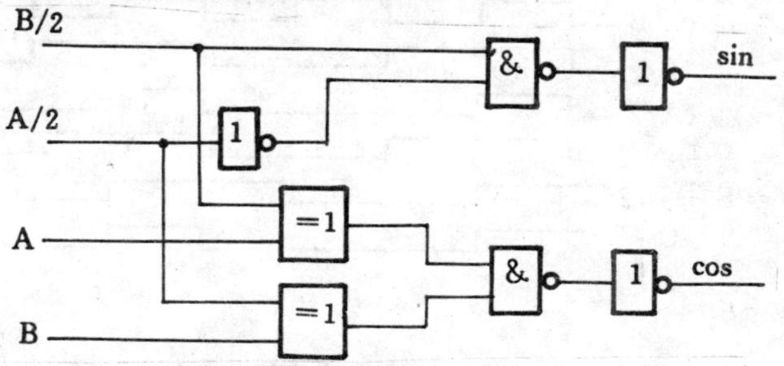

图 5-34 sin/cos 信号生成线路

图 5-34 中 sin 和 cos 的逻辑表达式为

$$
\begin{cases}
\sin = \dfrac{\overline{A}}{2}\dfrac{B}{2} \\
\cos = \overline{\left(A \oplus \dfrac{A}{2}\right)}\,\overline{\left(B \oplus \dfrac{B}{2}\right)}
\end{cases}
\tag{5-9}
$$

图 5 - 35 是分别输入不同的计数脉冲时，sin/cos 信号生成线路的工作波形图。

4）比较器

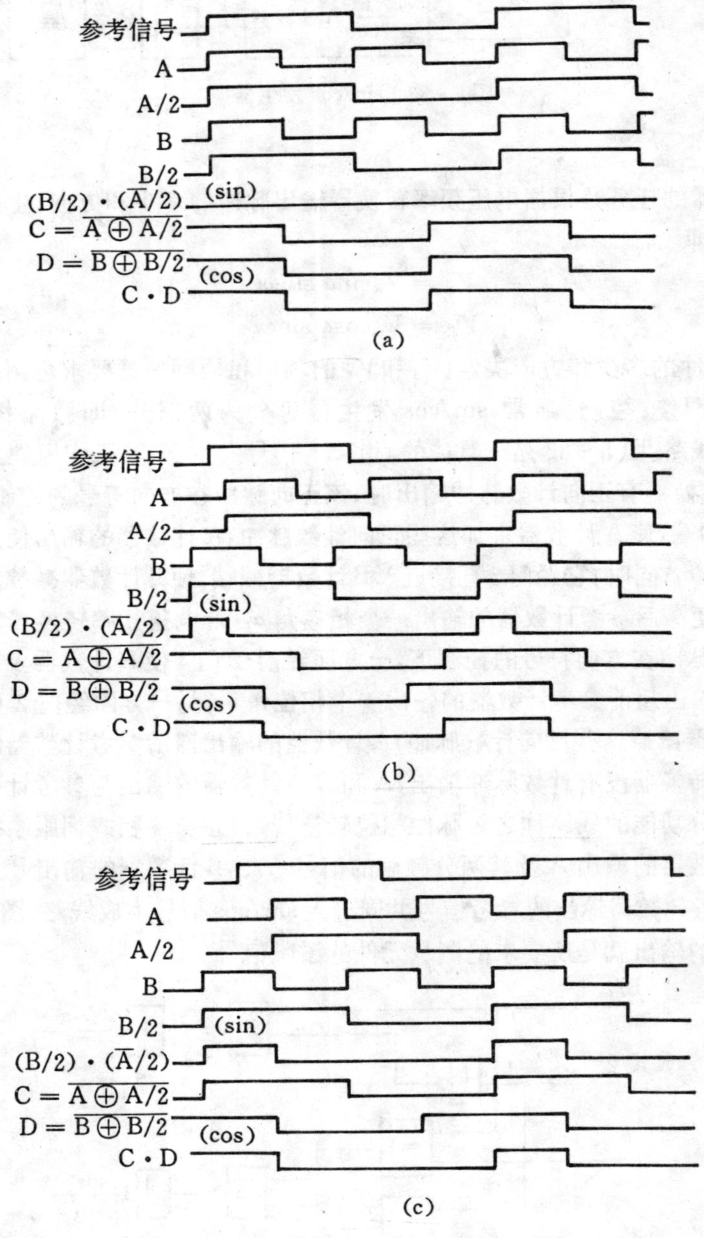

图 5 - 35　sin/cos 信号生成线路工作波形图

(a) $\alpha = 0°$　(b) $\alpha = 22.5°$　(c) $\alpha = 45°$

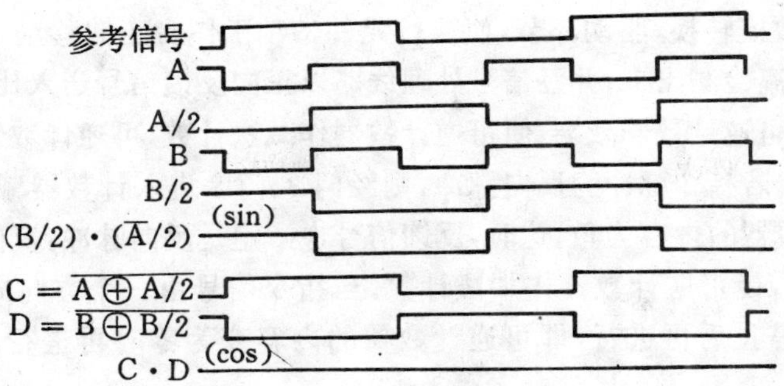

(d)

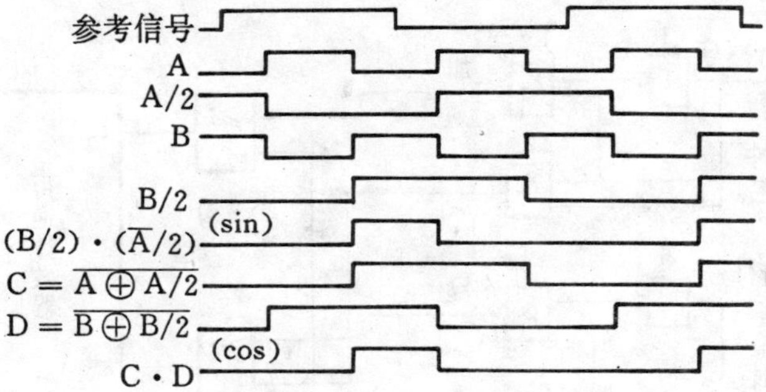

(e)

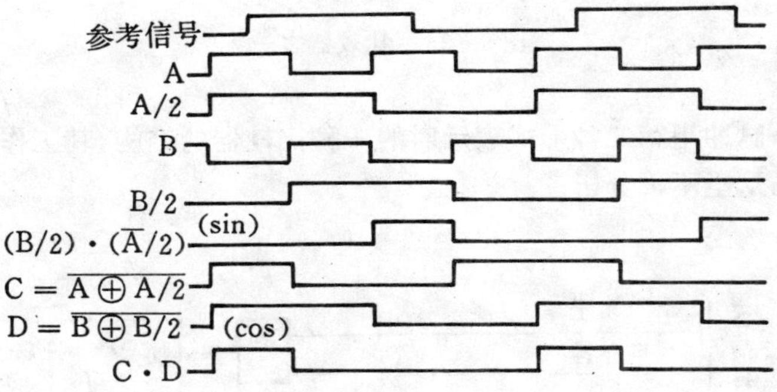

(f)

图 5-35　sin/cos 信号生成线路工作波形图(续)

(d) $\alpha = 90°$　(e) $\alpha = 225°$　(f) $\alpha = 315°$

鉴幅系统比较器的作用是对指令脉冲信号和反馈脉冲信号进行比较。一般来说，来自数控装置的指令脉冲信号可以是以下两种形式：第一种是用一条线路传递进给的方向，一条线路传送进给脉冲；第二种是用一条线路传送正向进给脉冲，一条线路传送反向进给脉冲。来自测量元件信号处理线路的反馈信号是采用第一种形式表示的。进入比较器的脉冲信号形式不同，比较器的构造也不相同。

图 5-36 是指令脉冲为第一种形式时的一种比较器结构。在该比较器中，反馈脉冲一定不能与指令脉冲同时出现。比较器的工作原理是，当有正向指令脉冲出现时，该脉冲在方向符号控制下经门 2、门 4，进入可逆计数器加端，使可逆计数器作加法计数，可逆计数器的内容由零

变为正数。其输出经数模转换、驱动环节，使执行元件带动工作台正向移动。工作台移动之后，测量元件将移动的距离检测出来，并经信号处理线路以正向反馈信号送入比较器。该正向反馈信号经门6、门8进入可逆计数器减端，使可逆计数器作减法计数，可逆计数器的内容就是指令信号和反馈信号之差。若指令脉冲为反向脉冲，则经门3、门8进入计数器减端，使可逆计数器作减法计数，可逆计数器的内容为负。这时，反馈信号也一定是反向脉冲，反向脉冲经门7、门4进入可逆计数器加端，使可逆计数器作加法计数。当指令信号由一个方向向另一个方向转换时，一定要在工作台停止后再进行，即可逆计数器的内容变为零时再进行，否则要造成加工误差。

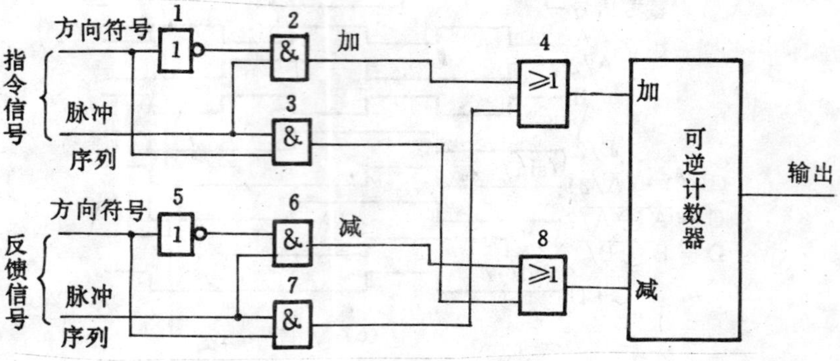

图 5-36　比较器之一

图5-37是指令脉冲用第二种形式表示时的一种比较器的结构，其工作原理与第一种比较器的原理基本相同，这里不再分析。

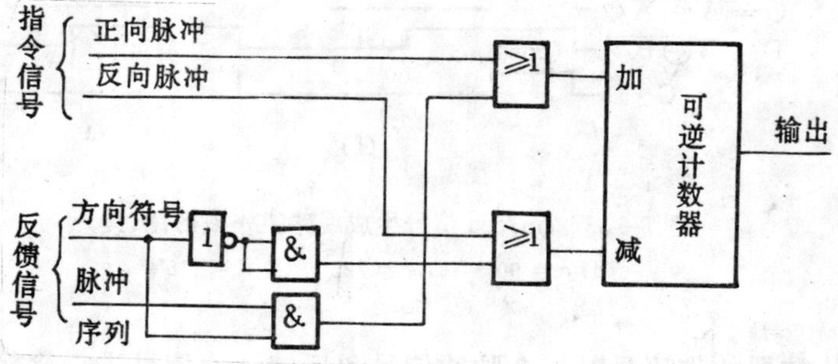

图 5-37　比较器之二

5）数模转换器

数模转换器也称脉宽调制器，它的任务是把比较器的数字量转变为电压信号。目前，已有许多不同精度、不同形式的数模(D/A）转换器，只要能满足伺服系统对它的输入输出要求，可直接选来应用。

四、数字比较式伺服系统

1. 数字比较系统的构成

一个数字比较系统最多可由6个主要环节组成(见图5-38):

(1) 由数控装置提供的指令信号。它可以是数码信号,也可以是脉冲数字信号。

(2) 由测量元件提供的机床工作台位置信号。它可以是数码信号,也可以是数字脉冲信号。

(3) 完成指令信号与测量反馈信号比较的比较器。

(4) 数字脉冲信号与数码的相互转换部件。它依据比较器的功能以及指令信号和反馈信号的性质而决定取舍。

(5) 驱动执行元件。它根据比较器的输出带动机床工作台移动。

在数字比较系统中,常用的位置测量反馈元件有光栅和编码盘。前者提供的是数字脉冲序列,后者是数码信号。虽然在此类系统中也可以采用能产生模拟反馈信号的测量元件,如旋转变压器、感应同步器等,但要通过模数(A/D)转换,将模拟量变为数字量以后才能提供给系统,这样会增加系统的复杂程度,故在典型的数字比较系统中很少采用。

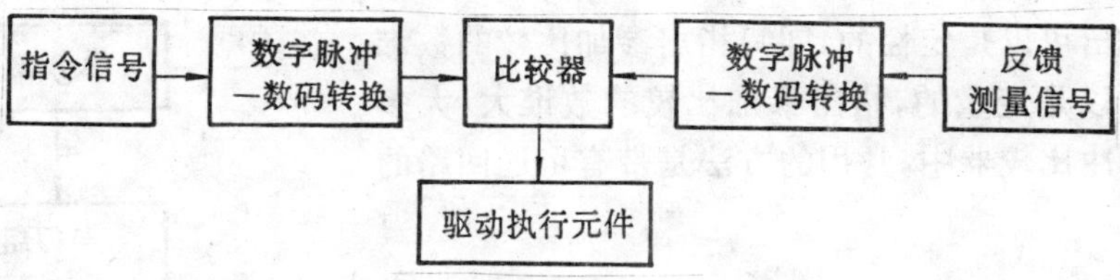

图5-38 数字比较系统的组成

常用的数字比较器大致有三类:数码比较器、数字脉冲比较器、数码与数字脉冲比较器。

由于指令和反馈信号不一定能适合比较的需要,因此,在指令和比较器之间以及反馈和比较器之间有时须增加"数字脉冲 — 数码转换"的线路。

比较器的输出反映了指令信号和反馈信号的差值,以及差值的方向。将这一输出信号放大后,控制执行元件。执行元件可以是伺服电机、液压伺服马达等。

一个具体的数字比较系统,根据指令信号和测量反馈信号的形式,以及选择的比较器的形式,可以是一个包括上述6个部分的系统,也可以仅由其中的某几部分组成。

2. 数字比较系统的主要功能部件

1) 数字脉冲 — 数码转换器

(1) 数字脉冲转换为数码。对于数字脉冲转化为数码,其简单的实现就是一个可逆计数器,它将输入的脉冲进行计数,以数码值输出。根据对数码形式的要求不同,可逆计数器可以是二进制的、二一十进制的或其他类型的计数器,图5-39是由两个二一十进制计数器组成的数字脉冲 — 数码转换器。

(2) 数码转换为数字脉冲。对于数码转化为数字脉冲,常用的有两种方法。第一种方法是采用减法计数器组成的线路,如图5-40所示,先将要转换的数码置入减法计数器,当时钟脉冲CP到来之后,一方面使减法计数器作减法计数,另一方面进入与门。若减法计数器的内容不为

"0",该 CP 脉冲通过与门输出,若减法计数器的内容变为"0",则与门被关闭,CP 脉冲不能通过。计数器从开始计数到减为"0"。刚好与置入计数器中数码等值的数字脉冲从与门输出,从而实现了数码 — 数字脉冲的转换。第二种方法是用一个脉冲乘法器,在讨论插补原理时曾介绍过,数字脉冲乘法器实质上就是将输入的二进制数码转化为等值的脉冲个数输出。其示意图如图 5-41 所示。

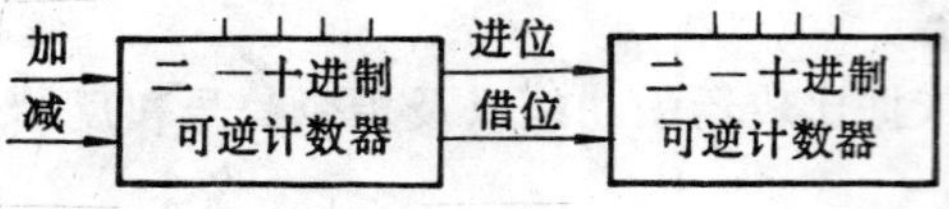

图 5-39　数字脉冲转化为数码的线路

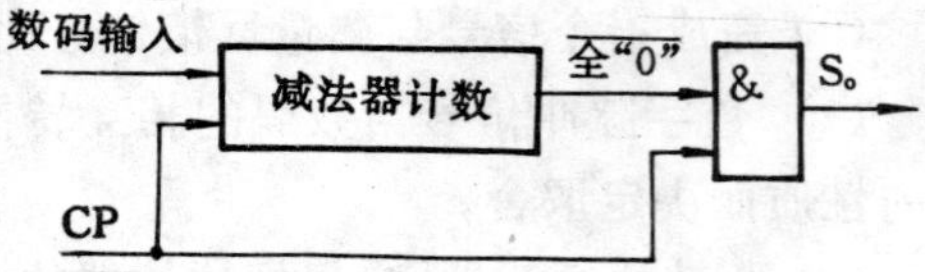

图 5-40　数码转化为数字脉冲线路之一

2）比较器

在数字比较系统中,使用的比较器有多种结构,根据其功能可分为两类:一是数码比较器;二是数字脉冲比较器。在数码比较器中,比较的是两个数码信号,而输出可以是定性的,即只指出参加比较的数谁大谁小,也可以是定量的,指出参加比较的数谁大,大多少。在数字脉冲比较器中,常用的方法是带有可逆回路的可逆计数器。

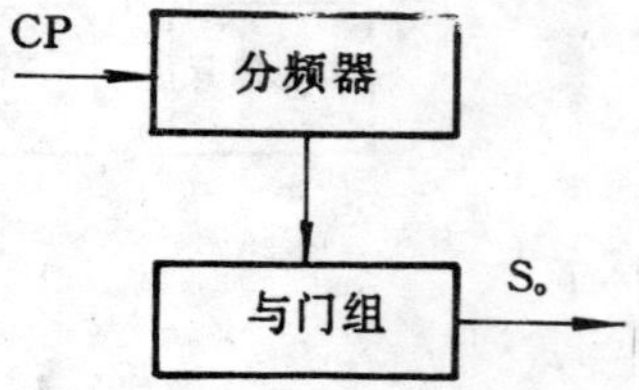

图 5-41　数码转化为数字脉冲线路之二

五、闭环伺服系统的性能

下面以鉴相式伺服系统为例来讨论闭环伺服系统的性能。

1. 系统工作稳定性

由于鉴相系统是一个自动调节系统,故在设计时必须进行稳定性计算,校核系统的工作稳定情况,以保证系统是在稳定区内工作。稳定性的校核是根据传递函数进行的,鉴相系统的传递函数可表示为

$$W = \frac{K_v}{a_m S^m + a_{m-1} S^{m-1} + \cdots + a_1 S + K_v} \tag{5-10}$$

式中 K_v 为系统速度放大系统;$a_m, a_{m-1}, \cdots, a_1$ 为系数。

根据罗斯-侯维智稳定判据,可计算出保证系统稳定工作的最大速度放大系数 K_{vmax},如果超过该 K_{vmax},系统工作就不稳定了。

2. 无负载机床丝杠最大转速 n_{max}

机床丝杠的最大无负载转速 n_{max} 应按下式计算:

$$n_{max} \leqslant \lambda \varphi_{max} K_{vmax} \frac{60}{2\pi} \ (\text{r/min}) \tag{5-11}$$

$$\varphi_{max} = (\varphi - \theta)_{max} \tag{5-12}$$

式中 φ_{max} 是鉴相器允许两相信号的最大相位差。二极管型鉴相的 $\varphi_{max} = 2\pi$;门电路型鉴相器的

$\varphi_{max} = \pi, 2\pi, 4\pi, \cdots$。由此可见，门电路型鉴相器较二极管型鉴相器可得到高几倍的最大转速，即可使机床工作台得到更高的进给速度。λ 是鉴相器非均匀输出系数。二极管型鉴相器的 $\lambda = 0.64$；门电路型鉴相器的 $\lambda = 1$。此外，n_{max} 是在直流放大器和电液伺服阀均未达到饱和工作条件下导出的。

由于负载惯性的存在，一般，系统启动频率都低于系统最大工作频率(n_{max} 对应的工作频率)，即系统不能从静止状态突然加速到使机床丝杠在无负载最大转速 n_{max} 下工作，必须设置使系统在启动时逐步加速的加速回路。有时还须要设置停止时逐步减速的减速回路，如步进式伺服系统中的加减速回路。

3. 系统静不灵敏区 φ_{min}

系统从停止状态使执行元件以最慢速度开始正向或反向转动所需的鉴相器的最小相位差 $\varphi_{min} = (\varphi - \theta)_{min}$ 称为系统静不灵敏区。它直接影响到机床的调整与加工精度，因此，希望它愈小愈好。系统静不灵敏区主要由执行元件(如电液伺服阀和液压马达)造成，φ_{min} 与 K_v 成反比。

4. 稳态误差 ε

当数控机床工作台作等速运动时，系统的输入转角 φ 与机床丝杠的实际转角 θ 之差称为稳态误差，设机床丝杠以 n_W(rad/s) 的转速旋转，则系统稳态误差 ε 为

$$\varepsilon = n_W / K_v \qquad (5-13)$$

5. 动态特性

当在鉴相器的输入端加一阶跃输入 $\varphi = \varphi_0$ 时，机床丝杠，即旋转变压器转子将按图 5-42 所示的过程随动，该过渡过程应满足如下品质指标：

(1) 尽可能减小稳态误差 ε。鉴相伺服系统过渡过程的最后值 $\theta(\infty)$ 应是与 φ 重合的无差系统，但实际上因系统刚度、执行元件的精度等因素，总还会有一定的误差 $\varepsilon = \varphi - \theta(\infty)$，希望尽可能减小稳态误差 ε。

(2) 超调量 $\sigma\%$ 要小。它影响机床加工精度的提高和粗糙度的降低。

$$\sigma\% = \frac{\theta_{max} - \theta(\infty)}{\theta(\infty)} \times 100\% \qquad (5-14)$$

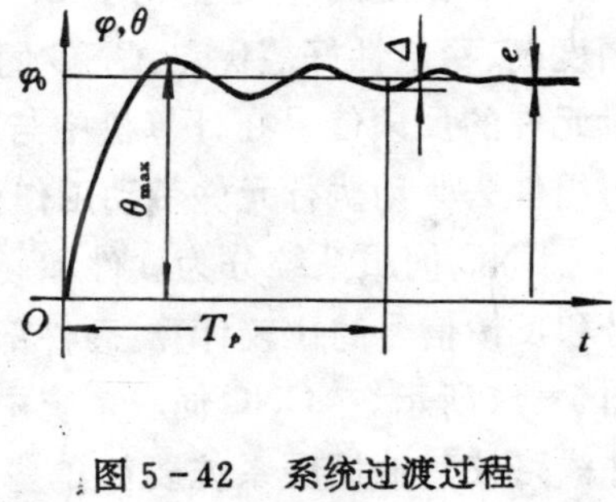

图 5-42　系统过渡过程

(3) 调节时间 T_P 要短。调节时间是指系统承受扰动后被调节参数 θ 从过渡状态恢复到允许的稳态所需的最短时间。调节时间的长短影响机床动作灵敏度的高低与动态误差的大小，T_P 越小越好。

(4) 过渡过程的振荡次数要少。

由以上各性能可见，提高机床丝杠无负载最高转速 n_{max}、减小静不灵敏区 φ_{min}、减小稳态误差 ε 以及提高系统刚性等，均须增大系统速度放大系数 K_v。但这会导致系统稳定性的降低，因此，在保证系统稳定工作的前提下应尽可能增大系统的速度放大系数。

6. 提高系统稳定性能的措施

(1) 降低系统的速度放大系数。影响系统稳定性能的因素很多，但主要的是系统速度放大系数 K_v。K_v 越小，系统越稳定。降低系统速度放大系数 K_v 最方便的方法是调整鉴相器的输出电压。但是随着速度放大系数的减小，系统灵敏度、工作台最大进给速度也随之降低，静不灵敏区、稳态和动态误差随之增大。因此，要综合衡量，选择一个最佳参数。采用计算机进行系统模

拟、参数优化，可以实现最优伺服控制。

(2) 采用积分－微分串联校正装置。在鉴相器与直流放大器之间串联一个积分－微分校正电路，对系统中不稳定的频带产生抑制作用，从而使整个系统的速度放大系数降低，提高系统的稳定性能。

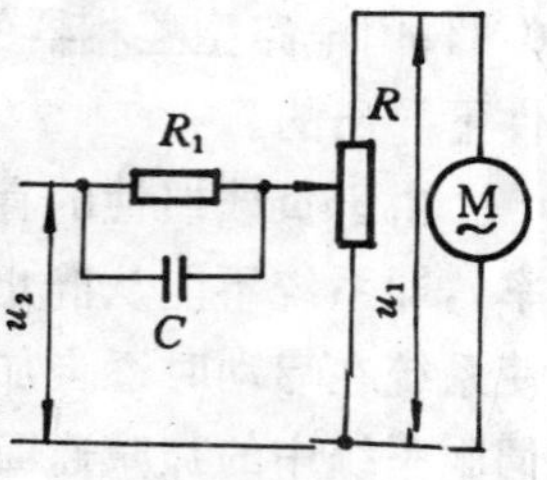

图 5-43 测速反馈原理图

(3) 采用速度、加速度负反馈并联校正装置。图 5-43 为该装置的原理图，图中所示的 M 为直流测速电机，用齿轮与测量元件(如旋转变压器)的轴相连接，它的输出电压 u_1 正比于旋转变压器的转速，极性决定了旋转变压器的方向。通过电位计 R 取出分压，经电阻 R_1 输出。当旋转变压器作加速运动时，经电容 C 微分成与角加速度成正比的信号。因此，输出电压 u_2 的大小正比于旋转变压器的角速度与角加速度之和。将 u_2(鉴相器输出的信号)并联加入到直流放大器中，且使它与鉴相器的输出信号极性相反，因此，该反馈信号抵消了鉴相器部分输出信号，从而降低了系统速度放大系数，提高了系统稳定性能。

此外，消除旋转变压器各传动元件之间的间隙，增大液压马达至反馈元件之间的机械传动刚度，增大液压马达的内外部泄漏，排除液压油中的空气，减小导轨间的干摩擦，控制油温都可提高系统稳定性能。

§5-4 CNC 伺服系统

CNC 伺服系统是指用于 CNC 机床上的伺服系统，它与前面介绍的伺服系统相比较，具有精度高、稳定性好等优点。CNC 伺服系统的最突出的特点是利用计算机的计算功能，将来自测量元件的反馈信号在计算机中与由插补软件产生的指令信号进行比较，其差值经位置控制输出组件去驱动执行元件带动工作台移动。

CNC 伺服系统分为软件和硬件两个部分。软件部分主要完成跟随误差的计算，即指令信号和反馈信号的比较计算。硬件部分由位置检测组件和位置控制输出组件组成。其结构框图如图 5-44 所示。在 CNC 伺服系统中，由于计算机的引入，用软件代替了大量的硬件，因而使得硬件线路较其他伺服系统要简单些。在 CNC 伺服系统中还可用计算机对伺服系统进行最优控制、前瞻控制等，从而将整个系统的性能提高到一个新阶段。

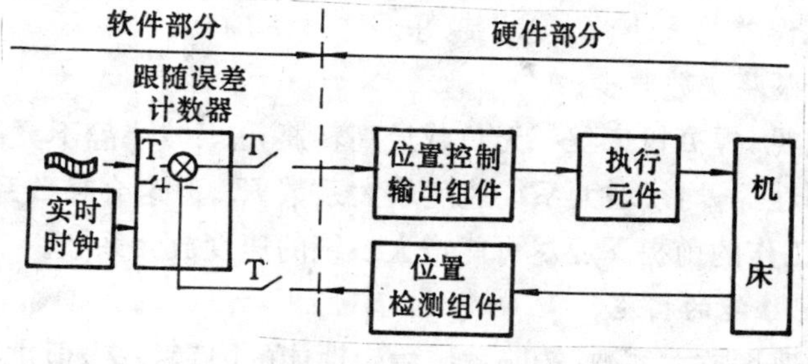

图 5-44 CNC 伺服系统结构框图

图 5-45 和图 5-46 是分别以光栅和旋转变压器为测量元件的 CNC 伺服系统框图。从图中可以看出，除了以计算机代替了比较器之外，其他部分与数字比较式伺服系统和鉴幅式伺服系

统基本相同，工作原理也基本相同。因此，可以说CNC伺服系统是鉴幅式伺服系统和数字比较式伺服系统的灵活应用。下面以这两个具体的CNC伺服系统为例，说明CNC伺服系统的工作原理及基本组成。

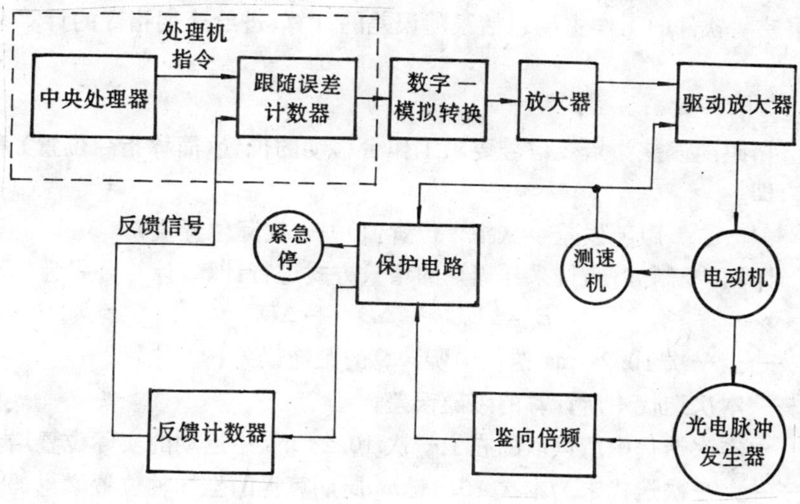

图5-45　采用直流电动机驱动和光电脉冲发生器检测的系统

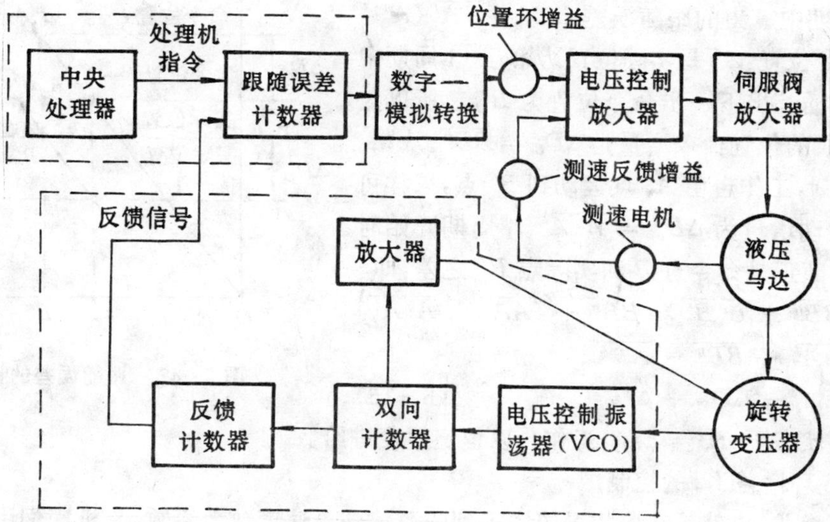

图5-46　采用液压马达驱动和旋转变压器检测的系统

一、以光栅为测量元件的7360CNC伺服系统

1. 软件部分

7360伺服系统是采用软件中断来实现的，在每一中断周期结束之前，插补软件算出下一周期坐标轴的位置增量，当每一中断周期开始时，位置控制程序对坐标轴的实际位置进行采样，将采样值与插补软件产生的增量命令进行比较，算出跟随误差，该跟随误差经计算机接口

送到位置控制输出组件，由位置控制输出组件拖动工作台移动，从而实现伺服控制。7360 系统的中断周期(或称采样周期)$T = 10.24$ ms，在整个 10.24 ms 中断周期中，计算机输出的指令信号维持不变。

7360 伺服控制软件的工作主要包括跟随误差的计算、进给速度指令的计算和进给速度的监控。

1) 跟随误差的计算

从理论上讲，跟随误差为指令信号要求工作台移动的位置(简称指令位置)和工作台实际移动位置之差，即

$$\text{跟随误差} = (\text{指令位置值}) - (\text{实际位置值})$$

但实际上为了计算和控制方便，按采样周期的增量方式进行计算，计算公式为

$$E_i = E_{i-1} - \Delta D_{Fi} + \Delta D_{Ci} \tag{5-15}$$

式中 E_{i-1} —— 上一次 10.24 ms 迭代中所计算的跟随误差；

E_i —— 本次迭代中所计算的跟随误差；

ΔD_{Fi} —— 本次迭代中所读取的在上一次 10.24 ms 中运动的实际位置增量；

ΔD_{Ci} —— 上一次迭代末为本次 10.24 ms 周期算得的坐标轴位置增量。

在图 5-47 中这种关系是很清楚的。设在 t_i 时刻开始进行第 i 周期的迭代计算，这时的已知条件是：第 $i-1$ 周期中算出的跟随误差 $E_{i-1} = \overline{AA'}$(A 是 t_{i-1} 时刻命令位置，A' 是实际位置)，第 $i-1$ 周期中插补程序所插补出下一步命令位置为 B 点。所以为第 i 周期提供的位置命令增量是 $\Delta D_{Ci} = \overline{BB''}$。从 t_{i-1} 时刻到 t 时刻，工作台由 A' 点运动到 B' 点，采样可得的实际运动增量为 $\Delta D_{Fi} = \overline{A''A'}$。$t_1$ 周期开始时工作台的跟随正是命令点 B 和实际点 B' 之差，即

$$\begin{aligned} E_i &= \overline{BB''} + \overline{B''B'} = \overline{BB''} + (\overline{AA'} - \overline{A''A'}) \\ &= \overline{AA'} + \overline{BB''} - \overline{A''A} \\ &= E_{i-1} - \Delta D_{Fi} + \Delta D_{Ci} \end{aligned} \tag{5-16}$$

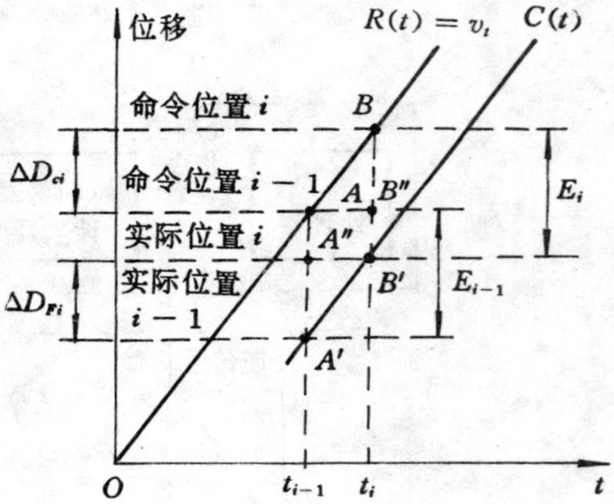

图 5-47 跟随误差的计算

在稳定状态下，$E_i = E_{i-1}$，工作台以恒定速度进给。

2) 位置环增益 K_v 的控制

位置环增益，也就是在鉴相系统中提到的系统进给速度放大系数，是机床伺服系统的基本指标之一，它不仅影响着系统的稳定性、系统刚度、静不灵敏区，还影响着机床工作台的进给速度和稳态误差。在 CNC 伺服系统中，利用软件可以对位置增益 K_v 进行调节控制，以实现伺服系统时刻处于最佳增益工作状态。

根据自动控制理论，计算机数字采样控制系统与相应的连续系统有着完全相同的阶跃响应和斜坡响应，当系统以匀速斜坡 $R(t) = v_t$ 输入时，系统的稳态误差为一常量 E，且有

$$E = v/K_v \tag{5-17}$$

而

$$K_v = K_C K_D K_M K_A$$

式中 K_C —— 计算机的控制增益；

K_M —— 驱动速度回路增益；

K_A —— 测量组件增益；

K_D —— 数模转换增益，其式为

$$K_D = K_N K_{DA}$$

其中 K_N—— 为了实现数模转换器的整个数值范围而引入的比例系数，在 7360 系统中取 $K_N = 0.46$；

K_{DA}—— 实现数模转换器的增益，7360 系统使用 13 位的 D/A 转换器，相应于其饱和数字量 8 191 的模拟电压输出为 9 V，$K_{DA} = 9/8\ 191 = 0.001$ V 数字单位。

式(5-17)说明，当向某坐标轴输入位置命令 $R(t) = v_t$，要求某坐标以恒定的进给速度 v 进给时，该坐标轴实际的速度与指令进给速度 v 一致。但二者的瞬时位置有一定的偏差，这就是斜坡响应的稳态误差 E，即系统的跟随误差。图 5-48 是输入系统的斜坡 $R_0(t)$ 和响应系统 $C(t)$ 之间的关系图。

由关系式 $v = K_v E$ 可知，系统的 K_v 越大，较小的跟随误差就足以引起较大的速度。另一方面，由关系式 $E = v/K_v$ 可知，当输入的速度命令为一定时，位置增益 K_v 愈大，坐标轴在跟随命令过程中形成的跟随误差愈小。在轮廓加工中，跟随误差在轮廓上产生一个实际的误差。因此，希望提高增益保证较高的轮廓精度。但是，当坐标轴快速移动时，希望有较高的速度以提高机床的利用率。为了取得较高的速度，又要保证速度变化的平稳性，要求适当降低系统的增益，以增大跟随误差。用计算机可以容易地进行变增益的控制，使系统在两种不同的工作条件下都具有最佳的增益。7360 系统通过用软件程序改变 K_C 值实现了两种工作条件的增益 K_v 变化的控制。

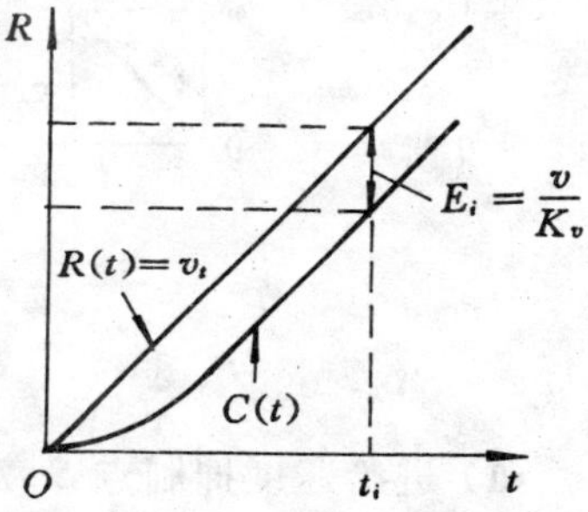

图 5-48 反馈系统的稳态误差

3) 进给速度指令(数字量)的计算

如上所述，进给速度 v 的表达式如下：

$$v = K_v E = K_C K_D K_M K_A E = K_C K_N K_{DA} K_M K_A E \tag{5-18}$$

系数 K_{DA}，K_M 和 K_A 部分由硬件设计确定，而软件须要完成对跟随误差乘以 $K_C K_N$ 的处理，我们把软件计算结果 v_{DA} 称为进给速度的数字量，它由计算机发送到位置输出组件的 D/A 缓冲器，其值为

$$v_{DA} = K_C K_N E \tag{5-19}$$

v_{DA} 的计算分两步进行：

首先根据当前跟随误差所在的工作区域，计算 v_D 值：

轮廓区：
$$v_D = K_C E \tag{5-20}$$

快进区：
$$v_D = K_C E_{BP} + \alpha K_C (E - E_{BP}) \tag{5-21}$$

式中 E_{BP} —— 增益转折点的跟随误差；

α—— 控制增益减小率，K_C 常取 1，而 α 值常取为 1/2，1/4。

接着，计算出 $v_{DA} = K_N v_D$，便可以向位置输出组件发送进给速度指令(数字量)了。发送到位置控制输出组件的数字量经过数模转换后，变为 0 ～ 9 V 的速度指令模拟电压。

4) 进给速度的监控

在 CNC 闭环系统中，如果发生位置反馈回路断开故障时，系统实际上成为开环状态，没有

位置反馈增量从命令中减去，跟随误差会累积得越来越大，直到溢出，以致引起过量的进给速度而造成事故。当驱动装置失速时，也会发生累积误差引起的速度冲击振荡。为了避免这些现象发生，软件设置了两级速度保护。图 5-49 是跟随误差与进给速度的关系图，图中折线上的 S 点称为进给速度抑制点，M 点称为过量速度控制点。

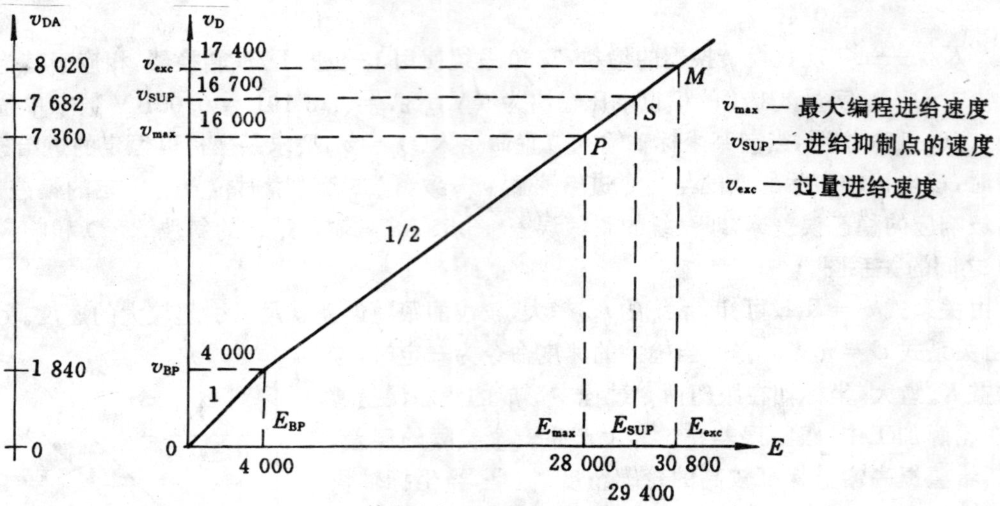

(单位为伺服分辨率)

图 5-49　跟随误差与进给速度的关系

(1) 进给速度抑制点 S。对应于这一点的进给速度为最大编程进给速度(快进速度)的 1.05 倍。当伺服软件检测到计算出来的进给速度指令 v_D 大于此对应的 v_D 时，自动将进给速度调整设定值减小一半，从而使插补程序中步长值下降一半，限制了进给速度，并同时显示报警信息，通知操作者处理。

(2) 过量进给速度控制点 M。对应于这一点的进给速度值为最大编程速度的 1.1 倍，由此点的 v_D 计算出来的进给速度指令数字量 v_{DA} 等于或接近数模转换器的最大容量。当伺服软件检测到计算出来的进给速度指令 v_D 大于或等于此点的 v_D 时，自动使系统进入紧停状态，即停止各坐标轴的进给运动，停止零件程序的运行，并显示出错信息。

2. *硬件部分*

1) 位置控制输出组件

位置控制输出组件将工业处理机输出的以数字形式表示的跟随误差(一般为二进制数)转换为驱动执行元件需要的电压信号。它包括数字模拟转换和驱动放大环节两部分。

(1) 数字模拟转换。7360 系统使用的是一专用的数模转换器，由于目前已有许多功能完备的数模转换器供实际应用选择，对于 7360 系统的专用数模转换电路在此不再进一步介绍和分析。

(2) 驱动放大环节。不同的执行元件，须要配备不同的驱动放大环节。7360 系统配备有供液压伺服阀使用的伺服放大器和供直流电机使用的电压驱动放大器。图 5-50 为执行元件是液压伺服阀时的伺服阀放大线路图。它由五部分组成，即指令信号的电压放大器、脉冲信号发生器、伺服阀控制放大器、伺服阀饱和检测器以及测速反馈校正回路。其中测速反馈校正回路是为了提高系统的稳定性而设置的速度、加速度并联校正装置，伺服阀饱和检测器是为了对伺服阀以及整个伺服系统安全保护而设置的。

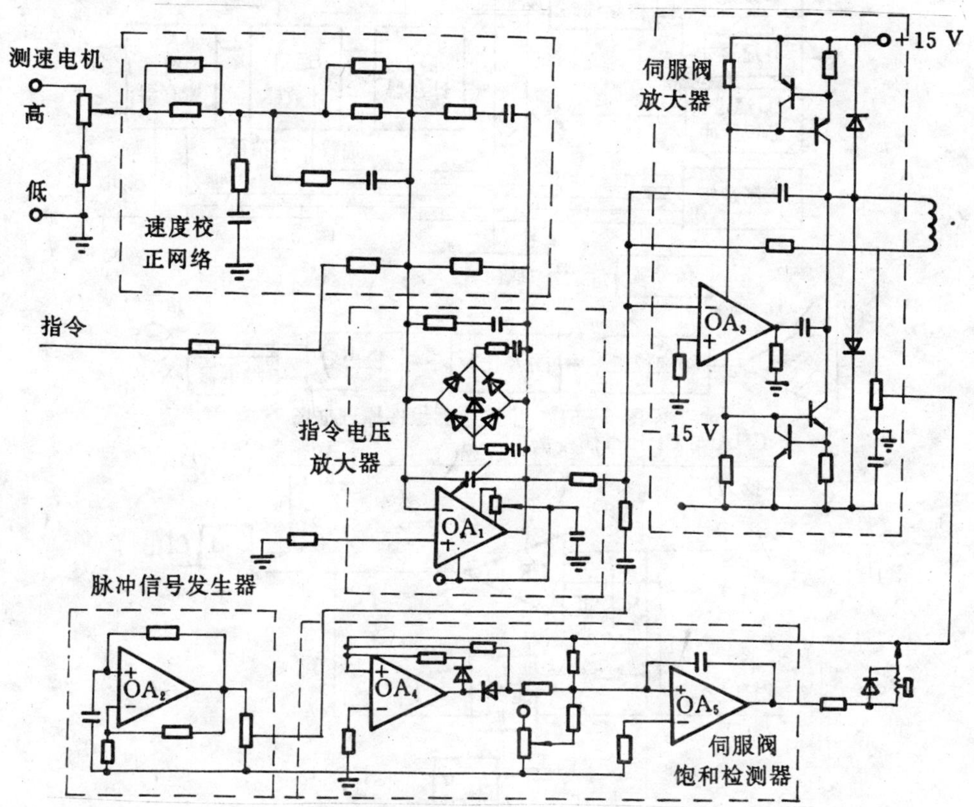

图 5-50　伺服阀放大线路图

2) 位置检测组件

位置检测组件由三部分组成:光电耦合器、鉴向倍频线路及计数器。图 5-51 是位置检测组件原理框图。

为了提高系统工作的可靠性,在光栅读数头和鉴向倍频线路之间,用光电耦合器隔离滤波,即图 5-51 中的"A 通道"和"B 通道"。信号由机床向数控装置长距离传送过程中,可能产生干扰脉冲,通过该线路后,可把它们基本滤掉。由于接线不可靠或其他原因丢失脉冲时,该线路也可以识别出来,并且产生$\overline{\text{CHA FALL}}$或$\overline{\text{CHB FALL}}$的报警信号。图 5-52 是该线路的原理图。

位置检测组件的另一个重要组成部分是鉴向倍频线路,关于鉴向倍频线路,已在第四章作过介绍,这里给出另一个鉴向倍频线路及其工作波形图,其工作原理与鉴向倍频线路类似,读者可自己分析。

图 5-53 是该鉴向倍频线路图。图中元件 69 是一个四位的并行移位寄存器(SN7495N),其内部是 4 个触发器。4 个触发器的触发端连在一起,即元件 69 的 SL 端,$A_1 \sim D_1$ 是 4 个触发器的输入端,$A_0 \sim D_0$ 是输出端。93 和 77 号元件是两块将 BCD 码(二一十进制码)译为单十进制码的译码器。$\overline{X}1$ 和 $\overline{X}2$ 的状态决定着 UP 和 DN 的输出脉冲频率,当 $\overline{X}1=0,\overline{X}2=1$ 时。从 UP 或 DN 送出的脉冲的频率为输入信号 CHA 或 CHB 的两倍;当 $\overline{X}1=1,\overline{X}2=1$ 时,从 UP 或 DN 得到的是四倍频的脉冲。图 5-54 是鉴向倍频线路的工作波形图。

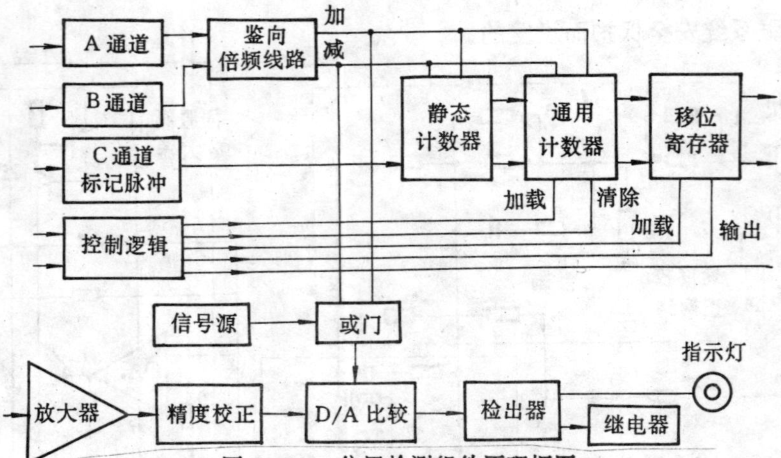

图 5-51　位置检测组件原理框图

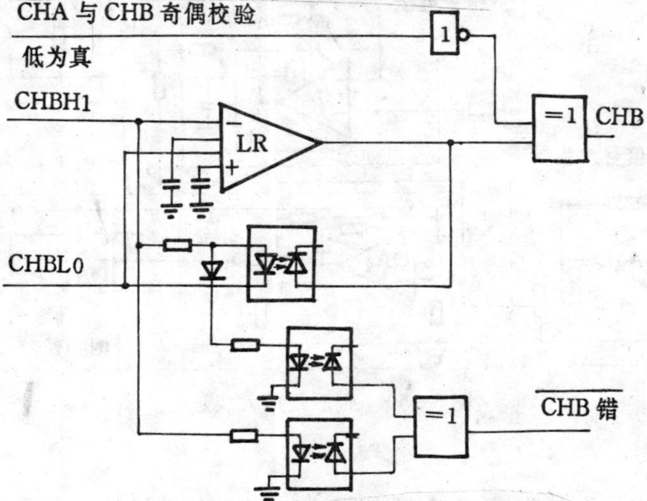

图 5-52　光电耦合器和识别线路

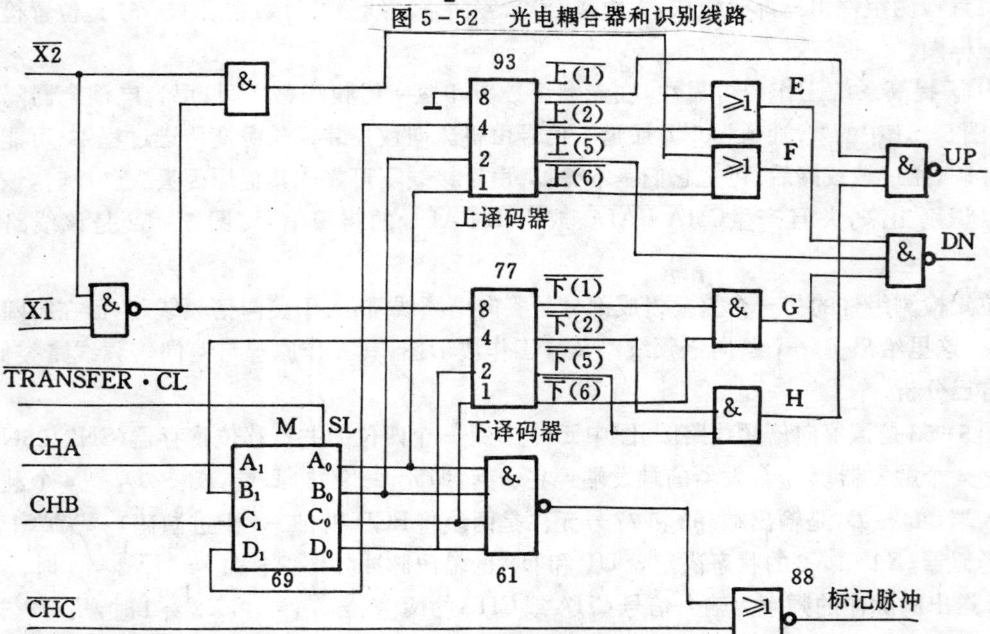

图 5-53　鉴向倍频线路

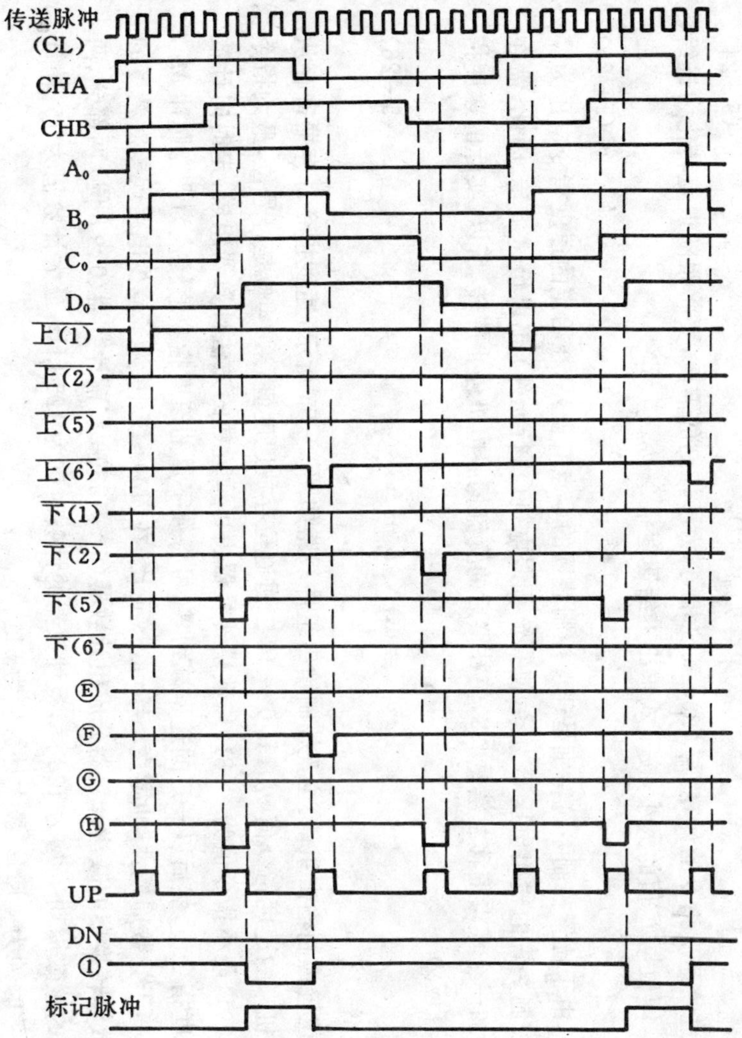

(a)

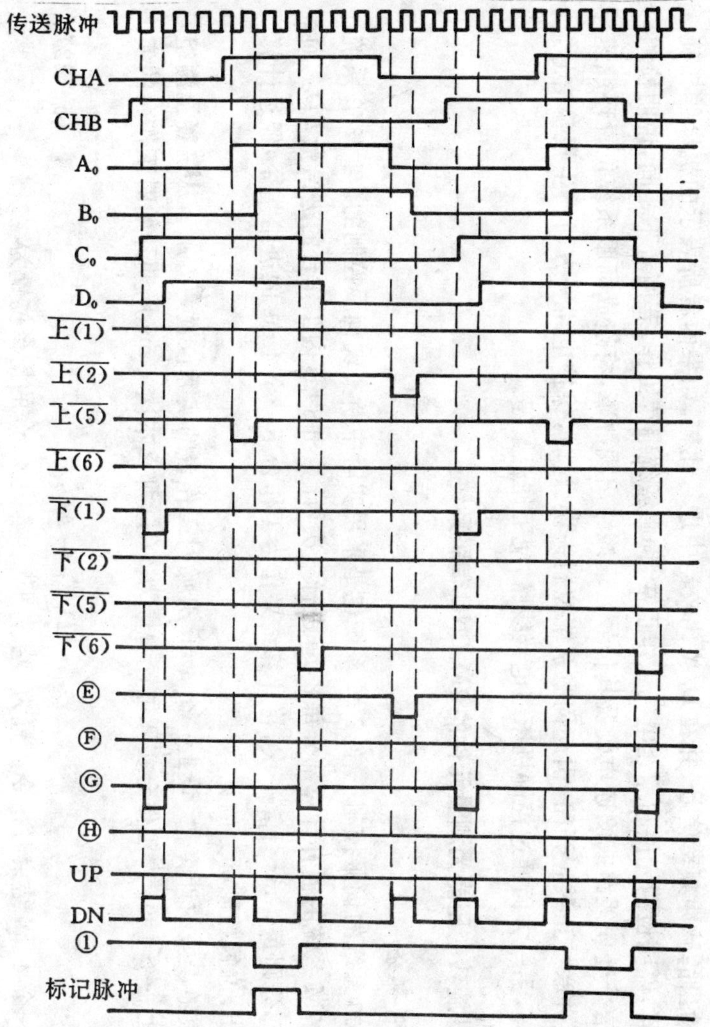

(b)

图 5-54　鉴向倍频线路工作波形图

(a) CHA 超前 CHB 时　(b) CHA 滞后 CHB 时

除上述线路外，位置检测组件上还有一个保护电路。它接收来自测速电机速度信号和鉴向倍频线路输出的脉冲频率信号，并在 D/A 比较器中进行比较。如果两者所表示的机床丝杠旋转速度相同，说明检测元件和测速电机工作正常，伺服系统继续工作。若两者不相同，说明检测元件及其信号处理线路或测速电机及其信号处理线路出现故障，将造成伺服系统位置环或速度、加速度并联校正装置开路，引起伺服系统控制失误。这时，保护电路一方面产生报警信号，使指示灯亮，另一方面通过控制机床继电器线路，使工作台紧停。

二、以旋转变压器为测量元件的 7M CNC 伺服系统

1. 软件部分

与 7360 系统的伺服控制一样，7 M 系统也是采用实时中断实现伺服控制的。与 7360 系统不同的是，7M 系统的插补计算部分每 8 ms 进行一次，计算出 8 ms 内工作台的进给量 ΔD_{Ci}，而位置控制部分则每 4 ms 计算一次，将计算结果作为工作台下一个 4 ms 的进给指令，经过计算机接口输出。位置控制部分的计算过程为：

(1) 跟随误差的计算。 设上一个 4 ms 开始时工作台的实际位置为 D_{Fi-1}，从位置检测组件获得的上一个 4 ms 内工作台实际位置增量为 ΔD_{Fi}，那么本次 4 ms 周期开始时工作台的实际位置为

$$D_{Fi} = D_{Fi-1} + \Delta D_{Fi} \tag{5-22}$$

设上一个 4 ms 结束时指令位置为 D_{Ci-1}，那么，本次 4 ms 的指令位置为

$$D_{Ci} = D_{Ci-1} + \Delta D_{Ci}/2 \tag{5-23}$$

因此，本周期的伺服系统跟随误差，或称位置偏差为

$$E_i = D_{Ci} - D_{Fi} \tag{5-24}$$

(2) 进给速度指令的计算。与 7360 系统相同，为了控制的需要，要将跟随误差转化为进给速度指令，即根据 E 值的大小，按下式求出进给速度指令 v_{DA} 值，即

$$v_{DA} = K_C K_N E \tag{5-25}$$

此外，由于位置控制系统特别是速度控制装置的零点有误差，在给定的速度指令电压为零时，速度控制装置的输出电压不为零，使直流伺服电机(执行元件)仍以慢速旋转。因此，需在软件中补加一个零点偏移补偿量 ΔS，使补偿后的直流伺服电机停止旋转。所以，实际的速度指令值的计算应为

$$v_{DA} = K_C K_N E + \Delta S \tag{5-26}$$

2. 硬件部分

(1) 位置控制输出组件。位置控制输出组件线路如图 5-55 所示，速度指令寄存器寄存从工业处理机来的速度指令值 v_{DA}，其 0～12 二进制位存放速度值，第 14 位是符号位，最大指令值为 $+8191$，最小指令值为 -8191。数模转换器由可预置数的减法计数器组成，定时向计数器置入速度指令值，然后以一定的速率减到零，可将数字量的速度指令值转换为调宽脉冲 M_P，脉冲周期等于置数周期，脉冲宽度 τ 与 v_{DA} 成正比。在 7M 系统中，为了减少电路误差对精度的影响，将数模转换器的减法计数器分成粗计数器(9～12 位)和精计数器(0～8 位)两部分。两个计数器的置数周期 T 均为 128 μs，粗计数器的计数时钟为 125 kHz，最大计数值为 15；精计数器的计数时钟为 4 kHz，最大计数值为 511。

调宽脉冲是不带符号的，为此，需将 M_P 变换成可表示正负值的调宽脉冲 N_P。此外，为了

输出电平稳定精确，还需将脉冲变换成标准幅值，完成这一功能的电 路是模拟开关。关于模拟开关电路参见鉴幅式伺服系统一节的检波器线路。

滤波放大器由运算放大器 T_1 和 T_2 等组成，如图 5-55 所示。T_1 是放大倍数为 1 的高输入阻抗电路，T_2 将粗精调宽脉冲 N_{PC} 和 N_{PF} 按 16 倍的比例混合，并且滤掉脉冲成分，将直流成分放大到所需的电压 V_P。

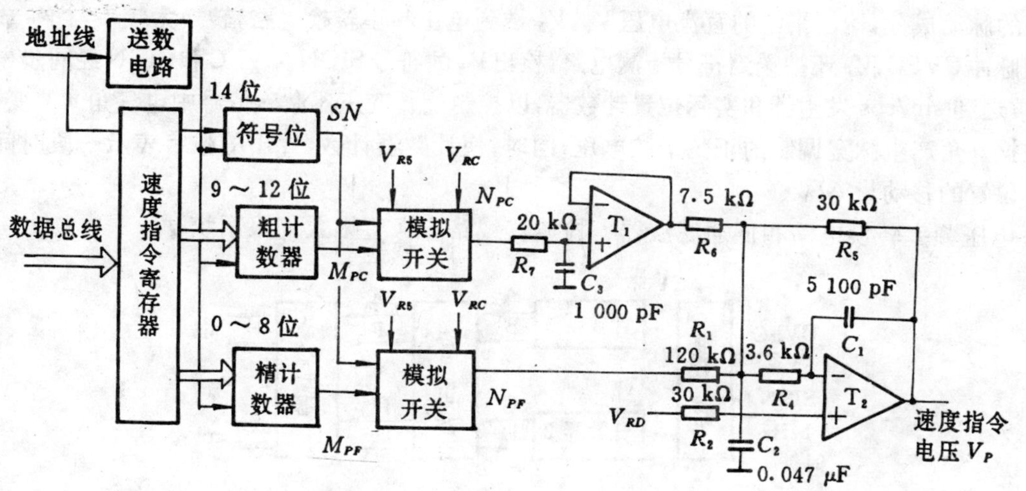

图 5-55　位置控制输出组件线路图

按图 5-55 的滤波放大电路，可写出 V_P 的计算公式：

$$V_P = (1 + \frac{R_5}{R_6} + \frac{R_5}{R_1})V_{RD} - \frac{R_5}{R_6}V_{\text{NPC}} - \frac{R_5}{R_1}V_{\text{NPC}} \qquad (5-27)$$

当 V_{NPC} 和 V_{NPF} 均为 2.5 V（相当于 $v_{DA}=0$）时，V_P 应为零，将各电阻值代入上式，可求得标准电压 V_{RD} 为 2.023 8 V。那么，V_P 就可表示为

$$V_P = 10.625 - 4\,V_{\text{NPC}} - 0.25V_{\text{NPF}}(\text{V}) \qquad (5-28)$$

根据选用的执行元件不同，V_P 还要转换成驱动这些执行元件所需的形式，即 V_P 还要经驱动放大环节，如伺服阀放大器、可控硅驱动线路等。

(2) 位置检测组件。位置检测组件由检波器、电压频率转换器和 sin/cos 发生器、实际位置计数器等电路组成，其方框图如图 5-56 所示。

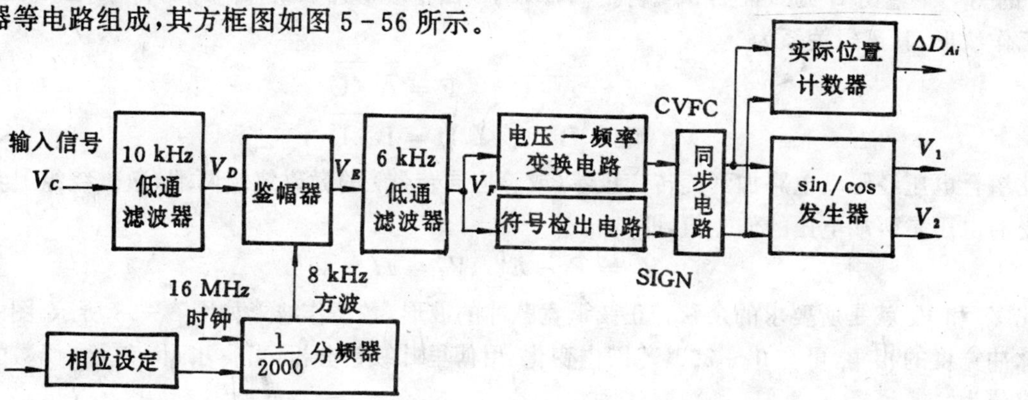

图 5-56　位置检测装置方框图

由 sin/cos 发生器产生的 8 kHz 的正弦余弦电压被送到旋转变压器的定子绕组(或感应同步器的滑尺),在旋转变压器的转子绕组(或感应同步器的定尺)上感应出电压信号 V_C。V_C 作为输入信号送到检测装置,先经过 10 kHz 低通滤波器滤去信号的高次谐波成分和干扰信号。滤波器的输出被送到检波器,把交流信号变换为直流信号 V_E。再经过 6 kHz 低通滤波器滤去 8 kHz 的脉动成分,输出平滑的直流电压 V_F,V_F 送到电压频率转换电路,转换为频率与 V_F 成正比的脉冲 CVFC,V_F 还被送到符号检测电路,检出 V_F 的符号 SIGN。CVFC 和 SIGN 经同步电路后,被送到 sin/cos 发生器和实际位置计数器,以控制旋转变压器激磁信号中电气角 α 的变化,并根据 α 角产生脉宽调制的正弦余弦电压,同时,使计数器计数,计出的数字表示一段时间内坐标位置的移动量 ΔD_{Fi}。

电压频率转换电路和低通滤波器、检波器线路参考鉴幅式伺服系统。

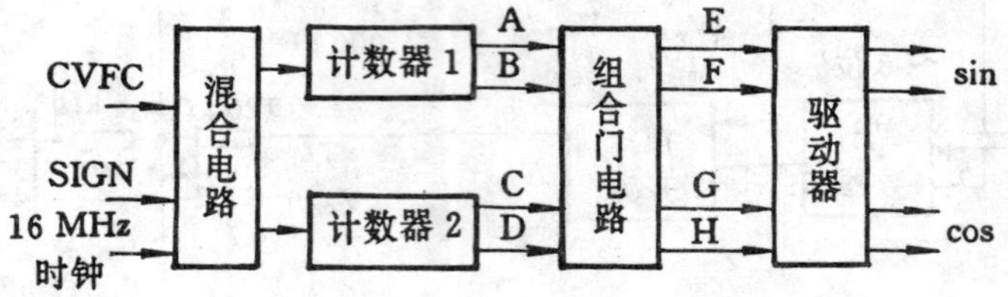

图 5-57　脉宽调制式的 sin/cos 发生器的方框图

脉宽调制式的 sin/cos 发生器的方框图如图 5-57 所示。它由混合电路、两套分频比为 1 000 的计数器和正弦余弦波形组合门电路以及驱动器等组成。混合电路的作用是根据脉冲 CVFC 及其符号 SIGN,使计数器 1 多计脉冲 CVFC 所表示的数和使计数器 2 少计 CVFC 所表示的数;或使计数器 1 少计 CVFC 所表示的数和使计数器 2 多计 CVFC 所表示的数。在混合电路中有一只 J-K 触发器作为计数器,所以 sin/cos 发生器总分频比为 2 000。当计数器的计数脉冲是 16 MHz 时,计数器输出频率为 8 KHz 的方波,相当于 2π rad 的脉冲数为 2 000,每个脉冲 为 $\pi/1\,000$ rad。脉宽调制式的正弦余弦波形可用波形合成的方法产生。如果计数器的输出波形 A 滞后 α 角,计数器 1 的另一端输出 B 比 A 滞后 90°;计数器 2 的输出 C 导前 α 角,计数器 2 的另一个输出 D 比 C 滞后 90°。再把 A,B,C,D 四个波形加到组合门电路,合成 E,F,G,H 的工作波形,其逻辑关系为

$$E = \overline{A \cdot C} \qquad F = \overline{\overline{A} \cdot \overline{C}}$$

$$G = \overline{\overline{B} \cdot D} \qquad H = \overline{B \cdot \overline{D}}$$

此组合电压经驱动电路加到旋转变压器(或感应同步器)的激磁绕组两端,激磁绕组上实际承受的电压是两端电压的偏差值,即

$$V_1 = F - E; \quad V_2 = H - G$$

此 V_1 和 V_2 就是所要求的余弦和正弦调宽脉冲的波形,各工作波形如图 5-58 所示。图中 α 为脉冲宽度的相角,可在 0～360° 范围内变化。用傅里叶级数分析,可得出 sin 和 cos 函数的基本成分为

$$\cos: \quad V_1(t) = V_m \cos\alpha \sin\omega t \tag{5-29}$$

$$\sin: \quad V_2(t) = V_m \sin\alpha \sin\omega t \tag{5-30}$$

式中 ω 为角频率，$\omega = 2\pi f$，此处，f 是正弦和余弦波形的频率，本系统中采用 8 kHz。

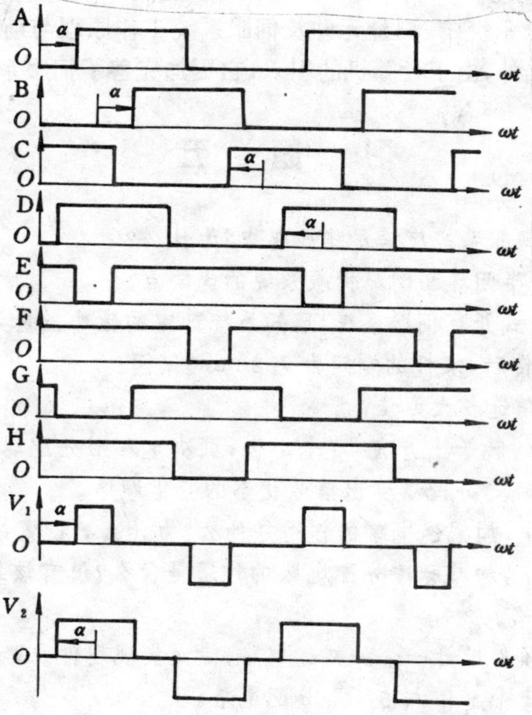

图 5-58　sin/cos 发生器工作波形

本章小结

本章讨论了 5 种伺服系统，即开环步进系统、鉴相系统、鉴幅系统、数字比较系统和 CNC 伺服系统。

开环步进系统中的控制环节主要是环形分配器，执行元件为步进电机。利用进给脉冲的数量、频率和方向控制电机的角位移、角速度和转向，进而控制工作台移动距离、速度和方向。此外，为了改善精度，常在其控制线路中增设"自动升降速"电路，还有的在控制线路中采取细分措施等。

在闭环系统中，讨论了 3 种，即鉴相、鉴幅和数字比较系统。这 3 种系统的测量元件和执行元件可以是相同的，区别仅在于比较器和测量反馈信号的不同。相位比较系统的测量信号是与标准信号有一定相位差的信号，将它与进给信号在鉴相器中比较，输出的电压信号与二者相位差近似成正比。鉴相系统中的关键环节是数字相位转换器和鉴相器。数字相位转换器的作用是将进给脉冲的增加与减少（正与负）变成与基准脉冲的相位超前与滞后的调制信号。鉴相器比较此两信号的相位，根据所比较信号的性质可分为模拟式和数字式鉴相器两种。鉴幅系统中，测量信号（正弦信号）的幅值反映了实际位置，将此信号进行一系列的变换后，变为数字脉冲信号，再和进给信号比较，便可推知理论位置和实际位置的差值，从而实施调节。鉴幅系统的关键环节是测量元件的信号处理线路，包括解调线路、电压频率转换器和 sin/cos 发生器。在数字比较系统中，测量元件直接提供的是机床工作台位置的数字信号，将此信号与进给数字信号作比较，求出差值，以控制机床运行。它的关键环节是比较器、数字脉冲与数码的相互转换线路。此外，本章还介绍了 CNC 伺服系统的组成和工作原理，并且介绍了 7360 和 7M 两系统的伺服系统。实质上，在 CNC 伺服系统中，测量元件及伺服系统工作原理与前述基本相同，只是部分硬件功能被软件所代替。此外，由于计算机的引入，它更加完善了伺服系统。

习 题 五

***5-1** 数控机床的伺服系统应满足哪些要求？为什么？

***5-2** 试比较开环、半闭环和闭环伺服系统的优缺点。

5-3 欲设计一步进式开环伺服系统，已知系统选定的脉冲当量为 0.03 mm/脉冲，机床丝杠与工作台以螺杆螺母传动，螺杆的螺距为 7.2 mm。试问：

(1) 步进电机的步距角选多大为佳？

(2) 若已选步进电机的转子上开有 40 个小齿，试决定环形分配器的输出应为几相几拍，并写出正向和反向进给时环形分配器输出信号状态的变化顺序。

5-4 在步进系统中，加减速电路的作用是什么？为什么要设置该线路？

5-5 在步进系统中，加减脉冲分配电路的作用是什么？没有该线路行不行？为什么？试设计一个加减脉冲分配电路。

5-6 试用计算机软件设计一个加减速电路，使之实现硬件线路的全部功能。

5-7 用软件设计一个三相六拍环形分配电路。

***5-8** 细分线路的作用是什么？开环伺服系统采用细分线路之后，系统的驱动控制线路应作哪些相应的调整？细分线路放在驱动控制线路的哪个环节之后？为什么？

5-9 在鉴相系统中，为什么要设置基准信号发生器？它的作用有哪些？

5-10 在鉴相系统中，旋转变压器的感应信号并没有和它的激磁信号进行相位比较，而是与指令信号的相位进行比较，请问：

(1) 该旋转变压器是如何实现位移测量的？

(2) 因感应信号是周期性变化的，是否需要将被测角位移限制在每次不超过 180° 的范围内？为什么？

***5-11** 进入鉴相系统的指令脉冲的频率对伺服系统有何影响？该频率可以无限制地高吗？为什么？

***5-12** 为什么要进行伺服系统的稳定性校验？系统稳定的条件是什么？可采取哪些措施来提高系统的稳定性？采取这些措施对系统的其他特性有何影响？

5-13 试述鉴幅系统的工作原理。

5-14 在鉴幅系统中，测量元件及信号处理线路是如何实现位移测量的？

5-15 哪些测量元件可以用于鉴幅系统？

5-16 试述鉴幅系统数模转换线路的工作原理。

5-17 鉴幅式伺服系统与数字比较式伺服系统有何异同？

5-18 试述数字比较系统的工作原理。

5-19 CNC 伺服系统在结构上与鉴幅式系统、数字比较系统有何异同？在功能上呢？

5-20 在 CNC 伺服系统中，测速反馈环节的作用是什么？

5-21 在 CNC 伺服系统中，为什么要对位置环增益 K_v 进行调节控制？

5-22 分析图 5-53 所示鉴向倍频线路的工作原理。

5-23 在鉴幅系统中，进入测量元件的激磁信号如图 5-35 所示，在 7M CNC 伺服系统中，进入测量元件的激磁信号如图 5-58 所示，试分析两者对测量精度的影响。

第六章　数控机床的故障诊断

§6-1　概　　述

一、数控机床的故障诊断

数控机床是个复杂的系统，一台数控机床既有机械装置、液压系统，又有电气控制部分和软件程序等。组成数控机床的这些部分，由于种种原因，不可避免地会发生不同程度、不同类型的故障，导致数控机床不能正常工作。这些原因大致包括：

(1) 机械锈蚀、磨损和损坏；

(2) 元器件老化、损坏和失效；

(3) 电气元件、插接件接触不良；

(4) 环境变化，如电流或电压波动、温度变化、液压压力和流量的波动以及油污等；

(5) 随机干扰和噪声；

(6) 软件程序丢失或被破坏。

此外，错误的操作也会引起数控机床不能正常工作。数控机床一旦发生故障，必须及时予以维修，将故障排除。数控机床维修的关键是故障的诊断，即故障源的查找和故障定位。一般来说，随着故障类型的不同，采用的故障诊断的方法也就不同。本章将针对不同类型的数控机床故障，对数控机床故障诊断的一般方法及其原理进行阐述。

二、数控机床的故障规律

与一般设备相同，数控机床的故障率随时间变化的规律可用图 6-1 所示的浴盆曲线表示。在整个使用寿命期，根据数控机床的故障频度大致分为三个阶段，即早期故障期、偶发故障期和耗损故障期。

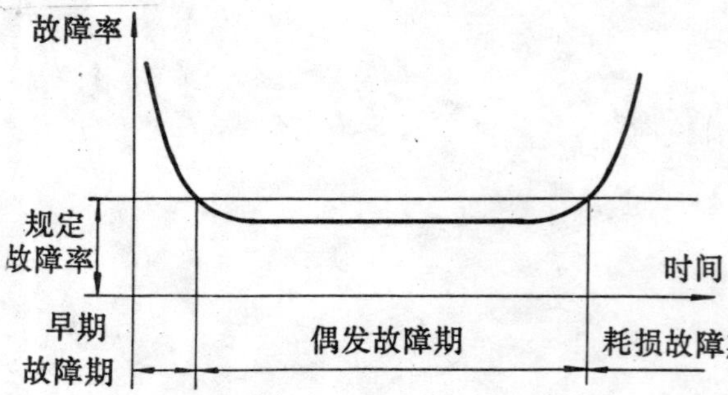

图 6-1　数控机床故障规律浴盆曲线

1. 早期故障期

早期故障期的特点是故障发生的频率高，但随着使用时间的增加迅速下降。使用初期之所以故障频繁，原因大致如下：

(1) 机械部分。机床虽然在出厂前进行过运行磨合，但时间较短，而且主要是对主轴和导轨进行磨合。由于零件的加工表面存在着微观的和宏观的几何形状偏差，在完全磨合前，零件的加工表面还比较粗糙，部件的装配可能存在误差，因而，在机床使用初期会产生较大的磨合磨损，使设备相对运动部件之间产生较大的间隙,导致故障的发生。

(2) 电气部分。数控机床的控制系统使用了大量的电子元器件,这些元器件虽然在制造厂经过了相当长时间的老化试验和其他方式的筛选,但实际运行时,由于电路的发热、交变负荷、浪涌电流及反电势的冲击,性能较差的某些元器件经不住考验,因电流冲击或电压击穿而失效,或特性曲线发生变化,从而导致整个系统不能正常工作。

(3) 液压部分。由于出厂后运输及安装阶段时间较长,使得液压系统中某些部位长时间无油,汽缸中润滑油干涸,而油雾润滑又不可能立即起作用,造成油缸或汽缸可能产生锈蚀。此外,新安装的空气管道若清洗不干净,一些杂物和水分也可能进入系统,造成液压气动部分的初期故障。

2. 偶发故障期

数控机床在经历了初期的各种老化、磨合和调整后,开始进入相对稳定的正常运行期。在这个阶段,故障率低而且相对稳定,近似常数。偶发故障是由于偶然因素引起的。

3. 耗损故障期

耗损故障期出现在数控机床使用的后期,其特点是故障率随着运行时间的增加而升高。出现这种现象的基本原因是由于数控机床的零部件及电子元器件经过长时间的运行,由于疲劳、磨损、老化等原因,寿命已接近衰竭,从而处于频发故障状态。

三、数控机床故障诊断的一般步骤

无论是处于哪一个故障期,数控机床故障诊断的一般步骤都是相同的。当数控机床发生故障时,除非出现危及数控机床或人身安全的紧急情况,一般不要关断电源,要尽可能地保持机床原来的状态不变,并对出现的一些信号和现象作好记录,这主要包括:

(1) 故障现象的详细记录;

(2) 故障发生的操作方式及内容;

(3) 报警号及故障指示灯的显示内容;

(4) 故障发生时机床各部分的状态与位置;

(5) 有无其他偶然因素,如突然停电、外线电压波动较大、打雷、某部位进水等。

数控机床一旦发生故障,首先要沉着冷静,根据故障情况进行全面的分析,确定查找故障源的方法和手段,然后有计划、有目的地一步步仔细检查,切不可急于动手,凭着看到的部分现象和主观臆断乱查一通。这样做具有很大的盲目性,即使查出故障也是碰巧,很可能越查越乱,走很多弯路,甚至造成严重的后果。

故障诊断一般按下列步骤进行:

(1) 详细了解故障情况。例如,当数控机床发生颤振、振动或超调现象时,要弄清楚是发生在全部轴还是某一轴,如果是某一轴,是全程还是某一位置;是一运动就发生还是仅在快速、进给状态某速度、加速或减速的某个状态下发生。为了进一步了解故障情况,要对数控机床进行初步检查,并着重检查荧光屏上的显示内容、控制柜中的故障指示灯、状态指示灯或作报警用的数码管。当故障情况允许时,最好开机试验,详细观察故障情况。

(2) 根据故障情况进行分析,缩小范围,确定故障源查找的方向和手段。对故障现象进行全面了解后,下一步可根据故障现象分析故障可能存在的位置,即哪一部分出现故障可能导致如此现象。有些故障与其他部分联系较少,容易确定查找的方向,而有些故障原因很多,难以用简单的方法确定出故障源查找方向，这就要仔细查阅有关的数控机床资料，弄清与故障有关的各种因素，确定若干个查找方向，并逐一进行查找。

(3) 由表及里进行故障源查找。故障查找一般是从易到难，从外围到内部逐步进行。所谓难易，包括技术上的复杂程度和拆卸装配方面的难易程度。技术上的复杂程度是指判断其是否有故障存在的难易程度。在故障诊断的过程中，首先应该检查可直接接近或经过简单的拆卸即可进行检查的那些部位，然后检查须要进行大量的拆卸工作之后才能接近和进行检查的那些部位。

§6-2 数控机床故障诊断的一般方法

数控机床是涉及多个应用学科的十分复杂的系统，加之数控系统和机床本身的种类繁多，功能各异，不可能找出一种适合各种数控机床、各类故障的通用诊断方法。这里仅对一些常用的一般性方法作以介绍，这些方法互相联系，在实际的故障诊断中，对这些方法要综合运用。

一、根据报警号进行故障诊断

计算机数控系统大都具有很强的自诊断功能。当机床发生故障时，可对整个机床包括数控系统自身进行全面的检查和诊断，并将诊断到的故障或错误以报警号或错误代码的形式显示在 CRT 上。

报警号(错误代码)一般包括下列几方面的故障(或错误)信息：

(1) 程序编制错误或操作错误；

(2) 存储器工作不正常；

(3) 伺服系统故障；

(4) 可编程控制器故障；

(5) 连接故障；

(6) 温度、压力、液位等不正常；

(7) 行程开关(或接近开关)状态不正确。

利用报警号进行故障诊断是数控机床故障诊断的主要方法之一。如果机床发生了故障，且有报警号显示于 CRT 上，首先就要根据报警号的内容进行相应的分析与诊断。当然，报警号多数情况下并不能直接指出故障源之所在，而是指出了一种现象，维修人员就可以根据所指出的现象进行分析，缩小检查的范围，有目的地进行某个方面的检查。

二、根据控制系统 LED 灯或数码管的指示进行故障诊断

控制系统的 LED(发光二极管)或数码管指示是另一种自诊断指示方法。如果和故障报警号同时报警，综合二者的报警内容，可更加明确地指示出故障的位置。在 CRT 上的报警号未出现或 CRT 不亮时，LED 或数码管指示就是唯一的报警内容了。

例如，FANUC10，11 系统的主电路板上有一个七段 LED 数码管，在电源接通后，系统首先进行自检，这时数码管的显示不断改变，最后显示“1”而停止，说明系统正常。如果停止于其他数字或符号上，则说明系统有故障，且每一个符号表示相应的故障内容，维修人员就可根据显示的内容进行相应的检查和处理。

又如，在 SINUMERIK 3 系统的 03840 电路板（接口板）上，有两个监控灯。对于 3T/M 系统，左边的灯用于监控，右边的灯无用（常亮）。对 3TT 系统，左边的灯用于 NC1 的监控，右边的灯用于 NC2 的监控。

电源接通后监控灯闪亮表示如下故障：

(1) 监控灯以 1 Hz 频率闪动时，表示 EPROM 有故障；

(2) 监控灯以 2 Hz 频率闪动时，表示 PC 控制器有故障；

(3) 监控灯以 4 Hz 频率闪动时，表示 RAM 刷新用电池报警。

电源接通后监控灯常亮，则可能是下列故障之一：

(1) CPU 有故障；

(2) EPROM 有故障；

(3) 机床参数有错误；

(4) 总线系统有故障；

(5) 电路板上有错误的设定码（地址、时间等）；

(6) 电路板上有硬件故障（测量板、存储板、耦合板等）。

DIALOG 4 系统也大量使用 LED 作为状态指示及报警号，在 NC 部分，由 LED 指示灯可以判断各板的工作情况是否正常，在 PC 部分，LED 除作故障指示外，还表示 PC 的输入输出状态。

三、根据 PC 状态或梯形图进行故障诊断

现在的数控机床上几乎毫无例外地使用了 PC 控制器，只不过有的与 NC 系统合并起来，统称为 NC 部分。但在大多数数控机床上，二者还是相互独立的，二者通过接口相联系。无论其形式如何，PC 控制器的作用却是相同的，主要进行开关量的管理与控制。控制对象一般是换刀系统，工作台板转换系统，液压、润滑、冷却系统等。这些系统具有大量的开关量测量反馈元件，发生故障的概率较大。特别是在偶发故障期，NC 部分及各电路板的故障较少，上述各部分发生的故障可能会成为主要的诊断维修目标。因此，对这部分内容要熟悉。首先要熟悉各测量反馈元件的位置、作用及发生故障时的现象与后果。对 PC 控制器本身也要有所了解，特别是梯形图或逻辑图要尽量弄明白。这样，一旦发生故障，可帮助你从更深的层次认识故障的实质。

PC 控制器输入输出状态的确定方法是每一个维修人员所必须掌握的。因为当进行故障诊断时经常须要确定一个传感元件是什么状态以及 PC 的某个输出为什么状态。用传统的方法进行测量非常麻烦，甚至难以做到。一般数控机床都能够从 CRT 上或 LED 指示灯上非常方便地确定其输入输出状态。

例如，DIALOG 4 系统是用 PC 控制器的输入输出板上的 LED 指示灯表示其输入输出状态的。灯亮为 1，灯熄为 0，可十分方便地确定出 PC 控制器的输入输出状态。

又如，SINUMERIK 3 系统是在 CRT 上显示 PC 状态。按 [PC]、[0] 键，即可调出 PC 状态。

四、根据机床参数进行故障诊断

机床参数也称为机床常数，是通用的数控系统与具体的机床相匹配时所确定的一组数据，它实际上是 NC 程序中未定的数据或可选择的方式。机床参数通常存于 RAM 中，由厂家根据

所配机床的具体情况进行设定，部分参数还要通过调试来确定。机床参数大都随机床以参数表或参数纸带的形式提供给用户。

由于某种原因，如误操作、参数纸带不良等，存于 RAM 中的机床参数可能发生改变甚至丢失而引起机床故障。在维修过程中，有时也要利用某些机床参数对机床进行调整，还有的参数须要根据机床的运行情况及状态进行必要的修正。因此，维修人员对机床参数应尽可能地熟悉，理解其含义，只有在理解的基础上才能很好地利用它，才能正确地进行修正而不致产生错误。

机床参数的内容广泛。如 FANUC10,11,12 系统的机床参数按功能分就有 26 大类：

(1) 与设定有关的参数；
(2) 定时器；
(3) 与轴控制有关的参数；
(4) 与坐标系有关的参数；
(5) 与进给速度有关的参数；
(6) 与加速/减速控制有关的参数；
(7) 与伺服有关的参数；
(8) 与 DI/DO(数据输入/输出)有关的参数；
(9) 与 CRT/MDI 及编辑有关的参数；
(10) 与程序有关的参数；
(11) 与 I/O 接口有关的参数；
(12) 与行程极限有关的参数；
(13) 与螺距误差补偿有关的参数；
(14) 与倾斜角补偿有关的参数；
(15) 与平直度补偿有关的参数；
(16) 与主轴控制有关的参数；
(17) 与刀具偏移有关的参数；
(18) 与固定循环有关的参数；
(19) 与缩放及坐标旋转有关的参数；
(20) 与自动拐角倍率有关的参数；
(21) 与单方向定位有关的参数；
(22) 与用户宏程序有关的参数；
(23) 与跳步信号输入功能有关的参数；
(24) 与刀具自动偏移及刀具长度自动测量有关的参数；
(25) 与刀具寿命管理有关的参数；
(26) 与维修有关的参数。

五、用诊断程序进行故障诊断

绝大部分数控系统都有诊断程序。所谓诊断程序就是对数控机床各部分包括数控系统本身进行状态或故障检测的软件，当数控机床发生故障时，可利用该程序诊断出故障源所在范围或具体位置。

诊断程序一般分为三套，即启动诊断、在线诊断或称后台诊断和离线诊断。启动诊断指从每次通电开始至进入正常的运行准备状态止，CNC 内部诊断程序自动执行的诊断，一般情况下数秒之内即告完成，其目的是确认系统的主要硬件可否正常工作。主要检查的硬件包括：CPU、存储器、I/O 单元等印刷板或模块；CRT/MDI 单元、阅读机、软盘单元等装置或外设。若被检测内容正常，则 CRT 显示表明系统已进入正常运行的基本画面（一般是位置显示画面）。否则，将显示报警信息。在线诊断是指在系统通过启动诊断进入运行状态后由内部诊断程序对 CNC 及与之相连接的外设、各伺服单元和伺服电机等进行的自动检测和诊断。只要系统不断电，在线诊断也就不会停止，在线诊断的诊断范围大，显示信息的内容也很多。一台带有刀库和台板转换的加工中心报警内容有五六百条。本节前边所介绍的报警号及 LED 指示灯就是启动诊断和在线诊断的内容显示，离线诊断是利用专用的检测诊断程序进行的旨在最终查明故障原因，精确确定故障部位的高层次诊断，离线诊断的程序存储及使用方法一般不相同。如美国 A－B 公司的 8200 系统在作离线诊断检查时才把专用的诊断程序读入 CNC 中作运行检查。而 Cincinnati Acramatic 850 和 950 则将这些诊断程序与 CNC 控制程序一同存入 CNC 中，维修人员可以随时用键盘调用这些程序并使之运行，在 CRT 上观察诊断结果。

例如，西德 MAHO 公司的 CNC 432 数控系统离线诊断专用程序内容包括：

(1) VIDEO MOD/CRT	用来诊断显示单元的工作状态；
(2) CONTROL PANEL	用来检查控制面板上各个键及旋钮功能是否正常；
(3) PROC MOD INT	用来检查 CPU 插件内部各电路的功能；
(4) PROC MOD V24	用来检查 CPU 插件的 V24 接口电路之功能；
(5) PROC MOD RAM	用来检查 CPU 插件中 RAM 的功能是否正常；
(6) MEMORY MOD	用来检查存储器插件（包括 RAM 和 EPROM）功能是否正常；
(7) DRIVE MOD1	用来检查 X，Y 轴伺服电机的插件之功能；
(8) DRIVE MOD2	用来检查 Z，B 轴伺服电机的插件之功能；
(9) DRIVE MOD3	用来检查主轴伺服电机的插件之功能；
(10) I/O MOD1	用来检查输入输出插件功能；
(11) I/O MOD2	用来检查附加输入输出插件；
(12) SERVICE ONLY1	只能由受过专门训练的维修专家进行调用。

诊断程度(12)又包含如下诊断检测项目：① FLAT PANEL；② CPU MODULE；③ CRT DISPLAY；④ 空；⑤ CRT/VDU CARD；⑥ 空；⑦ INTER CONTR；⑧ RAM CPU；⑨ INT TIMER；⑩ RAM MODULE；⑪ 空；⑫ DIG OUTPUTS；⑬ 空；⑭ SERVO DRIVES；⑮ 空；⑯ AUTOM IO；⑰ IO STATUS；⑱ SET/RESET IO；⑲ V24；⑳ FLAT PANEL；㉑ 空；㉒ DRIVE MOD1；㉓ DRIVE MOD2；㉔ DRIVE MOD3。

在上述的 12 个诊断程序当中，厂方规定：程序(1)～(4)可由操作人员进行调用和执行；程序(5)～(11)必须由专业维修人员来调用；而程序(12)只能由受过专门训练的维修专家调用和执行；否则，可能给机床和系统造成严重故障。

上述诊断程序的调用和执行并不复杂，首先接通控制系统电源，并按下 MANUAL 键，再将控制柜内的一个转换开关由“0”打到“1”的位置，即将整个控制系统从工作状态变为诊断状态。按下 MENU 键，控制系统主菜单即出现在 CRT 上。将光标移到 DIAGNOSTIC 项上，按下 ENTER 键，CRT 上即出现 12 个诊断程序的名称，以供选择。用光标确定要进行诊断的项目，按规定的方法进行诊断运行即可，这里不作详细介绍。

离线诊断是数控机床故障诊断的一个非常重要的手段，它能够较准确地诊断出故障源的具体位置，而许多故障靠传统的方法是不易进行诊断的。需要注意的是，有些厂商不向用户提供离线诊断程序，有些则作为选择订货内容。在机床的考察、订货时要注意到这一点。

随着科学技术的发展及 CNC 技术的成熟与完善，更高层次的诊断技术已经出现。其中最引人注目的是“自修复”、“专家诊断系统”和通信诊断系统，这些新技术的发展与应用，无疑会给数控维修特别是故障诊断提供更有效的方法与手段。

六、其他诊断方法

1. 经验法

虽然数控系统都有一定的自诊断能力，但仅靠这些有时还是不能全部解决问题。自诊断所提供的信息往往并不能确切地指出故障源的具体位置，仅指出一个范围甚至有些故障自诊断无法进行判别。部分数控系统自诊断能力较差，能够进行诊断的范围有限。这就要求维修人员根据自己的知识和经验，对故障进行更深入更具体的诊断。

在对数控系统和机床组成有了充分的了解之后，根据故障现象大都可以判断出故障诊断的方向。一般说来，驱动系统故障首先检查反馈系统、伺服电机本身、伺服驱动板及指令电压，如测速反馈环、位置反馈环、指令增益、检测倍率和漂移补偿等。自动换刀不能执行则应首先检查换刀基准点的到位情况，液压气压是否正常，有关限位开关的动作是否正常等。

知识和经验要靠平时的学习与维修实践的总结和积累，并无捷径可走，而这些又是数控机床维修所必不可少的。因此，作为维修人员在平时就要抓紧业务技术学习，提高知识和实践水平。特别是要充分熟悉机床资料，不放过任何有价值的内容。故障排除之后，要总结经验，尽量将故障原因和处理方法分析清楚，并作好记录，这样，维修水平就会很快得到提高。

2. 换板法

当经过努力仍不能确定故障源在哪块线路板时，采用换板法是行之有效的。具体说来，就是将怀疑目标用备件板进行更换，或用机床上相同的板进行互换。然后启动机床，观察故障现象是否消失或转移，以确定故障的具体位置。如果故障现象仍然存在，说明故障与所更换的电路板无关，而在其他部位；如果故障消失或转移，则说明更换之板正是故障板。

换板之前要认定：

(1) 故障在该板的可能性最大，用其他方法又难以确定其好坏，做到有的放矢，而不能盲目换板。

(2) 该板的输入输出是正常的，至少要确认电源正常，负载不短路，若将旧板拔下，不经检查和判断就轻易地换上新板，有可能造成新板的损坏。

换板时还要注意：

(1) 若非对系统十分了解，有相当的把握，一般不要轻易更换 CPU 板及存储器板，这样有可能造成程序和机床参数的丢失，造成故障的扩大。

(2) 若是 EPROM 板或板上有 EPROM 芯片，请注意存储器芯片上贴的软件版本标签是否与原板完全一致。若不一致，则不能更换。

(3) 有些板是通用的，要根据机床的具体情况及使用位置进行设定。因此要注意板上拨动开关的位置是否与原板一致，短路线的设置是否与原板相同。

总之，换板法一般是行之有效的，是一种常用的故障诊断方法。但要小心谨慎地进行，否则，可能达不到预期的目的，而使故障诊断复杂化，也可能损坏备件板或引起严重的后果。

§6-3　人工智能与数控机床故障诊断

一、专家系统基本原理

一般认为，专家系统是一个或一组能在某些特定领域内，应用大量的专家知识和推理方法求解复杂问题的一种人工智能计算机程序。一般专家系统如图6-2所示。它主要包括两大部分，即知识库和推理机。其中知识库中存放着求解问题所需的知识，推理机负责使用知识库中的知识去解决实际问题。知识库的建造需要知识工程师和领域专家相互合作把领域专家头脑中的知识整理出来，并用系统的知识方法存放在知识库中。当解决问题时，用户为系统提供一些已知数据，并可从系统处获得专家水平的结论。

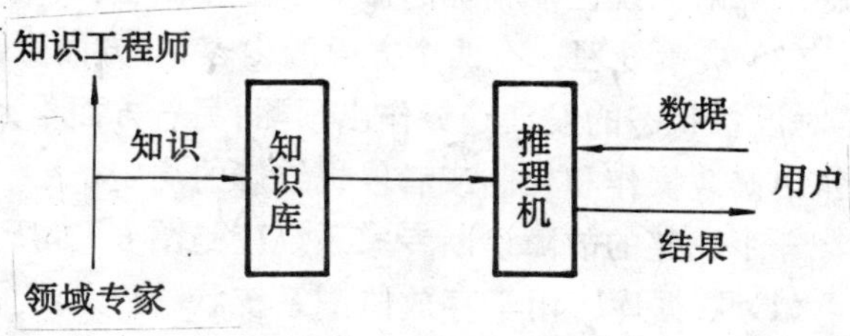

图6-2　专家系统的基本结构

由此可见，专家系统具有相当数量的权威性知识，能够采取一定的策略，运用专家知识进行推理，解决人们在通常条件下难以解决的问题。它克服了专家缺少，其知识昂贵，难于永久保存以及专家在解决问题时易受心理、环境等因素影响而使临场发挥不好等缺点。因此，专家系统自从问世以来，发展非常迅速，目前专家系统已经成为人工智能应用最活跃和最成功的领域。经过20多年的努力，其应用范畴已遍及各个领域，如疾病诊断、探矿、设计、制造、自动控制、生产过程监视，取得了极大的经济效益，并获得了许多新的进展。

尽管如此卓有成效地应用于许多领域，但专家系统仍处于发展之中，面临着许多问题和困难，目前，主要存在几个问题：

(1) 知识获取困难，特别是经验性知识（启发式知识）更难获取。知识获取是专家系统的“瓶颈”，专家在几十年工作成功与失败中，获得了许多宝贵经验。专家凭借这种本领，再加上书本知识，在实践中就可很快地，有时甚至是习惯性地解决一些难题。而要让他们详细地描述解题过程中的思维方法、过程、步骤，并系统地阐述他们为什么要这样做而不那样做，然后再把这些都符号化，这是一件非常困难的事，有时需要很长时间和很高代价。

(2) 对人的形象思维难以模拟。一般情况下，专家系统只能模拟人的逻辑思维过程，而对形象的模拟却无能为力。但是，专家在解决问题时，形象思维往往起很大作用。

(3) 知识领域狭窄。大多数专家系统一般只知道该领域的知识，而对其他领域的知识几乎是一无所知。这就导致了在处理接近领域边缘的问题时，其性能急剧下降，而对其他领域，几乎是“白痴”。其主要原因是软件技术水平的限制。目前的知识表示和处理技术还不完善，每种知识表示方法只适用于某些领域，缺乏一种通用的知识表示方法与处理技术。

二、数控机床故障诊断专家系统

从数控机床故障诊断的内容看，故障诊断专家系统具体可以用于以下三个方面：

(1) 故障监测。当系统的主要功能指标偏离了期望的目标范围时，就认为系统发生了故障。该阶段的目的在于监测系统主要功能指标(如果功能指标不便直接测量，可代之以其他具有同等效果的征兆)，当主要功能发生异常时检测出来，并按其程度分别给出早期警报、紧急警报，乃至强迫系统停机等处置。

(2) 故障分析。又叫故障分离或状态分析。根据检测到的信息和其他补充测试的辅助信息寻找出故障源。对于不同的要求，故障源可以是零件、部件，甚至是子系统。然后，根据这些信息就故障对系统性能指标的影响程度作出估计，综合给出故障等级。

(3) 决策处理。有两个方面的内容，一方面当系统出现与故障有关的征兆时，通过综合分析，对设备状态的发展趋势作出预测；另一方面当系统出现故障时，根据故障等级的评价，对系统作出修改操作和控制或者停机维修的决定。

一个完整的故障诊断专家系统应是图 6－3 所示的结构。该图中各功能模块的作用如下：

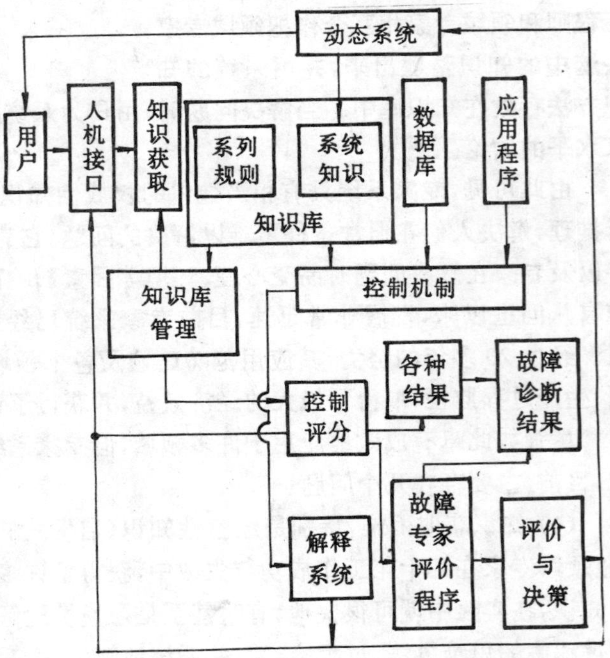

图 6－3　故障诊断专家系统的基本结构

(1) 数据库。用于存放监测系统状态的、便于测量的也是必要的测量数据；用于实时监测系统工作正常与否。对于离线分析，数据库可根据推理需要，人为输入。

(2) 知识库。可以定义为便于使用和管理的形式组织起来的用于问题求解的知识的集合。通常知识库具有两方面的知识内容：一方面是针对具体的系统而言，包括系统的结构，系统经常出现故障现象，每个故障现象都是由哪些原因引起的，各种原因引起该故障现象可能性大小的经验数据，判断每一故障是否发生的一些充分及必要条件等；另一方面是针对系统中一般的设备仪器故障诊断的专家经验，内容与前面相仿。基于这两方面内容，知识库还包含有系统规则，这些规则大多是关于具体系统或通用设备有关因果关系的逻辑法则。所以真实反映对象系统的知识库的建立是专家系统进行快速有效的故障诊断的前提。知识库是专家系统的核心内容，知识库内容，如故障现象对应关系规则的建立，有些在理论上是严格的，有些则取决于该领域专家的经验。

(3) 知识库的管理。建立和维护知识库，并能根据运行的中间结果及知识获取程序结果及时修改和增删知识库，对知识库进行一致性检验。

(4) 人机接口系统。可将系统运行过程中系统出现故障后观察到的现象或系统进行调整或变化后的信息输入到知识库获取模块，或将新的经验输入，以实时调整知识库。还可通过人机接口启动解释系统工作。

(5) 推理机制。在数据库和知识库的基础上，综合运用各种规则，进行一系列推理来尽快寻找故障源。

(6) 解释系统。可以解释各种诊断结果的推理实现过程，并能解释索取各种信息的必要性等。解释系统是专家系统区别于系统方法的显著特征，它能把程序设计者的思想及专家的推理思想显示给用户。

(7) 控制部分。使用各部分功能块协调工作，在时序上进行安排和控制。

对于在线实时诊断系统，数据库的内容是实时检测到的目前系统的工作数据。对于离线诊断，则数据库的内容可以是保存的故障发生时检测到的数据，也可以是人为检测的一些特征数据。人机接口系统可为知识库提供系统实时运行时，或发生故障时观察到的一些事实现象。专家系统诊断程序在知识库和数据库的基础上，通过推理机制，综合利用各种规则，必要时还可调用各种应用程序，并在运行时向用户索取必要的信息，可尽快地直接找到最后故障，或最有可能的故障，再由人确定最后故障。

三、人工神经元网络及其在数控机床故障诊断中的应用

1. *人工神经元网络原理*

人工神经元网络或简称神经网络，是人们在对人脑思维研究的基础上，用数学方法将其简化、抽象并模拟，能反映人脑基本功能特性的一种并行分布处理连接网络模型。神经元网络处理信息的思想方法同传统的冯·诺曼计算机所用的思维方法是完全不同的。它的存储方式不同。一个信息不是放在一个地方，而是分布在不同的位置。网络的某一地方也不只存储一个信息，它的信息是分布存储的。这种存储方式决定了神经元网络进行信息处理的方法不同于冯·诺曼计算机完全根据逻辑规则运算的处理方法。神经元网络中的每一个神经元都是一个信息处理单元，它可根据接收到的信息独立运算，然后把结果传输出去，这是一个并行处理。神经元作运算的规则通常是根据物理学、神经生物学、心理学的定理或规则。

神经元网络的这种信息存储和处理方式还有这样的优点，即网络能通过不完整的或模糊的信息，便能够联想起一个完整、清晰的图像来。这样，即使网络某一部分受到破坏，仍能恢复原来信息。也就是说网络具有联想记忆功能。

神经元之间的连接强度通常称为权，这种权可以事先定出，也可以不断地改变。它可以为适应周围环境而不断变化，这种过程称为神经元的学习过程。这种学习可以是有教师的学习，也可以是无教师的学习。神经元网络的这种自学习方法与传统的以符号处理为基础的人工智能的、要求人告诉机器每步行动的方法是完全不同的。

设计一个人工神经元网络，只要给出神经元网络的拓补结构，即神经元之间的连接方式及网络的神经元个数，神经元的权值可以给定或者给出学习规则由神经元网络自已确定，再给出神经元的运算规则。这样便建成一个神经网络，它可以用来进行信息处理。

用神经元网络建立专家系统，不须要组织大量的产生式规则，机器可以自组织、自学习。这对用传统的方法建立专家系统最感困难的知识获取问题，是一种新的有效解决途径。

下面对人工神经元网络的结构及其工作原理作一简单介绍。

神经元是人工神经元网络的基本处理单元，它一般是一个多输入/单输出非线性器件。其

结构模型如图 6-4 所示，图中$\{x_1,x_2,\cdots,x_n\}^T$为输入矢量；y为输出；$\{w_1,w_2,\cdots,w_n\}^T$表示输入到输出的连接权值；θ为阈值；s为外部输入。一般输入与输出之间的关系可表示为

$$y=f(\sigma)$$

式中
$$\sigma=\sum_{i=1}^{n}w_ix_i+\theta$$

$f(\sigma)$为一激发函数，它通常取下列三种形式：

(1) 阈值型。即 f 为一阶跃函数，如图 6-5(a)所示。其表达式为

$$f(\sigma)=\begin{cases}1 & (\sigma>0)\\ 0 & (\sigma<0)\end{cases}$$

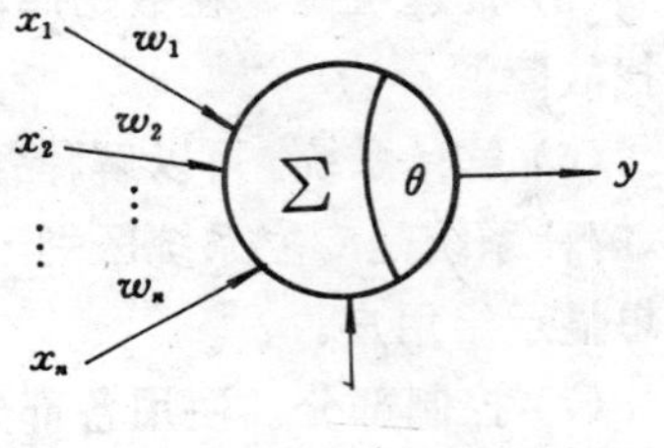

图 6-4　神经元结构模型

这也是最早提出的二值离散型神经元模型。

(2) 分段线性型。如图 6-5(b)所示。

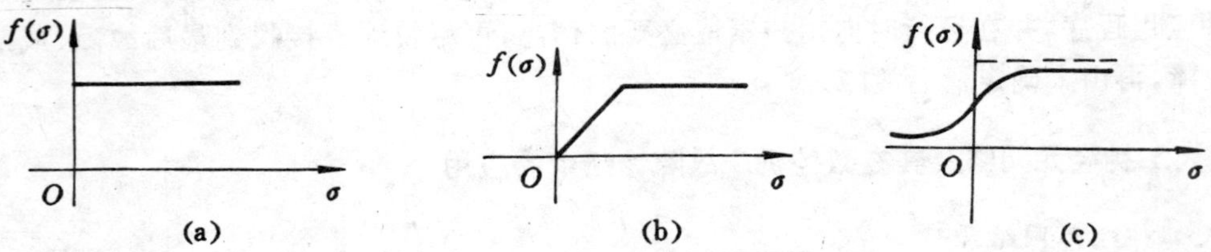

图 6-5　$f(\sigma)$的类型

(3) S 状。这种激发函数一般取连续值，常用对数或正切等 S 状曲线。如最常用的

$$f(\sigma)=\frac{1}{1+e^{-\sigma}}$$

也叫 Sigmoid 函数，这类曲线反映了神经元的饱和特性，如图 6-5(c)所示。

一个神经网络是由多个神经元相互连接而成的，它们的连接有以下 4 种形式(图 6-6)：

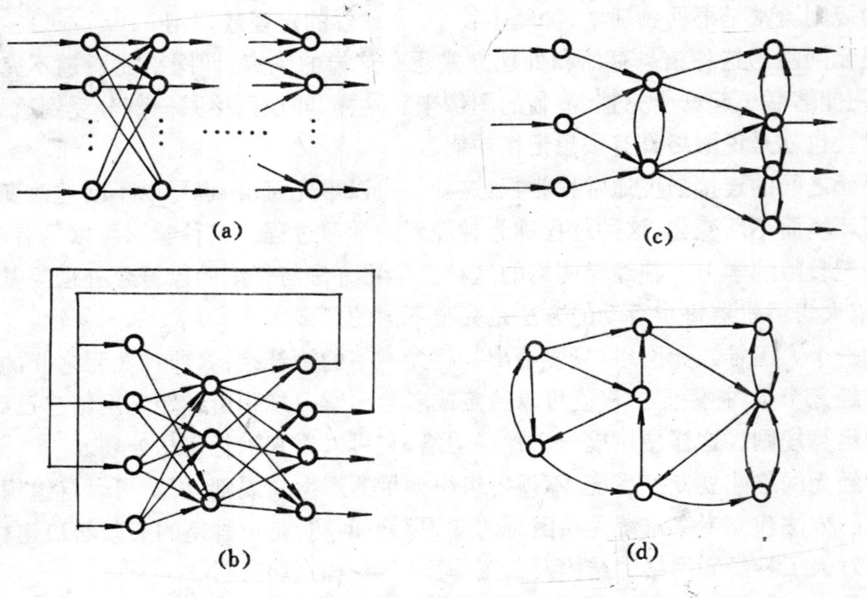

图 6-6　神经网络的连接形式

(1) 不含反馈的前向网络。如图 6-6(a)所示，神经元分层排列，由输入层、隐层(中间层)和输出层组成，每一层的神经元只接受前一层的输入，输入模式经过各层的顺序变换后，得到输出层的输出，其中隐层可以是多层。

(2) 有反馈的前行网络。如图 6-6(b)所示，这种神经网络可以将输出层直接反馈到输入层。

(3) 层内相互结合的前向网络。如图 6-6(c)，同一层内的神经元之间的相互制约，以实现同一层内的横向控制。

(4) 层内相互结合型网络。如图 6-6(d)所示，这种网络是在任意两神经元之间都可以互连。输入信号经过这种网络时，要经过多次往返传递，网络经过若干次变化才能达到某种平衡状态。

神经网络的工作过程是这样的，给 N 组训练样本 $\{X_k, Y_k\}$，其中 $X=\{x_1, x_2, \cdots, x_n\}^T$，$Y=\{y_1, y_2, \cdots, y_m\}^T$，$k=1,2,\cdots,N$，并给初始权值 W，网络按照

$$y_i=f(\sum_{i=1}^{n}\omega_{ij}x_{ij}-\theta_j)$$

从输入经隐层到输出逐层计算，最后计算出网络的输出 $Y=\{y_1, y_2, \cdots, y_m\}$，然后网络再按照一定的算法修正权系数 W，使实际输出 Y 与期望输出 Y 之间的误差满足要求的值。给网络足够的训练样本，经过训练后，神经网络就建立起来了。以后再给网络新的输入，网络就会求出输出结果。我们将网络修正权值 W 的过程叫做网络的学习，学习的目的是使网络的实际输出更接近期望输出。学习的算法也有多种，一般常用的有相关的规则(常用 Hebb 规则)、纠错规则(δ 规则)和无教师学习三种学习规则。

神经网络中，各神经元的结构虽然相同，但是，激发函数 $f(\sigma)$ 的不同，网络互连形式的不同以及学习规则的不同，都导致了神经网络在种类上有很大的差异，至今已有 30 余种神经网络模型。典型的有 Hopfield 模型(HNN)、MP 模型、BP 模型(反向传播算法)、AM 模型(联想记忆)和 ART 模型(自适应共振理论)等。

2. 神经元网络用于数控机床故障诊断

采用神经元网络进行数控机床故障诊断，其原理为：将数控机床的故障症状作为神经元网络的输入，将查得的故障原因作为神经元网络的输出，对神经元网络进行训练。神经元网络经过学习将得到的知识以分布的方式隐式地存储在各个网络上，其每个输出对应一个故障原因。当数控机床出现故障时，将故障现象或数控机床的症状输入到该故障诊断神经元网络中，神经元网络通过并行、分布计算，便可将诊断结果通过神经元网络的输出端输出。由于神经元网络具有联想、容错、记忆、自适应、自学习和处理复杂多模式故障的优点，因而非常适用于像数控机床故障诊断这样的事情，是数控机床故障诊断新的发展途径。

将神经元网络和专家系统结合起来，发挥两者各自的优点，更有助于数控机床的故障诊断工作的开展。

本章小结

本章主要对数控机床的故障诊断步骤、方法进行了介绍。介绍了 7 种常见的数控机床故障诊断的一般方法，包括根据报警号进行故障诊断，根据控制系统 LED 灯或数码管的指示进行

故障诊断、根据 PC 状态或梯形图进行故障诊断，根据机床参数进行故障诊断，利用诊断程序进行故障诊断，换板诊断法和经验诊断法。本章还对采用人工智能技术如专家系统和人工神经网络用于数控机床的故障诊断进行了介绍，介绍了专家系统和人工神经网络的基本原理、组成及在数控机床故障诊断中的应用。

由于数控机床是涉及多个应用学科的十分复杂的系统，加之数控系统和机床本身的种类繁多、功能各异，不可能找出一种适合各种机床和数控系统所有故障类型的具体方法。本章所介绍的方法因此也只是一些一般性的方法。

人工智能技术在许多领域已经得到广泛的应用，在其他设备的故障诊断中也有许多成功的应用，是数控机床故障诊断的一种先进方法和技术，具有广阔的发展前景。

习 题 六

6-1 解释说明数控机床的故障规律曲线为什么会是图 6-1 所示的那样。

6-2 请叙述数控机床故障诊断的一般步骤。

6-3 数控机床故障诊断的一般方法有哪些？

6-4 采用换板法进行数控机床故障诊断时应注意一些什么问题？

6-5 数控机床故障诊断专家系统的基本组成包括哪些部分？叙述各部分的功能。

6-6 叙述人工神经网络的工作原理。

6-7 请说明如何利用人工神经网络进行数控机床的故障诊断。

第七章　柔性制造系统(FMS)

§7-1　FMS的定义与结构

众所周知,高度机械化的自动线具有很高的生产率,但缺乏柔性,不允许加工对象的设计有任何变化。单台数控机床的柔性很大,能适应加工对象结构外形的变化,适于单件和小批量生产,但生产率不如自动线高。显然,在高生产率的自动线和柔性大的数控机床之间存在着空白,包括中批量的各种零件,它们的几何形状复杂,要求生产设备有足够的柔性来加工不同品种的零件,解决这种中批量生产自动化的出路就是将上述自动线的生产率与数控机床的灵活性结合起来,组成一种"柔性制造系统(FMS)"。

FMS最原始的定义是由Kearney & Trecker给出的:FMS是一组数控机床,它们能够随机地加工一组有不同加工顺序及加工循环的零件,实行自动运送材料及计算机控制,以便动态地平衡资源的应用,从而使系统能自动地适应零件生产混合的变化及生产量的变化。我国军用标准中使用的"武器装备柔性制造系统术语"定义为,柔性制造系统是由数控加工设备、物料运储装置和计算机控制系统等组成的自动化制造系统,它包括多个柔性制造单元,能根据制造任务或生产环境的变化迅速进行调整,适用于多品种、中小批量生产。然而,截止目前,FMS的定义尚不统一,因国而异,柔性制造系统的规模差异亦较大。一台机床或几台机床装上最简单的自动上下料装置即可变成柔性制造单元(FMC)。高水平的柔性制造系统则可以将刀具、质量控制以及生产计划等结合起来,使制造者能及时对其产品的多样性作出反应并及时接受修改。但无论是简单的柔性制造单元,还是较复杂的柔性制造系统,都必须包含有三个基本部分:加工系统、物料运储系统和控制系统,区别仅在于各子系统的功能和规模等。

加工系统又称为加工单元或制造单元,它实施对产品零件的加工,如切削加工、焊接、喷漆、装配、清洗等。构成加工系统所需的硬设备可能是焊接机械、喷漆设备、清洗机或数控机床群(如数控车床、数控铣床、数控加工中心机床等)。对于纳入FMS运行的数控机床来说,其要求比普通数控机床更高一层。这体现在以下三点:第一,机床必须具有很高的可靠性,保证在较长时间内可连续无故障运行;第二,机床必须具有供工件和刀具进出的接口,并能在不停机条件下实现刀库换刀;第三,机床要有一定的智能水平,加工过程中可根据情况变化自选对策。

物料运储系统又称物流系统或材料仓库与搬运系统,它是指将零件从一处传送至另一处,送入仓库或下一加工车间的系统,即实现对毛坯、夹具、工件等的出入库和装卸等工作。由它们组成了物质流。它所需要的硬设备主要是仓库和自动上、下料装置,如传送带、机器人、自动小车和随行夹具系统等。FMS的物流系统必须是自动分配系统,运送工具应有一定的智能。如机器人应具备柔性抓取和夹紧能力;自动小车能实时地把工件送往最佳加工站,情况变化时可自动改送其他适宜的加工站;等等。

控制系统实施对整个柔性制造系统的控制与监督。这实际上是由中央控制机与各设备的控制装置组成的分级控制网络,由它们组成了信息流。少至对机床、加工设备、传输系统和中央刀库的管理与控制，多至对整个车间的设备和人事档案、生产计划的调度与控制。值得一提的是，控制系统除了上述控制功能外，还必须实施对机床、刀具和工件的监控，利用专用的传感器和信息网络监控刀具状态，计算和监控刀具寿命，监控工件的实际加工尺寸，等等。

图 7-1 是一种柔性制造系统的结构框图。它主要由两部分组成：一是像数控机床群（即由 MT，ROBOT，PS 组成的制造单元），工具夹具站，无人输送台车以及存储毛坯、半成品或成品的自动化仓库等这些传递物质的设备，我们称之为物质流；二是由工厂主计算机和中央管理计算机、物流控制计算机及其相互之间的信息传输网络所组成的信息流（图中将这种信息的联系用箭头表示）。

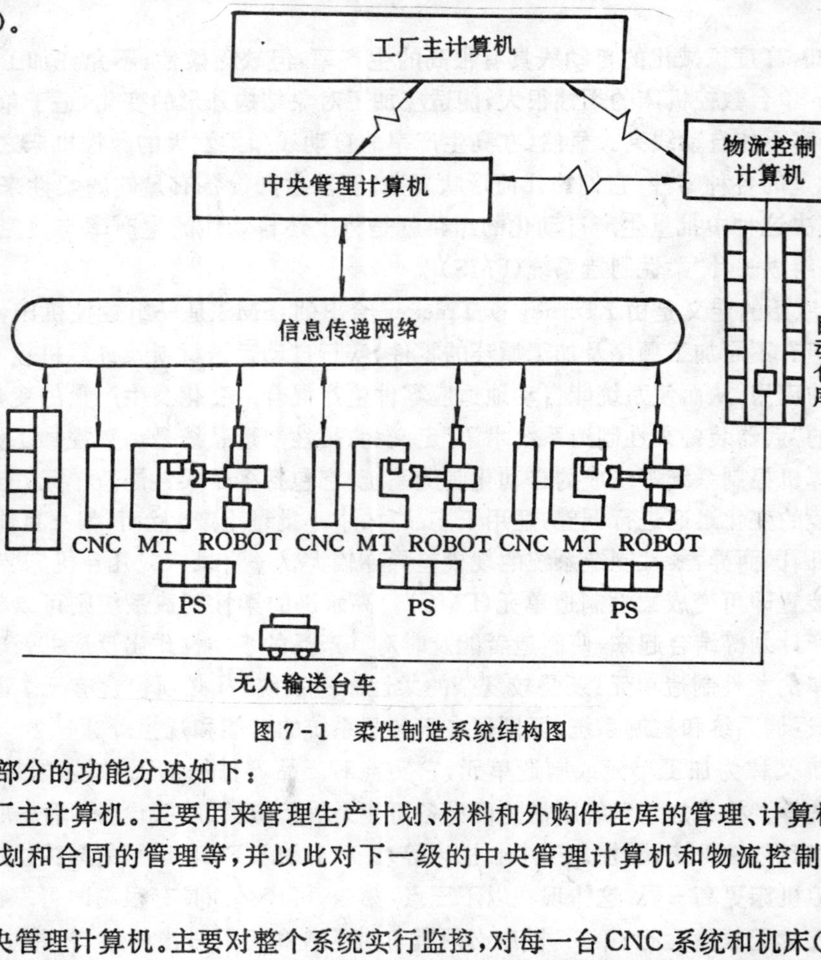

图 7-1　柔性制造系统结构图

现将各部分的功能分述如下：

(1) 工厂主计算机。主要用来管理生产计划、材料和外购件在库的管理、计算机辅助设计、用户订货计划和合同的管理等，并以此对下一级的中央管理计算机和物流控制计算机进行控制。

(2) 中央管理计算机。主要对整个系统实行监控，对每一台 CNC 系统和机床(MT)的加工数据实行控制；对每一台工业机器人(ROBOT)的指令数据实行控制；对工具、夹具和工业机器人实行集中管理和控制等。

(3) 信息传递网络。它通常是一种联络各台 CNC 系统和数控机床与中央管理计算机的电缆或光缆网络。

(4) 物流控制计算机。主要完成对自动化仓库、无人输送台车以及加工条件等的集中管理与控制。

(5) 自动化仓库。它是将加工用的毛坯、零件、半成品或成品进行自动存储和自动调用的仓库，它受物流控制计算机的控制。

(6) 无人输送台车。它是联络各台机床和自动化仓库之间的输送工具，即完成零件的搬运和出入库等工作，它由物流控制计算机统一管理。

(7) 制造单元。由 CNC 系统、机床和工业机器人等组成。它是系统中的核心单元，柔性制造系统对产品零件的加工任务均由它完成。

(8) 工具夹具站和托盘。工具夹具站是工具和夹具的集中管理点。托盘用来存放等待加工的或已经加工好的工件。

据有关方面的统计，美国目前大约有 100 多条全功能柔性制造系统能够运行。其应用行业主要有航空航天、军事、国防、汽车、电子、石油、计算机、食品、生物医学等方面。

应用柔性制造系统，具有明显的技术经济效益。如麦道公司于 1988 年从辛辛那提·米拉克龙公司购买了一套由 5 台 T—30 CNC(五轴联动)加工中心组成的 FMS，以代替原来的单机数控，用于加工大型 C—17 喷气运输机的中型铝合金工件。该系统一年可以加工 700 种不同类型的工件，完全满足了一年生产 1 300 件的需求。归纳起来，FMS 能取得显著效益的主要因素如下：

(1) 主要数控设备利用率高。在零件生产过程中，真正用于机床加工的时间并不太长，主要是零件的装卡和辅助时间较长。采用 FMS 后，可以通过计算机对零件作业进行调度，把每个工件安排到刚好有空的机床上去。加之，零件到达机床时已被夹在托盘上，零件在物料运储系统上的移动和将相应的数控程序传输给机床又是同时进行的，这些都有效地提高了数控设备的利用率。在典型情况下，采用柔性制造系统中的一组机床所获得的生产量是单机作业车间环境下用同等数目机床所获得的生产量的 3 倍。

(2) 机床数量减少。由于 FMS 中的机床利用率高，所以当加工同样数目的零件时，系统内所需的机床数目少于单机情况下的机床数目，通常情况下可减少 2/3 的数量。

(3) 工人数量减少。由于控制、管理、传输都是在计算机监控下进行，操作工人减少。目前，只是在装卡工位和中央计算机房仍需要人员。

(4) 在制品减少。与一般加工车间相比，FMS 的在制品大为减少，有的可减少 80%。这主要是由于工序合并，所需装夹次数和使用机床数量减少，主要加工设备都集中在同一个系统内，计算机软件实现了优化调度等。

(5) 生产具有柔性。当市场需求变化时，在 FMS 总的设计能力内，系统具有制造不同产品的特有柔性，而不需要硬件结构的变化。

(6) 具有自诊断和维持生产的能力。通过赋予 FMS 冗余加工能力，以及当一台或几台机床发生故障时，物流系统能让工件通过旁路绕过有故障的机床等达到故障的自诊断和当出现故障时能继续运行。

(7) 产品质量提高。由于 FMS 比单机数控的自动化水平高，工件的装卡次数和要经过的机床台数减少，夹具的耐久性好，可把注意力更多地放在机床和工件的调整上，有助于工件加工质量的提高。

§7－2 FMS 中的几个重要环节

本节将对柔性制造系统中的加工单元，物料运储系统、控制系统等几个关键部分作一讨论。由于工业机器人在物料运储系统中起着很重要的作用，因此下面将首先对工业机器人的结构与控制进行单独讨论。

一、工业机器人

机器人一词，来源于捷克剧作家卡雷尔·荼佩克的剧本《罗萨姆的万能机器人》。他在1920年首先使用了意思是人造人的“机器人”。工业机器人的概念则是美国的杰罗格·G·德沃尔于1954年申请的专利“Programmed Artical Transfer”中提出的。

目前，所谓工业机器人是指具有类似人体的上肢（臂、手）或下肢动作功能的，可进行多种动作并具有不同程度智能水平的机电一体化设备。

1. 工业机器人的分类

按记忆能力和输入信息可以将工业机器人分为机械手、记忆再生机器人、数字控制机器人和智能机器人。

(1) 机械手。最简单的机械手就是通过人来操作的机械手，称为人控机械手。较复杂的机械手可以执行一定的程序，但它不能简单地改变已设定的信息，只能按照人们预先设定的顺序、条件和位置，逐项执行各阶段的动作。

(2) 记忆再生机器人。这种机器人首先通过人来操作它，对它进行示教，让它记忆作业的顺序、位置及其他信息，然后根据需要，由机器人的控制系统读出已记忆的信息，执行其任务。

(3) 数字控制机器人。将顺序、位置及其他信息变成数字信号的指令，依此指令执行任务的机器人。

(4) 智能机器人。这种机器人根据感觉功能及认识功能来决定行为。

若按动作形态分类，工业机器人可以分为圆筒坐标机器人（以圆筒坐标进行动作，见图7-2(a)）、极坐标机器人（以极坐标的形式进行动作，见图7-2(b)）、直角坐标机器人（见图7-2(c)）和多关节机器人（其动作主要以多关节形式构成，见图7-2(d)）。

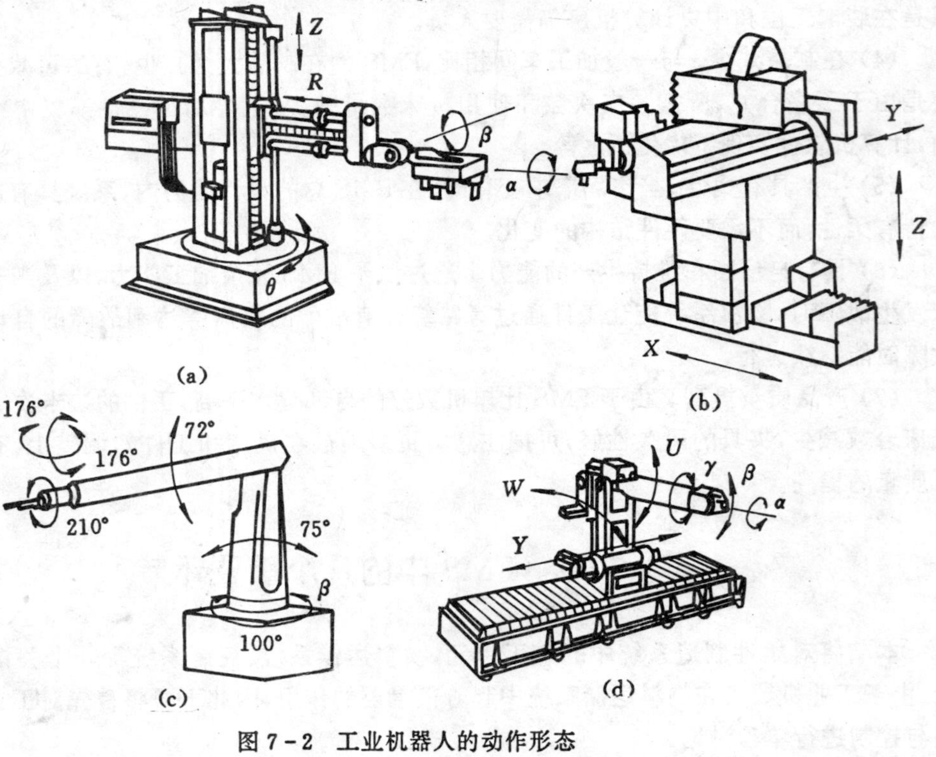

图7-2 工业机器人的动作形态

还可以将工业机器人按其可移动性分为固定式和移动式两类。固定式机器人由于本体是固定的，因此只能进行臂部可活动范围内的输送作业，广泛用于FMC中。移动式机器人即行走式机器人，它可以在地面或厂房上空的轨道上移动，用来方便地实现工件、工夹具等的搬运与装卸。

2. 工业机器人的基本结构

一般说来，工业机器人由机械主体、控制系统、肘节和手4个基本部分所组成，如图7-3所示。机械主体是工业机器人的支撑者，是动作的主要部位，拖动部件和传动部件都安装在机械主体内。其驱动方式有气动、液压、直流伺服电机和交流伺服电机等几种。工业机器人的控制系统接收并存储人的指令，指挥机械主体、各关节(如肩、肘、腕等关节)和手执行所要求的动作，并且同机器人周围共同工作的机器、传送设备和工具交互起作用。机器人的肘节(或其他各关节)是支撑和配合"手"做灵巧动作的环节，它可以作平移、偏摆或回转等运动。机器人的手(或称夹持器)是工业机器人接触工作物的部件，随着工作物的形状不同，手的形式也不一样。因此手的形式是千变万化的，有时，即使形状相似，但由于夹持的直径和质量不一样，也得选用不同的手。手需具有夹紧和松开的功能。

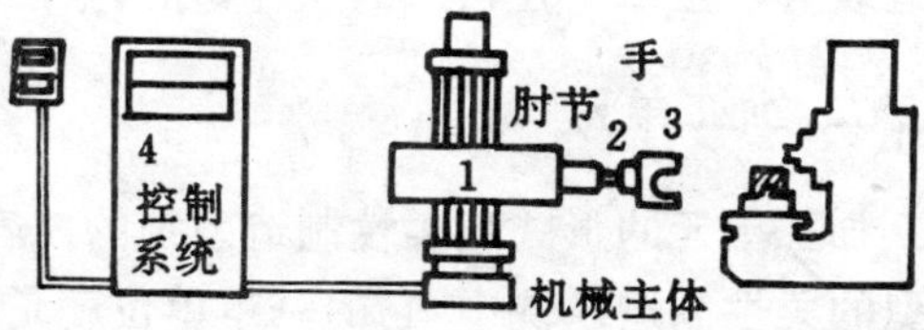

图7-3　工业机器人的基本结构

3. 工业机器人的控制系统

总的说来，机器人的控制系统与机床数控系统的功能有很多共同之处，机器人的位置控制方式亦有点位式和连续路径式之分。对于用作喷漆场合的机器人，则须控制机器人的运动路线；但对于执行搬运零件的机器人来说，主要关心的是执行机构所应达到的位置，此时就可以采用简单的点位控制方式。所以，它的运算方式比较简单，但其控制功能具有它的固有特点。下面介绍工业机器人所特有的几个功能。

(1) 示教操作。工业机器人要模仿人的动作，因此，在其控制系统中一般设定一台专门的示教操纵板作为附件。操作时，用手动指令，通过示教操纵板指挥机器人动作，每次动作的内容自动记忆在控制系统内的"数据存储器"中。再生时，控制系统按照"数据存储器"的内容，指挥机器人重复人们示范的动作。

(2) 堆列功能。对于重复加工的大量工件，机器人要有规律地抓取，也要在有效面积内堆放整齐，例如图7-4所示的三种堆列方式。如果选用此功能，机器人会自动执行直列形、扇形和格子形等堆列功能。

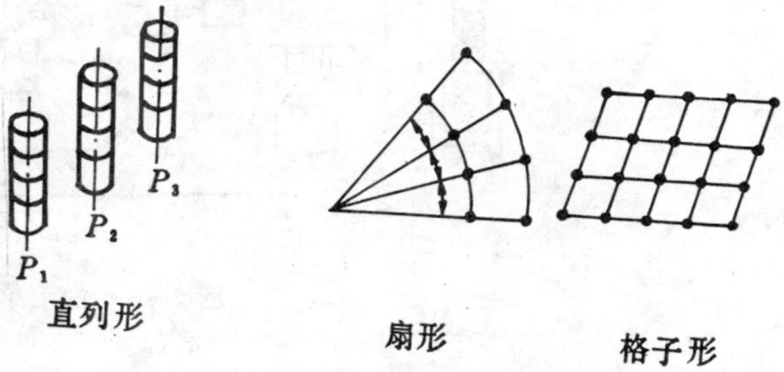

图7-4　几种堆列方式

(3) 手的姿势控制功能。对于机器人的手控制来说，除了其位置要求外，还要控制手的姿势。如让机器人搬运零件，当抓取和堆放零件时，需控制手应到达的位置；而当机器人抓住零件在空间作直线运动时，需要对手保持一定的姿势。如图7-5所示，若采用此功能，则在α轴的位置上，可以调整β值，以保持手的正确姿势。

(4) 远距离操作功能。工业机器人代替人在恶劣的条件下工作时，一定要具备这种功能，操纵板通过电缆线控制机器人。在操纵板上应具备指令数据的选择以及停电处理功能,停电时,要将寄存器中的内容保存,电源再次接通时,自动将数据调出,系统能继续运转。

(5) 安全联锁。工业机器人的"肘节"是一个支撑手做灵巧动作的关键环节,不能做成粗笨的结构,而手又要抓举一定的质量频繁作空间运动,为了防止"肘节"突然破裂时,"手"和工件不致于脱落,造成严重的损坏事件,便在"肘节"附近装有一至二个挂钩式的铁片,称为安全联锁。

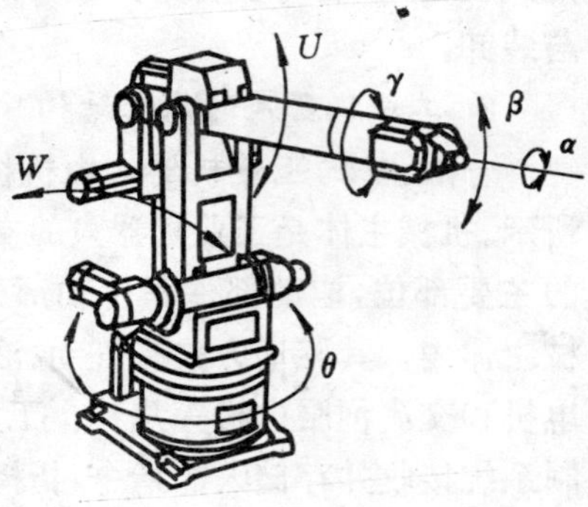

图 7-5

二、加工单元

加工单元的形式随柔性制造系统的内容而变化。在加工型的柔性制造系统中,它的基本单位就是由数控机床、工业机器人和工件台架等组成的"加工单元"。在装配型的系统中,其基本单位则是由工业机器人和其他检验设备组成的"装配单元"。下面以"加工单元"为例,说明它们的结构和功能。

1. 加工单元的结构

图 7-6是一种典型的加工单元示意图,它由下列六部分组成:

(1) 数控机床。这是加工单元的主体,由它实施对产品零件的加工。纳入 FMS 运行的机床,应是可靠的、自动化的、高效率的加工设备。其中,数控加工中心机床是 FMS 中使用较多的一种设备。

(2) 工件台架。它用来存放等待加工的或已经加工的工件。一般也具有自动循环功能。它按照"单元控制器"的指令,将堆列的工件移动到所需的位置,工件的存取则由工业机器人执行。

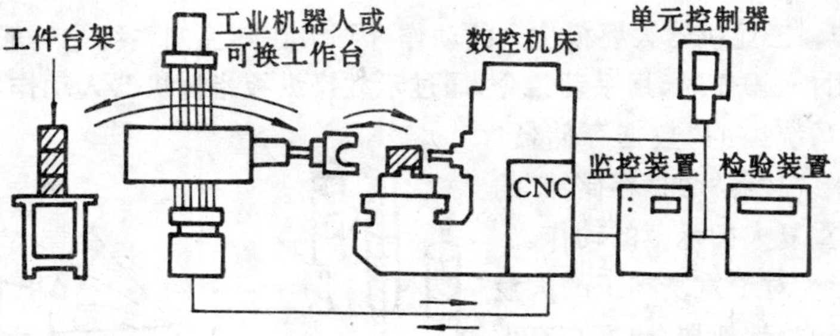

图 7-6 加工单元示意图

(3) 工业机器人或可换工作台。它负责从数控机床和工件台架上装卸工件。

(4) 监控装置。它的功能是对工具的寿命、破损,对主轴的热变形,对加工的适应控制过程等进行监控。

(5) 检验装置。此装置对加工后的工件尺寸进行自动检查,判断是否合格,是否要反馈数据给数控机床等,以修正加工信息。

(6) 单元控制器。它将整个单元的数控机床、工业机器人等自动化设备联系在一起,使"单元"有机地动作,即实现对整个加工单元的控制。

图 7－7 反映了加工单元在系统信息传递中的构成关系。其中，加工监控装置仅是对机床的工具和主轴等工作状况进行监视和控制。检验装置则要根据视觉或触觉传感器对工件检测的数据，与系统的检验信息进行比较，同时控制工业机器人取舍不合格的工件，指挥数控机床作必要的修正。工件识别装置要将加工合格的零件识别出来，由工业机器人放入合格的台架上。单元控制器是整个加工单元的控制中心，它通过 FMS 接口电路、长线传输网络与中央操作管理系统发生联系，受它的总控制，同时它对单元内的数控机床、数控系统、监视装置和工业机器人的控制器等实行综合控制。工业机器人控制器则要根据工件识别装置和单元控制器的指令，确定工业机器人和可换工作台的动作方式。

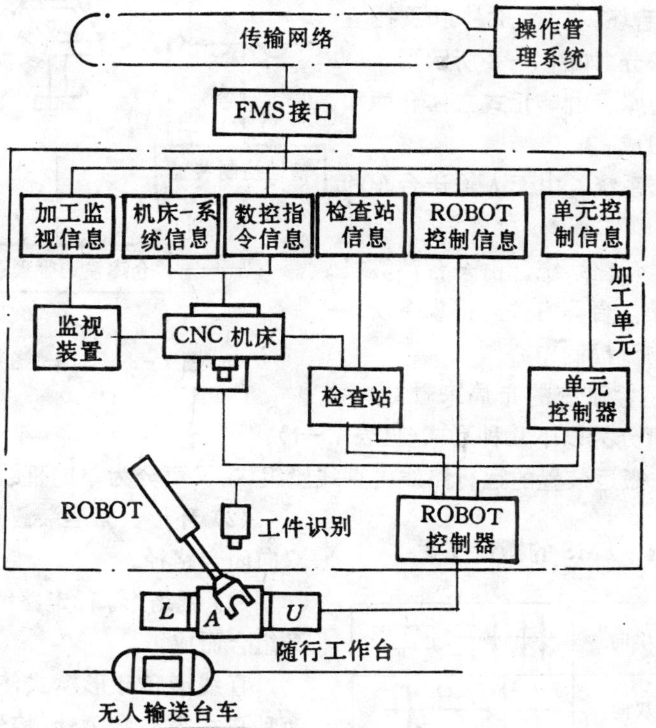

图 7－7 加工单元信息的构成

2. *加工单元的主要功能*

加工单元既应在整个系统中执行自动化的加工过程，本身又自成子系统，能完整地完成大系统中的一个规定功能。加工单元一般应具备下述功能：

(1) 通过传感器能对工件进行自动识别。

(2) 能与工业机器人、工件台架(拖板)等配合，实现工件的自动装卸和计数管理。

(3) 通过自动检验装置，对不合格品能自动淘汰。

(4) 具备各种自动测量、鉴别与补偿装置，如切削状态监控装置、工件质量自动鉴别装置、工件自动测量补偿装置等，以确保其加工精度。如切削状态监控装置能根据切削负荷、切削噪声、加工件的表面粗糙度以及切削振动等情况来判断工具是否破损，是否为最佳切削状态以及工具寿命是否将要到达，等等。当工具损坏或寿命到达时，主轴停止运转，进给停止，系统作报警显示，待更换备用工具后，再重新启动。工件自动测量补偿装置则是利用测量所得的数据与操作者给定的尺寸公差进行运算比较，送出修正值，进而控制外部工件对原点偏移一个数值，以达到自动补偿之目的。

三、物料运储系统

将 FMS 中各个加工单元的物质流（毛坯、工件、夹具等）有机地联系在一起所构成的子系统就是物料运储系统，即仓库与搬运系统。显而易见，它包括了对物料（如毛坯、工件、托盘、工夹具等）的搬运传送和储存，其职责是自动正确地分配毛坯、夹具、工件以及托盘等。其组成有三部分（如图 7-8 所示）：

（1）自动化仓库。由单元式立体仓库和出入库装卸站等组成。

（2）无人输送系统。由无人输送台车和工件台架等组成。

（3）仓库输送管理系统。由一台计算机处理装置和仓库操作台等有关外部设备所组成，有人简称为“物流控制中心”。

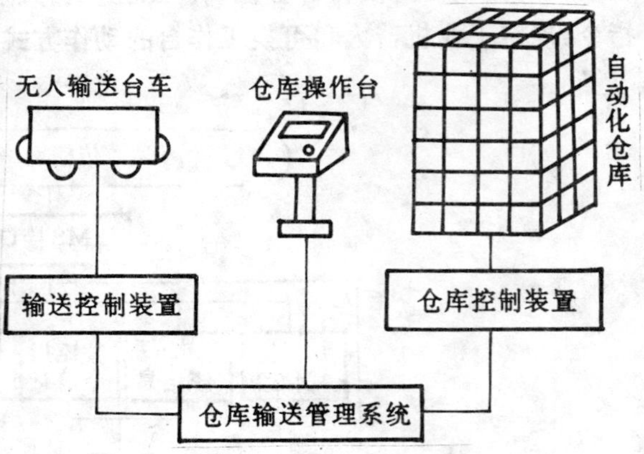

图 7-8　仓库输送系统结构图

从零件自动运输系统的布局来看，搬运装置的工作方式可分为以下几种形式（见表 7-1）：

（1）直线形。搬运装置的运行路线由直线段组成，又可分为单向直线式和双向直线式。

（2）环形。搬运装置的运行路线为单向或双向闭合路径。

（3）网络形。行走路线由直线形、环形等交叉组合而成。

表 7-1　FMS 的搬运模式

直线形	单向	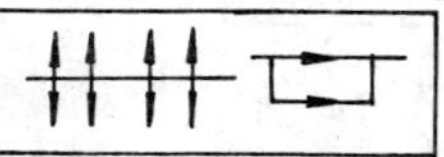
	双向	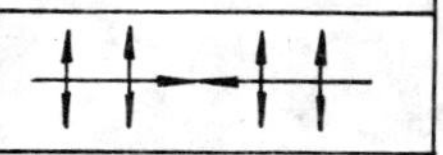
环形	单向	
	双向	
网络形		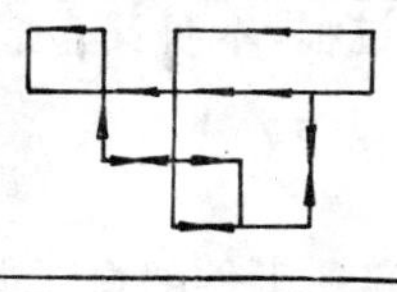

直线形和环形模式使用较多，这是因为这两种形式容易在柔性、控制的复杂性以及费用上取得较好的平衡。如果仅从搬运功能的柔性来看，这两种模式都是不足的。而网络形的柔性最好，它的搬运路径选择比较灵活，适用于较大规模的系统，但这种搬运模式控制复杂，成本高。

FMS 中使用的搬运装置有传送带、有轨小车、堆装起重机、自动引导小车（AGV）及机器人等。

传送带的主要形式有链条式、螺旋式、滚柱式、滚轮式等。有轨小车是由铺设在地面上的两条导轨和在其上行驶的小车组成的搬运装置。其特点是适合于搬运质量大的物品，但搬运路径的变更困难，而且不太适用于曲线较多的路径。堆装起重机（或称堆垛机）是在设置于地面或厂房上部轨道上移动的吊车，被广泛用于立体仓库内的工件或工具的搬运。AGV 是靠埋设在地面下的导线或涂覆在地面上的磁性材料等所发出的信号引导的无人搬运小车。AGV 的最主要优点是柔性高;其次,由于它采用橡胶轮,所以行驶噪音小;此外,它无须铺设导轨,因而地面空间可充分利用。

下面针对图 7-8 所示系统加以介绍。

1. 自动化仓库

自动化仓库包括仓库多层货架、出入库装卸站、堆装起重机、传动齿条和导轨等部分。

根据存放零部件和成品的多少,仓库可以设置若干个多层货架,每两个货架之间称为巷道。巷道两边的货架分别称为左货架与右货架。巷道内安装有导轨和传动齿条,堆装起重机在轨道上行走。

货架上下分"层",沿着堆装起重机的行进方向分"行","行"和"层"之间形成许多货格,每个货格中放一个货箱或上下放两个货箱,每个货格赋以一个"地址",这些"地址"对应于自动仓库用的计算机中的一些"单元",当货格中的货物发生变化时,"单元"中的内容也随之变化。图 7-9 是自动仓库货架和堆装起重机的立体图和平面图。

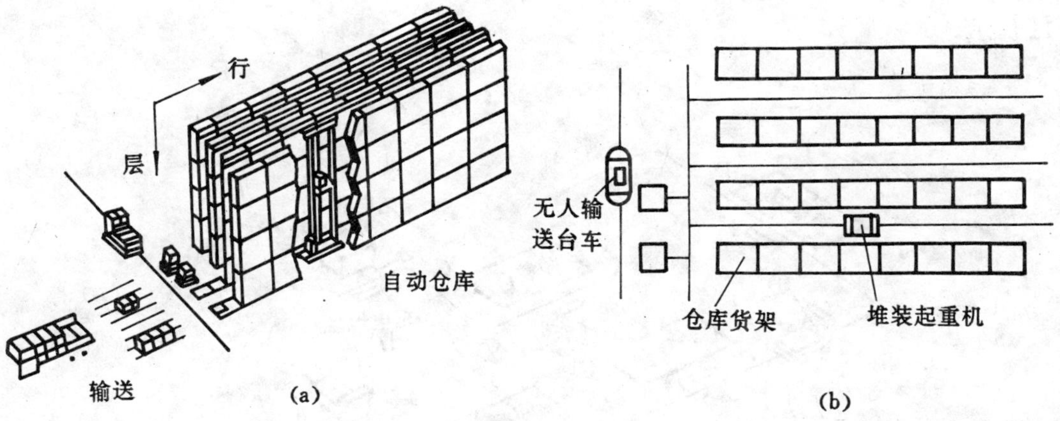

图 7-9 自动化仓库货架示意图
(a) 立体图 (b) 平面图

堆装起重机在巷道内的轨道上运行,它的动作有水平行走、上下升降、堆装货箱等,一般采用自动检查测量和相对寻址的工作方式。当堆装起重机行走时,每经过仓库的一行或一层,都将设定的地址数加 1 或减 1。最后,当设定值和实际值相接近时,控制堆装起重机自动减速;当实际值与设定值完全相符时,发出停车指令,使之停止在准确的位置上。目前的堆装起重机,最大行程可达 2 000 m,水平行走速度可达 60 m/min,升降速度较低,为行走速度的 1/4,堆装货箱的速度在 6～18 m/min 之间任意选定。

堆装起重机的动力供电是靠绝缘电缆传输,这些电缆常采用伸缩的悬挂的拖线方式,因此,要求电缆有足够的机械强度。

在自动仓库的入口有一个出入库装卸站,旁边有一个控制台,利用此控制台,可以手动按钮,调出或调入某一货箱。因此,在计算机控制自动化仓库的同时,可以随时中断,由人工改变执行中的状态。自动化仓库一般具有自动、半自动、手动等三种工作方式。

自动仓库出库入库的工作流程如下：

(1) 从仓库计算机或控制台上选定出入库货格的地址，决定堆装起重机的水平行走、升降的速度和方向；

(2) 启动堆装起重机，自动寻址，到达指定的货格；

(3) 启动货叉，自动伸向货格中货箱的底部，抬起货箱，货叉将货箱取出或放入货格；

(4) 堆装起重机退回出入口，在出入库装卸站上与无人输送台车交换货箱；

(5) 重复上述动作，直至暂无货物调入调出的指令后，堆装起重机停在某一位置上待命。

2. 无人输送系统

无人输送系统由无人输送台车、台车控制装置、随行工作台存放站以及它上一级的管理机和电池充电站等部分组成。图 7－10 是具有两个无人输送台车的系统。图中的①号台车和②号台车由地面电缆传递的感应信息指挥它们动作。它们可以在停止位置 1# 和 4# 准确停下来，装载物品；在停止位置 2# 和 3# 准确停下来，卸下物品。台车控制装置通过电缆发出感应信号，并接收台车发回的感应信号，然后送往它上一级的管理机，它们之间传递的信息有行走指令、装载和卸载指令、联锁信息、动作完毕回答信号以及报警信息等。台车系统信息的传递方向如图 7－11 所示。

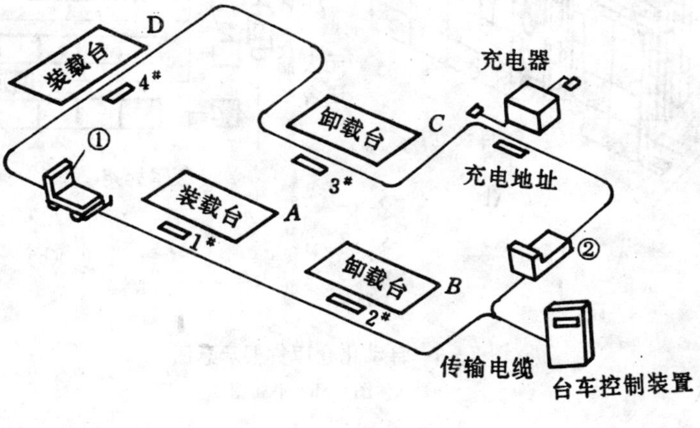

图 7－10　无人输送系统示意图

无人输送系统的特点是可以保存指令状态，完成控制地面上的“物流”输送任务，使工厂地面的辅助设备大幅度减少，配置合理化，可以连续 8 h 运转，8 h 后自动在蓄电池站充电，充电和运转均是无人化；安全可靠，只要触到无人输送台车上的触杆，台车即紧急停车，如在前进方向 1.5 m 以内有障碍物时，台车检测到信息后自动减速；节省人力和设备。例如，由 4 台加工中心机床组成的生产线，24 h 运转中需要 6 名工人进行上下料的工作，如采用无人输送系统后，只需要 1 名工人在白天进行出库和入库的设定工作，夜间完全实现无人化。

(1) 无人输送台车。在柔性制造系统中，最易引人兴趣的是数台无人输送台车，它在自动化仓库和各个制造单元之间频繁而又有条不紊地忙碌奔走，有时将仓库中的毛坯和半成品送到工件台架上，或将这个单元上加工的半成品送至另一个单元；有时则将从工件台架上取得的成品送回自动化仓库。它在整个柔性制造系统中担负着物流传递的任务。

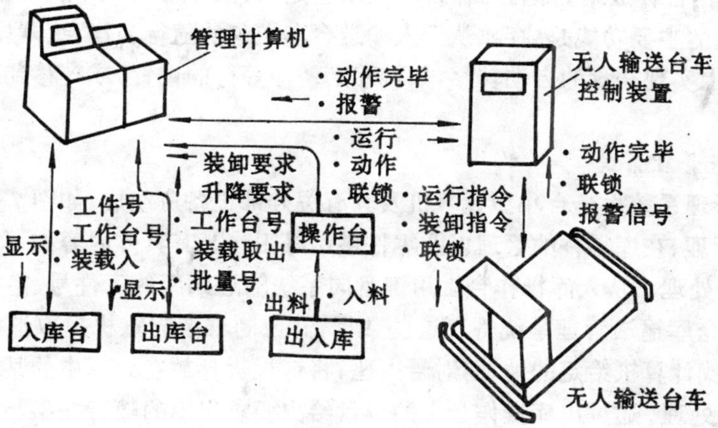

图 7-11　台车系统信息传送框图

用于柔性制造系统的无人输送台车分为他动式和自动式两种。他动式小车即为无驱动源的牵引车，多用于自动仓库和发运中心。它的转弯半径较大。自动式运输小车又可分为有轨式和无轨式两种，不论哪种形式，都具有托盘(随行工作台)交换功能。托盘能左右移动载荷或升降载荷，也可通过车载微型计算机控制装载机器人的动作。小车前后均装有光电传感器，遇到障碍物时控制小车减速，乃至刹车停车。小车还装有缓冲器和保险开关等安全装置，一旦碰到物体便可紧急刹车。

有轨运输小车的驱动部分是直流伺服电机，在轨道附近装有齿条或张紧链轮，小车上装有与齿条相啮合的小齿轮或与链条相啮合的链轮。编码器与小齿轮或链轮轴相连接，以实现位置检测。重复定位精度可达±0.1～0.2 mm，运输速度达 60～120 m/min，载重达 3 000～8 000 kg。其优点是可以连续 24 h 运行，车身也较紧凑。

无轨运输小车的驱动电源是电池，其导引方式有电磁感应式和光电感应式之分。采用电磁感应式的小车，要事先在地下埋设电缆，通以低频电流，在电线周围产生电磁波，为小车上设置的导向传感器测得，操纵转向电机来控制方向。此种小车承载量为 2 500 kg，运输速度为 40 m/min，重复定位精度达±1 mm。

随着技术的发展，无人输送台车的种类越来越多，功能也越来越强。另一方面，柔性制造系统对它的功能要求也随之提高，不仅要求它具有运输、行走等功能，还要求具有安全、运转管理等功能。综合起来，柔性制造系统对无人输送台车的功能要求大致如下：

① 行走功能方面：包括有前进后退功能，软件停止、软件启动功能，自动回转功能，定速行走、减速行走的功能，选择停车功能，分支拐弯、合流到主干道的功能等。

② 运转管理功能方面：要求它能与上一级计算机实行对话；可以利用台车控制装置或车上控制面板实现控制；车辆位置和装载情况能从地面上的监控器上获得信息；能实现多个台车同时运转等。

③ 安全功能方面：需具有减速传感器，在检测到障碍物时可使之减速；具有停止传感器，当碰到障碍物时停止；具有防止两车碰撞的传感器；有各种紧急停车措施；有蓄电池放电过量的报警；有警示回转灯等。

④ 具有自动装卸托盘(随行工作台)的功能等。

(2) 随行工作台存放站。随行工作台存放站也是“物流”中的一个环节,在制造系统中起过渡作用。它完成的主要功能是:存放从无人输送台车送来的随行工作台(即托盘);根据系统的指令,在存放站上实现托盘的自动转移,如转移到缓冲等待的位置,或转移到工作位置,由工业机器人装卸等。

3. 仓库输送管理系统

仓库输送管理系统由一台小型计算机及其有关外部设备所组成,如图 7-12 所示。它实现零件出入库的管理、在库零件的管理以及零件供给等工作。其具体内容如下:

(1) 入库的处理。从入库操作台上用键盘向系统输送入库的工件号、随行托架箱号、入库的数量等,通过仓库输送管理系统寄存这些数据,并控制堆装起重机抓取这批货箱,在自动化仓库中行走,寻找计算机给定的地址,对号入座,将这批货存放在仓库中的某固定位置。

(2) 出库的处理。通过出库操作台上的键盘给出要求出库的随行托架箱号,堆装起重机通过系统给定的出库货号,按控制装置发出的指令在仓库中自动行走,边走边检测,找到相应的货物后,将其送到出库台。

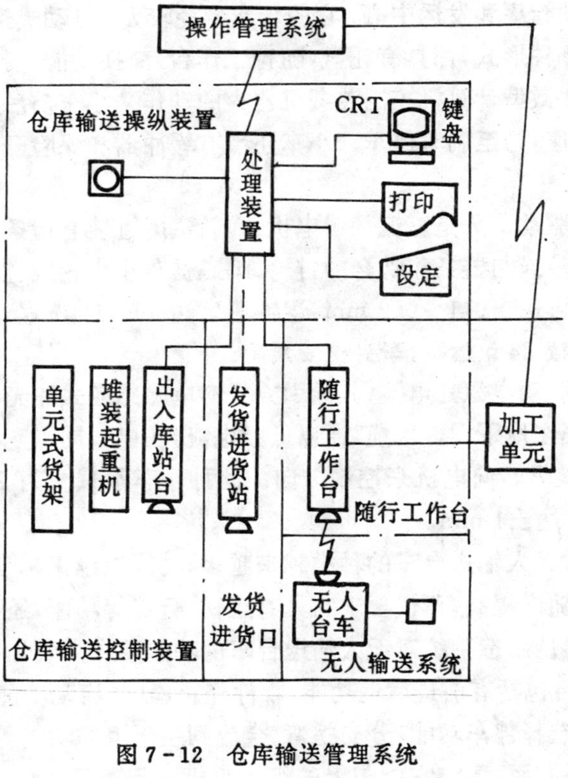

图 7-12 仓库输送管理系统

(3) 零件的供给。从操作管理系统送来的输送指令,将指示仓库装置完成以下一系列动作:

① 通过仓库输送控制装置、无人输送控制装置和无人输送台车等,实现从仓库到制造单元的零件供给;

② 将零件从制造单元送自动化仓库,实现入库;

③ 零件、半成品在制造单元之间相互移动；

④ 上述指令完成后，向操作管理系统发出完成指令。

(4) 库存零件的管理。对库存的零件名称、编号、在仓库中的地址等，进行登记、存储、输出打印等。

(5) 发货处理。全部加工好的零件或成品，由出库操作台控制，经由出入库站台向外发货。

四、控制系统

控制系统(或称操作管理系统)是整个柔性制造系统中的监视控制中心，自动化仓库、无人输送台车以及一群制造单元的自动运转，均由它管理。

控制系统通常由以下三部分组成(见图 7-13)：

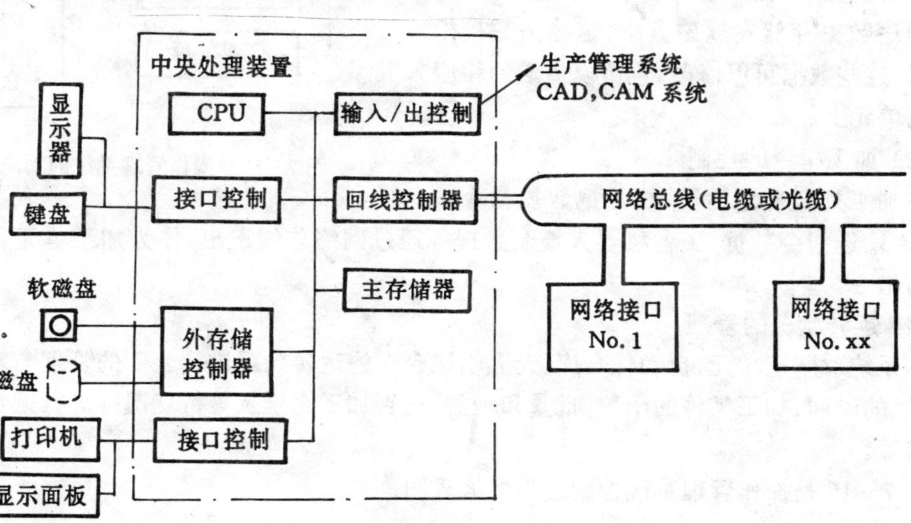

图 7-13　操作管理系统的组成

运算控制部件——包括一台中央处理装置及有关存储、打印外部设备，实现数据和指令的存储、运算和控制。

显示监控部件——一个中央监视面板和一台具有键盘的 CRT 显示器或多台工业电视机。光电显示面板将整个柔性制造系统的工作状态用示意图表的灯光显示出来，操作者观察这块显示板，可以监督整个系统的工作状态。如在系统中设置有若干工业电视，则操作者可以通过键盘操作，调出某台电视机监视的单元的图像来，用以仔细判断某部分的工作状态。

网络总线的接口单元——每一个制造单元对应一个网络接口，仓库输送系统也通过这种网络接口与操作管理系统相联结。总线接口是一个通用接口，它由网络回线控制部件、接口处理部件以及输入输出接口控制部件所组成。网络回线控制部件与整个系统的网络总线构成闭合网络，一般采用同轴电缆传递信息。接口处理部件要将系统传来的数控指令，高速传给工业机器人、数控机床、仓库输送装置等(一般以 48 KB/s 的速度传递)。接口还要采取各种可靠性措施，以防止外界干扰。

操作管理系统是整个柔性制造系统的核心，它将各种加工指令的控制、运转状况的管理、数控指令数据的管理等有机地结合在一起实现控制。此外，还对工具的损坏等进行管理，如图

7－14 所示。

(1) 加工规范(顺序)的管理

在多品种少批量和中批量的加工过程中，与现场的加工状况相对应，零件与工具、夹具的配合变更频繁。遇到变更规范的时候，对现场的状况要通知操作管理系统，然后由系统将加工规范的要求通知某一加工单元。

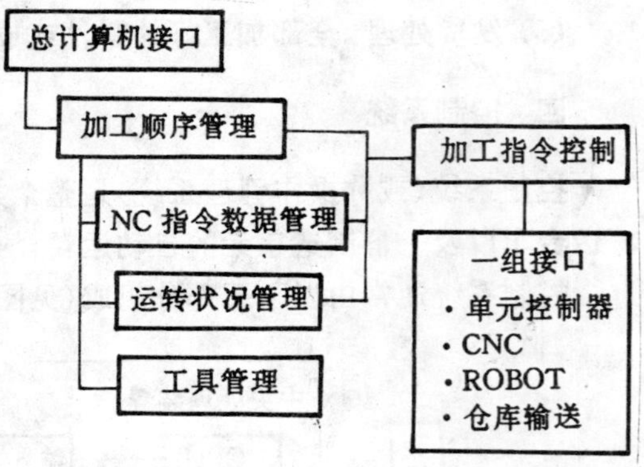

图 7－14 操作管理系统的功能块

(2) 数控指令数据的管理

在有些系统中，还设置有自动编程装置，或者系统能与 CAD/CAM 系统联系在一起。对于被加工物的程序，在经过自动编程装置计算后，将其程序数据存储在软磁盘中，这称为数控指令数据，这些数据可以修改，也可以传送到相应的加工单元上。

(3) 加工指令的控制

在加工规范确定后，系统将把数控指令数据、仓库输送指令数据、工业机器人控制数据等通过网络总线送出，作为加工单元和仓库输送系统的指令。

(4) 运转状况的管理

本系统对制造单元、自动化仓库、无人输送台车的运转状况进行全面的管理。对加工的时间，停机的时间，加工零件的个数、批量和种类，是否加工完毕及等待状况等进行记忆、显示、打印输出等。

图 7－15 是操作管理系统控制过程的流程图。

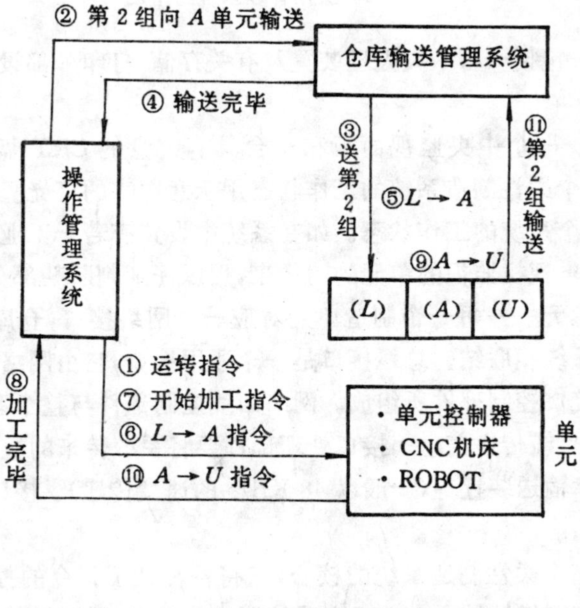

图 7－15 操作管理系统控制流程

按照先后顺序，其控制过程如下：

① 操作管理系统根据确定的加工规范，向第 N 个制造单元发出运转的指令；

② 操作管理系统向仓库输送管理系统发出指令，将第 2 组零件送往第 N 个单元的 A 工作台上；

③ 上述输送第 2 组零件的指令，从仓库输送管理系统送到 L 随行工作台上，②③两指令促使无人输送台车完成零件传输的任务；

④ 台车将零件输送完毕，通过仓库管理系统向操作管理系统送回答信号；

⑤ 随行工作台站上的辊筒运转，将零件从装载工作台“L”移到有效工作台“A”上；

⑥ 操作管理系统将 $L\rightarrow A$ 的移动指令通知第 N 个单元，让“单元”作好加工前的准备；

⑦ 上一指令执行完毕后，向第 N 个单元送出“开始加工”的指令；

⑧ 第 N 个单元加工完毕后，向操作管理系统送“加工完了”的回答指令；

⑨ 加工完的第 2 组零件，从“A”有效工作台送往“U”卸载工作台；

⑩ 操作管理系统将 $A\rightarrow U$ 的移动指令通知第 N 个单元；

⑪ 仓库管理系统通过无人输送台车，将 U 工作台上的加工完好的零件卸下来，再输送到自动化仓库对应的地址中去。

以上只是系统中针对 N 单元的一次加工的例子，虽然系统整个操作的过程要比这复杂得多，但通过这样的例子，可以说明系统工作的一个流程。

§7－3　柔性制造系统实例

柔性制造系统有各种式样和各种级别。最简单的柔性制造系统就是群控系统。群控系统是多台数控机床的集中直接数控，没有“物流”的传输系统。而较复杂的柔性制造系统可能将经营销售、计划、人事档案等也包括在内。本节仅介绍几个已经研制成功并投入使用的柔性制造系统实例，以使读者对其结构、任务及工作情况有一个大致的了解。

一、国外的两个 FMS

1. 美国休斯公司的 FMS

美国休斯飞机公司电光学数据系统分部安装了一条柔性制造系统，用于加工军用装备的 5 种铝合金壳体件。这些壳体件有 400 个加工表面、165 个通孔、119 个螺丝孔和 40 个铣切表面。加工精度一般为±0.05 mm，最严格的要求达到±0.025 mm。该系统由 9 台四坐标卧式加工中心(K & T 公司生产的 MM600 型)、一台坐标测量机、一个牵引索式传送系统、管理与控制计算机系统所组成。每台加工中心上可存储刀具 68 把。另外，每台加工中心上均装有一个探头，用以检测主轴的热位移，并通过 CNC 系统进行补偿。牵引索式运输小车自动地把工件来回地输送到各台加工中心和坐标测量机。整个 FMS 是在双 PDP11/44 小型计算机(由 DEC 公司制造)的控制下而运行的。计算机自动地指挥搬运系统发送和卸下零件。系统的另一个特点是有一套决策支持系统，可模拟和优选 FMS 的工作方式。执行软件把 FMS 与计算机辅助制造中心的计算机连接起来，可随时检索和调用数据。此外，还有 1～2 台备用加工中心，以保证系统能不间断地运行。该系统的平面布置如图 7－16 所示。

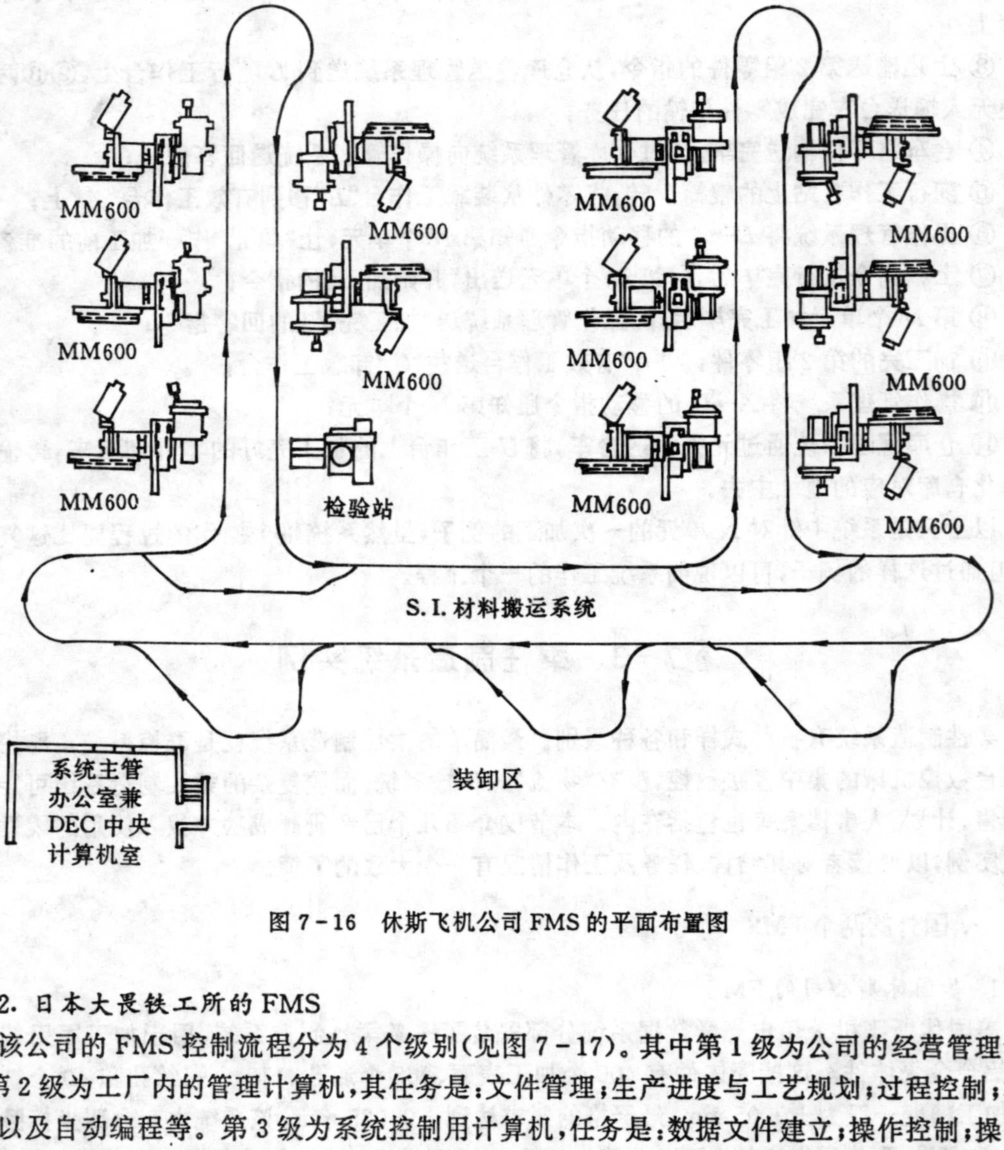

图 7-16 休斯飞机公司 FMS 的平面布置图

2. 日本大畏铁工所的 FMS

该公司的 FMS 控制流程分为 4 个级别(见图 7-17)。其中第 1 级为公司的经营管理计算机。第 2 级为工厂内的管理计算机,其任务是:文件管理;生产进度与工艺规划;过程控制;材料控制以及自动编程等。第 3 级为系统控制用计算机,任务是:数据文件建立;操作控制;操作过程的监控;生产记录管理和系统状态显示。第 4 级为零件传送控制用计算机,任务是:操作指令的传送;传送系统运行的监控;材料拿取设备的控制;数据传送以及各个制造单元的操作,无人化输送台车及托盘的操作等。

在第 3 级的系统控制计算机 CAMPUS—A 的软件配置如图 7-18 所示。CAMPUS—A 的硬件结构如图 7-19 所示。

二、我国的第一条 FMS

我国的第一条柔性制造系统(JCS—FMS—1)于 1985 年 10 月在北京机床研究所建成。其加工对象是 FB—15 型、25 型直流伺服电机的轴类、法兰盘类、刷架体类、壳体类等四大类共

14 种零件。该系统由中央管理系统(FANUC SYSTEMF)、物流控制系统(FUJ1ELECTRIC)、加工单元和监视摄像系统四大部分构成。其组成框图如图 7-20 所示。

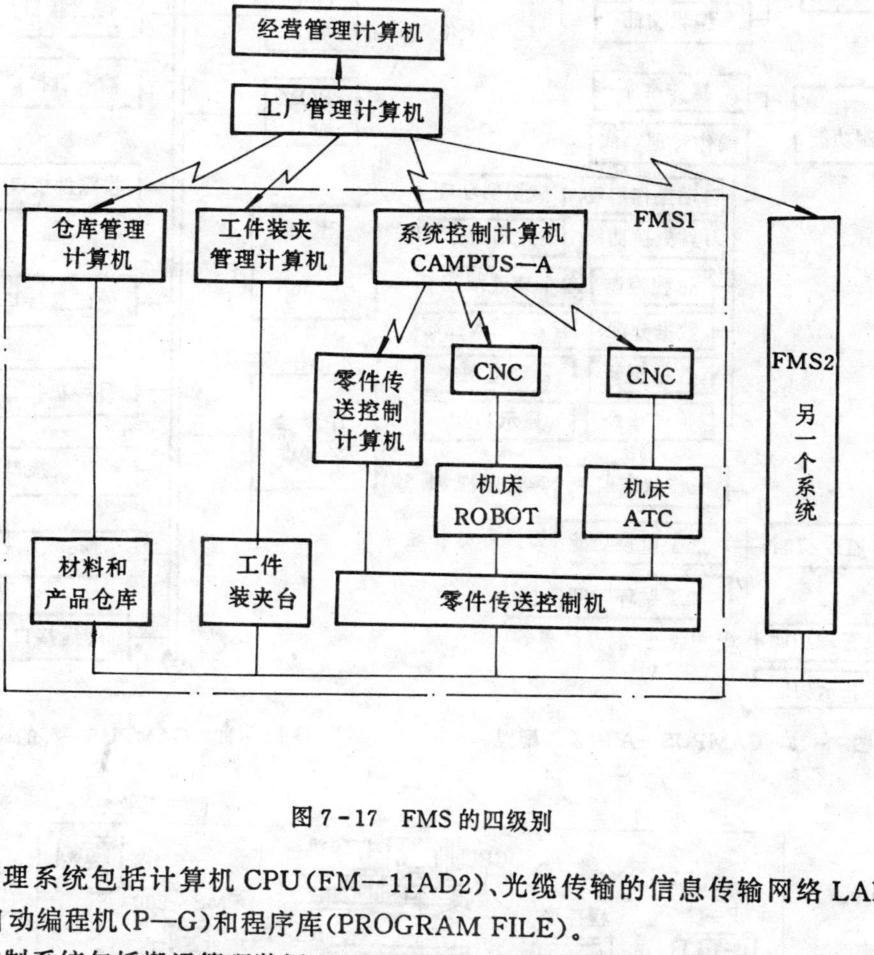

图 7-17 FMS 的四级别

中央管理系统包括计算机 CPU(FM—11AD2)、光缆传输的信息传输网络 LAN UNIT (PC—J)、自动编程机(P—G)和程序库(PROGRAM FILE)。

物流控制系统包括搬运管理装置(PMS—200)、搬运控制装置(MCP)、平面仓库工件出入托盘站(15 个)、机床前托盘站(5 个)和一辆自动搬运车。

加工单元由 5 台国产机床组成。它们分别是沈阳第三机床厂的 STAR—TURN 1200 数控车床(单元 1)、上海机床厂的 H160/1 数控端面外圆磨床(单元 2)、长城机床厂的 CK7815 数控车床(单元 3)、北京精密机床厂的 JCS—018 立式加工中心(单元 4)和青海第一机床厂的 XH754 卧式加工中心(单元 5)。5 个加工单元配备有 4 台工业机器人和 3 台单元控制器。其中单元 1 和单元 2 共用一台单元控制器,单元 4 和单元 5 合用一台单元控制器和一台机器人。此外,单元 2 还配备有中心孔清洗机,单元 3～5 配备有特殊手支架及反转、回转定位装置等。

监视摄像系统包括:监视工业电视(WV—72)和 5 个摄像头(WV—85),用以监视自动化平面仓库,单元 2、4 和 5 的加工实况,以及总体运行状况。

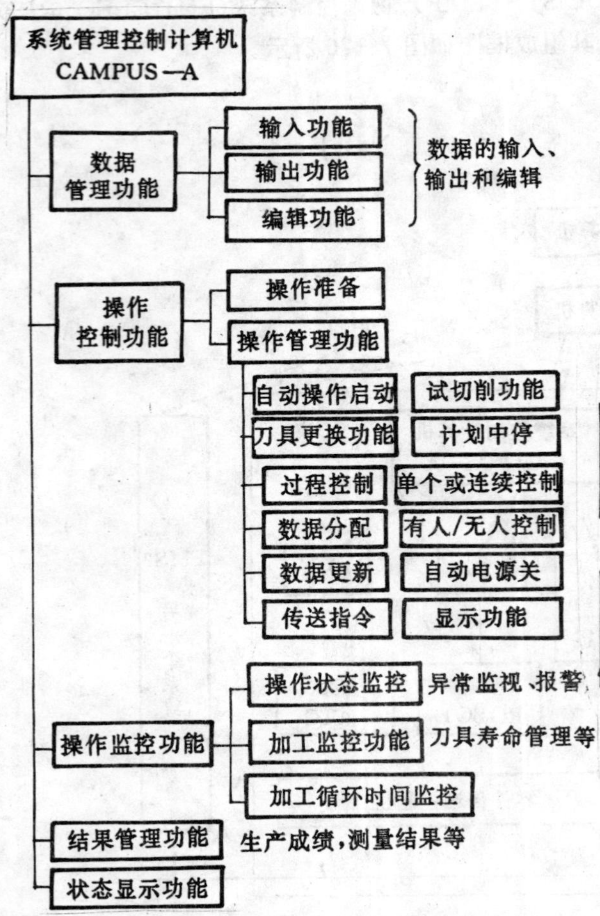

图 7-18 CAMPUS—A 的软件配置

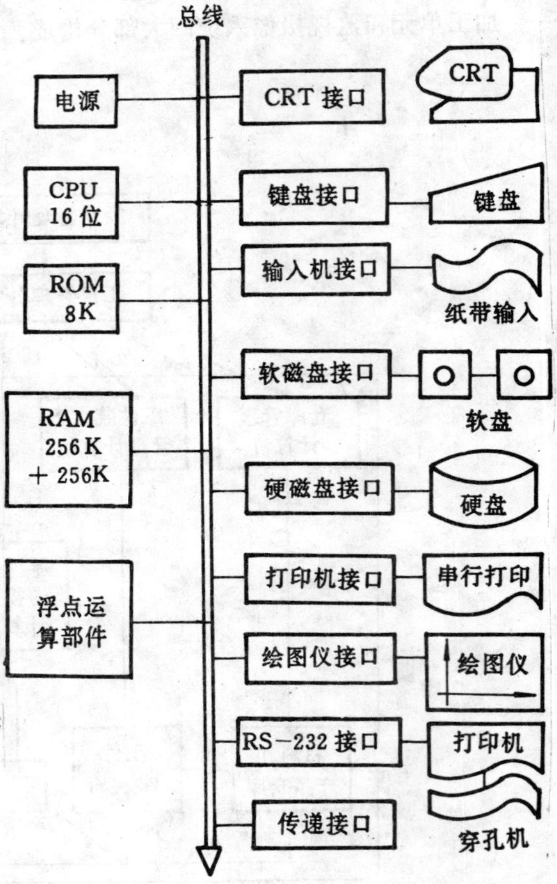

图 7-19 CAMPUS—A 的硬件结构

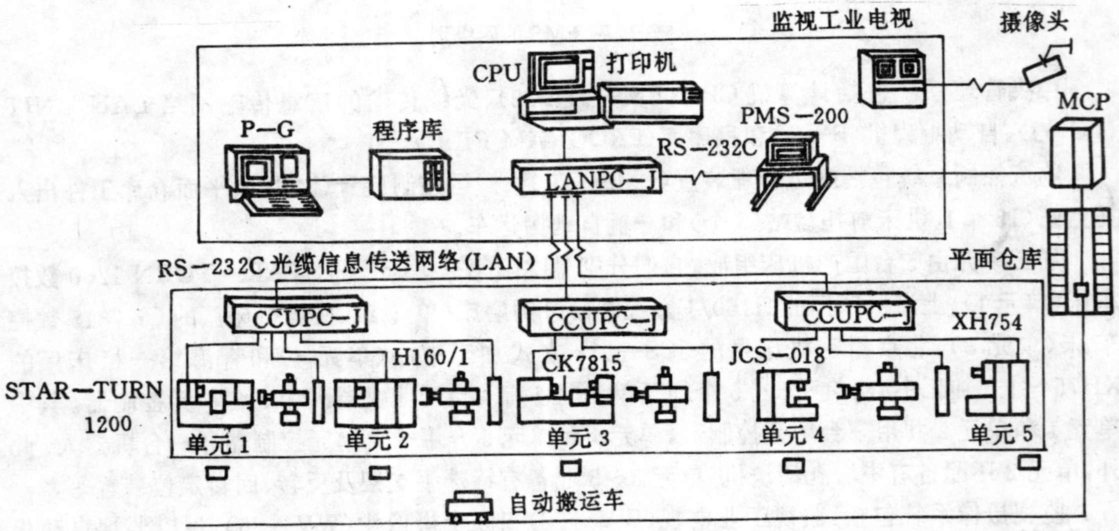

图 7-20 JCS—FMS—I 柔性制造系统组成框图

本章小结

加工中心和车削中心就其加工能力来说柔性是很高的，但他们只是对单件生产的自动化很有效。另一方面，专用生产设备如专用自动线，为了提高“大量”生产的生产率和重复精度而往往牺牲了柔性。在这中间，存在着使中等批量生产既经济又自动化，还在某种程度上具有柔性的可能。FMS 技术就适用于这个制造范围。

本章讨论了 FMS 的概念、结构和工作过程。虽然至今 FMS 的定义尚未统一，FMS 的规模和组成也不尽相同。但一般说来，FMS 需由三个基本部分组成，即加工系统、物料运储系统和控制系统。加工系统指对产品零件直接实施的加工，如切削加工、焊接、喷漆、装配等。要构成加工系统所需的硬设备可能是焊接机械、喷漆设备、清洗机、数控机床群(在一套 FMS 中，机床的数量通常是 2～20 台左右)。所谓物料运储系统(或称传递系统)是指将产品零件从一处传送到另一处，在加工单元间以及加工单元与仓库之间传递零件、工夹具等的系统，由他们组成了物质流。储存系统可以是平面仓库或立体仓库。搬运系统可以是环形传送带、直线传送带、无人输送小车(有轨的或无轨的)、工业机器人、托盘等。控制系统(或称操作管理系统)实施对整个柔性制造系统的控制与管理。这实际上是由中央控制计算机以及各设备的控制装置所组成的分级控制网络，由他们组成了信息流。本章也给出了 FMS 的三个实例，读者从举例中可略知一斑。

习 题 七

7-1 FMS 应由哪几部分构成？各部分的任务是什么？

7-2 何谓物质流？何谓信息流？

7-3 工业机器人应由哪几部分构成？各有何作用？

7-4 据你所知，工业机器人区别于数控机床的特有功能有哪些？

7-5 加工单元一般应包括哪些部分？其主要功能是什么？

7-6 仓库和搬运系统有何作用？它由哪几部分构成？

7-7 FMS 中常用的运输小车有哪些？各有何特点？FMS 对其功能要求有哪些？

*7-8 试构想一个无人化工厂的控制方案。

附录　常用数控词汇中英文对照表

absolute address	绝对地址
absolute coordinate	绝对坐标
absolute dimension	绝对尺寸
absolute error	绝对误差
absolute zero point	绝对零点
acceleration time	加速时间
access cycle	存取周期
accessories	附件,辅助设备
accumulated error	累积误差
accumulator	累加器
accuracy	精度,准确度
acoustic emission	声发射
adaptive control (AC)	自适应控制
adder	加法器
after - sale service	售后服务
AI (Artificial Intelligence)	人工智能
alarm display	报警显示
alarm number	报警号
alignment function	对准功能
amplifier	放大器
amplitude limiter	限幅器
APC (Automatic Pallet Changer)	自动托盘交换装置
ASCII (American Standard Code for Information Interchange)	美国信息交换标准代码
assembly language	汇编语言
ATC (Automatic Tool Changer)	自动换刀装置
automatic acceleration	自动加速
automatic deceleration	自动减速
automatic feed	自动进给
automatic programming system	自动编程系统
Automatically Programmed Tools language (APT)	APT 语言
auxiliary function word	辅助功能字
available machine time	有效切削时间
axis	坐标轴,轴
BAC (Bus Arbitration Controller)	总线仲裁控制器
background processing	后台处理
back lash	齿隙
backlash compensation	齿隙补偿
ball end mill	球头立铣刀

ball screw lead	滚珠丝杠
BCD (Binary Coded Decimal) Code	二-十进制代码
bidirectional bus	双向总线
bill of materials	材料清单
bit slice central processing element	位片式中央处理单元
blank character	空白符,间隔符
block	程序段,字块
block address format	程序段地址格式
block diagram	框图
brake magnet	制动磁铁
brake roll	制动辊
branch instruction	转移指令
BRM (Binary Rate Multiplier)	二进制乘法器
bubble memory	磁泡存储器
buffer memory	缓冲存储器
buffer register	缓冲寄存器
cabinet	机柜
CAD (Computer Aided Design)	计算机辅助设计
CAM (Computer Aided Manufacturing)	计算机辅助制造
canned cycle	固定循环
CAPM (Computer Aided Production Management)	计算机辅助生产管理
CAPP (Computer Aided Process Planning)	计算机辅助工艺设计
CAPP (Computer Aided Production Planning)	计算机辅助生产计划
CAQA (Computer Aided Quality Assurance)	计算机辅助质量保证
CAT (Computer Aided Testing)	计算机辅助测试
CC (Cell Controller)	单元控制器
CCW (Counter Clock Wise)	逆时针方向
check circuit	校验电路
check routine	校验程序
chip conveyer	排屑装置
chip removal system	排屑系统
CIM (Computer Integrated Manufacturing)	计算机集成制造
CIMS (Computer Integrated Manufacturing System)	计算机集成制造系统
circular interpolation	圆弧插补
circular interpolator	圆弧插补器
CL (Cutter Location)	刀具位置
clamp circuit	钳位电路
climb hill method	爬山法
climb milling	顺铣
clock pulse generator	时钟脉冲发生器
closed loop control	闭环控制
closed loop system	闭环系统
CNC (Computer Numerical Control)	计算机数控
CNC bending press	数控压弯机
CNC boring machine	数控镗床

CNC drilling machine	数控钻床
CNC grinding machine	数控磨床
CNC lathe	数控车床
CNC milling machine	数控铣床
CNC turning machine	数控车床
CNC wire - cut machine	数控线切割机
coaxial cable	同轴电缆
code	代码
code key	编码钥匙(键)
command pulse	指令脉冲
computer interface	计算机接口
console	控制台
constrained condition	约束条件
continuous path control	连续轨迹控制
contour control system	轮廓控制系统
control card	控制卡片
convertional milling	逆铣
coordinate dimension word	坐标尺寸字
cost - performance rate	性能价格比
CP (Communication Protocol)	通信协议
CPU (Central Processing Unit)	中央处理单元
CRT (Cathode Ray Tube)	阴极射线管
curve fitting	曲线拟合
cutter compensation	刀具补偿
cutter deflection	刀具偏斜
cutter offset	刀具偏置
cutting time	切削时间
cycle time	循环时间
data bank (data base)	数据库
data file	数据文件
data flow	数据流
DBMS (Data Base Management System)	数据库管理系统
DDA (Digital Differential Analyzer)	数字积分器
decoder	译码器
definition statement	定义语句
diagnostic routine	诊断程序
digital phase modulation	数字相位调制器
digital servo system	数字伺服系统
diode matrix	二极管矩阵
DNC (Direct Numerical Control)	群控,直接数控
down time	停机时间
drafting machine	绘图机
DSS (Decision Supporting System)	决策支持系统
due date	预定日期
dwell	暂停

dynamic behavior	动态特性
dynamic response	动态响应
Edit mode	编辑方式
electro - hydraulic servo motor	电液伺服马达
Electronic Industries Association (EIA)	(美国)电子工业协会
emergency button	应急按钮
emergency stop	急停
emulation program	仿真程序
encoder	编码器
error check	查错
error message list	错误信息表
ES (Expert System)	专家系统
ether net	以太网
evaluation function	评价函数
EIA code	EIA 代码
FA (Factory Automation)	自动化工厂
fairing	整形,光顺
feed back	反馈
feed back compensation	反馈补偿
feed back transducer	反馈传感器
feedback compensation open loop system	反馈补偿型开环系统
feed function	进给功能
feed magnet	送带磁铁
feed roller	送带辊
feed rate	进给速度
feed rate override	进给速度修调
feed rate number (FRN)	进给速度数
final statement	结束语句
fixed block format	固定程序段格式
fixed cycle	固定循环
fixed sequential format	固定顺序格式
flexible manufacturing cell (FMC)	柔性制造单元
flexible manufacturing system (FMS)	柔性制造系统
flip - flop	触发器
floating zero	浮动零点
floor space	占地面积
flow chart	流程图
force motor	加力马达
foreground	前台处理
function character	功能字符
function key	功能键
full - adder	全加器
F - V converter	频率 - 电压变换器
gate circuit	门电路
general processor program	通用(信息)处理程序

geometry processor	几何(信息)处理程序
global optimization	整体最佳化
graphical language	图形语言
Gray encoder	葛莱码盘
GT (group technology)	成组工艺,成组技术
G - function	G 功能
grating	光栅
half adder	半加器
hard copy	硬拷贝
hardware	硬件
hardwired control	硬线控制
herical interpolation	螺旋线插补
high - level language	高级语言
high speed printer	高速打印机
histogram	(分布曲线)直方图
horizontal machining centre	卧式加工中心
horizontal parity check	水平奇偶校验
hydraulic unit	液压装置
IBU (Interpolation Buffer Unit)	插补缓冲装置
identification circuit	判别线路
idle time	停机时间
inch-metric switching	公英制转换
incremental dimension	增量尺寸
incremental encoder	增量式编码器
indicator	指示器
inductosyn	感应同步器
information hole	信息孔
input media	输入介质
input/output interface	输入/输出接口
intelligent robot	智能机器人
interrupt priority	中断优先权
interrupt response	中断响应
IPM (Inches Per Minute)	英寸/分
IPR (Inches Per Revolution)	英寸/转
ISO (International Organization of Standardization)	国际标准化组织
jig boring machine	坐标镗床
job scheduling	作业调度
jog feed	点动进给
jump instruction	转移指令
jump statement	转移语句
just - in - time production	及时生产
keyboard	键盘
keyboard entry	键盘输入
key - in	键入
key - word	关键字

ladder diagram	梯形图
LAN (Local Area Network)	局域网
laser interferencemeter	激光干涉仪
LCD (Liquid Crystal Display)	液晶显示
least input increment	最小输入增量
LED (Light Emitting Diode)	发光二极管
light button	带灯按钮
light pen	光笔
line feed (LF)	换行
linear hydraulic motor	油缸(直线式油马达)
linear interpolator	直线插补器
linear pulse motor	直线步进马达
local optimization	局部最佳化
lost motion	失动
machine utilization	机床利用率
machining accuracy	加工精度
machining center (MC)	加工中心机床
machining data bank	加工数据库
machining plan	加工计划
magic three code	幻 3 码
magnetic bubble storage	磁泡存储器
magnetic scale	磁尺
magnetic tape cartridge	磁带卷盘
manual data input (MDI)	手动数据输入
manual feed	手动进给
manual programming	手工编程
manual pulse generator	手摇脉冲发生器
MAP (Manufacturing Automation Protocol)	制造自动化协议
mass production	大量生产
mechatronics	机电一体化,机械电子学
menu	菜单
MHS (Material Handling System)	物料运储系统
minertial motor	小惯量电机
mirror image	镜像,对称
MIS (Management Information System)	管理信息系统
miscellaneous function	辅助功能(M 功能)
misoperation	误操作
MIT (Massachusetts Institute of Technology)	麻省理工学院(美国)
monitoring system	监控系统
MRP－Ⅱ (Manufacturing Resources Planning)	制造资源规划
MRP (Material Requirements Planning)	物料需求计划
MTBF (Mean Time Between Failures)	平均无故障时间
NAS (National Aircraft Standards)	美国飞机标准
NCS (Numerical Control Society)	美国数控协会
NMTBA (National Machine Tool Builder Association)	美国机床制造厂协会

normal dimension	正常尺寸
numerical control (NC)	数字控制,数控
odd - even check	奇偶校验
off - line diagnostics	脱机诊断
on - line diagnostics	联机诊断
openloop system	开环系统
operation system (OS)	操作系统
optical grating	光栅
optical rotary encoder	光电旋转编码器
optional stop	任选停
output file	输出文件
overflow	溢出
overtravel	超程
PAL (Programmable Application Logic)	可编程应用逻辑
pallet	托盘,随行夹具
parabolic interpolator	抛物线插补器
parity check	奇偶校验
parity track	奇偶孔道
part handling system (PHS)	零件运储系统
part program	零件程序
part surface	零件表面
pedestal - type fixture	轴架式夹具
photo - electric typer reader	光电读带机
pitch error compensation	螺距误差补偿
PLC (Programmable Logical Controller)	可编程逻辑控制器
PMC (Programmable Machine Controller)	可编程机床控制器
pocketing	槽腔,型腔
position feedback system	位置反馈系统
position readout	(即时)位置显示
position transducer	位置检测器
positioning accuracy	定位精度
positioning control system	点位控制系统
positioning NC	点位数控
postprocessor	后置处理程序
preparatory function	准备功能(G 功能)
print circuit board	印刷线路板
programmable controller (PC)	可编程序控制器
program start	程序开始
pulse motor	步进电机,步进马达
pulse rate multiplier	脉冲乘法器
punch card	穿孔卡
punch tape	穿孔带
reel type reader	带卷盘的读带机
reference model	参考模型
remote job entry (RJE)	远程(遥控)作业输入

repeatability	重复精度
request key	请求键
resolution	分辨率
resolver	旋转变压器(分解器)
reversible counter	可逆计数器
ROM (Read Only Memory)	只读存储器
rotary switch	旋转开关
RTC (Real Time Controller)	实时控制器
Sampled data	采样数据
Sampling period	采样周期
scanning circuit	扫描电路
SCR (Silicon Control Rectifire)	可控硅整流器
sculptured surface	自由曲面
self - diagnosis function	自诊断功能
self - learning system	自学习系统
sensing device	测量装置
sequence number	(程序段)序号
servo motor	伺服马达
servo system	伺服系统
setting gauge	对刀装置
Set - up time	调整时间
S - function	主轴功能
shake - down	调试
shank	刀柄
shift register	移位寄存器
simi - closed loop system	半闭环系统
simultaneous controllable axes	联动轴,同时控制轴
single block	单段程序
slash	斜线,省略号
slider	滑尺
sliding way	滑动导轨
slip rotor	空心转子
SNA (System Network Architecture)	系统网络结构
software	软件
software engineering	软件工程
softwired numerical control	软接线数控
solid rotor	实心转子
source program	源程序
space code	空格代码
spindle function	主轴功能
spindle motor	主轴电机
spindle speed control unit	主轴速度控制单元
sproket holes	同步孔,牵引孔,中导孔
step feed	单步进给
stepless speed changing	无级变速

stepping motor	步进电机
step speed changing	有级变速
stick - slip	爬行
straight - line control system	直线控制系统
subroutine	子程序
subset	分支
synchro	自整角机
synchronization pulse	同步脉冲
system engineering	系统工程
system reliability	系统可靠性
tab sequence format	分隔顺序格式
tape reader	读带机，输入机
tapeless control	无带控制
TBC (Token Bus Controller)	令牌总线控制器
TDB (Tool Data Base)	刀具数据库
terminal equipment	终端设备
T - function	刀具功能
three - dimensional probe	三维测头
thumb wheel switch	拨码开关
time sharing system	分时系统
tolerance	公差
tool carrier	运刀装置
tool changer	换刀装置
tool function	刀具功能(T 功能)
tool handling system (THS)	刀具运储系统
tool life	刀具寿命
tool list	刀具明细表
tool magazine (storage)	刀库
tool pocket	(刀库中的)刀座
tool offset	刀具偏置
tool radius compensation	刀具半径补偿
tool retracting	退刀
torque motor	力矩马达
turning cell	车削单元
turning centre	车削中心
turret automatic lathe	转塔自动车床
unattended factory	无人化工厂
uncertain element factor	不确定因素
universal fixturing	万能夹具
unmanned factory	无人化工厂
up - down counter	可逆计数器
variable block format	可变程序段格式
velocity control unit	速度控制单元
vernier control	细分控制
vernier pulse motor system	细分式步进马达系统

vertical machining center	立式加工中心
vertical parity check	垂直奇偶校验
vertical turret lathe	立式转塔车床
WAN (Wide Area Network)	广域网,远程网
window - frame fixture	窗框式夹具
wire - guided cart	有线制导(导引)输送车
word address format	字地址格式
workpiece flow	工件流动,工件流
x - axis	x 轴
y - axis	y 轴
z - axis	z 轴
zero drift	零点漂移
zero return	返回原点
zero shift	对原点

参考文献

1 王润孝主编．机床数控原理与系统．西安:西北工业大学出版社．1989
2 吴祖育,秦鹏飞主编．数控机床(第二版)．上海:上海科学技术出版社．1990
3 李开佛主编．机床工业综述．北京:机械工业出版社．1993
4 彭炎午主编．计算机数控(CNC)系统．西安:西北工业大学出版社．1988
5 李诚人等编．机床计算机数控．西安:西北工业大学出版社．1988
6 毕承恩,丁乃建编著．现代数控机床．北京:机械工业出版社．1991
7 竺钦尧,尉忠信,王润孝编著．机床数字控制．北京:航空工业出版社．1993
8 张曙,张浩,朱志浩．机床数控技术的发展现状与趋势．组合机床与自动化加工技术,1993 (1)
9 王珉．机械制造领域的研究与发展概况(上)．航空制造工程,1994
10 王润孝．数控机床的发展趋向．机械科学与技术,1995
11 林其骏主编．机床数控系统．北京:中国科学技术出版社．1991
12 机电一体化技术手册编委会编．机电一体化技术手册(上册)．北京:机械工业出版社．1994
13 柔性制造系统编委会编著．柔性制造系统．北京:兵器工业出版社．1995
14 丁乃建．我国数控行业现状及90年代面临的挑战．机床,1993 (6)
15 邬学礼．CNC系统发展趋势．航空制造工程,1995 (8)
16 张安华主编．机械故障诊断．西安:西北工业大学出版社．1995